WINE

酒类工艺与技术丛书

杨经洲　童忠东　等编

化学工业出版社
·北京·

本书主要介绍了红酒酿造微生物基础知识、红酒的原料辅料、发酵化学和葡萄酒成分、苹果酸-乳酸发酵、红葡萄酒的酿造、白葡萄酒的酿造、葡萄酒的检验技术等，把红酒生产工艺与技术和能源短缺/节能减排、国家“十二五”酿酒工业的发展目标主题有机地结合，较系统地介绍了红酒工业工艺与技术应用。

本书可作为果酒生产企业管理人员、技术研发人员和生产人员的指导用书，也可作为大中专院校食品科学、发酵与酿造、生物工程、农产品贮藏与加工、食品质量与安全等相关专业的教学参考用书。

**图书在版编目（CIP）数据**

红酒生产工艺与技术/杨经洲，童忠东等编．—北京：化学工业出版社，2013.10

（酒类工艺与技术丛书）

ISBN 978-7-122-18500-6

Ⅰ.①红…　Ⅱ.①杨…②童…　Ⅲ.①葡萄酒-酿造　Ⅳ.①TS262.6

中国版本图书馆 CIP 数据核字（2013）第 225797 号

责任编辑：夏叶清　　文字编辑：谢蓉蓉

责任校对：陶燕华　　装帧设计：刘丽华

出版发行：化学工业出版社（北京市东城区青年湖南街 13 号　邮政编码 100011）

印　　装：天津盛通数码科技有限公司

710mm×1000mm　1/16　印张 19¼　字数 397 千字　2014 年 1 月北京第 1 版第 1 次印刷

购书咨询：010-64518888　　售后服务：010-64518899

网址：http://www.cip.com.cn

凡购买本书，如有缺损质量问题，本社销售中心负责调换。

定　　价：80.00 元

# 编委会

# 丛书序

国家发布的《食品工业“十二五”发展规划》中指出，到2015年，酿酒工业销售收入将达到8300亿元，年均增速达到10%以上；酒类产品产量年均增速控制在5%以内，非粮原料酒类产品比重提高1倍以上。“十二五”期间，酿酒工业的发展应以“优化酿酒产品结构，重视产品的差异化创新”为重点，针对不同区域、不同市场、不同消费群体的需求，精心研发品质高档、行销对路的品种，宣传科学知识，倡导健康饮酒。注重挖掘节粮生产潜力，推广资源综合利用，大力发展循环经济，推动酿酒产业优化升级。

为加强企业食品安全意识，提高抵御金融危机能力，加快行业信息化建设，促进酿酒行业的可持续发展。中国酿酒工业协会针对不同酒种要求按照“控制总量、提高质量、治理污染、增加效益”的原则，确保粮食安全的基础上；根据水果特性，生产半甜型、甜型等不同类型的果酒创新产品。

编写《酒类工艺与技术》丛书的宗旨，希望对我国酿酒行业进一步发展与科技进步起到积极的推动作用。

节能、可再生能源和碳利用技术已成为当今世界应对环境和气候变化挑战的重要手段，伴随着新技术在工业化生产中的应用，传统经济模式将逐步被低碳经济模式所替代。为加快中国酿酒行业产业链低碳化进程，加速中国酿酒行业在节能减排新技术领域的发展是当今科学与工程研究领域的重要前沿。

生态酿酒是个系统工程，也是一个重要的责任工程，每个酿酒企业乃至整个酿酒行业理应重视。诚然，做好生态酿酒需要大量的人力、物力、财力投入，更需要先进的技术支撑、配套设备的跟进，甚至是社会相关方方面面的系统配合和支持。

丛书共分六册，包括《白酒生产工艺与技术》、《啤酒生产工艺与技术》、《红酒生产工艺与技术》、《黄酒生产工艺与技术》、《果酒生产工艺与技术》、《药酒生产工艺与技术》。

为了有效地推动酒类生产与加工和技术研究领域的发展步伐，从而促进我国酿酒行业经济发展，从前瞻性、战略性和基础性来考虑，目前应更加重视酿酒行业的应用技术与产业化前景的研究。因此，本丛书的特点是以技术性为主，兼具科普性和实用性，同时体现前瞻性。

为了帮助广大读者比较全面地了解该领域的理论发展与技术进步，我们在参阅大量文献资料的基础上进行了编写。相信本丛书的出版对于广大从事酒类生产与加工和开发研究的科技人员会有所帮助。

**丛书编委会**

**2013年9月**

# 前言

中国是葡萄的起源中心之一。原产于我国的葡萄属植物约有30多种（包括变种）。例如分布在我国东北、北部及中部的山葡萄，产于中部和南部的葛藟，产于中部至西南部的刺葡萄，分布广泛的蘡薁等，都是野葡萄。

考古资料证明，古埃及以及美索不达米亚的人们最早种植葡萄和酿造葡萄酒。从五千年前的一幅墓壁画中可看到当时的古埃及人在葡萄的栽培、葡萄酒的酿造及葡萄酒贸易方面的生动情景和五千多年前埃及乌吉姆（Udimu）统治时期表示葡萄酒压榨的象形文字。

我国第一个进行葡萄酒酿造的最有力证据是河南省舞阳县的贾湖遗址距今约7000～9000年，是淮河流域迄今所知年代最早的新石器文化遗址。由河南省舞阳县的贾湖遗址发掘的陶片上的残留物中发现了与现代稻米、米酒、葡萄酒、蜂蜡、葡萄单宁酸、山楂以及一些古代和现代草药相同的某些化学成分。证明早在新石器时代早期，中国人就开始饮用发酵饮料，并可能在世界上最早酿制葡萄酒。此项发现将世界酿酒史推前1000多年，中国酿酒史推前近4000年。

据统计，我国目前葡萄酒消费量已达到10.5亿升/年，葡萄酒消费增速达到27.63%，而烈酒消费增速也达到27.2%，位居亚洲葡萄酒、烈酒消费第一位大国。随着我国目前下调进口酒关税，其中海外葡萄酒瓶装已由原

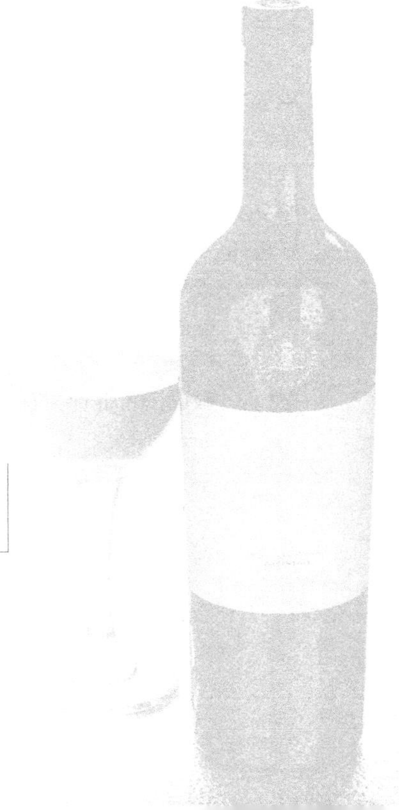

来的43%降到14%，国际酒业进一步聚焦中国，加快了中国葡萄酒行业发展的速度，尤其是中国葡萄酒从质变带动新的量变的过程。

国家发布的《食品工业“十二五”发展规划》中指出，到2015年，酿酒工业销售收入将达到8300亿元，年均增速达到10%以上；酒类产品产量年均增速控制在5%以内，非粮原料酒类产品比重提高1倍以上。酿酒工业的发展应以“优化酿酒产品结构，重视产品的差异化创新”为重点，针对不同区域、不同市场、不同消费群体的需求，精心研发品质高档、行销对路的品种，宣传科学知识，倡导健康饮酒。注重挖掘节粮生产潜力，推广资源综合利用，大力发展循环经济，推动酿酒产业优化升级。

本书共分为13章：第一章总论；第二章葡萄酒生产原料及辅料；第三章发酵化学和葡萄酒成分；第四章酵母菌与酒精发酵；第五章苹果酸-乳酸发酵；第六章红葡萄酒的酿造；第七章白葡萄酒的酿造；第八章香槟酒的酿造；第九章白兰地的酿造；第十章桃红葡萄酒的酿造；第十一章葡萄原酒的后处理与贮藏灌装；第十二章葡萄酒副产物综合利用；第十三章葡萄酒的检验技术。

本书主要介绍了红酒酿造微生物基础知识、红酒的原料辅料、发酵化学和葡萄酒成分、苹果酸-乳酸发酵、红葡萄酒的酿造、白葡萄酒的酿造、葡萄酒的检验技术等，把红酒生产工艺与技术和能源短缺/节能减排、国家“十二五”我国酿酒工业的发展目标主题有机地结合，较系统地介绍了红酒工业工艺与技术应用。

全书在内容上，基本符合“全、新、实、准、特”的要求；通俗易懂、图文并茂，实用性强，专业应用实例众多，是一本十分有价值的介绍红酒生产工艺与技术的作品。

本书可作为果酒生产企业管理人员、技术研发人员和生产人员的指导用书，也可作为大中专院校食品科学、发酵与酿造、生物工程、农产品贮藏与加工、食品质量与安全等相关专业的教学参考用书。

在本书编写过程中，得到中国酿酒工业协会、长城、王朝、威龙、张裕集团公司、中国农业大学、西北农林科技大学、山东农业大学、国家果酒及果蔬饮品质量检验中心、《华夏酒报》、通化市产品质量检验所果酒质量检验中心等单位及许多酿造专家、前辈和同仁的热情支持和帮助，并提供有关资料，对本书内容提出宝贵意见。关苑、童凌峰、谢义林参加了本书的编写与审核工作。安凤英、来金梅、王秀凤、吴玉莲、黄雪艳、杨经伟、王书乐、高占义、高新、周雯、耿鑫、陈羽、董桂霞、张萱、杜高翔、丰云、王素丽、王瑜、王月春、韩文彬、周国栋、陈小磊、方芳、高巍、冯亚生、周木生、赵国求、高洋等同志为本书的资料收集和编写付出了大量精力，在此一并致谢！

由于我们水平有限，收集的资料挂一漏万在所难免，虽认真编审，恐有遗漏、不妥之处，敬请读者批评指正，以便再版时更臻完善。

**编者**

**2013年9月**

# 目录

## 第一章 总论



## 第二章 葡萄酒生产原料及辅料



## 第三章 发酵化学和葡萄酒成分

## 第四章 酵母菌与酒精发酵



## 第五章 苹果酸-乳酸发酵



## 第六章 红葡萄酒的酿造

## 第七章　白葡萄酒的酿造



## 第八章　香槟酒的酿造



## 第九章　白兰地的酿造



## 第十章　桃红葡萄酒的酿造

## 第十一章　葡萄原酒的后处理与贮藏灌装



## 第十二章　葡萄酒副产物综合利用

## 第十三章　葡萄酒的检验技术

# 第一章
# 总 论

## 第一节 世界葡萄酒起源

### 一、 古代葡萄酒起源

据史料记载，在一万年前的新石器时代濒临黑海的外高加索地区，即现在的安纳托利亚（Aratolia，古称小亚细亚）、格鲁吉亚和亚美尼亚，都发现了积存的大量葡萄种子，说明当时葡萄不仅仅用于吃，更主要的是用来榨汁酿酒。

多数史学家认为葡萄酒的酿造起源于公元前6000年古代的波斯，即现在的伊朗。对于葡萄的最早栽培，大约是在七千年前始于前苏联南高加索、中亚细亚、叙利亚、伊拉克等地区。后来随着古代战争、移民传到其他地区，初至埃及，后到希腊。

古代的波斯，即现今的伊朗，是古文明发源地之一。多数历史学家都认为波斯可能是世界上最早酿造葡萄酒的国家。传说古代有一位波斯国王，爱吃葡萄，曾将葡萄压紧保藏在一个大陶罐里，标上"有毒"字样，防人偷吃。数天以后，王室妻妾中有一个妃子，厌倦了生活，遂擅自饮用了标明"有毒"的陶罐内的饮料。奇怪的是，这种饮料滋味非常美好，非但没结束自己的生命，反而令人兴奋异常，从此，这个妃子对生活又充满了信心。她盛了一杯专门呈送给国王，国王饮后也十分欣赏。自此以后，国王颁布了命令，专门收藏成熟的葡萄，压紧盛在容器内（图1-1）进行发酵，以便得到葡萄酒。波斯隔里海，与高加索遥遥相望，同为葡萄酒原产地。

古埃及是世界四大文明古国之一，现今发现的大量遗迹遗物证明，公元前

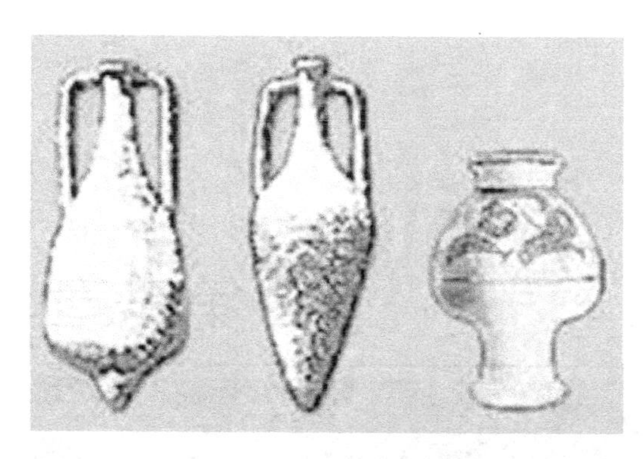

图 1-1 古时装葡萄酒的陶罐

3000 年以前的埃及人，就已经开始饮用葡萄酒。在埃及金字塔的壁画中，就有描绘采摘葡萄及酿造葡萄酒过程的图案（图 1-2），可以看到当时的古埃及人在葡萄的栽培、葡萄酒的酿造及葡萄酒贸易方面的生动情景。

图 1-2 古埃及金字塔壁画

随着古代的战争和商业活动，葡萄酒酿造的方法传遍了以色列、叙利亚、小亚细亚等阿拉伯国家。由于阿拉伯国家信奉伊斯兰教，伊斯兰教提倡禁酒律，因而使阿拉伯国家的酿酒行业日渐衰萎，目前几乎被禁绝了。

后来葡萄酒酿造的方法，从波斯、埃及传到希腊、罗马、高卢（即法国）。然后，葡萄酒的酿造技术和消费习惯由希腊、意大利和法国，传到欧洲各国。

## 二、 欧洲葡萄酒起源

由于欧洲人信奉基督教，基督教徒把面包和葡萄酒称为“我的肉，我的血”，把葡萄酒视为生命中不可缺少的饮料酒，所以葡萄酒在欧洲国家就发展起来。

希腊是欧洲最早开始种植葡萄与酿制葡萄酒的国家，一些航海家从尼罗河三角洲带回葡萄和酿酒的技术。葡萄酒不仅是他们璀璨文化的基石，同时还是日常生活中不可缺少的一部分。在希腊荷马的史诗（Iliad 和 Odyssey）中就有很多关于葡萄酒的描述，《伊利亚特》中葡萄酒常被描绘成为黑色，而他对人生实质的理解也表现为一个布满黑葡萄具田园风情的葡萄园。据考证，古希腊爱琴海盆地有十分发达的农业，人们以种植小麦、大麦、油橄榄和葡萄为主。大部分葡萄果实用于做酒，剩余的制干。几乎每个希腊人都有饮用葡萄酒的习惯。酿制的葡萄酒被装在一种特殊形状的陶罐里，用于贮存和贸易运输，这些地中海沿岸发掘的大量容器足以说明当时的葡萄酒贸易规模和路线，显示出葡萄酒是当时重要的贸易货品之一。在美锡人（Mycenaens）时期（公元前1600～前1100年），希腊的葡萄种植已经很兴盛，葡萄酒的贸易范围到达埃及、叙利亚、黑海地区、西西里和意大利南部地区。

葡萄酒不仅是贸易的货物，也是希腊宗教仪式的一部分，公元700年前，希腊人就会举行葡萄酒庆典以表现对神话中酒神的崇拜。对葡萄酒和与醉酒有关的狄俄尼索斯（Dionysus）神的崇拜礼仪以及葡萄栽培，盛行整个希腊。狄俄尼索斯神是希腊的葡萄酒神，也是希腊最重要、最复杂的神之一。狄俄尼索斯神在希腊意味着快乐的生活、游戏与盛大的节日，因为他喜欢端着酒置身于女祭司们的喧闹之中。希腊人认为他是出自于某种盛典节日之时的保护神。

## 三、 公元前6世纪

希腊人把葡萄通过马赛港传入高卢（现在的法国），并将葡萄栽培和葡萄酒酿造技术传给了高卢人。但在当时，高卢的葡萄和葡萄酒生产并不重要。罗马人从希腊人那里学会了葡萄栽培和葡萄酒酿造技术后，在意大利半岛全面推广葡萄酒，很快就传到了罗马，并经由罗马人之手传遍了全欧洲。在公元1世纪时葡萄树遍布整个罗纳河谷（Rhne Valley）；2世纪时葡萄树遍布整个勃艮第（Burgundy）和波尔多（Bordeaux）；3世纪时已扩抵卢瓦尔河谷（Loire Valley）；最后在4世纪时出现在香槟区（Champagne）和摩泽尔河谷（Moselle Valley），原本非常喜爱大麦啤酒（cervoise）和蜂蜜酒（hydromel）的高卢人很快地爱上葡萄酒并且成为杰出的葡萄果农。由于他们所产生的葡萄酒在罗马大受欢迎，使得罗马皇帝杜密逊（Domitian）下令拔除高卢一半的葡萄树以保证罗马本地的葡萄果农。

葡萄酒是罗马文化中不可分割的一部分，曾为罗马帝国的经济做出了巨大的贡献。随着罗马帝国势力的慢慢扩张，葡萄和葡萄酒又迅速传遍法国东部、西班牙、英国南部、德国莱茵河流域和多瑙河东边等地区。在这段期间，有些国家曾实施禁止种植葡萄的禁令，不过，葡萄酒还是在欧陆上大大风行。其后罗马帝国的农业逐渐没落，葡萄园也跟着衰落。古罗马人喜欢葡萄酒，有历史学家将古罗马帝国的衰亡归咎于古罗马人饮酒过度而人种退化。

## 四、 4世纪

4世纪初罗马皇帝君士坦丁（Constantine）正式公开承认基督教，在弥撒典礼中需要用到葡萄酒，助长了葡萄树的栽种。当罗马帝国于5世纪灭亡以后，分裂出的西罗马帝国（法国、意大利北部和部分德国地区）里的基督教修道院详细记载了关于葡萄的收成和酿酒的过程。这些巨细靡遗的记录有助于培植出在特定农作区最适合栽种的葡萄品种。葡萄酒在中世纪的发展得益于基督教会。圣经中521次提及葡萄酒。耶稣在最后的晚餐上说“面包是我的肉，葡萄酒是我的血”，基督教把葡萄酒视为圣血，教会人员把葡萄种植和葡萄酒酿造作为工作。葡萄酒随传教士的足迹传遍世界。

768～814年统治西罗马帝国（法兰克王国）的加洛林王朝的“神圣罗马帝国”皇帝——查理曼（Charlemagne），其权势也影响了此后的葡萄酒发展。这位伟大的皇帝预见了法国南部到德国北边葡萄园遍布的远景，著名勃艮第产区的“可登-查理曼”顶级葡萄园（Grand Cru Corton-Charlemagne）也曾经一度是他的产业。法国勃艮第地区的葡萄酒，可以说是法国传统葡萄酒的典范。但很少人知道，它的源头竟然是教会——西多会（Cistercians）。

西多会的修道士们可以说是中世纪的葡萄酒酿制专家，这故事源于1112年。当时，一个名叫杜方丹（Bernard de Fontaine）的信奉禁欲主义的修道士带领304个信徒从克吕尼（Cluny）修道院叛逃到勃艮第葡萄产区的科尔多省，位于博恩（Beaune）北部西托（Citeaux）境内一个新建的小寺院，建立起西多会。西多会的戒律十分残酷，平均每个修道士的寿命为28岁，其戒律的主要内容就是要求修道士们在废弃的葡萄园里砸石头，用舌头尝土壤的滋味。在伯纳德死后，西多会的势力扩大到科尔多省的公区酿制葡萄酒，进而遍布欧洲各地的400多个修道院。

西多会的修士，沉迷于对葡萄品种的研究与改良。20世纪杰出的勃艮第生产商拉鲁列洛华（Lalou Bize-Leroy）相信西多会修士会用尝土壤的方法来辨别土质，事实上正是这些修道士先提出“土生”（Cru）的概念，即相同的土质可以培育出味道和款式一样的葡萄，也就是他们培育了欧洲最好的葡萄品种。在葡萄酒的酿造技术上，西多会的修士正是欧洲传统酿酒灵性的源泉。大约13三世纪，随着西多会的兴旺，遍及欧洲各地的西多会修道院的葡萄酒赢得了越来越高的声誉。14世纪阿维翁（Avignon）的主教们就特别偏爱勃艮第酒，豪爽的勃艮第菲利普公爵就是他的葡萄酒的名公关：1360年在布鲁日（Bruges）的天主教会议上，与会者能喝多少酒，他就提供多少，当然博恩的稀有葡萄酒，就仅仅能够提供他们尝一点的量了。

“饮少些，但要好”（drink less but letter）是葡萄酒的一句不朽的谚语。不过从那时起至今，上等的红勃艮第的确从来没有大规模发展过，用小桶小批量地生产，是他们的游戏特色。尤其是1789年法国革命后，由于修道院的解散和旧制度的贵族庄园被清算，勃艮第地区的葡萄园也化整为零。

## 五、15～16世纪

这一时期，欧洲最好的葡萄酒被认为就出产在这些修道院中，16世纪的挂毯描绘了葡萄酒酿制的过程，而勃艮第地区出产的红酒则被认为是最上等的佳酿。此期间葡萄栽培和葡萄酒酿造技术传入南非、澳大利亚、新西兰、日本、朝鲜和美洲等地。

等到哥伦布发现新大陆后，西班牙和葡萄牙的殖民者、传教士在16世纪将欧洲的葡萄品种带到南美洲，在墨西哥、加利福尼亚半岛和亚利山那等地栽种。后来，英国人试图将葡萄栽培技术传入美洲大西洋沿岸，可惜的是，美洲东岸的气候不适合栽种葡萄，尽管作了多次努力，但由于根瘤蚜、霜霉病和白粉病的侵袭以及这一地区气候条件的影响，使这里的葡萄栽培失败了。到19世纪中期，有人利用嫁接的技术将欧洲葡萄品种植在美洲葡萄植株上，利用美洲葡萄的免疫力来抵抗根瘤蚜的病虫害。至此美洲和美国的葡萄酒业才又逐渐发展起来，现在南北美洲都有葡萄酒生产，著名的葡萄酒产区有阿根廷、加利福尼亚与墨西哥等地。

在中古世纪后，葡萄酒被视为快乐的泉源，幸福的象征，并在文艺复兴时代，造就了许多名作。

## 六、 17～18世纪

法国开始雄霸整个葡萄酒王国，波尔多和勃艮第两大产区的葡萄酒始终是两大梁柱，代表了两个主要不同类型的高级葡萄酒：波尔多的厚实和勃艮第的优雅，成为酿制葡萄酒的基本准绳。然而这两大产区，产量有限，并不能满足全世界所需。于是在第二次世界大战后的20世纪60～70年代开始，一些酒厂和酿酒师便开始在全世界找寻适合的土壤、相似的气候来种植优质的葡萄品种，研发及改进酿造技术，使整个世界葡萄酒事业兴旺起来。尤以美国、澳洲采用现代科技、市场开发技巧，开创了今天多彩多姿的葡萄酒世界潮流。以全球划分而言，基本上分为新世界及旧世界两种。新世界代表的是由欧洲向外开发后的酒，如美国、澳洲、新西兰、智利及阿根廷等葡萄酒新兴国家。而旧世界代表的则主要是有百年以上酿酒历史的欧洲国家，如法国、德国、意大利、西班牙和葡萄牙等国家。

相比之下，欧洲种植葡萄的传统更加悠久，绝大多数葡萄栽培和酿酒技术都诞生在欧洲。除此之外，新、旧世界的根本差别在于："新世界"的葡萄酒倾向于工业化生产，而"旧世界"的葡萄酒更倾向于手工酿制。手工酿出来的酒，是一个手工艺人劳动的结晶，而工业产品是工艺流程的产物，是一个被大量复制的标准化产品。

## 七、 近代世界的葡萄酒

以美国、澳大利亚为代表，还有南非、智利、阿根廷、新西兰等，基本上属于欧洲扩张时期的原殖民地国家，这些国家生产的葡萄酒被称为新世界葡萄酒。

新世界葡萄酒更崇尚技术，多倾向于工业化生产，在企业规模、资本、技术和市场上都有很大的优势。同时新世界酒庄还大规模地把休闲旅游引入酒庄，更利于向葡萄酒爱好者推广葡萄酒文化。中国作为葡萄的新兴市场，其葡萄酒也被认为是新世界的葡萄酒。

老（旧）世葡萄酒以法国、意大利为代表，还包括西班牙、葡萄牙、德国、奥地利、匈牙利等，主要是欧洲国家，这些国家生产的葡萄酒被称为旧世界葡萄酒。

旧世界葡萄酒注重个性，通常种植为数众多、各品种的葡萄。在葡萄园管理方面主要依赖人工，并严格限制葡萄产量以保证葡萄酒的质量。

葡萄酒新世界以现代技术酿造，果香突出，容易入口，具有更强的亲和力。因此，更容易受到现代年轻人的青睐，新世界葡萄酒国家的平民化、大众化已成为许多葡萄酒迷的首选。

目前为止，近代世界的葡萄酒产量仍由欧洲最多，其中又以意大利为世界第一。每年都有大量葡萄酒出口到法国、德国和美国，出口量居世界首位。

法国、意大利、西班牙成为当今世界葡萄酒的“湖泊”。欧洲国家也是当今世界人均消费葡萄酒最多的国家。欧洲国家葡萄酒的产量，占世界葡萄酒总产量的80%以上。

## 第二节 中国葡萄酒发展史

中国是人类和葡萄的起源中心之一。原产于我国的葡萄属植物约有30多种(包括变种)。例如分布在我国东北、北部及中部的山葡萄，产于中部和南部的葛藟，产于中部至西南部的刺葡萄，分布广泛的蘡薁等，都是野葡萄。

实际上，最原始的“酒”是野生浆果经过附在其表皮上的野生酵母自然发酵而成的果酒，称为“猿酒”，意思是这样的酒是由我们的祖先发现并“造”出来的。因此，葡萄酒应是“古而有之”了。

我国早期关于葡萄属植物的文字记载，曾把葡萄称为“蒲陶”、“蒲萄”、“蒲桃”、“葡桃”等，葡萄酒则相应地称为“蒲陶酒”等。此外，在古汉语中，“葡萄”也可以指“葡萄酒”。关于葡萄两个字的来历，李时珍在《本草纲目》中写道：“葡萄，《汉书》作蒲桃，可造酒，人酺饮之，则醄然而醉，故有是名。”“酺”是聚饮的意思，“醄”是大醉的样子。按李时珍的说法，葡萄之所以称为葡萄，是因为这种水果酿成的酒能使人饮后醄然而醉，故借“酺”与“醄”两字，称为葡萄。

我国最早有关葡萄的文字记载见于《诗经》。

《诗·周南·蓼木》：“南有蓼木，葛藟累之；乐只君子，福履绥之。”

《诗·王风·葛藟》：“绵绵葛藟，在河之浒。终远兄弟，谓他人父。谓他人父，亦莫我顾。”

《诗·豳风·七月》：“六月食郁及薁，七月亨葵及菽。八月剥枣，十月获稻，为此春酒，以介眉寿。”

从以上三首诗，可以了解到在《诗经》所反映的殷商时代（公元前17世纪初至约公元前11世纪），人们就已经知道采集并食用各种野葡萄了。

《周礼》是儒家经典之一，搜集了周王室官制和战国时代各国制度，并添附了儒家政治理想。文繁事富，体大思精，学术治术无所不包，历来为学者所重。《周礼·地官司徒》记载："场人，掌国之场圃，而树之果蓏、珍异之物，以时敛而藏之。"郑玄注："果，枣、李之属。蓏，瓜、瓠之属。珍异，蒲桃、枇杷之属。"这句话译成今文就是："场人，掌管廓门内的场圃，种植瓜果、葡萄等物，按时收敛贮藏。"这样，在约3000年前的周朝，我国就有了家葡萄和葡萄园，人们已知道怎样贮藏葡萄。在当时，葡萄是皇室果园的珍异果品。

那么我国的葡萄酒究竟起源于何时？这一直未有很有说服力的证据。近年有人认为在3000多年前的商代我国已有了葡萄酒。据有关资料，1980年在河南省发掘的一个商代后期的古墓中，发现了一个密闭的铜卣。经北京大学化学系分析，铜卣中的酒为葡萄酒［牛立新．保藏三千年的葡萄酒．酿酒，1987，(5)：14.］。至于当时酿酒所采用的葡萄是人工栽培的还是野生的尚不清楚。另有考古资料表明，在商代中期的一个酿酒作坊遗址中，有一陶瓮中尚残留有桃、李、枣等果物的果实和种仁（唐云明等．试论河北酿酒资料的考古发现与我国酿酒的起源．水的外形，火的性格——中国酒文化研究文集．广州：广东人民出版社，1987.）。尽管没有充足的文字证据，但以上考古资料说明在商周时期，除了谷物原料酿造的酒之外，其他水果酿造的酒也占有一席之地。

## 一、 中国古代葡萄酒的酿法

中国古代葡萄酒的酿造技术主要有自然发酵法和加曲法，后一种，有画蛇添足之嫌，说明了中国酒曲法酿酒的影响根深蒂固。

### 1. 自然发酵法

葡萄酒无需酒曲也能自然发酵成酒，从西域学来的葡萄酿酒法应是自然发酵法。唐代苏敬的《新修本草》云："凡作酒醴须曲，而蒲桃、蜜等酒独不用曲。"葡萄皮表面本来就生长有酵母菌，可将葡萄发酵成酒。

元代诗人曾写过一首诗，记载了当时的自然发酵法：

翠虬天桥飞不去，颔下明珠脱寒露。
垒垒千斛昼夜春，列瓮满浸秋泉红。
数霄酝月清光转，浓腴芳髓蒸霞暖。
酒成快泻宫壶香，春风吹冻玻璃光。
甘逾瑞露浓欺乳，曲生风味难通谱。
纵教典却鹔鹴裘，不将一斗博凉州。

### 2. 加曲发酵法

由于我国人民长期以来用曲酿酒，在中国人的传统观念中，酿酒时必须加入酒曲，再加上技术传播上的障碍，有些地区还不懂葡萄自然发酵酿酒的原理。于是在一些记载葡萄酒酿造技术的史料中，可看到一些画蛇添足、令人捧腹的做法。如北宋的著名酿酒专著《北山酒经》中所收录的葡萄酒法，带上了黄酒酿造法的烙印。其法是："酸米入甑蒸，气上，用杏仁五两（去皮尖）。蒲萄二斤半（浴过，干，去皮，子），与杏仁同于砂盆内一处，用熟浆三斗，逐旋研尽为度，以生绢滤过，其三半熟浆泼，饭软，盖良久，出饭摊于案上，依常法候温，入曲搜拌。”该法中葡萄经过洗净，去皮及子，正好把酵母菌都去掉了。而且葡萄只是作为一种配料。因此不能称为真正的葡萄酒。葡萄并米同酿的做法甚至在元代的一些地区仍在采用。如元代诗人元好问在《蒲桃酒赋》的序言中写到：“刘邓州光甫为予言：吾安邑多蒲桃，而人不知有酿酒法，少日尝与故人许仲祥，摘其实并米饮之，酿虽成，而古人所谓甘而不饴，冷而不寒者，固已失之矣。”

## 二、 近代中国的葡萄酒

清末民国初，葡萄酒不仅是王公、贵族的饮品，在一般社交场合以及酒馆里也都饮用。这些都可以从当时的文学作品中反映出来。曹雪芹的祖父曹寅所作的《赴淮舟行杂诗之六相忘》写道：

短日千帆急，湖河簸浪高。
绿烟飞蛱蝶，金斗泛葡萄。
失薮衰鸿叫，搏空黄鹄劳。
蓬窗漫抒笔，何处写逋逃。

曹寅官至通政使、管理江宁织造、巡视两淮盐漕监察御史，都是些实实在在的令人眼红的肥缺，生前享尽荣华富贵。这首诗说明，葡萄酒在清朝仍然是上层社会常饮的樽中美酒。费锡璜的《吴姬劝酒》中也写出了当时社交场合饮用葡萄酒的情景。

清末 1892 年，华侨实业家张弼士在山东烟台开办张裕葡萄酿酒公司，从西方引入了优良的葡萄品种，并引入了机械化的生产方式，这是我国第一个现代的葡萄酒厂。从此我国的葡萄酒生产技术上了一个新台阶。

新中国成立后，从 20 世纪 50 年代末到 60 年代初，葡萄酒工业得到了国家重视，有了迅速发展，不仅老厂如张裕酿酒公司等进行了改造与发展，还在河北、天津、青岛、黄泛区（河南、安徽、江苏）、通化、长白山等地建立了新厂，我国又从保加利亚、匈牙利、前苏联引入了酿酒葡萄品种和酿酒先进设备，生产出一批优质葡萄酒，在国内外有一定的声誉。

20 世纪 70 年代，我国自己也开展了葡萄品种的选育工作。目前，我国在新疆、甘肃的干旱地区，在渤海沿岸平原、黄河故道、黄土高原干旱地区及淮河流域、东北长白山地区建立了葡萄园和葡萄酒生产基地，新建的葡萄酒厂在这些地区也得到了长足的发展。

改革开放以来，随着国际交流的发展，国家非常重视葡萄酒工业的发展，通过引进、消化、吸收国外酿酒工艺及设备，我国葡萄酒行业的酿酒水平有了很大提高。目前，我国葡萄酒生产企业已遍布山东、河北、河南、安徽、北京、天津等 26 个省、市，产品得到国内消费者青睐，占领了国内葡萄酒销售市场的主导地位，并有部分企业的产品已出口到法国、美国、英国、荷兰、比利时等十几个国家和地区。

2010 年，世界人均葡萄酒消费量约为 7 L，其中美国 45L，阿根廷 38L，而我国人均消费量不足0.5L，仅为世界平均水平的6%。我国拥有世界上最大的葡萄酒消费潜在市场，“十二五”期间，随着人民收入水平的提高、葡萄酒文化和知识的普及，以及消费者对营养健康的重视，低酒精度的葡萄酒在酒类消费中的比例将继续增加，为行业发展提供了空间。

# 第三节 中国葡萄酒产业与国内外葡萄酒品牌

## 一、中国十大葡萄酒产业

① 长城葡萄酒（干红葡萄酒）（中国名牌，中国驰名商标，国家免检产品）。
② 张裕葡萄酒（解百纳/干红）（中国名牌，中国驰名商标，国家免检产品）。
③ 王朝葡萄酒（中国名牌，中国驰名商标，国家免检产品）。
④ 威龙葡萄酒（干红葡萄酒）（中国名牌，中国驰名商标，国家免检产品）。
⑤ 通化葡萄酒（中国名牌，中国驰名商标）。
⑥ 新天葡萄酒（中国名牌，国家免检产品）。
⑦ 丰收葡萄酒（中国名牌）。
⑧ 香格里拉葡萄酒（国家免检产品）。
⑨ 华夏五千年（中国驰名商标）。
⑩ 云南红/滇云（中国名牌，国家免检产品）。

## 二、国内外的葡萄酒知名品牌

### 1. 中国的葡萄酒知名品牌

有天津中法合营葡萄酿酒有限公司生产的王朝白葡萄酒、中国长城葡萄酒有限公司生产的长城牌白葡萄酒、北京夜光杯葡萄酒厂生产的中国红葡萄酒、张裕葡萄酒公司生产的烟台红葡萄酒、张裕味美思和张裕金奖白兰地酒、中国通天酒业集团有限公司生产的通天山葡萄酒、通化葡萄酒公司生产的中国通化葡萄酒、中外合资华东葡萄酿酒有限公司生产的青岛意斯林和佳美布祖利等。

### 2. 国外的知名品牌

有法国的波尔多玛格丽红葡萄酒、法国的巴黎宫古堡、德国的雷司令葡萄、西班牙葡萄酒中的皇家珍藏等、意大利的斯安妮巴希迪（Barone Ciani Bassetti）和嘉·伐加洛（Cà Foscolo）、智利的卡丽德拉（Caliterra）、卡门（Carmen）、孔查依托罗（Concha Y Toro）等知名葡萄酒品牌。

## 三、法国五大名庄

### 1. 拉菲庄园（Chateau Lafite Rothschild）

拉菲是波尔多红酒当中最出众的，早在1855年的评级表中，拉菲已经排名第一。当年的排名是以该葡萄酒的售价、酒质及知名度为标准的。拉菲的特性是平衡、柔顺（陈年酒），入口有浓烈的橡木味道。有些热爱雪茄的朋友认为，拉菲入口带有夏湾拿雪茄盒的独有香味，十分特别。

**2. 拉图庄园（Latour Chateau Latour）**

由于庄园中有一个历史悠久的塔，拉图庄园即以“塔”命名，法文中的 Latour 意指“塔”。在不少酷爱波尔多葡萄酒的酒客心目中，拉图庄园酒是“葡萄酒中的王者”。拉图庄园酒的风格雄浑刚劲、余味悠长，有一部分原来喜欢饮用烈酒的酒客，因为健康的原因转而饮用酒精度较低的葡萄酒，拉图成为他们最佳的选择。

**3. 玛高庄园（Chateau Margaux）**

玛高同时是美度地区其中一个产区的名称，能够用产区的名称命名庄园，说明这个庄园在此地区极具代表性，其酒质也有过人之处。玛高庄园酒的特性是有复杂的香味，如果碰上上佳年份，还会有紫罗兰的花香。成熟的玛高酒酒质比较柔顺、平和，具有阴柔之美和女性化倾向，因此如果说拉图庄园酒是酒中之王，那么玛高庄园酒就是酒中之后了。它的最大特色是混合了两种极端的特色，柔顺有丰富果味和强劲且回味悠长的完美结合。

**4. 武当鲁齐庄园（Chateau Mouton Rothschild）**

武当鲁齐庄园与拉菲庄园同属于罗富齐家族所有，武当（Mouton）法文愿意是指“羊”，这是因为庄园所在地以前是最适合放羊人牧羊的山坡，所以称之为“羊庄”。武当酒的风格比较另类，价格介于拉菲和拉图之间，特别是它的酒香十分独特，带有浓烈的莫加咖啡香味，喜欢咖啡的朋友会特别钟爱。

**5. 奥比康庄园（Chateau Haut-Brion）**

奥比康庄园坐落于距离波尔多市中心不远的格拉夫（Graves）产酒区，虽然它不再美度区内，但在 1855 年进入了美度区的排名中。奥比康庄园酒的特性是带有格拉夫产区特有的泥土和矿物气息，口感浓烈而复杂。奥比康庄园酒可以早饮用而不觉得太涩。如果收藏一段时间，它的复杂性与潜能就会发挥出来，令人觉得它是绝佳的好酒，所以有人说它是“美女酒”，气质逼人、越陈越美。它的酒香非常复杂，同时具有烟味、焦味、黑莓和轻微的松露香。

## 四、 中国的葡萄酒知名庄园的发展现状

**1. 中国葡萄酒庄的发展现状**

在我国，葡萄酒产销量虽然远不及白酒、啤酒，但自 2000 年开始，随着新一轮消费升级大潮的汹涌来袭，葡萄酒行业再次驶入发展的快车道。尤其是近年以来，上层主流社会对葡萄酒的热爱与追捧，带动了普通居民的消费急剧上升，葡萄酒行业的发展一路高歌猛进，中国葡萄酒俨然进入了鼎盛时期。

竞争的加剧使得葡萄酒行业逐渐分化，形成了国外高端奢侈酒、国内一线品牌、二线品牌（包括大量的国外杂牌），以及数量众多的三线品牌共生共荣的局面。同时，各酒企为了进一步获取利润，纷纷寻找行业新的增长点。

于是，从2002年左右起，酒庄酒的概念开始在国内浮现，到近两年来全国各地庄园计划风生水起，不亦乐乎。有趣的是，国内众多中小企业，亦运用种种手段进行包装或伪装，也相继推出了“酒庄酒”。此时，酒庄酒的概念再次凸显在国人面前。

**2. 中国酒庄酒大环境**

（1）从技术上看　“七分原料，三分工艺”，这是葡萄酒界公认的标准。葡萄酒产品品质在很大程度上受到酿酒葡萄质量的制约，因为并非任何地方都拥有种植酿酒葡萄的独特自然环境。中国葡萄酒行业长期的健康发展与酿酒葡萄种植基地的良性支撑之间又息息相关。优秀的葡萄酒庄园的建立也与优质的葡萄种植基地紧密相连。

从全球范围内来看，法国的波尔多、勃艮第，美国的纳帕山谷，意大利的托斯卡纳，西班牙的里奥哈，以致到中国的烟台，由于其产区独特的性格，使得原产地的出处已经天然成为了每一瓶葡萄酒背后的品质证明。

我国酿酒葡萄生产正在朝着区域化、基地化、良种化的方向发展，在中国北纬45°～25°广阔的地域里，分布着各具特色的葡萄酒产地。目前已经基本形成了东北通化产区、甘肃武威产区、渤海湾产区、新疆吐鲁番产区、怀涿盆地产区、新疆石河子产区、山西清徐产区、黄河故道产区、银川产区以及云南高原产区等十大葡萄酒产区。杰西丝·罗宾逊在《世界葡萄酒地图》中指出，北纬44°是酿酒葡萄的最佳纬度。宁夏、山东、新疆、甘肃、河北等地都成为国内外投资者投资葡萄酒庄园经济的热土。

（2）从市场环境来看　长期来看我国葡萄酒发展空间巨大，目前我国葡萄酒人均消费量仅为0.38L，不到世界平均水平的1/10。

据世界葡萄酒行业报告预测，在2010年中国葡萄酒消费结构中，高、中、低档酒的比例分别为50%、40%、10%，其中高档葡萄酒最近三年的年均销量增长50%，酒庄酒的销量年均增长则达到了100%，高端消费市场的放量增长已经成为中国酒庄涌现的最大诱因。

（3）从中国酒类产量的数据来看　2009年11月，白酒产量72.23万吨，同比增长27.5%，增速保持较高的水平，1～11月份产量累计同比增长22.2%；11月啤酒产量251万吨，同比下滑4.8%，1～11月累计产量同比增速为6.4%；11月规模以上企业黄酒产量10.83万吨，同比小幅增长6.6%。11月规模以上企业葡萄酒产量11万吨，同比增长57.1%。

**3. 中国葡萄酒庄的分布及案例展示**

中国是世界葡萄主要生产国之一，酿酒葡萄一直是中国葡萄生产的一个主要组成部分。2008年全国酿酒葡萄栽培总面积约70万亩（1亩＝666.67$m^2$）。主要分布在中国北纬45°～25°广阔的地域里。当前中国的酒庄，主要分布在山东、河北、北京、宁夏、新疆等地。

渤海湾产区是我国目前酿酒葡萄种植面积最大、品种最优良的产地，葡萄酒的产量占全国总产量的2/3。

烟台是世界七大优质葡萄海岸之一，目前酿酒葡萄基地只有21.5万亩，葡萄酒年产量是全国的1/4，产值占全国的1/2。烟台已经拥有了张裕、长城、威龙三个全国性品牌，还大力引进其他知名品牌落户烟台。烟台葡萄酒产区已经成为国内规模最大的葡萄酒产区，卢龙、昌黎产区紧随其后。

(1) 容辰酒庄　隶属河北怀来容辰葡萄酒公司，占地200hm$^2$，这座建于1997年的私人酒庄种有世界名种酿酒葡萄赤霞珠、梅乐、莎当妮等。酒庄的大门赫然悬挂着“联合国教科文组织农村教育研究与培训中心联系基地”的招牌，年产量在300t左右。

(2) 张裕·卡斯特酒庄　张裕·卡斯特酒庄是张裕集团与法国葡萄酒业巨头卡斯特集团于2001年成功签订合作协议并合力打造中国第一座严格遵循3S原则兴建的世界级葡萄酒庄园，位于山东烟台，集旅游、观光、娱乐休闲及生产高档酒庄酒功能为一体，占地2000余亩，其中优质葡萄园占地约1800亩，由展示区、放映区、销售区、休闲厅、酒吧和生产车间等部分组成。

(3) 烟台瑞事临酒庄　位于山东蓬莱解宋营东南部，布局为酒堡、绿色葡萄种植园和文化休闲服务山庄三个部分，建筑面积达7000m$^2$，其中酒窖面积占超过2500m$^2$。公园拥有葡萄园1000亩，年生产能力达5000t，酒庄生产车间为透明设计，游客可以亲眼看到葡萄酒的主要生产流程。它是集葡萄种植、葡萄品种研发、生产加工和观光旅游于一体的标准酒庄。被国家级葡萄酒评委孙方勋称为“目前中国首位民营企业家创造的具有国际水准的真正的酒堡”。

(4) 伊司顿葡萄酒庄　在山东牟平养马岛度假区，该项目是伊司顿酒庄有限公司以欧式酿酒方式为主，兼集旅游、休闲、娱乐于一体，项目于2007年10月开工建设，年可生产葡萄酒1000千升，贮存能力1500千升。

(5) 君顶酒庄　位于山东蓬莱南王山谷，是中粮集团有限公司与隆华投资集团有限公司合资兴建，酒庄内不仅拥有8000m$^2$地下酒窖，更有葡萄酒文化交流中心、葡萄酒主题商场、君顶会所以及凤凰湖、马场等多项休闲景观。酒庄从葡萄的采摘、压榨、酿造、贮存到灌装，直至葡萄酒品鉴，为客人提供全方位的葡萄酒文化体验之旅。

(6) 张裕爱斐堡国际酒庄　由张裕葡萄酒集团公司、葡萄牙维诺克公司、北京晴朗生态农业科技发展有限公司共同投巨资兴建的国际化法式建筑内格酒庄。酒庄位于密云东侧京承高速收费站旁，具有得天独厚的地理位置交通便利。酒庄依山而建自然风景秀丽景色宜人，是集红酒酿造、旅游、度假、会议、会员于一体的超五星级标准大型中外合资企业。

(7) 张裕黄金冰谷冰酒酒庄　冰酒酒庄位于辽宁省恒龙湖畔，平均海拔380m，葡萄连片种植，缓坡向阳。拥有5000亩冰葡萄基地，计划年产冰酒约1000t。现有葡萄品种是加拿大引进的冰葡萄品种威代尔（Vidal）。

(8) 西夏王酒庄　由宁夏西夏王葡萄产业集团公司与上海慧彬企业发展有限公

司、法国裴狄特派瑞斯公司三方合作开发，以土地、资金、技术、品牌进行合作，在宁夏境内的贺兰山东麓产区投资1.2亿元建设集葡萄种植、葡萄酒加工和旅游为一体的经济产业基地，年产3000千升的葡萄酒庄园。主要生产“西夏王——裴狄特派瑞斯”顶级酒庄酒，开发上海、浙江等沿海市场，从而提升宁夏原产地的葡萄酒庄档次和地位。

(9) 龙徽葡萄酒庄园　位于怀来小南辛堡镇定州营村南，建设用地145亩，北京龙徽酿酒有限公司将其分为庄园城堡、特选葡萄酒种植园、葡萄酒庄酿造与生产三部分，将以葡萄酒庄园为基础，集高档葡萄酒酿造、高档葡萄酒陈酿和灌装生产、工农业旅游、专业人士参观交流活动为一体。据介绍，项目建成投产后，计划年发酵生产能力5000千升，其中生产庄园级葡萄酒1000千升，特级庄园葡萄酒30千升。

(10) 莫高国际酒庄　酒庄位于甘肃国家级兰州经济技术开发区，占地90余亩，前期投资为1.8亿元，年产干红葡萄酒至少20000千升以上。其隶属甘肃莫高实业发展股份有限公司。

(11) 南山庄园　烟台的南山庄园葡萄酒有限公司是个庄园式的现代化葡萄酒公司，2001年由南山集团投资2亿元建成。南山庄园建立了20000亩优质葡萄酒基地，种植着蛇龙珠葡萄、赤霞珠葡萄、品丽珠葡萄、贵人香和雷司令葡萄等世界优质酿酒品种，为生产南山庄园葡萄酒提供了优质而丰富的原料保证。庄园拥有从德国、法国、意大利等地引进的先进成套酿酒设备，年设计生产能力为优质葡萄酒50000t，白兰地5000t。

(12) 华夏酒庄　凭借河北昌黎县得天独厚的自然地理优势，华夏首家引进国际名种赤霞珠、梅鹿辄、霞多丽、黑比诺等脱毒苗木，最早建成了国内最大的酿酒葡萄基地，实现了“原料基地化、基地良种化、良种区域化”，使天赐好产地、好年份与最适合这里生长的好品种完美结合。与此同时，先后从德国、法国、意大利、美国引进发酵、陈酿、净化、深层过滤、冷稳定、灌装等国际先进全套设备，保证了现代管理模式和现代生产工艺的高效运行。

(13) 新疆西域酒庄　酒庄位于新疆天山北麓准噶尔盆地南缘的石河子市，总面积4万余亩，引天山远古山水浇灌着这万亩葡萄园，葡萄园中汇集着世界各地优良酿酒葡萄近200种，主要有赤霞珠、梅鹿辄、品丽珠、黑比诺和雷司令、霞多丽、白诗尔、贵人香、白羽，隶属新疆西域酒业有限公司。

(14) 瑞云酒庄　位于河北怀来，是专门生产高档葡萄酒庄小型酒庄。瑞云酒庄位于长城脚下的“中国葡萄酒之乡”河北怀来县，是唯一可以看到长城的酒庄。

(15) 波龙堡酒庄　中国有机红酒第一酒庄——波龙堡酒庄，隶属北京波龙堡葡萄酒业有限公司，成立于1999年，位于北京市房山区八十亩地村雾岚山，是由中法合资共同兴建的。其中，葡萄种植基地占地70$hm^2$，年生产葡萄酒250t。与法国八大酒庄种植与生产的规模一致。

(16) 华东·百利酒庄　青岛华东葡萄酿酒有限公司的华东·百利酒庄由英国

人百利建造，完全按欧洲酒庄模式建造的中国第一座葡萄酒酒庄。

(17) 长城庄园　长城庄园隶属烟台绿色长城葡萄酒庄园有限公司，坐落在山东烟台，占地 50000$m^2$，拥有自己的葡萄园种植基地及万亩合作葡萄种植基地、万亩合作葡萄种植园，为国内较大规模的葡萄酒酿造生产基地之一，拥有年产高档酒庄酒 1000 千升的生产能力，总投资上亿元。

(18) 红叶庄园　红叶庄园隶属红叶葡萄酒有限公司，位于北京延庆，地属桑干河谷地带拥有 1500 亩葡萄基地，年产量 600t，种植有赤霞珠、梅鹿辄、霞多丽、西拉等世界著名优质的酿酒葡萄品种。

(19) 德尚庄园　德尚庄园隶属德尚葡萄酒业有限公司，位于河北省怀来县新堡小七营，占地 10000 余亩，其中具有十年树龄以上的葡萄园就有 3000 多亩，年生产能力 3000t，主要以“德尚庄园”及“官厅庄园”系列干红、干白葡萄酒为主。

# 第四节　葡萄酒的生物技术链

化学是葡萄酒工艺师在葡萄酒的酿造及其质量控制中的主要工具。这是因为，化学分析使人们对葡萄酒成分的了解越来越深入，目前已鉴定出 1000 多种物质：通过气相色谱可以分析出多种芳香物质；通过碳 14 可以鉴定出葡萄酒的年份；通过磁共振可以检验出是否加糖发酵等。但是，事实上，谈到葡萄酒时，首先要谈的是生物化学，这一点无论对于科学家、工程师还是对于普通消费者来说，都是非常重要的。

## 一、葡萄酒的特性

根据国际葡萄与葡萄酒组织的规定 (OIV，1996)，葡萄酒只能是破碎或未破碎的新鲜葡萄果实或葡萄汁经完全或部分酒精发酵后获得的饮料。生产葡萄酒，就是将葡萄这一生物产品转化为另一生物产品——葡萄酒。引起这一转化的主要媒介是一种名为酵母菌的微生物。酵母菌存在于成熟葡萄浆果的果皮上，它可以将葡萄浆果中的糖转化为酒精和其他构成葡萄酒气味和味道的物质。

所以，葡萄酒的关键词就是葡萄和酵母菌。葡萄酒是一种生物产品，它是从葡萄的成熟，到酵母菌及细菌的转化和葡萄酒在瓶内成熟的一系列有序而复杂的生物化学转化的结果。葡萄酒的这一生物学特征使它具有突出特性：多样性、变化性、复杂性、不稳定性和自然特性。

### 1. 多样性

葡萄酒与一些标准产品不同，每一个葡萄酒产区都有其风格独特的葡萄酒。葡萄酒的风格取决于葡萄品种、气候和土壤条件。由于众多的葡萄品种，各种气候、土壤等生态条件，各具特色的酿造方法和不同的陈酿方式，使所生产出的葡萄酒之间存在着很大的差异，产生了多种类型的葡萄酒。每一类葡萄酒都具有其特有的颜色、香气和口感。我们应该尽量保持葡萄酒的多样性。

**2. 变化性**

对外界环境因素的敏感性是生物的一种特性。作为多年生植物，一旦在某一特定地点定植，葡萄就必然受当地每年的外界条件的影响。这些外界因素包括每年的气候条件（降水量、日照、葡萄生长季节的活动积温）和每年的栽培条件（修剪、施肥等）。这些外界因素决定了每年葡萄浆果的成分，从而决定了每年葡萄酒的质量。这就是葡萄酒的“年份”概念。葡萄酒工艺师可以对原料的自然和（或）人为缺陷进行改良，但各葡萄酒产区仍然存在着优质年份和一般年份。

**3. 复杂性**

目前，在葡萄酒中已鉴定出1000多种物质，其中有350多种已被定量鉴定（Navarre，1998）。葡萄酒成分的复杂性，给消费者带来了双重的利益：葡萄酒的成分之多，使制假者无法制造出真正的葡萄酒；同时，葡萄酒的复杂性还是其营养和保健价值的证据，它说明葡萄酒并不是一种简单的酒精水溶液。

**4. 不稳定性**

在葡萄酒的1000多种成分中，包括氧化物、还原物、氧化-还原催化剂（金属或酶）、胶体、有机酸及其盐、酶及其活动底物、微生物的营养成分等。所有这些成分就成为葡萄酒的化学、物理化学和微生物学不稳定性的因素。所以，葡萄酒是一种随时间而不停变化的产品，这些变化包括葡萄酒的颜色、澄清度、香气、口感等。葡萄酒的这一不稳定性构成了葡萄酒的“生命曲线”。不同的葡萄酒都有自己特有的生命曲线，有的葡萄酒可保持其优良的质量达数十年，也有些葡萄酒需在其酿造后的6个月内消费掉。葡萄酒工艺师的技艺就在于掌握并控制葡萄酒的这一变化，使其向好的方向发展，同时，尽量将葡萄酒稳定在其质量曲线的高水平上。但是，在有的情况下，葡萄酒也会生病，它会浑浊、沉淀、失色、失光，甚至变成醋。如果将一瓶葡萄酒开启后，放置在室温下，让它与空气长期接触，它就会很自然地长出酒花或者变成醋，或者会再发酵（如果葡萄酒中含有糖）。此外，对于陈酿多年的葡萄酒，如果出现沉淀（包括色素、丹宁和酒石），也是很正常的。总之，葡萄酒是很脆弱的，它最基本的贮存条件是平放、避光、温度变化小（在10～15℃之间）。

**5. 自然特性**

只需将葡萄浆果压破，存在于果皮上的酵母菌就会迅速繁殖，从每毫升葡萄汁中的几千个细胞增加到几百万个，同时将葡萄转化成葡萄酒。正是因为如此，葡萄酒才成为已知的最古老的发酵饮料。也正因为如此，在人类起源的远古时期就有了葡萄酒。但是，在漫长的历史过程中，葡萄酒的发酵、澄清、稳定等过程多是自然进行的；葡萄酒只能算是“自然葡萄酒”，它自己会浑浊、失色，甚至变成醋，当时的浪费是相当惊人的。

所以，人们一直在寻求稳定葡萄酒的方法。但是，一直到1866年，巴斯德发现了酒精发酵的实质，发明了巴氏消毒法，并开始对葡萄向葡萄酒的转化过程进行控制，从而才诞生了科学的葡萄酒工艺学。也正是由于巴斯德的工作，才诞生了现代微生物学。因此，葡萄酒虽然是自然赐予人类的礼物，但同时也是人类工作的结晶。

## 二、 葡萄酒的质量

葡萄酒的质量很显然是人们追求的目标。但是，什么是葡萄酒的质量呢？一个优质的葡萄酒，一个好酒，应是喝起来让人舒适的葡萄酒。葡萄酒的质量，应是其令消费它的人满意的特性的总体。因此，葡萄酒的质量是一个很主观的概念，它取决于每一个消费者的感觉能力、心理因素、饮食习惯、文化修养和环境条件等。这说明葡萄酒的质量无论在时间上还是在空间上都是多维的和变化的。现在人们喝的葡萄酒不是前辈们所喝的葡萄酒；北方人与南方人具有不同的口味。所以，葡萄酒的质量只有通过消费者才能表现出来，而且受消费者的口味和喜好的影响。

摆在葡萄酒工艺师面前的问题是，如何使自己的产品适应各种消费者的口味。这就需要确定葡萄酒质量的各种构成因素，并通过对原料和酿造工艺的选择来达到这一目标。

那么，葡萄酒质量的构成因素有哪些呢？无论其风格如何，所有喝起来舒适的葡萄酒都有一个共同的特征，即它们表现出平衡，一种在颜色、香气、口感之间的和谐。平衡，是葡萄酒质量的第一要素，所有消费者都不会喜欢某一种感觉（酸、苦、涩）过头，他们喜欢葡萄酒不涩口，丰满，后味良好。所以，平衡是消费者对所有葡萄酒的最低质量要求。葡萄酒质量的第二个要素是风格，即一种葡萄酒区别于其他葡萄酒所独有的个性。这一层次是那些追求个性的消费者所要求的，也是最佳的质量。因此，真正的优质名酒首先必须平衡，而且应具有其独特而优雅的风格。

实际上，葡萄酒的平衡取决于葡萄酒中多种能刺激人们视觉、嗅觉和味觉的物质之间的平衡和某种比例关系。所有葡萄和葡萄酒的构成成分都直接或间接地影响葡萄酒的质量，但其重要性却各不相同，可以简单地将这些成分分为一般成分和特有成分两大类。

一般成分包括糖、含氮物质、盐（特别是钾盐）、发酵产物等，它们虽然影响葡萄酒的质量，但并不是葡萄的特有成分（酒石酸除外），它们存在于所有的发酵饮料产品中。这些成分，与酚类物质一起，构成了葡萄酒的最低质量，即平衡。很多作为发酵微生物的营养物质和生长素的物质、发酵底物、酶等也参与构成葡萄酒的味道和颜色。

葡萄特有的构成成分，由于它们的性质和相互之间的平衡，可使葡萄酒具有其独特的风格和个性。这些物质主要是酚类物质（花色素和丹宁）及芳香物质（包括游离态和结合态）。这两类物质是葡萄酒个性的基本构成成分。香气是给予消费者满足感不可缺少的因素。由于构成葡萄酒香气的物质种类极多，而使香气在葡萄酒中具有特殊的重要性。

香气使葡萄酒具有个性，使每个葡萄酒都具有其区别于其他葡萄酒的独特风格。它取决于葡萄品种、产地，有时也取决于酿造技术（如二氧化碳浸渍发酵）。除风格以外，葡萄酒的香气构成还具有多变性、优雅性和来源的复杂性三个重要特性。

一种香气具有数个构成物，由它们形成一系列围绕一中心特征气味的多个谐波，这些谐波就决定了葡萄酒的多变性。香气多变性的概念具有重要的实践意义，它可指导葡萄酒工艺师在葡萄酒的酿造（特别是白葡萄酒和桃红葡萄酒）过程中，更好地开发潜在的品种香气和发酵香气，特别是保证这两者之间的良好平衡。

香气的优雅性当然也非常重要，一种香气不能是一种一般的、普通的气味，更不能是一种异味。气味可分为好闻的气味和难闻的气味。如果说消费者较难定义香气的质量，但他们对香气的缺陷却非常敏感。例如，由于对原料机械处理不当而带来的生青味，由氧化而形成的破败味甚至马德拉味，由还原而形成的硫味甚至臭鸡蛋味等还原味，由于卫生状况不良而形成的霉味等。

香气的来源非常复杂，一部分香气以游离态或（和）结合态的形式存在于葡萄浆果中，但同时，在葡萄酒酿造的各个阶段，包括原料的采收、破碎、压榨（发酵前香气）、发酵（发酵香气）和葡萄酒的陈酿和贮藏（发酵后香气），还会产生一些新的香气。在这些过程中，任何一个错误都会立即降低葡萄酒的质量。

多酚物质包括丹宁和色素，是构成葡萄酒个性的另一类重要成分。它们主要参与形成葡萄酒的味道、骨架、结构和颜色。

虽然颜色不一定与葡萄酒的口感质量存在着相关性，但它对品尝员判断葡萄酒的质量有很大的影响。如果他喜欢某一葡萄酒的颜色，其对该葡萄酒的总体评价就好。红葡萄酒和桃红葡萄酒的颜色可从瓦红到宝石红到紫红，这取决于黄色素（黄酮）和红色素（花色素苷及其复合物）之间的平衡。而这一平衡又取决于葡萄品种、原料的成熟度、卫生状况以及葡萄酒的酿造技术和取汁工艺。

但是，多酚物质也会间接地影响葡萄酒的香气，它们可加强或掩盖某些香气。丹宁可降低葡萄酒的果香，所以红葡萄酒的多酚物质含量越低，口感越柔和，其果香就越浓郁、越舒适。根据酿造工艺不同，红葡萄酒可果香浓郁，也可丹宁感强。同样，白葡萄酒的多酚物质含量越低，其香气就越好。

构成葡萄酒干浸出物的非挥发性物质（香气的支撑体）与香气（挥发性物质）之间的互作也具有重要的实践意义。

对于香气浓郁、典型的葡萄品种，就需要利用能加强其支撑体以平衡其过浓的香气的酿造和贮藏技术。例如，当用赤霞珠酿酒时，就需通过加强浸渍和在橡木桶中贮藏来加强其丹宁支撑，在橡木桶中的贮藏还会形成香草醛气味和木桶味而使葡萄酒的香气更为馥郁。同样，对麝香味浓的玫瑰香系列品种，应通过提高葡萄酒的酒度和糖度来平衡其过浓的品种香气，所以应用其酿造含糖的葡萄酒或利口酒。

那么，如何利用好质量的构成因素，无论它是一般成分（糖、酒精、酸）还是特有成分（色素、丹宁、芳香物质），如何掌握它们之间的平衡以获得葡萄酒质量所需要的外观、口感和香气三者之间的感官平衡，这就是葡萄酒工艺师在从葡萄原料到消费者的酒杯这一葡萄酒酿造生物技术链中的目标。

## 三、葡萄酒的生物技术链

葡萄酒所要走的路程相当漫长，而且到处是陷阱。它的起点是葡萄原料，即从优良品种的选择到良好的成熟度。

优良的品种是一切的基础，“葡萄酒的一切首先存在于葡萄品种当中”。

在法国的葡萄酒产区，就种植了250多个葡萄品种。这些品种在以下方面都存在着差异。

形态：果穗的形状（果梗的比例），果粒（大小、含汁量、果皮厚度）。

果粒的生物化学特性：含糖量、含酸量、含氮量，酒石酸、苹果酸和氨基酸之间的比例。

特殊生物化学特性：花色素苷和多酚物质的含量，黄色素和红色素之间的比例，芳香物质的含量、种类及其相互之间的比例。

酶学特性：各种酶，特别是多酚氧化酶的含量。

葡萄品种的这些形态学及生物化学特性的差异，就决定了它们之间的工艺特性的差异，即葡萄品种具有工艺特异性。一些品种由于其含糖量高（合成糖量高，适于过熟或贵腐）而适合酿造利口酒（甜型酒），如歌海娜、马卡波、马尔瓦日、玫瑰香、赛美容、长相思、琼瑶浆等。另一些品种则由于含酸量高、含糖量低而适合酿造白兰地，如白玉霓、鸽笼白等。有些品种则由于含糖量适中、含酸量较高而适合酿造起泡葡萄酒，如霞多丽、比诺等。

由此可见，葡萄浆果中的糖-酸（或葡萄酒中酒-酸）平衡关系决定了葡萄品种适于酿造何种类型的葡萄酒。但是，随着对葡萄浆果生物化学认识的不断深入，除了这一相对简单的指标外，还应加入多酚物质和芳香物质两个指标，葡萄浆果的多酚物质和芳香物质决定了葡萄酒的陈酿特性及其香气特性。

因此，除糖-酸平衡关系以外，还可将葡萄品种分为适于酿造结构感强、色深适于陈酿的葡萄酒的品种（如赤霞珠、比诺、西拉、穆尔外德等），以及适于酿造果香味浓、口感柔和的新鲜型葡萄酒的品种（如佳美、神索等）。

一般来说，葡萄酒工艺师可选择一系列相互补充的葡萄品种，以使他所要生产的葡萄酒在保证其风格的前提下达到平衡。例如在法国的罗纳河谷地区的葡萄酒中，佳丽酿带来葡萄酒的骨架、颜色和典型性，神索带来其果香和优雅度，歌海娜带来其醇厚，穆尔外德和和西拉则主要带来葡萄酒的醇香，这就是葡萄的品种结构。因此，各葡萄酒产区在确定其葡萄品种结构时应根据当地的生态条件选择一系列能相互补充、取长补短的葡萄品种结构，以保证所要生产的葡萄酒的风格和典型性。

除葡萄品种这一遗传因素外，葡萄原料的质量还受土壤和气候的影响。产地的土壤和气候决定了葡萄酒的个性和年份。不可能将葡萄品种从其生态系统中孤立起来，“气候、土壤和葡萄苗圃是葡萄园的基础”。同样，也不能将葡萄品种从人为因素中孤立出来。葡萄果农通过其栽培技术，控制葡萄植株的生理，即营养、光合能力、光合产物在葡萄浆果和如主干、枝、叶及根系等其他器官之间的分配。所以，葡萄果农对葡萄原料的产量和质量都起着重要的作用，而葡萄酒工艺师则对此无能为力。但葡萄酒工艺师可对葡萄的成熟过程进行控制。

浆果的成熟度可分为两种，即工业成熟度和技术成熟度。所谓工业成熟度，即单位面积浆果中糖的产量达到最大值的成熟度；而技术成熟度是根据葡萄酒种类，浆果必须采收时的成熟度，通常用葡萄汁中的糖（$S$）/酸（$A$）比（即成熟系数 $M$）表示。这两种成熟的时间有时并不一致，而且在这两个分别代表产量和质量的指标之间，通常存在着矛盾。

现在，通常在葡萄转色后定期采样进行分析，并绘制成熟曲线，根据最佳条件（即葡萄酒质量最好时），确定采收时的 $M$ 值，从而确定采收期。对于同一地块的葡萄，在不同的年份，应使用相似的 $M$ 值。

成熟度差的葡萄原料，缺乏果胶酶，因而果粒硬且汁少，不仅增加压榨的难度，而且葡萄汁中大颗粒物质含量高，影响葡萄酒的优雅度。此外，不成熟的葡萄原料中，富含氧化酶（影响葡萄酒的颜色和味道），脂氧化酶活性高（形成生青味）；苦涩丹宁和有机酸含量高，缺乏干浸出物、色素和芳香物质。

在葡萄的成熟过程中，重要质量成分（糖、酚类物质、花色素苷、芳香物质）的变化与糖的变化相似，即在成熟过程中，它们的含量也不断地上升。所以，糖是葡萄成熟的结果，随着它的含量的升高，所有其他决定葡萄酒风格和个性的口感及香气物质都不停地上升，而实践证明，这些物质之间的平衡，即对应于最好的葡萄酒的原料中这些物质之间的平衡，只有在最优良的生态条件下在最良好的年份才能获得。

这些生物化学的研究结果，具有重要的实践意义。它们表明，用加糖发酵的方式来弥补由于不成熟原料含糖低的缺陷是不行的，因为成熟原料中除糖以外，还含有其他决定葡萄酒风格和个性的物质。即只有用成熟的原料才能酿造出优质的、独具风格的葡萄酒。

## 四、葡萄酒酿造

葡萄酒酿造就是将葡萄转化为葡萄酒。它包括两个阶段：第一阶段为物理化学或物理学阶段，即在酿造红葡萄酒时，葡萄浆果中的固体成分通过浸渍进入葡萄汁，在酿造白葡萄酒时，通过压榨获得葡萄汁；第二阶段为生物学阶段，即酒精发酵和苹果-酸乳酸发酵阶段。

在葡萄原料中，20%为固体成分，包括果梗、果皮和种子，80%为液体部分，即葡萄汁。果梗主要含有水、矿物质、酸和丹宁；种子富含脂肪和涩味丹宁；果汁中则含有糖、酸、氨基酸等，即葡萄酒的非特有成分。而葡萄酒的特有成分则主要存在于果皮和果肉细胞的碎片中。从数量上讲，果汁和果皮之间也存在着很大的差异。果汁富含糖和酸，芳香物质含量很少，几乎不含丹宁。而对于果皮，由于富含葡萄酒的特殊成分，则被认为是葡萄浆果的“高贵”部分。

葡萄酒酿造的目标就是，实现对葡萄酒感官平衡及其风格至关重要的这些口感物质和芳香物质之间的平衡，然后保证发酵的正常进行。

**1. 红葡萄酒的酿造**

在红葡萄酒的酿造过程中，应使葡萄固体中的成分在控制条件下进入液体部分，即通过促进固相和液相之间的物质交换，尽量好地利用葡萄原料的芳香潜力和多酚潜力。这就是红葡萄酒酿造特有的浸渍阶段。浸渍，可以在酒精发酵过程中，也可以在酒精发酵以前或极少数情况下在酒精发酵以后进行。

在传统工艺当中，浸渍和酒精发酵几乎是同时进行的。原料经破碎（将葡萄压破以便于出汁，有利于固-液相之间的物质交换）、除梗后，被泵送至浸渍发酵罐中，进行发酵。在发酵过程中，固体部分由于 $CO_2$ 的带动而上浮，形成“帽”，不再与液体部分接触。为了促进固-液相之间的物质交换，一部分葡萄汁被从罐底放出，泵送至发酵罐的上部以淋洗皮渣帽的整个表面。这就是倒罐。

芳香物质比多酚物质更易被浸出，所以决定浸渍何时结束的是多酚物质的浸出状况。在此阶段，最困难的是，选择浸出花色素和优质丹宁，而不浸出带有苦味和生青味的劣质丹宁。发酵形成的酒精和温度的升高，有利于固体物质的提取，但应防止温度过高或过低：温度过低（低于 20～25℃），不利于有效成分的提取；温度过高（高于 30～35℃），则会浸出劣质丹宁并导致芳香物质的损失，同时又有酒精发酵中止的危险。

倒罐是选择浸出优质丹宁的最佳方式，但必须防止将果梗及果皮撕碎的强烈的机械处理（破碎、除梗、泵送），因为在这种情况下，几乎完全失去了选择性浸出的可能性。

在多酚物质当中，色素比丹宁更易被浸出。所以，根据浸渍时间的长短（从数小时到一周以上），可以获得各种不同类型的葡萄酒，如桃红葡萄酒、果香味浓应尽快消费的新鲜红葡萄酒及醇厚丹宁感强的需陈酿的红葡萄酒等。浸渍时间的长短，还取决于葡萄品种、原料的成熟度及其卫生状况等因素。

浸渍结束后，即通过出罐将固体和液体分开。液体部分（自流酒）被送往另一发酵罐继续发酵，并在那里进行澄清过程中的物理化学反应。固体部分中还含有一部分酒，因而通过压榨而获得压榨酒。同样，压榨酒应单独送往另一发酵罐继续发酵。在有的情况下，在短期浸渍后，一部分葡萄汁从浸渍罐中分离出来，以酿造桃红葡萄酒。这样酿造的桃红葡萄酒，比将经破碎后的原料直接压榨后酿造的桃红葡萄酒香气更浓，颜色更为稳定。

对原料加热浸渍是另一种浸渍技术。它是将原料破碎、除梗后，加热至 70℃左右浸渍 20～30min，然后压榨，葡萄汁在冷却后进行发酵。这就是热浸发酵。热浸发酵主要是利用提高温度来加强对固体部分的提取。同样，色素比丹宁更易浸出。可通过对温度的控制来达到选择利用原料的颜色和丹宁潜力的目的，从而生产出一系列不同类型的葡萄酒。热浸还可控制氧化酶的活动，这对于受灰霉菌危害的葡萄原料极为有利，因为种类原料富含能分解色素和丹宁的漆酶。几分钟的热浸在颜色上可以获得经几天普通浸渍相同的效果。同时，由于浸渍和发酵是分别进行的，可以更好地对它们进行控制。

对原料的浸渍也可用完整的原料在二氧化碳气体中进行，这就是二氧化碳浸渍发酵。浸渍罐中为二氧化碳所饱和，并将葡萄原料完整地装入浸渍罐中。在这种情况下，一部分葡萄被压破，释放出葡萄汁；葡萄汁中的酒精发酵保证了密闭罐中二氧化碳的饱和。浸渍8～15天后（温度越低，浸渍时间应越长），分离自流酒。将皮渣压榨。由于自流酒和压榨酒都还含有很多糖，所以将自流酒和压榨酒混合后或分别继续进行酒精发酵。在二氧化碳浸渍过程中，没有破损的葡萄浆果会进行一系列的厌氧代谢，包括细胞内发酵形成酒精和其他挥发性物质，苹果酸的分解，蛋白质、果胶质的水解，以及液泡物质的扩散，多酚物质的溶解等，并形成特殊的令人愉快的香气。由于果梗未被破损并且不被破损葡萄释放的葡萄汁所浸泡，所以只有对果皮的浸渍，因而二氧化碳浸渍可获得芳香物质和酚类物质之间的良好平衡。通过二氧化碳浸渍发酵后的葡萄酒口感柔和、香气浓郁，成熟较快。它是目前已知的唯一能用中性葡萄品种获得芳香型葡萄酒的酿造方法。宝祖利发酵法则是二氧化碳浸渍发酵与传统酿造法的结合，故有人称之为半二氧化碳浸渍发酵法。

**2. 白葡萄酒的酿造**

与红葡萄酒一样，白葡萄酒的质量也取决于主要口感物质和芳香物质之间的平衡。但白葡萄酒的平衡与红葡萄酒的平衡是不一样的，白葡萄酒的平衡一方面取决于品种香气与发酵香气之间的合理比例，另一方面取决于酒度、酸度和糖之间的平衡，多酚物质则不能介入。对于红葡萄酒，要求与深紫红色相结合的结构、骨架、醇厚和醇香，而对于白葡萄酒，则要求与带绿色色调的黄色相结合的清爽、果香和优雅性，一般需避免氧化感和带琥珀色色调。

为了获得白葡萄酒的这些感官特征，应尽量减少葡萄原料固体部分的成分，特别是多酚物质的溶解。因为多酚物质是氧化的底物，而氧化可破坏白葡萄酒的颜色、口感、香气和果香。

此外，从原料采收到酒精发酵，葡萄原料会经历一系列的机械处理，这会带来两方面问题：一方面，这会破坏葡萄浆果的细胞，使之释放出一系列的氧化酶及其氧化底物——多酚物质，作为氧化促进剂并能形成生青味的不饱和脂肪酸；另一方面，还可形成一些悬浮物，这些悬浮物在酒精发酵过程中，可促进影响葡萄酒质量的高级醇的形成，同时抑制构成葡萄酒质量的酯的形成。

因此，白葡萄酒的酿造工艺就十分清楚了。用于酒精发酵的葡萄汁应尽量是葡萄浆果的细胞汁，用于取汁的工艺必须尽量柔和，以尽量减小破碎、分离、压榨和氧化的负面影响。

实际上，白葡萄酒的酿造工艺包括：将原料完好无损地运入酒厂，防止在葡萄的采收和运输过程中的任何浸渍和氧化现象；破碎，分离，分次压榨，二氧化硫处理，澄清；用澄清汁在15～20℃的温度条件下进行酒精发酵，以防止香气的损失。

此外，应严格防止外源铁的进入，以防止葡萄酒的氧化和浑浊（铁破败）。所以，所有的设备最好使用不锈钢材料。

在取汁时，最好使用直接压榨技术，也就是将葡萄原料完好无损地直接装入压榨机，分次压榨，这样就可避免葡萄汁对固体部分的浸渍，同时可更好地控制对葡萄汁的分级。利用直接压榨技术，还可用红色葡萄品种（如黑比诺）酿造白葡萄酒。

上述工艺的缺陷是，不能充分利用葡萄的品种香气，而品种香气对于平衡发酵香气是非常重要的。所以，在利用上述技术时，选择芳香型葡萄品种是第一位的。此外，为了充分利用葡萄的品种香气，也可采用冷浸工艺，即尽快将破碎后的原料的温度在5℃左右浸渍10～20h，使果皮中的芳香物质进入葡萄汁，同时抑制酚类物质的溶解和防止氧化酶的活动。浸渍结束后，分离，压榨，澄清，在低温下发酵。

通常需要通过人为的方式，加速葡萄酒陈酿过程中的这些沉淀和絮凝反应。第一种方式就是低温处理，即将葡萄酒的温度降低到接近其冰点，保持数天后，在低温下过滤。然后就是下胶，即在葡萄酒中加入促进胶体沉淀的物质，它们或者与葡萄酒中的胶体带有相反的电荷，或者可与葡萄酒中的胶体粒子相结合。如在白葡萄酒中用于去除蛋白质的膨润土，在红葡萄酒中用于去除过多丹宁的明胶和蛋白质。它们在絮凝过程中，还会带走一部分悬浮物，从而使葡萄酒更为澄清。

下胶澄清的机理比过滤更为复杂。它会引起蛋白质、丹宁和多糖之间的絮凝，同时还能吸附一些非稳定因素。所以下胶不仅仅能够使葡萄酒澄清，同时也能使葡萄酒稳定。

在低温处理和下胶以后，葡萄酒就可被装瓶了。在装瓶前，需要对它进行一系列过滤，过滤的孔径应越来越小，最后一次过滤应为除菌过滤。在装瓶以后，葡萄酒就进入还原条件下的瓶内贮藏阶段，这一阶段是将果香转化为醇香的必需阶段。但目前还没有完全搞清楚其原理。

## 五、葡萄酒发酵

发酵是葡萄酒酿造的生物过程，也是将葡萄浆果转化为葡萄酒的主要步骤。它涉及酵母菌将糖转化为酒精和发酵副产物即乳酸菌将苹果酸分解为乳酸两个生物现象，即酒精发酵和苹果酸-乳酸发酵。只有当葡萄酒中不再含有可发酵糖和苹果酸时，它才被认为获得了生物稳定性。

对于红葡萄酒，这两种发酵必须彻底。苹果酸-乳酸发酵是必须的：苹果酸-乳酸发酵可降低酸度（将二元酸转化为一元酸），同时降低生酒的生青味和苦涩感，使之更为柔和、圆润、肥硕。

而对于白葡萄酒情况则较为复杂：对于含糖量高的葡萄原料，酒精发酵应在酒-糖达到其最佳平衡点时中止，同时避免苹果酸-乳酸发酵；对于干白葡萄酒，有的需要在酒精发酵结束后进行苹果酸-乳酸发酵；而对于那些需要果香味浓、清爽的干白葡萄酒则不能进行苹果酸-乳酸发酵。总之，对于那些需要进行酒精发酵和苹果酸-乳酸发酵的葡萄酒，重要的是酒精发酵和苹果酸-乳酸发酵不能交叉进行，因为乳酸菌除分解苹果酸以外，还可分解糖而形成乳酸、醋酸和甘露醇，这就是乳酸病。

很幸运的是，葡萄汁是一种更利于酵母菌生长的培养基，乳酸菌的生长受到它的酸度和酒精的抑制。因此，一般情况下，当乳酸菌开始活动时，所有的可发酵糖都被酵母菌消耗完了。但有时也会出现酒精发酵困难甚至中止的现象。

葡萄酒工艺师的任务就是，使酒精发酵迅速、彻底，并且在酒精发酵结束后（在需要时），立即启动苹果酸-乳酸发酵。所以，需要促进酵母而暂时抑制乳酸细菌的活动。但是对细菌的抑制也不能太强烈，否则就会使苹果酸-乳酸发酵推迟，甚至完全抑制苹果酸-乳酸发酵。

乳酸细菌的抑制剂是二氧化硫，应尽早将其加入在破碎后的葡萄原料或葡萄汁中，这就是二氧化硫处理。二氧化硫的用量根据原料的卫生状况、含酸量、pH 值和酿造方式不同而有所差异，一般为 30～100mg/L（葡萄汁）。由于二氧化硫还具有抗氧化、抗氧化酶和促进絮凝等作用，所以在白葡萄酒的酿造时，其用量较高，以防止氧化，并促进葡萄汁的澄清。

目前，二氧化硫几乎是葡萄酒工艺师所能使用的唯一的细菌抑制剂。但在使用时，必须考虑其对酒精发酵的作用。葡萄的酒精发酵可自然进行。这是因为在成熟葡萄浆果的表面存在着多种酵母菌。这些酵母菌在葡萄破碎以后会迅速繁殖。由于各种酵母菌抵抗二氧化硫的能力不同，所以二氧化硫对酵母菌有选择作用，也可抑制所有的酵母菌。因此，在多数情况下，可通过选择二氧化硫的使用浓度，来选择优质野生酵母（通常为葡萄酒酵母），也可杀死所有的野生酵母，而选用特殊的人工选择酵母（如增香酵母、非色素固定酵母等）。

## 第五节 葡萄酒的香味

### 一、葡萄酒香味的分类

葡萄酒香味的复杂和丰富超乎你的想象，一瓶好的葡萄酒可能会有超过 600 种以上的香味，有人甚至认为会达到千种以上。

有学者将葡萄酒“一生”中千变万化的香味总结为三种。

① 果香，也就是葡萄本身的香气，即不同葡萄品种的特征，以及产地土壤、气候影响形成的香气。

② 芳香，酿酒时葡萄经发酵产生的气味。

③ 醇香，陈年葡萄酒的香味。

就拿一瓶白葡萄酒来说吧，大部分白葡萄酒在“年轻”的时候，呈现出浓郁的花香和果香，宛若朝气蓬勃的青春少女；而一些优质耐久存的白葡萄酒在经过数年贮藏后，它的花香和果香会减少许多，酒体则变化出胡桃、杏仁等干果香，仿佛像浑身散发着成熟女人香的美少妇；那些更“老”的白葡萄酒则常带有肉桂、肉豆蔻等香料味，让人感觉持重而风韵犹存。难怪有人说，闻香识美酒一如闻香识美女。

不同品种的酒香气有所不同。红酒一般闻起来有水果香，白葡萄酒则饱含花香，桃红葡萄酒则二者兼有之。

## 二、 葡萄酒中的果香和花香

其实红酒的果香和花香是种植和酿造两方面得到的结果。如果仅仅认为是酿造的话，可能有些味道是得不到的，种植包括地理位置、气候条件、管理方法等。下面一般的香气和果味的来历基本上是与“种植和酿造”有关的。

苹果：属于白葡萄酒的气味。其中青苹果香气来自苹果酸，在未成熟的酒中常见。成熟苹果（红苹果）香气出自成熟的红酒中，有超过50种已知的化学物质。

杏：可形容为未成熟的桃的香气。陈年时间长时较易出现杏的香气而非桃味。在口中感受是一种细致的、多肉多汁的水果味。常发现在卢瓦尔（法国一地区）或者德国的白葡萄酒中。

香蕉：它出现于低温发酵的白酒或者经过二氧化碳浸泡的红酒中，也称为香蕉油、梨油。如果香气过量时，会出现指甲油气味。

黑醋栗：解百纳的经典气味。希拉中也有这种香气，特别是陈年的希拉。

樱桃：红樱桃味是低温地区黑比诺的标志。黑樱桃可以是优秀的解百纳或希拉的味道。

果脯：无核葡萄干通常在意大利的雷乔托或者阿马罗尼中找到。葡萄干是加烈酒的一种常见气味。

无花果：有时出现在有能力成为复杂的年轻霞多丽中。通常与苹果或者瓜类一起出现。

鹅莓、醋栗果实：成熟的、新鲜的、酸度足的、充满活力的长相思的经典气味。在新西兰的马尔堡产区的所有白葡萄酒中最易找到。

葡萄柚：在朱朗松（法国的葡萄酒品牌）和阿尔萨斯的格乌香茗纳、德国或者是英国施埃博（在这里是指葡萄品种，而非奥地利的一葡萄酒品牌）和胡塞尔（葡萄品种）、瑞士阿尔文（瑞士的葡萄酒品牌）中容易找到这气味。

柠檬：在酒中的柠檬味不如刚摘下来的柠檬那么清晰，在酒中的柠檬味和酸度是轻柔的。在众多的白葡萄酒中都有这种气味。

青柠：很容易在高水准的澳洲赛美容和雷司令中找到，经过陈年后通常会转变为薰衣草味。

荔枝：经典的格乌香茗纳气味，但并非经常在格乌香茗纳中找到。劣质的荔枝气味会很容易地在年份差的提早采摘的白葡萄酒中发现。

瓜类：低温发酵的、年轻的新世界霞多丽的气味特征。通常与苹果或者无花果一起出现。

橙：橙可以在玫瑰香中发现，却不会出现在格乌香茗纳中。它总是发现在加烈酒中和宝石（来自美国的佳丽酿和赤霞珠的杂交品种）。

桃：在成熟的雷司令和玫瑰香、非常成熟的白苏维翁、单一的维奥涅尔、香槟、新世界的霞多丽和贵腐酒中发现。

梨：低温发酵的白酒和经过二氧化碳浸泡红酒中常见的气味，也称为香蕉油、梨油。如果香气过量时，会出现指甲油气味。

菠萝：在非常成熟的霞多丽、白诗南和赛美容中找到，特别是新世界中经过贵腐的酒。

悬钩子：有时在歌海娜、品丽珠、黑比诺、希拉（源自希拉的黑加仑气味在瓶中陈年后的气味）中找到。

草莓：多汁成熟的草莓味在经典的暖气候或是顶级年份的黑比诺中找到，也总是发现在卢瓦尔解百纳中。

番茄：通常它被认为是蔬菜，实际上是水果。虽然它不是常出现在葡萄酒中，但可以在瓶中陈年的西万尼、伴有红橙气味的宝石中。

## 三、 葡萄酒中的香草味和丁香味

（1）香草味　也是橡木桶带来的香味。香草味冰淇淋和香草味汽水都深受人们的喜爱，所以大家同样会喜欢香草味的葡萄酒。橡木含有多种香气，其中一种香气就是香草。葡萄酒留在橡木桶中发酵时，橡木的香草气味会慢慢地渗入葡萄酒中，增加了葡萄酒的香味层次。几年以后，橡木中的香草味及其他各种香味全部渗入葡萄酒中，与葡萄酒融为一体，此时的橡木桶就失去了对葡萄酒的影响，便需要重新更换一只新的橡木桶。

（2）丁香味　有些葡萄酒中含有香料的香味（比如西拉子葡萄酒里有黑胡椒粉的味道），一般在葡萄酒里能尝到烘烤过的、甜甜的香料的味道。酒商在订购橡木桶的时候，会要求酒桶制造商对橡木桶进行烘烤。烘烤橡木桶的程度决定了酒中香料气味的轻重。烘烤时间越长，香料和烟熏味越重。对橡木桶进行中度烘烤会得到生姜和丁香的香味，这两种香味平均地分布在葡萄酒中。

## 四、 葡萄酒中的其他味道

（1）黄油味　很多葡萄酒中会有黄油的味道。在葡萄酒中之所以能够闻到、尝到黄油的香味，取决于葡萄酒中一种名为双乙酰（diacetyl）的化学物质，这种化学物质可以通过果酸发酵（葡萄中的果酸成分与乳制品中的乳酸成分混合发酵）得到。葡萄酒在橡木桶中的发酵过程也能够使葡萄酒里有黄油的香味。大多数葡萄酒会在橡木桶中陈酿，随着时间的推移，葡萄酒的口感将变得更加柔和、统一。在制作橡木桶时，为了使橡木弯曲会用火去烤它，烘烤的味道会留在橡木桶内形成丰富多样的味道，所以在一些葡萄酒中就会有黄油的味道。

（2）焦糖味　是一种轻微的烤焦味，像加了黄油的太妃糖的香味。一般黄油味与焦糖味一样，来源于烘烤橡木桶所获得的香味。烘烤橡木的过程类似于用平底锅烤肉，烘烤完成后的橡木具有焦糖的香味。

（3）煤油味　煤油味是陈年雷司令红酒最经典的味道。也有人用汽油味来形容，这种气味的产生是由于雷司令葡萄酒中的化学成分：TDN［1,1,6-三甲基-1,2-二羟基萘（1,1,6-trimethyl-1,2-dihydronaphtalene)］。前人都认为煤油味或多或少地存在于所有的葡萄酒里，而陈年雷司令葡萄酒中丰富的TDN（一种被认为是有益的物质）令这种气味显得尤为突出。在购买雷司令葡萄酒时，不喜欢煤油味的朋友可以选择雷司令新酒。

（4）猫尿味　某些葡萄酒中含有一种名为：对薄荷-8-硫醇-3-酮（*p*-mentha-8-thiol-3-one）的硫化合物，这种化学成分首先在赤霞珠葡萄和长相思葡萄中被发现。这种物质使赤霞珠葡萄酒里具有了黑加仑的香味，而在长相思葡萄酒里，这种物质变成了类似于猫尿的味道。

# 第六节　葡萄酒与健康

## 一、葡萄酒在人体内的转化

### 1. 葡萄酒的消化与分解

葡萄酒进入人体后，首先进入肠胃，不经消化系统就被消化腺带入血液，进入肝脏被酶系分解为乙醛和乙酸，其中乙醛被输送到肺，所以饮酒后呼出的口气就有酒味了，又从肺返回到心脏，几分钟后迅速扩散到人体的各个器官。最后经过主动脉到静脉，到达大脑和高级中枢神经系统，所以过量酒对大脑和神经中枢的影响最大。

一般葡萄酒无需经过消化系统而被肠胃上消化腺带入肝脏分解。进入人体的酒精，大约10%经过肠胃吸取，90%由肝脏来进行分解，因此肝脏的负担极为严重。人体本身也能合成少量的酒精，这是由糖转化而来的，正常人的血液中含有0.003%的酒精。血液中酒精浓度的致死剂量是0.7%，相当于250～500mL纯酒精的量。

### 2. 葡萄酒在人体内的转化

葡萄酒在人体内不需经过预先消化就可被人体吸收，特别是在空腹饮用葡萄酒时，它和大多数食物不一样。

在饮用后30～60min时，人体中游离乙醇的含量达到最大值，为所饮用的葡萄酒中乙醇总量的75%。如果在进餐时饮用葡萄酒，则葡萄酒与其他食物一起进入消化阶段，葡萄酒的吸收速度也较慢（需1～3h）。在以后的4h内，人体血液中酒精的含量很快减少，约在7h后消失。

被人体吸收后的葡萄酒95%被氧化以提供热能。这一氧化作用主要是在饮入葡萄酒后的开始几小时进行的，并且主要在肝脏中进行。

根据食入的葡萄酒量和同时食入的其他食物的种类（特别是葡萄糖），肝脏能固定少量的酒精，从而逐渐净化血液。

被吸收的酒精中的一小部分（2%～8%），也能通过唾液、肺、尿和汗等排出体外。

以上就是果酒在人体内简单明了的吸收和转化过程。

## 二、葡萄酒与营养

300多年前，我国医学家李时珍就已指出，葡萄酒可令人“驻颜色”，也就是通常说的“补血”。中医认为，葡萄（白兰地）酒具“益气调中、耐饥强志、消痰破癖”的作用。

葡萄酒的营养成分很高，大部分来自葡萄汁，其成分也很复杂，现已知的有250种以上。葡萄酒除去酒和水以外（水约占80%～90%），还含有糖、蛋白质、无机盐、微量元素、有机酸、果胶、各种醇类及多种维生素，这些物质都是人体生长发育所需要的。有关葡萄酒的营养价值，最重要的大概是它含25种氨基酸。每升葡萄酒中含0.13～0.6g/L，在这25种氨基酸中，含有8种人体不能合成的必需氨基酸。这些必需氨基酸的含量与人体血液中必需氨基酸的含量非常接近。葡萄酒中还含有多种维生素及其他生物流活性物质，具体含量如下。

（1）多种糖类　如每升中含果糖为40～220g，含戊糖0.5～1.5g，这些糖都能被人体直接吸收。

（2）有机酸　如每升含酒石酸2～7g，苹果酸0.1～0.8g，琥珀酸0.2～0.9g，柠檬酸0.1～0.75g，这些酸类也是维持体内酸碱平衡的物质，还可以调味，有助消化。

（3）无机盐、微量元素　如氧化钾含量为0.45～1.35g、氧化镁0.1～0.25g，它对人体都有益；磷的含量也相当高，每升中含五氧化二磷0.4～0.9g。葡萄酒中的钙含量虽不多，但可被人体直接利用。

（4）含氮物质　含蛋白质1g，含有25种氨基酸齐全。每升葡萄酒中，苏氨酸含量16.4mg、缬氨酸21.7mg、蛋氨酸6.2mg、色氨酸14.6mg、苯胺酸25.5mg、异氨酸32.4mg、赖氨酸51.7mg，这些氨基酸是合成人体蛋白质所必需的原料。

（5）维生素　硫胺素含量为0.008～0.086g、核黄素为0.086mg、烟酸0.65～2.10mg、维生素$B_6$为0.6～0.8mg，叶酸为0.4～0.45mg，维生素$B_{12}$为12～15mg。维生素C和肌醇含量也较多。

从营养学的观点论，硫胺素能预防脚气病，促进糖代谢，防治神经炎。核黄素能促进细胞的氧化还原作用，促进生长，防止口角溃疡及白内障。烟酸能维持皮肤和神经的健康，防止糙皮病。维生素 $B_6$ 对于蛋白质的代谢很重要，能促进生长，治疗湿疹和癫痫，防治肾结石。叶酸能刺激红细胞再生及白细胞和血小板的生成，可治疗恶性贫血。维生素 C 能增强肌体的免疫力和促进伤口愈合，防止头发脱落，促进食欲，加强肠的吸收能力，帮助消化的作用。

## 三、葡萄酒的保健作用

葡萄酒的保健作用主要可概括为如下五个方面。

**1. 滋补作用**

葡萄酒中含有糖、氨基酸、维生素、矿物质，这些都是人体必不可少的营养素。它可以不经过预先消化，直接被人体吸收。葡萄酒中的酚类物质和奥立多元素，具有抗氧化剂的功能，可以防止人体代谢过程中产生的反应性氧（Ros）对人体的伤害（如对细胞中的 DNA 和 RNA 的伤害），这些伤害是导致一些退化性疾病，如白内障、心血管病、动脉硬化、老化的因素之一。因此，经常饮用适量葡萄酒具有防衰老、益寿延年的效果。

**2. 助消化作用**

饮用葡萄酒后，如果胃中有 60～100mL 葡萄酒，可以使胃液的形成量提高到 120mL（包括 1g 游离盐）。此外，它还有利于蛋白质的同化，红葡萄酒中的单宁，可以增强肠道肌肉系统中平滑肌纤维的收缩性，调整结肠的功能，对结肠炎有一定疗效。甜白葡萄酒含有山梨醇，因此，可以助消化，防止便秘。

另外，葡萄酒鲜艳的颜色，清亮透明的体态，使人心旷神怡；倒入杯中，果香酒香扑鼻；品尝时酒中单宁微带涩味，促进食欲。所有这些使人体处于舒适、欣快的状态中，有利于身心健康。

**3. 强大杀菌作用**

据专家发现，白葡萄酒比红葡萄酒有更强大的杀菌作用，这证明“吃海鲜喝白葡萄酒”这一饮食习惯有一定的科学根据。

科研人员发现，发挥杀菌作用的是含在白葡萄酒中的苹果酸和酒石酸等有机酸，而且酸性越大，杀菌效果就越强；如果人为地把红葡萄酒变为酸性酒，那么它也能够拥有更强的杀菌能力。

据分析，这些有机酸的杀菌机理是：有机酸的酸度越高就越容易进入细菌体内，产生杀菌效果。鱼、虾、贝等海产品附带的大肠杆菌，可以被白葡萄酒中的有机酸所杀死，这就是吃海鲜喝白葡萄酒不易发生食物中毒的原因。

**4. 利尿作用**

一些白葡萄酒中，酒石酸钾和硫酸钾含量较高，可以利尿，防治水肿。

**5. 有利于心血管病的防治**

葡萄酒中含有不饱和脂肪酸，能减少沉积于血管壁内的胆固醇。从医学角度分析，葡萄酒能提高血液高密度脂蛋白的浓度，而高密度脂蛋白可以将血液中的胆固醇运入肝内，并在那里进行胆固醇胆酸的转化，防止胆固醇沉积于血管内膜，从而防止血管硬化。葡萄酒中含有原花色素成分，对人体心血管病的防治起重要作用。葡萄酒能加快血液中胆固醇的净化，降低其含量，这一过程需要维生素C，它能诱导胆固醇胆酸的转化，而维生素C的这个作用，只有在原花色素存在时才能充分发挥。此外，在动脉壁中原花色素能够稳定构成各种壁的胶原纤维，能调和避免产生过多的组氨，降低血管管壁的透性，防止血管硬化。

## 四、 科学饮用葡萄酒

尽管葡萄酒对人体健康有非常重要的作用，但必须科学饮用才能发挥出它的保健作用。

首先饮酒不能过量，应根据体力状况、经济收入和生活水平等因素来确定饮用量。另外，葡萄酒一般倒至酒杯的一半处，不可过满；酒温一般调至12～20℃为宜；喝红葡萄酒时应在饮用前半小时打开瓶塞，让酒“呼吸”一下会使酒香果香表现得更完美。

**1. 葡萄酒的开瓶及酒杯**

沿瓶口突出环的下方割开铅封，不能弄脏酒液，接着用开瓶起子迅速将瓶塞一次开启，动作要干净利落。接着，把葡萄酒倒入长颈大肚玻璃瓶，若是年份新、以丹宁香气为主的葡萄酒，饮用前半小时开启换瓶，若是年份高、有沉淀物的葡萄酒，可当即换瓶。酒杯除了要干燥、晶莹和透明，还应有适中的杯肚，以利香气溢散；适中的杯高，可保证各种香气的循环畅流；杯口要窄小，这样可使香气保留在杯中。波尔多195mL杯是理想的用餐酒杯。酒液应倒在酒杯的1/3处。

**2. 葡萄酒与菜肴的搭配**

葡萄酒是一种佐餐酒，特别是干型葡萄酒，通常是在进餐或宴会时饮用。由于酒种特点的不同，可与菜肴进行科学的搭配，以更完美地体现葡萄酒的感官风格。

干白葡萄酒以其果香新鲜、酒体爽顺、酒质细腻为主要特点，由于它含有丰富的有机酸，口味微酸，因此配以各种海鲜饮用，不仅可以解腥，而且可以使菜肴的口味更加鲜美。除此以外，干白葡萄酒的色泽一般呈淡黄色，与大部分海鲜的色泽相一致，两者搭配相得益彰。

干红葡萄酒色呈宝石红，优美悦目，酒香浓郁、酒体丰满，由于它含有一定的酚类物质，干浸出物较高，因此配以红烧肉、牛排、鸡、鸭等肉类菜肴会得到更好地享受。干红葡萄酒不但可以解除肉的油腻感，而且可使菜肴的滋味更加浓厚，同时由于干红葡萄酒优美的颜色，更增加了朋友聚会的喜庆气氛。

**3. 干型葡萄酒的认识**

所谓干型葡萄酒（干白、干红）仅指葡萄酒中含糖量的多少，并没有其他的含义。按照标准的规定，干型葡萄酒的含糖量在4.0g/L以下，这也是国际上比较流行的葡萄酒类型，此品种在我国近几年才发展起来。由于这种类型的酒含糖量低，没有甜味，所以更多地表现出葡萄的果香、发酵产生的酒香和陈酿留下的醇香。传统意义上的葡萄酒都是甜型葡萄酒，含糖量都在50.0g/L以上。

**4. 红酒保存的要点**

（1）卧放　不少人都知道，葡萄酒要卧放。葡萄酒在饮用时须适度氧化，让其香气能释放出来，但存放时却忌空气。卧放可保证软木塞浸泡在酒中，使软木塞保持一定的湿度。如竖放，软木塞会渐渐地因干枯收缩而漏气，酒就会被氧化，无需多久瓶中之物就会变成醋。

（2）遮光　葡萄酒怕光。因为光会加速葡萄酒中的分子运动，加快其成熟过程。这听来是好事，可以提前喝佳酿了，实际上远不是如此，葡萄酒要在缓慢的过程中成熟才好。这就是为什么大多数葡萄酒瓶是绿色或棕色的原因。但仅靠酒瓶的深色还不够，为求稳妥，应贮藏在阴暗处，或用不透明的纸将酒包起来为好。

（3）低温　葡萄酒需低温存放，理想温度是10～14℃，以20℃为上限，以5℃为下限。当然严格来说，红酒与白酒的贮存温度是有差异的，白酒存放的温度比红酒低。如能保持恒定的温度，则12℃最理想。温度过低，会使葡萄酒的成熟过程变慢，可能导致葡萄酒“发育”的“僵化”，在酒尚未达到最佳状态前就停止了继续成熟，接踵而至的却是衰老。反之，温度过高，会使葡萄酒早熟，使酒缺乏细腻的层次感。

（4）湿度　收藏葡萄酒还有个重要的指标，即湿度。虽然葡萄酒被卧放，软木塞的一端浸在了液体中达到了“水封”的密封效果。如环境空气太干燥，软木塞靠瓶口那端就会慢慢因缺水而收缩。从理论上讲，湿度高对葡萄酒本身没有害处，只是湿度高了，软木塞容易长霉菌，酒瓶上的酒标也容易损坏。因此，理想的相对湿度是70%～80%。所以空调房和冰箱并不是理想的藏酒之处，因为这两处都太干燥了。

## 第七节　葡萄酒的定义与分类

### 一、葡萄酒的定义

葡萄酒是用新鲜的葡萄或葡萄汁经发酵酿成的酒精饮料，通常分红葡萄酒和白葡萄酒两种。前者是红葡萄带皮浸渍发酵而成；后者是葡萄汁发酵而成的。

按照国际葡萄酒组织的规定，葡萄酒只能是破碎或未破碎的新鲜葡萄果实或汁完全或部分酒精发酵后获得的饮料，其酒精度不能低于8.5%（体积分数）；按照我国最新的葡萄酒标准GB 15037—2006规定，葡萄酒是以鲜葡萄或葡萄汁为原料，经全部或部分发酵酿制而成的，酒精度不低于7.0%的酒精饮品。

### 二、葡萄酒的分类

葡萄酒的品种很多，因葡萄的栽培、葡萄酒生产工艺条件的不同，产品也各不相同。一般按酒的颜色、含糖多少、含不含$CO_2$及采用的酿造方法等来分类，国外也有采用以产地、原料名称来分类的。

**1. 按葡萄酒的颜色分类**

(1) 红葡萄酒　以皮红肉白或皮肉皆红的葡萄为原料发酵而成，酒色呈自然深宝石红、宝石红、紫红或石榴红色。酒体丰满醇厚，略带涩味，具有浓郁的果香和优雅的葡萄酒香。

(2) 白葡萄酒　用白葡萄或皮红肉白的葡萄，经皮肉分离发酵而成。酒色近似无色或浅黄微绿、浅黄、淡黄、麦秆黄色。外观澄清透明，果香芬芳，幽雅细腻，滋味微酸爽口。

(3) 桃红葡萄酒　酒色介于红、白葡萄酒之间，主要有淡玫瑰红、桃红、浅红色。酒体晶莹悦目，具有明显的果香及和谐的酒香，新鲜爽口，酒质柔顺。

**2. 根据葡萄酒中含糖量区分**

(1) 干葡萄酒　含糖量（以葡萄糖计）≤4g/L，品评感觉不出甜味，具有洁净、爽怡、和谐怡悦的果香和酒香。由于酒色不同，又分为干红葡萄酒、干白葡萄酒和干桃红葡萄酒。同理，以下的半干、半甜、甜葡萄酒也可以分别根据酒色进行分类。

(2) 半干葡萄酒　含糖量为4～12g/L，微具甜味，口味洁净、舒顺，味觉圆润，并具和谐的果香和酒香。

(3) 半甜葡萄酒　含糖量为12.1～50g/L，口味甘甜、爽顺，具有舒愉的果香和酒香。

(4) 甜葡萄酒　含糖量≥50g/L，口味甘甜、醇厚、舒适爽顺，具有和谐的果香和酒香。

**3. 根据 $CO_2$ 的含量区分**

(1) 静止葡萄酒　酒内溶解的 $CO_2$ 含量极少，其气压≤0.05MPa（20℃）。开瓶后不产生泡沫。国内生产的葡萄酒大多属于静止葡萄酒类型。

(2) 起泡葡萄酒　由葡萄原酒加糖进行密闭二次发酵产生 $CO_2$ 而成，20℃时瓶内气压力（以250mL瓶计）≥0.35MPa，开瓶后会发生泡沫或泡珠。法国香槟省生产的这种葡萄酒称为香槟酒，这是以原产地名称作为酒名来命名的起泡葡萄酒。

(3) 加气葡萄酒　与起泡葡萄酒相似，但 $CO_2$ 是用人工方法加进葡萄酒中的。20℃时瓶内气压力为0.051～0.25MPa。

**4. 按酿造方法分类**

(1) 天然葡萄酒　完全采用葡萄原汁发酵而不外加糖或酒精酿制而成。

(2) 加强葡萄酒　凡葡萄发酵成酒后，添加白兰地或中性酒精来提高酒精含量的葡萄酒，称为加强干葡萄酒；在提高酒精含量的同时添加糖分来提高含糖量的葡萄酒，称为加强甜葡萄酒，我国通常称之为浓甜葡萄酒，一般采用先制取葡萄原酒后，再添加白兰地或酒精，以及糖浆和柠檬酸、糖色等调制成产品。

(3) 加香葡萄酒　在葡萄酒中加入果汁、药草、甜味剂等制成。按其含糖量不同，有干酒和甜酒之分，如味美思、丁香葡萄酒、人参葡萄酒等。

# 第八节 葡萄酒的品评

## 一、概述

葡萄酒品尝学既是一门科学，又是一门艺术。对所有的人来说，学习一点有关葡萄酒品尝的知识，无疑都是必要的。只有擅长葡萄酒品尝的工程师，才能找出产品的差距或不足，因而才能不断地改进工艺，不断地提出新的质量要求，使葡萄酒质量逐渐达到尽善尽美。一个优秀的葡萄酒经销者，只有懂得葡萄酒品尝学，才能向他的客户，说明葡萄酒产品的好坏长短，才能以其昭昭，使人昭昭。对广大的葡萄酒消费者来说，粗略地学习一点葡萄酒品尝的知识，可以提高自己对葡萄酒的鉴赏能力，在饮用葡萄酒的过程中，得到更大的享受和满足。

## 二、葡萄和葡萄酒品种了解

不懂得品尝葡萄酒的工程师，不是一个完整的葡萄酒酿造师，不可能酿造出完美的葡萄酒。不了解葡萄和葡萄酒的品酒师，同样也是不完整的。葡萄酒有着丰富的内涵，要学习葡萄酒品尝学，首先要了解葡萄和葡萄酒。

葡萄味美可口，营养丰富，有“百果之珍”的美称。世界上水果的种类繁多，葡萄的产量居百果之首。世界上葡萄产量的80%用于酿酒，20%用于鲜食或再加工。世界上的葡萄，有七八千个品种，五颜六色，光彩夺目。在葡萄酒酿造上，把所有的葡萄分成两大类，即红葡萄品种和白葡萄品种。红葡萄品种是指具有红色、深红色、暗红色、宝石红色、黑红色的品种。白葡萄品种是指果粒成熟后具有琥珀白色、麦秆黄色、翡翠绿色的葡萄品种。

葡萄酒是以新鲜葡萄为原料发酵而成的饮料酒。葡萄酒是真正的绿色食品，葡萄酒的色香味，主要来源于葡萄原料。当然，在发酵的过程中，由于酵母菌或其他微生物的代谢作用，使葡萄酒的香气和口味变得更丰富、更完美。

葡萄酒可分为红葡萄酒和白葡萄酒。红葡萄酒加工工艺的最大特点是带皮发酵。即把新鲜的红葡萄破碎，皮与汁混合在一起进行发酵。为了充分地浸提葡萄皮中的色素及多酚类化合物，红葡萄酒要求发酵温度较高，在26～30℃之间。红葡萄酒在主发酵期间，要通过加压板、循环倒桶等手段，使葡萄皮始终浸泡在果汁中，经过一个星期左右的时间，主发酵完成后，分离掉葡萄皮渣，即得到红葡萄原酒。原酒经过后发酵、贮藏及其他工艺处理，即成为鲜艳美味的红葡萄酒产品。

因为葡萄酒的色香味主要来源于葡萄原料，所以用不同的红葡萄品种酿造成的红葡萄酒，具有不同的品质和口味。举世公认的做红葡萄酒最好的品种是赤霞珠、蛇龙珠、品白珠，这三种葡萄统称解百纳（Cabernet）。用三种葡萄酿造成的解百纳干红葡萄酒，必须经过橡木桶 2～5 年时间的长期贮藏，才能成为高质量的干红葡萄酒。这三种葡萄的色泽稳定，耐贮藏，越陈酿，色香味越好。三种葡萄的典型香气是一种青刺的香气，中国人通常说成青草香，外国人称之为绿橄榄、青辣椒香，这种香气经过贮藏，变得非常细腻、雅致、浓郁。张裕牌解百纳干红葡萄酒是百年张裕的传统产品，该产品多次在国内外获得金奖。

白葡萄酒酿造工艺的最大特点是，必须先将葡萄皮和葡萄汁分开，葡萄皮榨干汁后，废弃不要。分离后的白葡萄汁，单独进行发酵，即可酿造成白葡萄酒。白葡萄酒的发酵温度较低，应控制在 15～18℃之间，主发酵时间 15 天左右，这样的低温发酵能防止果香损失，使产品果香浓郁，口味细腻。因为白葡萄酒是葡萄汁分离后单独进行发酵的，所以单宁、色素等多酚类化合物的含量较少，口味清爽，优雅。

适合酿造白葡萄酒的葡萄品种很多，葡萄品种不同，酿成的白葡萄酒的风味也不同。霞多丽葡萄酿造的干白葡萄酒，经过橡木桶的贮藏陈酿以后，果香浓郁，风格高雅，是干白葡萄酒中的精品。雷司令葡萄也是国际公认的最好的酿造白葡萄酒的品种之一，用雷司令酿造的白葡萄酒，具有非常雅致的花香味，口味细腻，果香浓郁。

## 三、 葡萄酒品评法

### 1. 葡萄酒的分析与品尝

国内外所有葡萄酒的标准，都是建立在分析和品尝的基础上的。通过分析建立葡萄酒成分的理化标准，通过品尝对葡萄酒的感官特征进行表述。

葡萄酒的化验分析和仪器分析，是人们认识葡萄酒的重要手段。分析是人们对葡萄酒的成分逐一进行剖析，不仅可以做定性分析，而且可以做精确的定量。随着科学技术的进步及分析仪器的精密化，人们已经分析出葡萄酒中的成分有 600 多种，以后还会有更多的成分被人们发现和认识。

分析工作的另一个特点是能够对葡萄酒的单一成分，做到精确的定量。制定葡萄酒的标准，必须对影响葡萄酒风味的主导成分，如糖、酒精、酸等确定统一的定量标准，对影响葡萄酒质量的有害成分，如甲醇、挥发酸等，制定标准，加以限制。酿酒者必须对每一批出厂的葡萄酒进行化验分析，当理化指标和卫生指标达到质量标准以后，才能出厂。

尽管分析的深度和精度越来越提高，但分析只能对葡萄酒的成分进行单纯的解剖，只能对葡萄酒中的单一成分，一一提供定量的数据。迄今为止，人们还无法仅凭分析化验提供的数据，确定葡萄酒的质量。

前面已经说过，葡萄酒中的化学成分已知的有 600 多种，这众多的呈香成分和呈味物质互相交织在一起，有的相互加强、相互协同，有的相互削弱、相互抑制，使葡萄酒的风味表现出极大的复杂性。所以葡萄酒质量的优劣，不仅仅取决于各种组分的含量多寡，而且也取决于构成葡萄酒各组分之间的协调性。不能简单地以几种组分含量的多少来评价葡萄酒的质量。

葡萄酒的品尝就是通过人们的感觉器官，对葡萄酒的色香味特征，进行感觉和描述。因为葡萄酒是供人饮用和鉴赏的，所以葡萄酒的质量好坏，必须通过感官品尝来判断。一种葡萄酒的质量好坏，首先取决于它的色香味等综合质量指标，给人感觉的满意程度。一种好的葡萄酒，必须使人感到愉悦、惬意，给人美的感受。所以，只有感官品尝，才能对葡萄酒众多成分的协同作用结果，做出综合分析和评价。这就像一部美好的乐章，是由众多单一音符，巧妙地组合搭配而成的，而组合搭配得是否美妙，需要靠人的听觉器官来鉴赏和评价。

葡萄酒的感官品尝，才是评价葡萄酒质量的有效手段，也是评价葡萄酒质量的最终手段。

要懂得去品尝和鉴赏，而不是将酒倒进嘴里然后喝下就行。在西方，品酒被视为一种高雅而细致的情趣，鉴赏葡萄酒更是有钱阶层的风雅之举。品酒比较具有挑战性，要有敏锐的感觉和灵性，再付出相应的耐心和时间，便可领略其中的玄妙悠然。品酒在葡萄酒的相关行业扮演着非常重要的角色，因为只有经常性地品酒才能协助建立对酒特质记忆的数据库，作为日后选酒判断的依据。

**2. 品尝葡萄酒的步骤**

品尝葡萄酒基本分为三大步骤：观色、闻香、尝味。

(1) 观色　在观察一杯酒时，光线很重要。在自然光或白炽灯光下可以看到葡萄酒的本色。柔和的灯光会更增添情趣，特别是当你一边享用着罗曼蒂克式的晚餐，一边饮着葡萄酒时，就更是如此了。在酒器背后衬白纸或白色餐巾有助于观察葡萄酒的色泽。查看葡萄酒关键要看清晰度和色泽。一杯不清澈的酒是一种警告，提示该酒生物性能不稳定或者受到了细菌或化学物质的污染，从而可以判断它的澄清工序和过滤工序是否完好，保藏条件是否卫生，是否变质。酒的颜色应该明亮，如缺乏亮度则象征其味道可能呈现单调，因酒的亮度是由其酸和品质所构成。一瓶正常的酒是明亮的，一瓶好酒其亮度更是明显而具有宝石般灿烂的光泽。白酒的颜色从年轻时的水白色或浅黄带绿边到成熟后的麦秆黄、深金黄色。红酒会因酒的陈年而颜色淡退，从紫红变为深红、宝石红、桃红、橙红，其颜色转变速度视其品种而定。摇动手中的酒杯，让葡萄酒在杯中旋动起来，你会发现酒液像瀑布一样从杯壁上滑动下来，静止后就可观察到在酒杯内壁上形成的无色酒柱，这被称作“挂杯现象”，是酒体完满或酒精度高的标志。产生挂杯现象是由于葡萄酒中的不同液体的挥发性不一样。有时，葡萄酒中的甘油、还原糖等也会导致挂杯现象的产生。出现挂杯现象预示着酒的质量较佳。但也并不是绝对的，需要整体来鉴别。但对起泡葡萄酒进行外观分析时，就必须观察其气泡状况，包括气泡的大小、数量和更新速度等。最陈的香槟的泡沫最少。

(2) 闻香　用视觉可以对酒的品质做初步判断，但这还不够，接下来应该是用嗅觉来闻。摇晃杯中酒，使氧气与葡萄酒充分融合，最大限度地释放出葡萄酒的独特香气。接着把鼻子探入杯中，短促地轻闻几下，不是长长的深吸，因为嗅觉容易疲倦，尤其是当你要评试几种较浅嫩的红酒时。葡萄酒是唯一具有层次丰富的酒香、香气和味道的天然饮料。酒香中包括常提到的果香、芳香和醇香。“果香”（fruit）即葡萄本身散发出的香味；“芳香”（aroma）是指没有经年发酵的新酿葡萄酒的气味；用“醇香”（bouquet）一词来描绘层次更加丰富的陈年葡萄酒的气味。

闻香时，专业人士一般喜欢分两三次来进行香气分析。第一次先闻静止状态的酒，此次闻到的气味应该很淡，因为只闻到了扩散性最强的那一部分香气。因此，第一次闻香的结果不能作为评价葡萄酒香气的主要依据。然后晃动酒杯，促使酒与空气中的氧接触，让酒的香味物质释放出来，再进行第二次闻香。这次闻到的香味应该是比较丰富、浓郁、复杂。如果说第二次闻香所闻到的是使人舒适的香气的话，第三次闻香则主要用于鉴别香气中的缺陷。这次闻香前，先使劲摇动酒杯，使葡萄酒剧烈转动，这样可加强葡萄酒中使人不愉快的气味，如乙酸乙酯、苯乙烯、硫化氢以及氧化、发霉等发出的气味的释放。

在完成上述步骤后，应记录所感觉到的气味的种类、持续性和浓度，并通过酒香来鉴别酒的结构和谐调程度，即酒的味道、酒精以及酸度之间的关系。一般葡萄酒的香气可描述为“不存在”、“微弱”、“适中”或“浓烈”。新酿白葡萄酒如果酸度高，往往很“爽口”，而同样酸度的红葡萄酒却让人感到“不舒服”，甚至使你认为这酒“出了毛病”。有些葡萄酒味道平淡，可以把它们描述为“不含蓄”或者“层次单调”；有些可感受到一系列味道，并且回味细腻绵长，可说“该酒层次丰富”；酒中各种成分谐调一致，可说“其酒体和谐”。专家们嗅闻葡萄酒时对酒的描述常用到的词语是：最好的酒为“和谐”、“出色”、“完美”；较好的酒为“好”、“正常”、“一般”；而不合格的酒为“糟糕”、“发酸”、“劲儿太大”、“不协调”等。

（3）尝味　嗅闻过了葡萄酒并准备好各种形容词，就应该尝上一口了。大大地啜上一口葡萄酒（啜入口中的酒不可以满满一口，但至少要有可以留在口中漱口的量），含在口中不要急着马上吞下去，用舌头在口腔里快速搅动，让整个口腔的上、下腭充分与酒液接触，去体味其口感或酒体。或头往下倾一些，嘴张开成小“O”状（此时口中的酒好像要流出来），然后用嘴吸气，像是把酒吸回去一样，由此产生的“呼噜噜”的声音正表明你是经验丰富的葡萄酒品尝家。如此，酒在口腔中升温，酒香通过鼻腔达到嗅球，可全方位地感受其丰富的味道。甜味（不甜的称为“干”）：大部分红葡萄酒和某些白葡萄酒属于干性。提前终止发酵的酒会留下一些天然糖分。舌尖若明显感触到糖分，便属于微甜至十分甜的葡萄酒。酸味：可于舌头两侧和颚部位感觉到，白葡萄酒呈现出酸度非常普遍。苦涩味：葡萄的皮和籽皆含有单宁（tannin）。单宁是一种可在茶、菠菜等植物中品尝到的带苦涩味的化合物。红葡萄酒单宁含量最高，白葡萄酒最低。酒精：酒液流进喉咙时，会弥漫一股暖气。酒精越多，温暖感越强。除了这些基本味觉外，在品尝葡萄酒时，亦要同时注意其在口中的触感，如单宁之涩感（astringency）、质感（body）和其结构感（texture）。所谓涩感是指像饮用浓茶般在口中的浓苦味。质感，又称酒体，是由葡萄酒中的酒精、甘油以及葡萄榨汁的含量所决定，可比喻为饮用脱脂牛奶、全脂牛奶或鲜奶油时不同的浓度口感。结构感则可指饮用时口中的质地是否纤细柔滑。浅酒龄的葡萄酒，着重其果香，陈年老酒则欣赏其在陈年中进化出来的不同芳香和味道。结构感的不同则描述为其“生硬”、“味涩”、“粗糙”、“柔和”、“可口”、“圆润”或者“滑腻”。品尝葡萄酒需要用心去描述，呷了一口葡萄酒之后，酒香还会由口腔往鼻腔推，在鼻腔产生香味感觉，然后酒顺着喉咙吞下，通常会感受到一种绵长的回味，被称作“余味”（finish）。特别是一些成熟的好酒所留下来的浓郁饱满、复杂多变的余味，会带给人无限的满足感。“余味”常被描述为“长久”、“绵长”、“短暂”或者“不存在”。与这些表示时间的形容词相伴的是“浓郁”、“发酸”、“辛辣”或“平淡”。职业试酒师品评葡萄酒时，往往咽下少量葡萄酒，将其余部分吐出。然后，用舌头舔牙齿和口腔内表面，以鉴别余味。一般用时间（以 s 为单位）来计算余味持续的长短。在结束第一个酒样后，应停留一段时间。只有当这个酒样引起的所有感觉消失后，再品尝下一个酒样。

**3. 葡萄酒的品评标准**

（1）干白葡萄酒　色，麦秆黄色、透明、澄清、晶亮；香，有新鲜怡悦的葡萄果香（品种香），兼有优美的酒香，果香和谐、细致，令人清心愉快，不能有醋的酸气味感；味，完整和谐、轻快爽口、舒适洁净，不应有过重的橡木桶味，不应有异杂味。典型应有清新、爽、愉、雅感，具有本类酒应有的风格。

（2）甜白葡萄酒　色，麦秆黄色、透明、澄清、晶亮。香，有新鲜怡悦的葡萄果香（品种香），有优美的酒香，果香和酒香配合和谐、细致、轻快，不应有醋的酸气感。味，甘绵适润，完整和谐，轻快爽口，舒适洁净。不应有橡木桶味及异杂味。典型应有清新、爽、甘、愉、雅感，具有本类型酒应有的风格。

（3）干红葡萄酒　色，近似红宝石色或本品种的颜色，不应有棕褐色，透明、澄清、晶亮。香，有新鲜怡悦的葡萄果香及优美的酒香，香气谐调、馥郁、舒畅，不应有醋气感。味酸、涩、利、甘、和谐、完美、丰满、醇厚、爽利、浓冽幽香，不应有氧化感及过重的橡木桶味感，不应有异杂味。典型应有清、爽、馥、愉、醇、幽的味感及本品种的独特风格。

（4）甜红葡萄酒（包括山葡萄酒）　色，红宝石色，可微带棕色或本品种的正色，透明、澄清、晶亮。香，有怡悦的果香及优美的酒香，香气谐调、馥郁、舒畅，不应有醋气感及焦糖气味。味，酸、涩、甘、甜、和谐、完美、丰满、醇厚爽利，浓冽香馥，爽而不薄，醇而不烈，甜而不腻，馥而不艳。不应有氧化感及过重的橡木桶味，不应有异杂味。典型应有爽、馥、酸、甜感，和谐统一，具有本品种的特殊风格。

（5）香槟酒　色，鲜明、协调、光泽，透明澄清、澈亮、无沉淀、无浮游物、无失光现象，音响清脆、响亮。香，果香、酒香柔和、轻快、不具异臭，具有独特风格。味，纯正、协调、柔美、清爽、香馥、后味杀口，轻快，余香，无异味，有独特风格。

# 第二章

# 葡萄酒生产原料及辅料

## 第一节 酿酒葡萄

### 一、葡萄酒酿酒用葡萄的优良品种

目前，全世界现有的葡萄品种约有 5 000 多个，按原产地不同，可分为欧洲类群、东亚类群和美洲类群。我国现有栽培品种约 1 000 种左右。每一品种葡萄的内在特性，对于葡萄酒的质量具有某种决定性的影响。

我国现在栽培的葡萄可以分成以下三大类。

① 中国品种，包括我国原有的野葡萄及张骞由中亚细亚带回中国的各种家葡萄。

② 欧洲品种，原来生长于小亚细亚，后经埃及、希腊传入欧洲南部，经过长时期的栽培改良，成为今日所谓欧洲系统葡萄。

③ 美洲品种，原产于美洲的野生葡萄，经过改良杂交而育成的品种。

**1. 中国品种**

（1）野生葡萄　据中国农业科学院胡先骕报告，已鉴定的野生葡萄有 30 余种，下列 4 种有较大经济价值：①蘡薁（*Vitis tharbergii*）；②葛藟（*Vitis slaxaosns*）；③山葡萄（*Vitis amnrensis*）；④刺葡萄（*Vitis davidii*）。

（2）家葡萄

① 龙眼　又名红葡萄或紫葡萄，为我国古老品种，广泛分布于华北、西北及东北南部旱地山区。在栽培葡萄中占很大比重。这种葡萄的植株生长势强，耐旱，非常适合于华北风土气候，为晚熟高产品种，生长日数 120 天左右，有效积温

3500～3700℃。成熟期在9月中下旬，亩产量在河北一般为1500kg左右，高者可达2500kg，山东平度有高达5000kg以上的。

果穗大，圆锥形，重0.5kg左右，最重的可达2kg以上，果粒大圆或椭圆形，淡紫红色，表面有灰色果粉，果皮容易分离，含糖分15%左右，酸度0.75～1.0g/100mL。出汁率高，可达75%～80%，这个品种为鲜食、酿酒两用品种，适于酿造干白葡萄酒和淡红葡萄酒，亦可用为香槟酒原料。

② 玫瑰香　这个品种19世纪天主教传教士由欧洲带到中国，但已在国内广泛栽培，果穗中等，平均约500g，含糖12%～20%，酸度0.5～0.7g/100mL，出汁率25%左右，生长日数135～155天，有效积温3000～3300℃，成熟期在安徽为8月下旬，北京为9月中旬，辽宁为9月中下旬，亩产量可达到2500kg以上。本品种大量用于红葡萄酒的制造，色泽鲜红，有浓厚的麝香香气，口味浓郁，但不耐久藏。

③ 牛奶葡萄　又名马奶，为我国有名鲜食品种，一部分用为白干酒的原料。果穗长圆锥形，平均500g左右，大者1000g以上，果实大，长椭圆形，果皮黄白绿色，表面有白色果粉，果皮厚，果肉紧密汁多，甘酸适度，9月中下旬成熟，收量中等，适于鲜食，亦可酿酒。

④ 红鸡心　果穗圆锥形，平均重270g，果实心脏形，皮色赤紫，为山西太原一带原有栽培品种，9月中下旬成熟，收量中等。

**2. 欧洲引进品种**

20世纪以后，由天主教传教士引进的国外优良葡萄品种分散在我国各地，烟台张裕葡萄酿酒公司于建厂初期（1900年前后）曾引进欧洲酿酒葡萄160多种，种在烟台张裕公司葡萄园，在抗日战争发生之前（1937年），尚有30多种，这些栽培在烟台东山的欧洲品种酿酒葡萄，张裕公司都给他们取了一个很古雅的名字，虽然不太确切，但现在还在沿用（表2-1）。

我国目前栽培的酿酒葡萄，有下列一些欧洲品种。

(1) 佳丽酿（Carignan）　别名佳里酿、法国红、康百耐、佳酿。原产于西班牙，是西欧各国的古老酿酒优良品种之一（图2-1）。

我国最早于1892年由西欧引入山东烟台。后由法国引进，在北京、开封、石家庄等地生长良好，北京葡萄酒厂已在生产中大量使用。

佳丽酿所酿之酒宝石红色，味正，香气好，宜与其他品种调配，去皮可酿成白或桃红葡萄酒，且易栽培、丰产。中国虽然有近百年的栽培历史，曾一度作为主栽品种，但因其酒质较差、单独酿优质干红有困难等原因近年来也有所减少，但它有易栽培、丰产等优点，颇受栽培者欢迎，可用于红酒调配与制造白兰地，因此生产上有一定的推广意义和发展前景。

佳丽酿属于晚熟品种，生长日数170天左右，有效积温3500～3700℃，在北京10月上旬成熟，产量高，四年生植株亩产最高达4000kg。

果穗平均重400g左右，最大1kg以上，果粒中等大小，椭圆形，紫黑色，如

图 2-1 所示。含糖 18%～20%，酸度 1.0～1.1g/100mL，出汁率高，可达 78%以上，生产白葡萄酒出汁率 70%左右。

**表 2-1 栽培的酿酒葡萄品种**

| 葡萄原名 | 张裕公司译名 | 颜　色 |
| --- | --- | --- |
| Blau Frankislh | 玛瑙红 | 深蓝 |
| Planer Burgunder | 大宛红 | 紫红 |
| Burgunder Welss | 大宛香 | 青黄 |
| Cabernet Franc | 品丽珠 | 紫黑 |
| Cabernet Sanvignan | 赤霞珠 | 紫黑 |
| Cabernet Cerniscbt | 蛇龙珠 | 紫黑 |
| Gutedel Weiss | 冰雪丸 | 淡褐 |
| Gatedel Rott | 水晶丸 | 桃红 |
| Malbac | 马泊客 | 紫黑 |
| Jorolidigo | 醉诗仙 | 紫黑 |
| Portngiesler | 凉州牧 | 紫黑 |
| Gray Riesling | 雷司令 | 灰黄 |
| Rutander（Pinot Gnis 灰比诺） | 李将军 | 紫褐 |
| Merlot | 梅鹿辄 | 紫黑 |
| Trlminer | 琼瑶浆 | 紫红 |
| Verdot | 魏天子 | 紫红 |
| Welsk Riesling | 贵人香 | 黄绿 |
| Ass | 阿房香 | 黄绿 |
| Sanvignon Blanc | 长相思 | 黄绿 |
| Ribla Grun | 阆栏月 | 黄褐 |
| Planto Puril | 浦丽尔 | 黄褐 |
| Petite Bouschet | 北塞魂 | 深紫 |
| Morastal Bouschet | 盖北塞 | 红紫 |
| Aspiran Bouschet | 汉北塞 | 红紫 |
| Alicante Bouschet | 紫北塞 | 深紫 |
| Muscat Alexandria | 亚历山大麝香 | 黄白 |

（2）小白玫瑰（Muskat Blanc）　欧洲古老品种，新中国成立后由前苏联引入，华北有少量栽培，早熟种，生长日数 140～150 天，有效积温 3200℃，在北京 9 月中旬成熟，果粒黄绿色，中等大小，含糖 17.5%～18.5%，有浓烈麝香味，酸度 0.5～0.7g/100mL，出汁率可达 50%。

（3）黑比诺（Pinot Nair）　法国品种，又名黑品乐或黑美酿，英文名称皮诺·诺瓦，别名黑品诺、黑比诺、黑皮诺等。原产于法国，是古老的酿酒名种（图 2-2）。

我国最早在 1892 年从西欧引入山东烟台，1936 年从日本引入河北昌黎。该品种是法国著名酿造香槟酒与桃红葡萄酒的主要品种，早熟、皮薄、色素低、产量少，适合较寒冷的地区，它对土壤与气候的要求比较严格，去皮发酵可酿制干白、白酒及非常好的气泡酒，是香槟最主要的葡萄品种之一。

图 2-1 佳丽酿

图 2-2 黑比诺

图 2-3 雷司令

所酿的酒颜色不深，适合久藏。这是一种非常难种植又难酿造的葡萄品种，在加州的酒厂，被称为令人头疼的葡萄。这种娇弱的贵族葡萄品种，最好的种植区在勃艮第，在那里它有最佳的表现，同时，来自勃艮第的红酒可能是世界上最奢侈昂贵的酒了。它香气十足，年轻时有丰富的水果香（也有人戏谑称为马尿味道）及草莓、樱桃等浆果味，陈年成熟后，富有变化，带有香料及动物、皮革香味而且成熟老化，有着回甜、非常讨好的味道。在德国称为晚勃艮第品种（Spatburgun der），主要用来生产清淡、色泽柔和、早熟的红酒。在美国加州、俄亥冈州以及奥地利、新西兰也有很好的表现。

一般为勃艮第酒的主要原料。中熟品种，生长日数 140～150 天，有效积温 3100～3300℃，在北京 9 月中下旬成熟，果粒圆柱形，平均穗重约 150g，果粒小，很紧密，紫黑色，如图 2-2 所示。含糖量 18%以上，高的可达 24%，酸度 0.6～0.7g/100mL，出汁率 75%以上，晚采的果实酒质更好。张裕公司引进的大宛香，为白色比诺（Pinot Blanc），李将军为灰色比诺（Pinot Gnis），皆属于优秀酿酒品种。

（4）雷司令（Gray Riesling）　别名意丝琳，白葡萄品种。原产地一直成谜，最早的种植记录在德国莱茵河区，是德国及阿尔萨斯最优良细致的品种。属晚熟型，适合大陆性气候（如莱茵河区），耐冷，多种植于向阳斜坡及沙质黏土，产量大，为优质品种中最高（图 2-3）。

雷司令是德国的经典葡萄，酿制而成的葡萄酒具有清脆的水果口味。雷司令葡萄酒具有从淡绿色、易脆直到金黄、口感尖锐，有光泽而又味道新奇的品种，口味干燥或偏甜。雷司令生长于澳大利亚和加州凉爽的气候中。此种葡萄酒在年份非常浅时便可饮用，但也适于珍藏多年。

果穗圆锥形，品均穗重约 200g，黄绿色，果皮薄，柔软多汁，如图 2-3 所示。含糖量可达 21%，含酸约 0.5g/100mL，出汁率 70%～75%。

（5）珊瑚珠（Aligote）　法国品种，又名阿里各得。俄罗斯广泛栽培，不久以前引入中国，适于酿制优质白葡萄酒。早中熟品种，北京 9 月中旬成熟，含糖

18%以上，晚采可达23%，含酸0.6～0.9g/100mL，出汁率75%左右。

(6) 品丽珠 (Cabernet Fraue) 法国品种，又名卡梅耐 (Carmenet)，英文名称卡伯纳·佛朗，别名卡门耐特，原名解百纳。原产于法国，是法国波尔多 (Bordeaux) 及罗亚河区 (Loire) 古老的酿酒品种，比赤霞珠还早熟，适合较冷的气候，单宁和酸度含量较低。是赤霞珠、蛇龙珠的姊妹品种（图2-4，图2-5）。

我国最早是于1892年由西欧引入山东烟台，为张裕公司酿造高级葡萄酒主要原料。现北京、河南都有栽培。

品丽珠是世界著名的、古老的酿造白葡萄酒的良种，富有果香，清淡柔和，大多不太能久藏，它的酒质不如赤霞珠，适应性不如蛇龙珠。通常与卡伯纳·苏维翁及美露 (Merlot) 搭配。加州近年来也出现愈来愈多的卡伯纳·佛朗单一品种葡萄酒。

品丽珠果穗小，紫黑色，如图2-5所示。含糖量18%～21%，含酸0.7～0.8g/100mL，出汁率约70%，属于中晚熟品种，生长日数150～155天，有效积温3200～3400℃，在烟台、北京9月下旬成熟。

(7) 赤霞珠 (Cabernet Sanvignan) 欧洲品种，英文名称卡伯纳·苏维翁。原产于法国，是法国波尔多地区传统的酿制红葡萄酒的良种，是全世界最受欢迎的黑色酿酒葡萄，生产容易，适合多种不同气候，已于各地普遍种植。所产葡萄酒品种特性强容易辨认，酚类物质含量高，颜色深，单宁强，酒体强健，须经数年陈酿才适合饮用。现在世界上生产葡萄酒的国家均有较大面积的栽培。

我国于1892年首先由烟台张裕公司引入，是我国目前栽培面积最大的红葡萄品种。该品种容易种植、适应性较强、酒质优，可酿成浓郁厚重型的红酒，适合久藏。但它必须与其他品种调配（如梅鹿辄）经橡木桶贮存后才能获得优质葡萄酒。它与品丽珠、蛇龙珠在我国并称“三珠”。在河北的昌黎，种植面积最大，葡萄的表现最好。

图2-4 赤霞珠　图2-5 品丽珠　图2-6 梅鹿辄

赤霞珠俗称为解百衲，为八大名酒之一玫瑰香的主要原料，也是法国名酒波尔多红葡萄酒的主要原料。中晚熟品种，生长日数150天左右，有效积温3170℃，在烟台9月中旬成熟，北京9月中下旬成熟，产量中等。

(8) 巴米特 (Pamid)　近年从保加利亚引进的品种，在黄河故道栽培较多，适于酿制白干酒或红葡萄酒。能耐寒，对霜霉病及白粉病的抵抗力不强，也感染葡萄蛾，单独用巴米特葡萄酿成的酒，需要陈放一年，否则不发出应有香味。其缺点是酸度低，色泽差。

(9) 梅鹿辄　别名梅尔诺、梅乐。原产于法国波尔多地区，是该区种植最广的葡萄品种，早熟且产量大，如图 2-6 所示。梅鹿辄可与其他名种（如赤霞珠等）配合，生产出极佳的干红葡萄酒。和赤霞珠比起来，梅鹿辄以果香著称，酒精含量高，单宁质地较柔顺，口感以圆润厚实为主，酸度也较低，虽极适久存陈酿，但不似赤霞珠动辄十年二十年。较快达到适饮期，近年来逐渐流行，常供不应求（图 2-6)。

我国最早是于 1892 年由西欧引入山东烟台。该品种为法国古老的酿酒品种，作为调配以提高酒的果香和色泽。

(10) 沙斯拉·多康 (Chaslas dore)　这是保加利亚从法国和瑞士引进的酿造白葡萄酒的品种。果穗中等大小，平均重 160g，呈圆柱形或圆锥形，沙斯拉是个要求不严格的品种，能在各种土壤上生长。

(11) 莎芭珍珠　又名别拉，是从保加利亚引进的早熟品种，是匈牙利培育出来的生食葡萄，是我国重点发展品种之一。发育开花期比其他品种早，7 月下半月成熟，栽于海拔 1000m 的地区也能成熟。果穗中等大小，平均重 135g，紧密度中等，圆柱或圆锥形，果实中等大小，正圆形。果皮薄，琥珀色，果肉甜，有玫瑰香味。莎芭珍珠不耐贮藏和运输，成熟和采收之后，很易变质，这个品种生长力中等，必须栽于向阳的中等肥沃或肥沃土地上，与砧木亲和力良好。

(12) 佳美 (Gamay)　英文名称加美或嘉美，曾用名黑佳美、红加美。原产于法国，1978 年引入。是法国勃艮第南方及罗亚河区的重要葡萄品种，占勃艮第红酒一半以上的产量。一般都要趁新鲜饮用，不过，若是产于宝酒利特级产区 (Braujolais Cru) 如风磨 (Moulin-A-Vent) 则例外，该地所产的红酒也可陈放。低单宁、有丰富的果香及美丽的浅紫红色泽是其特色，常带西洋梨及紫罗兰花香，尤其是宝酒利新酒 (Braurjolais Nouveau)，常带西洋梨、香蕉及泡泡糖的香味，是入门者的最佳选择之一，低涩度，高果香，冰凉之后容易入口。

(13) 内比奥罗 (Nebbiolo)　英文名称内比欧罗，曾用名纳比奥罗。原产于意大利，1981 年引入。属于高果酸、高色素、高单宁、晚熟型的品种。主要分布在意大利皮蒙省 (Piedmont)，其中巴若罗 (Barolo)、巴瑞斯可 (Barbaresco) 为最著名产区。所酿的酒品质可媲美一级波尔多红酒。酒色深如席哈，香味丰富，口感强实，带有丁香、胡椒、甘草、梅、李干、玫瑰花及苦味巧克力的香味，非常适合久存。

(14) 桑娇维塞 (Sangiovese)　英文名称山吉欧维斯。原产于意大利，1981 年引入。主要种植在意大利中部 (Tuscany)，其中香堤 (Chianti)、布鲁奈洛·蒙塔奇诺 (Brunello di Montalcino)、蒙塔普奇诺 (Vino Nobile di Montepulciano) 最为著名。色素少、酸度高、单宁高，酒的类型简单清爽，也有浓烈浑厚型，带有烟草及香料的味道。

(15) 西拉 (Syrah/Shiraz) 英文名称席哈。原产于法国,1980 年引入。主要种植在法国南方的隆河区,同时也是澳洲最重要的品种。适合温暖的气候,可酿出颜色深黑、香醇浓郁、口感结实带点辛辣的葡萄酒。年轻时以花香(尤其是紫罗兰香味)及浆果香味为主,成熟后会有胡椒、丁香、皮革、动物香味出现。陈化能力绝不亚于卡伯纳·苏维翁。

(16) 增芳德 (Zinfandel) 英文名称金芬黛。原产于意大利,但发现于美国,1980 年引入。全世界只有加州才把它发挥得淋漓尽致。在加州它可以酿出很多不同类型的酒,从清淡、带清新果香及甜味的淡粉红酒(white zinfandel),一直到高品质、耐存、强单宁、丰厚浓郁型的红酒,从有气泡到没有气泡的酒,甚至甜味的红酒中也有它的存在,可以说是葡萄里的演技派。

(17) 莎当妮 (Chardonnay) 英文名称莎当妮原产自勃艮第,是目前全世界最受欢迎的酿酒葡萄,属早熟型品种。由于适合各类型气候,耐冷,产量高且稳定,容易栽培,几乎已在全球各产酒区普遍种植。土质以带泥灰岩的石灰质土最佳。莎当妮是各种白葡萄酒中最适合橡木桶贮藏陈酿的品种,其酒香味浓郁,口感圆润,经久存可变得更丰富醇厚。以酿造干白酒及气泡酒为主。

(18) 席拉 (Syrah) 席拉起源于法国罗纳河流域的一种葡萄,当地用于酿造 A. O. C 红酒。用"Shiraz"这个名字在世界上许多新产区栽植,单品种用于酿酒。席拉能赋予酒独特诱人的香气、复杂且有筋骨的口感,使酒不很浓郁但很丰满,质量稳定能进行很好的陈酿。在南非表现很像赤霞珠。席拉的产量较低,不能带来较高的利润,除非它偏爱某个独特的葡萄园。席拉是一个古老品种,有人推测波斯王朝时已开始种植了。

席拉是一种优良的葡萄品种,根据年份和产地不同,开花一般为 6 月 5～15 日,葡萄成熟于 9 月 15 日至 10 月 10 日。在罗纳河南部比黑汉拿斯 (Grenache Noir) 早成熟 8 天,喜好温和和稳定的气候;在北部的本地葡萄酒中 (Cotesdu Rhone Crus),席拉是唯一使用的红品种,具有丰满、芳香、色深的特点。现在在南部使用也越来越多。色彩鲜艳,抗氧化性好,单宁重而芳香。

(19) 巴贝拉 (Barbera) 巴贝拉来源于意大利,是这个国家的第二大栽培品种。皮埃蒙特地区红酒总产量的一半是用巴贝拉酿造的。巴贝拉葡萄酒的风格很多,其中的优质品种可耐受很长时间的陈酿。巴贝拉的果实即使在成熟很充分时仍然有较高的酸度,使它在炎热的气候条件下有一定的优势。

在意大利南部,当巴贝拉葡萄结果量过大时,生产出的葡萄酒可能体量单薄而酸度高,在意大利巴贝拉还用于给内比奥洛葡萄酒调色,或与来自意大利南方的其他葡萄酒勾兑,来改善相对单薄的体量和过高的酸度。近年来通过限制葡萄的产量和增加在橡木桶中的陈酿,意大利巴贝拉的总体品质得到提高,既能生产年轻活跃的新酒,又能酿造浓郁而充满力量型的葡萄酒。总体上,葡萄酒呈深沉的宝石红色,体量饱满,单宁含量低、酸含量高。

（20）玛尔贝克（Malbec） 起源于法国，是波尔多地区允许进行葡萄酒勾兑的5个品种之一。曾经非常有名，但后来有些失宠，主要是由于它容易染病，抗霜冻能力不强，以及坐果差。历史上玛尔贝克曾经在法国的很多地区生长，但今天主要集中于西南部地区。

玛尔贝克在阿根廷被大量种植，并生产一些品质非常优异的单品种酒，在智利和澳大利亚也有比较多的种植。玛尔贝克红葡萄酒果香浓郁，酒体平衡，具有黑醋栗、桑葚、李子的芳香，偶尔还表现出桃子的风味，口感比解百纳类的葡萄酒柔软。此外，玛尔贝克还用于勾兑葡萄酒，使葡萄酒具有早饮性。所酿出的葡萄酒柔和、特征饱满、色泽美丽，而且含有相当数量的单宁，适合勾兑解百纳葡萄酒。

（21）内比奥洛（Nebbiolo）起源于意大利，它能够生产出最令人恒久不忘、品质保持年限最长的佳酿。内比奥洛称得上是意大利葡萄酒行业隐藏最深的秘密，它只在西北部的皮埃蒙特地区栽培，直到十几年前才流传到世界其他地方。今天内比奥洛是意大利最优品质的DOCG级葡萄酒的首选。即使是在皮埃蒙特地区，内比奥洛也仅仅是在数个精选区域进行栽培。由于难于栽培和并不丰产，内比奥洛的产量只占皮埃蒙特地区的30%。

尽管世界各地的葡萄酒产区都进行了内比奥洛的试种，但很少能够获得完美的成功，往往是一离开乡土，内比奥洛葡萄就失去了特有的香气。目前只有很少的内比奥洛葡萄栽培在北美和南美，在阿根廷由于栽培者产量控制不好，影响了葡萄酒的品质。优秀的内比奥洛葡萄酒风味饱满，香气复杂，从而能够和较高的酸度和单宁含量相平衡。

## 二、酿造葡萄酒的条件

葡萄酒是以新鲜葡萄或葡萄汁为原料经酵母菌酒精发酵而成的低度酒。

在这个酿造过程中，葡萄浆果里的糖，经酵母菌的作用，分解为酒精及其副产物，而葡萄浆果里的其他成分，如单宁、色素、芳香物质、矿物质及部分有机酸，以不变化的形式转移到葡萄酒中，因而葡萄酒像新鲜葡萄一样，是一种营养丰富的酿造酒。

酿造葡萄酒，离不开葡萄原料、酿酒设备及酿造葡萄酒的工艺技术，三者缺一不可。要酿造好的葡萄酒，首先要有好的葡萄原料，其次要有符合工艺要求的酿酒设备，第三要有科学合理的工艺技术。原料和设备是硬件，工艺技术是软件。在硬件规定的前提下，产品质量的差异就只能取决于酿造葡萄酒的工艺技术和严格的质量控制。

在酿造葡萄酒时还通常加入一些酿酒辅料。酿酒辅料通常是指酿酒酵母、果胶酶、澄清处理剂、陈酿处理剂、酒精发酵酵母营养剂、过滤助剂、稳定剂等，在酿酒辅料的选择上并不是所有葡萄品种，任何地域都能选择相同的产品，这之间有许多细微的区分。酿酒辅料类型的不同会给葡萄酒带来不同的品质要求，不同葡萄品种的原料应该选择不同类型的辅料。

如酿酒过程中选择酵母时就有明显的区别，不仅要有快速启动的能力，还要适合酿造葡萄酒的温度和营养要求，在酒精发酵结束后，可以保留原料的地域特点和品种特性。

有些辅料可以增加葡萄酒的香气、风味和口感上的复杂性，对生产陈酿型，追求酒体复杂的产品来说，是非常适合的，而对于一些追求简单口感的葡萄酒来说，则不必要过分依赖辅料的使用。

## 三、 葡萄成熟过程与葡萄酒陈酿过程单体酚变化

在国内陕西杨凌地区某专家进行了以白色酿酒葡萄品种霞多丽，红色酿酒葡萄品种赤霞珠、黑比诺和梅尔诺为试材，采用高效液相色谱法（HPLC）测定了葡萄成熟过程和葡萄酒陈酿过程中主要单体酚的含量变化，获得的结果如下。

### 1. 单体酚测定方法

利用 HPLC 法，成功分离了葡萄与葡萄酒中的没食子酸、安息香酸、丁香酸、儿茶素、芦丁和阿魏酸。本实验确定的色谱条件为：采用 Hibar RT Lichrospher C18 柱（250mm × 4.0mm，5μm），流动相为乙腈：乙酸：水＝16：1：83，1.0mL/min 等度洗脱，柱温为 30℃，检测波长为 280nm，进样量为 10μL。

### 2. 葡萄成熟过程中单体酚的变化

葡萄成熟过程中，多酚物质以儿茶素和没食子酸为主，阿魏酸含量最低，且含量因品种不同表现出较大差异。在葡萄成熟过程中，红色葡萄品种（黑比诺、梅尔诺和赤霞珠）中的没食子酸、阿魏酸和丁香酸含量明显高于白色葡萄品种（霞多丽）。

各单体酚在葡萄成熟过程中变化如下。

① 四个品种中没食子酸含量总体表现为先增加后稍有减少，其含量依次为梅尔诺＞赤霞珠＞黑比诺＞霞多丽。

② 黑比诺、梅尔诺和霞多丽中安息香酸含量在果实转色初期迅速减少，其后下降缓慢，采收前一周迅速增加，至采收时达最大值；随着葡萄的成熟，赤霞珠中的安息香酸含量呈下降趋势。

③ 四个品种中儿茶素含量随着葡萄的成熟均急剧减少。

④ 在葡萄成熟前期，梅尔诺和黑比诺中丁香酸含量减少幅度较大，随后变化缓慢；霞多丽中丁香酸在转色初期未检测到，以后随着葡萄的成熟其含量减少；赤霞珠中总体呈增加趋势。

⑤ 黑比诺、赤霞珠和霞多丽中芦丁含量随着葡萄的成熟逐渐减少；梅尔诺中芦丁含量先增加后减少；采收时，霞多丽中未检测到该物质。

⑥ 四个品种中阿魏酸含量始终较低；霞多丽在转色初期和采收时均未检测到该物质。

### 3. 葡萄酒陈酿过程中单体酚的变化

在葡萄酒陈酿过程中，多酚物质以儿茶素和没食子酸为主，且红葡萄酒（黑比

诺、梅尔诺和赤霞珠干红）中的含量明显高于白葡萄酒（霞多丽干白）。

各单体酚在葡萄酒陈酿过程中变化如下。

① 梅尔诺中没食子酸含量先增加后减少，陈酿 2 个月时达到最大值；黑比诺、赤霞珠和霞多丽中先减少后增加。

② 红葡萄酒中安息香酸含量先增加后减少，白葡萄酒中持续减少。

③ 红葡萄酒中儿茶素含量先增加后减少，白葡萄酒中总体呈减少趋势。

④ 梅尔诺、赤霞珠、黑比诺干红葡萄酒中丁香酸含量先增加后减少，在陈酿 2 个月时达最大值，霞多丽干白葡萄酒中含量较少，且变化不大。

⑤ 葡萄酒陈酿过程中芦丁含量变化较大：在陈酿 2 个月后，霞多丽和赤霞珠葡萄酒中未检测到该物质；陈酿 3 个月后，梅尔诺葡萄酒中未检测到该物质；陈酿 4 个月后，黑比诺葡萄酒中未检测到该物质。

## 第二节 葡萄的构造及其成分

成熟的葡萄串是酿制葡萄酒的最主要原料，其各部分所含的成分不同，在酿造过程中也将各自扮演不同的角色。一般葡萄在六月结果后大约需要 100 天的时间成熟。

在此过程中葡萄的体积变大，糖分增加，酸味降低，红色素和单宁等酚类物质增加使颜色加深。此外潜在的香味也逐渐形成，经发酵后就会散发出来。成熟的葡萄其大小、形状、颜色等都会因为品种而不同。此外产量的多少、所处天然环境、是否遭病菌污染及年份好坏等都会影响葡萄的特性和品质。

一穗葡萄包括果梗与果粒两个部分，其中果梗占 4%～6%，果实占 94%～96%。葡萄品种不同，有很大出入，收获季节多雨或干燥亦影响两者的比例。

### 一、葡萄果梗

连接葡萄粒成串的葡萄梗含有丰富的单宁、苦味树脂及鞣酸等物质，但其所含单宁收敛性强且较粗糙，常带有刺鼻的草味，通常，酿造之前会先进行去梗的工序。但部分酒厂为加强酒的单宁含量，有时也会加进葡萄梗一起发酵，但葡萄梗必须非常成熟，以避免前面提到的几个缺点。除了水和单宁外，葡萄梗还含有不少钾，具有去酸的功能。

实际果梗是果实的支持体，是由木质构成，含有维束管，使营养流通，并将糖分输送到果实。果梗含大量水分、木质素、树脂、无机盐、单宁，和果实相反，只含少量糖和有机酸。一般葡萄果梗的化学成分如表 2-2 所示。

因果梗富含单宁和苦味树脂及鞣酐等物，常常使酒产生过重的涩味，而且酒精度稍微降低（平均下降 0.2～0.4GL）。果梗的存在，使果汁水分增加 3%～4%。

制造白葡萄酒或浅红色葡萄酒时，带梗压榨，可使果汁易于流出和挤压，但不论哪一种葡萄酒，都不带梗发酵。

**表 2-2 葡萄果梗的化学成分**

| 成　分 | 含　量/% |
| --- | --- |
| 水分 | 75～80 |
| 木质素 | 6～7 |
| 单宁 | 1～3 |
| 树脂 | 1～2 |
| 无机盐（钙盐为主） | 1.5～2.5 |
| 有机酸 | 0.3～1.2 |
| 糖分 | 0.3～0.5 |

## 二、 葡萄果实

一般食用葡萄的肉质较丰厚，而酿酒葡萄较多汁，其主要成分有水分、糖分、有机酸和矿物质。其中糖分是酒精发酵的主要成分，包括葡萄糖和果糖，有机酸则以酒石酸、乳酸和柠檬酸三种为主。酒中的矿物质则以钾最为重要，其含量常超过各种矿物质总量的50%。

葡萄果粒包括果皮、果核、果肉（浆液）三个部分，其中果皮占6%～12%，果核占2%～5%，果肉占83%～92%。

**1. 果皮**

果实外面有一层果皮，包围在果肉与核的外边，果实发育成长时，果皮的重量几乎很少增加，果实长大后，果皮成为有弹性的薄膜。葡萄完全成熟时，果皮变得非常薄，使空气能够渗入，保持呼吸。由于雾露或雨水，果皮易于破裂，而天气炎热干燥时，果肉水分会通过果皮而蒸发。

果皮由好几层细胞组成，表面有一层蜡质保护层，阻止空气中的微生物侵入细胞，尤其是附在果皮上的酵母菌。常常用农药处理的葡萄，果皮表面的酵母大都已死亡，因此破碎后发酵慢，适于用人工培养的酵母接种。果皮的化学成分见表2-3。

**表 2-3 果皮的化学成分**

| 成　分 | 含量/% |
| --- | --- |
| 水分 | 72～80 |
| 纤维素 | 18～20 |
| 有机盐 | 少量 |
| 无机盐 | 1.5～2 |

果皮中含有单宁和花青色素，这两个成分对酿造红葡萄酒很重要；其中果皮中含有色素及芳香物质，对酿制葡萄酒也有一定影响。

虽然比例上葡萄皮仅占全体的1/10，但对品质的影响却很大。除了含有丰富的纤维素和果胶外，还含有单宁和香味物质；另外黑葡萄的皮还含有红色素，是红酒颜色的主要来源。葡萄皮中的单宁较为细腻，是构成葡萄酒结构的主要元素。其香味物质存于皮的下方，分为挥发性香和非挥发性香，后者须待发酵后才会慢慢形成。

(1) 单宁　果皮的单宁含量，因葡萄的品种而不同，一般为0.5%～2%，但在果内含量极稀或完全没有，不带果梗发酵的红葡萄酒，单宁主要来自果皮。

一般葡萄单宁是一种复杂的有机化合物，能溶于水和乙醇，味苦而涩，与铁盐作用时发生蓝色反应。能和动物胶或其他蛋白质溶液生成不溶性的复合沉淀。葡萄单宁与醛类化合物生成不溶性的缩合产物，随着葡萄酒的老熟而被氧化。

(2) 色素　绝大多数的葡萄色素只存在于果皮中，除了极少数果皮与果肉都含色素的有色葡萄品种，如紫北塞（Alicant-Bouchet）外，大多数葡萄的色素只存在于果皮中，因此，可以红葡萄脱皮来酿造白葡萄酒或浅红色葡萄酒。

葡萄色素的化学成分非常复杂，往往因品种而不同，从黄绿色的白葡萄到紫黑色的红葡萄，有种种色调。白葡萄有白、青、黄、白青、白黄、金黄、淡黄等颜色；红葡萄有淡红、鲜红、深红、红黄、褐色、浓褐、赤褐等颜色；黑葡萄有淡紫、紫、紫红、紫黑、黑等色泽。

色素在酒精中比在水中易于溶解，醪液发酵生成越来越多的酒精，色素溶出亦逐渐增加。湿度能促进色素溶解，发酵期间保持28～30℃，有利于色素溶解，对酵母繁殖并无影响，美国加利福尼亚葡萄酒厂常常用55～60℃高温处理破碎葡萄，将色素快速除去。

酸度对葡萄酒色泽有很大影响，滴定酸度在4～5g/L（pH=3.5～3.2）时，色泽鲜艳而稳定，如果pH是3.8～4.0（相当于约3g/L滴定酸度），则色调黯淡，色素易于沉淀，如果将碱液加入葡萄汁或葡萄酒，则颜色立刻改变，当pH接近7时，转变成褐色。

二氧化硫有利于色素的溶解，且使色泽稳定。酿酒时一般添加二氧化硫20～30g/kg。但在成品红葡萄酒中添加二氧化硫，常常由于还原作用，产生轻微的褪色现象。葡萄酒色素对于氧化极其敏感，尤其是有葡萄氧化酶（oenoxydases）存在时，这种酶常常存在于腐烂的葡萄中，引起色调的变化，白葡萄酒尤其敏感，有时会使原来的黄绿色变成黄褐色，甚至产生深褐色氧化沉淀。二氧化硫有抗氧作用，能破坏氧化酶，防止变色。

(3) 芳香成分　果皮上含有芳香成分，它赋予葡萄酒特有的果实香味，不同的品种，香味不一样（麝香、草莓、狐臭……）。粒小的品种酿制的葡萄酒香气较好。若要消除或减少香味和色素，就须在去皮之后发酵，在发酵前将果汁挤出，然后再压榨，浅色葡萄酒就是用这种工艺方法制成的。

**2. 果核**

一般葡萄含4个果核，每一子房有两个核，常常由于发育不全，只有1～4个核。有些做葡萄干的品种，核已经完全淘汰，如新疆无核葡萄、苏丹葡萄、可林德

(Corinthe) 葡萄等，根本无核。

果核中含损害葡萄酒风味的物质，如脂肪、树脂、挥发酸等，这些成分如在发酵时带入醪液，会严重影响成品酒质量，所以葡萄破碎时，应尽量避免将核压破。

表 2-4 列出了果核的化学成分，其中除了单宁之外，都存在于表面细胞中，不易溶解在葡萄酒，发酵完毕，酒槽中的葡萄核可以用来榨油。

**表 2-4 果核的化学成分**

| 成分 | 含量/% |
|---|---|
| 水分 | 35～40 |
| 脂肪 | 6～10 |
| 单宁 | 3～7 |
| 挥发酸 | 0.5～1 |
| 无机盐 | 1～2 |
| 纤维素及其衍生物 | 44～57 |

**3. 果肉和汁（葡萄浆）**

果肉和果汁为葡萄的主要部分（83%～92%）。酿酒用葡萄，希望其柔软多汁，且种核外不包肉质，以使葡萄出汁率高。一般不同的品种，其组成很不一样，食用果肉和果汁的重量几乎一样。果肉和果汁的成分如表 2-5 所示。

葡萄浆是果肉与果汁的总称，是还原糖的溶液，密度比水大，其浓度一般以 1L 葡萄浆含还原糖的质量（g）表示，一般在 1060～1120g 之间，只要测定密度，就能估计出糖的浓度。

**表 2-5 果肉和果汁的成分**

| 成分 | 含量/% |
|---|---|
| 水 | 65～80 |
| 还原糖 | 15～30 |
| 其他成分 | 5～6 |
| 酸 | |
| 无机盐 | |
| 含氮物 | |
| 果胶质 | |

葡萄浆各个成分的性质，说明如下。

(1) 糖分　葡萄的糖分，由葡萄糖和果糖组成，成熟时两者的比例基本相等，但从不含蔗糖。在酵母作用下，发酵生成酒精、$CO_2$ 和多种副产物。因葡萄品种、果实大小、土壤气候、栽培方法、病虫害等原因，葡萄的含糖量有很大的差异。

葡萄糖与果糖都是单糖，实验式为 $C_6H_{12}O_6$，它们是还原糖，因为它们能和某些金属氧化物作用，除去一部分氧，例如与 CuO 作用，生成氧化亚铜，这个反应，常常用来测定葡萄糖的成分（斐林法）。

这两种糖在酵母作用下，直接发酵生成乙醇和二氧化碳及种种副产物。所以，含这两种糖的物质（浓缩葡萄液）的保存，比较困难。

葡萄从发育期开始，即在果实中累积糖分，经过5～6个星期，每升果浆中的含糖量从数克增加到200g左右，成熟末期，糖分急剧增加，每天每升葡萄浆可以增加8～10g糖分，相当于0.5%酒精，由此可见在葡萄成熟末期，测定糖分变化的重要性。

葡萄成熟期开始，葡萄糖占主要地位，后来果糖的比例渐渐增加，接近于平衡，完全成熟时，两者含量完全相符。

根据葡萄品种、果实大小、土壤气候、栽培方法、病虫害等原因，含糖量有较大的差异，炎热地区，完全成熟的葡萄，糖分高的相当于酒精度10～15°GL。

（2）酸　葡萄的酸主要有酒石酸和苹果酸，其酸度也来自于此两种酸。

有时在成熟的葡萄或长霉的葡萄中，会有少量的柠檬酸，约为0.0196%～0.03%。葡萄中的酸一部分游离存在，一部分以盐类形式存在，例如中性或酸性酒石酸钾或苹果酸钾。葡萄中酸的存在形式随pH值的不同而改变。pH值的大小对发酵影响很大，一般pH值在3.3～3.5时最适宜发酵。表2-6指出葡萄浆pH值对游离酸和结合酸比例的关系，从此表可以看出pH值对葡萄酒酿造的重要性。

**表2-6　葡萄浆pH值对游离酸和结合酸比例的关系**（上下约2%～3%）

| 葡萄浆的pH值 | | 3.0 | 3.3 | 3.7 | 4.6 |
|---|---|---|---|---|---|
| 酒石酸 | 游离酸酒 | 47% | 30% | 8% | 痕迹 |
| | 石酸盐 | 53% | 70% | 92% | 98%～99% |
| 苹果酸 | 游离酸 | 70% | 56% | 30% | 11% |
| | 苹果酸盐 | 30% | 44% | 70% | 89% |

表2-6对于葡萄酒也适用，上下相差不过百分之几而已。

游离酒石酸有敏锐的酸味，但中性盐几乎毫无酸味。在pH=3时，约有1/2的酒石酸处于游离状态，酸味很明显；pH=4.0时，几乎已无游离酸，所以平淡无味。

葡萄从发育到成熟，酸度逐渐下降，主要由于两个原因：土壤中存在的无机盐，主要是钾，使酒石酸、苹果酸中和；第二个原因是细胞的氧化呼吸，主要是对于苹果酸，温度越高，越是成熟的果实，氧化就愈深入。

葡萄酸度用每升含若干克硫酸来表示，这是总酸或滴定酸度，用标准碱液滴定。

温暖地区的葡萄浆，酸度较小，一般总酸在2.5～4g/L，相当于pH=3.3～3.8，要得到色泽鲜艳、口味爽快的葡萄酒，至少须总酸4.0～4.5g/L，往往有加酸的必要。霉烂的葡萄，酸度往往偏高，可达到6～8g/L。

（3）含氮物　葡萄浆含氮物为0.3～1g/L（总氮），一部分以氨态氮存在（10%～20%），易被酵母同化。其他部分以有机氮形式存在（氨基酸、胺类、蛋白质），发酵时，在单宁与酒精的影响下，产生沉淀。腐烂的葡萄，含氮物质比正常的葡萄多，有利于杂菌繁殖，尤其有利于引起葡萄酒浑浊的乳酸菌的繁殖。

（4）果胶质　果胶质是一种多糖类的复杂化合物，含量因葡萄品种而异，且与葡萄成熟度有关。少量果胶的存在，能增加酒的柔和味，含量多时，对葡萄酒的稳定性有影响。

（5）无机盐　含量从发育到成熟期逐渐增加（2～4g/L），主要是从土壤吸收来的。主要有钾、钠、钙、铁、镁等。这些元素常与酒石酸及苹果酸形成各种盐类。生产中，常采用自然澄清与人工冷冻逐步除去。

钾：钾是葡萄最重要的无机成分，含量多少不同，约0.7～2g/L葡萄浆，根据土壤、气候、栽培方法、肥料种类而异。葡萄酒的含钾量比原来的葡萄浆少得多，因为一部分酒石酸钾盐，已在发酵及冬季生成沉淀除去。钾盐是葡萄成熟时与酒石酸、苹果酸化合的主要盐类，其他比较重要的无机成分，一般含量如下：钙0.075～0.250g/L葡萄浆；镁0.050～0.150g/L葡萄浆；钠0.030～0.300g/L葡萄浆（因含NaCl多少而不同）；铁0.005～0.012g/L葡萄浆。

在葡萄浆中，这些元素都是和有机酸（酒石酸与苹果酸）及无机酸（盐酸、硫酸、磷酸）结合，以中性或酸性盐存在，盐酸与硫酸在葡萄浆中以中性盐（KCl、$K_2SO_4$）存在，而磷酸则以酸性盐出现（例如$KH_3PO_4$）。

氯：含量多少不一（0.050～0.500g/L），以NaCl表示，在海滨或盐性土壤生长的葡萄，含氯比较多，国际葡萄酒协会（O.I.V）建议将含氯量规定为0.500g/L（1954年），法国葡萄酒法规定不超过1g/L。

硫酸盐：葡萄中自然存在的硫酸盐一般不超过0.3～0.4g/L（作为钾的中性盐），但在富于石膏盐土壤中生成的葡萄，有高达0.7～1g/L者，但仍低于最高限度2g/L，国际葡萄酒协会提出将限度降到1g/L，以防止人工添加盐酸或硫酸。

磷酸盐：葡萄浆中存在0.150～0.500g/L的磷酸（以$P_2O_5$表示），以无机盐或有机盐存在，最主要的是磷酸二氢钾，与盐酸或硫酸相反，在葡萄酒中对磷酸含量无任何限制。

无机盐的总量，以一定重量的葡萄浆烧灼后残留的暗赤色灰分为依据。

总之，葡萄各个部分——梗、皮、肉对酿酒都有一定好处，但主要是占葡萄重量90%左右的果肉与果汁，它含有两个主要成分：糖和酸。单独用不带皮的葡萄浆，可以制成高质量的白葡萄酒和浅红色葡萄酒。果皮含有单宁和色素，对于酿造红葡萄酒极为重要，果梗一般在葡萄破碎时除去，以免带来有碍葡萄酒风味的物质。

## 第三节　葡萄栽培的环境因素

葡萄栽培的环境因素，各地不同，条件复杂，但是极其重要。气候显然是影响葡萄栽培的主要因素，其次为雨量与湿度、风向、土壤以及各个因素的综合。

## 一、 温度

这是影响葡萄分布和成长的最重要因子，根据世界各国有关部门的调查，适于酿酒的欧洲葡萄（*V. vinefera*），只能在等温线（isothem）10～20℃之间生长，超过这个限度，冬季过于寒冷，葡萄将无法越冬（例如我国黑龙江以北、欧洲北部及加拿大等）；夏季温度太低，葡萄难以完全成熟，晚春季节出现霜冻，往往会冻死幼苗，或者夏季多雨、湿度过高，引起病毒（virus）及其他病害，夏季温度过高（例如沙漠地带）也不利葡萄的生长。

除了上述条件之外，最重要的是葡萄生长季节接受的温度。从春天开始每日平均温度达到10℃，葡萄开始生长，一直到成熟为止。平均温度在10℃以上的总和，称为有效积温（effective temperuture）。炎热地区，有效积温高，葡萄成熟早，酸度低，pH值大、糖分高，例如在炎热的加利福尼亚，8月开始采葡萄，西班牙在9月初，法国南部9～10月，而莱茵地区迟至10～11月。

温克莱（Winkler，1886）将有效积温，分成五级：Ⅰ类地区<2500℃；Ⅱ类地区2500～3000℃；Ⅲ类地区3000～3500℃；Ⅳ类地区3500～4000℃；Ⅴ类地区4000～5000℃。

同一品种的葡萄，栽培在平均积温不同的地区，其糖分、酸度、pH值及色泽均不一样，所以酿成葡萄酒，风格也不同。

土壤温度不完全是由于大气温度的作用，也和排水有关，部分根据土壤的成分与组织，法国北部地区，像香槟、勃良第，葡萄能在陡峭的山坡上良好地生长，一部分归功于土壤温度。

著名葡萄酒产地的有效积温见表2-7。

**表2-7 著名葡萄酒产地的有效积温**

| 地　区 | 有效积温/℃ | Winkler级别 |
|---|---|---|
| 北非洲阿尔及利亚（Algeria） | 5200 | Ⅴ级 |
| 美国加利福尼亚（Bake） | 5020 | Ⅴ级 |
| 意大利西西里岛（Marsa） | 5140 | Ⅴ级 |
| 意大利佛罗伦萨（Chian） | 3530 | Ⅳ级 |
| 法国波尔多（Clarei） | 2510 | Ⅱ级 |
| 法国勃良第（Burgundy） | 2400 | Ⅰ级 |
| 法国香槟（Champagnl） | 2060 | Ⅰ级 |
| 德国摩塞尔（Moselle） | 1730 | Ⅰ级 |
| 德国莱茵（Rheingau） | 1709 | Ⅰ级 |

## 二、 湿度及降雨量

欧洲种葡萄，成熟期间需要干燥，凡湿度太大、雨水过多，均影响质量，表2-

8为日本甲州与法国波尔多的雨量和平均气温对照图。由表2-8可以看出，欧洲系统的酿酒葡萄，适于在夏季干燥的地带生长，像日本甲州夏季多雨，栽培美国系统葡萄，比较适合，但酒质不理想。

凡是雨季多雨，温度明显增加的地区，容易引起霉菌感染，一般葡萄园喷射硫酸铜或波尔多混合剂，但据花伦香（Ferenczi，1955）讲，会使含糖量减少。

**表2-8 不同地区的温度及雨量**

| 地　区 | 常年平均温度/℃ | 常年平均雨量/mm |
| --- | --- | --- |
| 日本甲州 | 14.2 | 12.3 |
| 法国波尔多 | 12.15 | 820 |

干旱的夏天，也会影响葡萄的生长与成熟，甚至由于大量水分从叶子蒸发，而引起枯萎。

## 三、 土壤

欧洲一般认为只有沙砾土能出产优质葡萄酒，因为沙土一般排水良好，土壤温度比较高，有利于葡萄的生长与成熟。德国摩赛尔及葡萄牙波尔德酒葡萄园都以岩板土闻名于世，据说能保留白天温度，对葡萄生长有利。

## 四、 其他环境因素

来自撒哈拉的干燥季节有时阻碍马台拉岛、西西里及西班牙地区的葡萄酒成熟，如果季节风来得晚，会使葡萄在树上干燥枯萎，不但损害了作物，而且能使树叶脱落。

晚春霜冻，减少收成，如果时令失当，能使葡萄更好地成长，提高了质量。

为防止根瘤蚜病虫的蔓延，采用抗病砧木，砧木的性质对葡萄汁成分有或多或少的影响，贝那（Bénard等，1963）对格雷那许（Grenache）葡萄用了9种砧木，成品葡萄汁与葡萄酒的分析差别很小，除了个别品种，没有明显的不同。

# 第四节 葡萄酒生产的辅料

葡萄酒辅料在国内的使用和兴起有近30多年的时间了，由于葡萄酒辅料技术涉及发酵工程、遗传工程和基因工程等多门学科，科技要求很高，相对于国外的先进技术，国内在酿酒辅料开发方面还处于起步阶段，在辅料的使用上也通常依赖于国外的产品。

葡萄酿造辅料现在已经成为提高葡萄品质的重要工具，目前已经发展成为包括酵母、果胶酶、酵母多糖、发酵助剂、陈酿处理剂、澄清剂、稳定剂等诸多辅料产品。

上述葡萄酿造辅料包括葡萄酒在生产过程中的各种添加剂、灭菌剂及洗涤剂等辅料是不可少的，而且它们也起着相当重要的作用。

## 一、 酵母

酵母是一些单细胞真菌，并非系统演化分类的单元。目前已知有1000多种酵母，根据酵母产生孢子（子囊孢子和担孢子）的能力，可将酵母分成三类：形成孢子的株系属于子囊菌和担子菌；不形成孢子但主要通过芽殖来繁殖的称为不完全真菌，或者称为“假酵母”。目前已知大部分酵母被分类到子囊菌门。酵母主要的生长环境是潮湿或液态环境，有些酵母也会生存在生物体内。

在酿造工艺和技术中，“没有酵母就没有葡萄”，酵母直接影响着所酿葡萄的各种风味和感官特征。法国拉曼集团一百多年来不断地加大研发投入，在对世界各地葡萄产区的土壤和气候特点、各种酿酒葡萄品种的特色以及各种优质葡萄的感官表征进行大量研究与实践的基础上，成功选育了数百种专业活性干酵母菌种，如各种高档红白葡萄酵母、果香型葡萄酵母（如RA17）、饱满醇厚型葡萄酵母（如BM45）、陈酿酵母、新鲜酵母、佐餐葡萄用酵母、白兰地原专用、起泡葡萄专用、冰葡萄专用、各种特种工具酵母（降酸酵母71B、重启动酵母UV43、耐高温酵母D21、耐低温酵母KD）以及针对不同葡萄品种的专业酵母等。

若想酿造出一流或富有特色的葡萄，在精发酵过程中酿造师应选用专业或特色酵母，以期更好地控制发酵进程和发酵产物。尽管表面上看选购专业或特色酵母静态成本相对高些，但最终的动态和长期成本却仍然很低。因为采用专业或特色酵母所酿葡萄酒的质量好且稳定，颇受消费者和经销商欢迎，有助于建立品牌效应，其最终成本不过在0.05～0.06元/瓶左右，相对于葡萄原料的成本微不足道。国外葡萄发达国家，大多数葡萄酒厂均是私营的，毫无疑问，他们非常在乎降低成本，但他们从不计较酵母等重要工艺辅料的成本，只选购专业或特色酵母，并按照科学的接种量足量添加，以确保所酿出的葡萄保持在一个较高的品质水平上。因为他们看重的是，只有好酵母才能酿造出好葡萄酒，而同时酵母的成本相对不高，这也正是专业或特色酵母受到广泛重视的缘故。

其实，在葡萄皮的表面就存在天然的野生酵母，所以古老的葡萄酒酿造就是采用野生酵母自然发酵。但随着科技的进步，科学家选育了众多的葡萄酒活性干酵母来生产不同类型的葡萄酒。所以，如果条件许可，自酿葡萄酒可以采用活性干酵母来发酵，以便更好地控制发酵进程和发酵产物，使所酿的酒具有可控性，推荐使用的红葡萄酒酵母有EC1118、D254、RC212、W15、CM、71B等。

## 二、 果胶酶

果胶酶是分解果胶的一个多酶复合物，通常包括原果胶酶、果胶甲酯水解酶、果胶酸酶。通过它们的联合作用使果胶质得以完全分解。天然的果胶质在原果胶酶的作用下，转化成水可溶性的果胶；果胶被果胶甲酯水解酶催化去掉甲酯基团，生成果胶酸；果胶酸经果胶酸水解酶类和果胶酸裂合酶类降解生成半乳糖醛酸。

天然高效的葡萄专用复合果胶酶是由半乳糖醛酶（PG）、果胶酯酶（PE）、果胶裂解酶（PL）、纤维素酶和半纤维素酶等多种酶素复合而成，不同的酶素作用于长链果胶的不同部位，能够促使各种有益物质更多地释放，对提高葡萄的澄清效果、出汁率、色泽及其稳定性、香气质量等具有多重贡献。最常见的葡萄专用果胶酶通常有浸渍酶EX/EX-V、澄清酶C/HC、产多糖酶MMX、溶菌酶LZ等。

果胶酶由黑曲霉经发酵精制而得，其外观呈浅黄色粉末状。果胶酶主要用于果蔬汁饮料及果酒的榨汁及澄清，对分解果胶具有良好的作用。其最佳贮藏条件为4～15℃，一般为室温贮藏，避免阳光直射。

## 三、酵母多糖

葡萄糖和果糖是酵母的主要碳源和能源，葡萄糖利用速度比果糖快。蔗糖先被位于酵母细胞膜和细胞壁之间的转化酶在膜外水解成葡萄糖和果糖，然后再进入细胞，参与代谢活动。果酒酵母能利用的碳源还有醋酸、乙醇、甘油等，但这些物质在果浆中含量较低。水果中的其他糖如戊糖则不能被酵母利用。

糖浓度影响酵母的生长和发酵。糖度为1～2°Bx时生长发酵速度最快；5°Bx开始抑制酒精发酵，单位糖的酒精产率开始下降；高于25°Bx出现发酵延滞；高于30°Bx时单位糖酒精产率显著降低；而高于70°Bx时大部分果酒酵母不能发酵。糖度高，发酵生成的甘油较多，生成的乙醇及其醋类也多。果汁加糖发酵时，高级醇和乙醛的生成量增加。当果汁含糖量过高时，适当添加氮源有利于酒精发酵且减少高级醇的形成。

传统的“带脚陈酿工艺”利用酵母自溶现象来改善葡萄质量，但实际上在现代大工业酿酒生产中优质脚较难获得，且酵母自溶过程在一定程度上具有不可控性。如何最大限度地提高葡萄中酵母多糖的含量，又不给生产带来质量风险，成为酿酒师普遍关注的问题。

为了解决这一问题，法国拉曼集团的研究人员在充分研究酵母自溶机理和自溶产物作用的基础上，成功生产出了适用于浸渍发酵和后期陈酿阶段的酵母多糖产品，如OptiRed（用于红葡萄）或OptiWhite（用于白葡萄），它们不但能有效提升葡萄的口感饱满度、圆润和醇厚绵长感，使其感官质量得以完善，而且还有利于改善葡萄的胶体结构，增强其胶体稳定性。目前，酵母多糖产品已广泛投入实践应用。

## 四、发酵助剂

发酵助剂，简称酵母营养剂（Thiazote），又称酵母营养盐、发酵促进剂、发酵营养盐等。其能够为酵母的生理代谢提供营养物质，包括氮源、维生素、矿物质等，比如食品级磷酸。

传统的精发酵理论认为，葡萄中所含的营养物质可以满足酵母生长需要。但近些年的研究和实践表明，随着树龄增长、土壤中固有的营养缺乏、葡萄汁污染以及规模越来越大的前发酵工艺等，均会导致日益频繁的酵母营养源耗尽或不足的现象。

所以，保证酵母所需营养源的充足，特别是微量元素的需求，已成为保障发酵科学、正常和完整，进而保障葡萄基质量的最重要前提。目前，普遍受欢迎的发酵助剂有复合型高效发酵助剂（含氮源、各种必需维生素、微量元素、自溶酵母细胞壁等，如 Go-Ferm/Fermaid 系列）和单元型发酵助剂（如 DAP/VTM2）。

## 五、 陈酿处理剂

采用人工接种乳酸菌进行苹果酸-乳酸发酵，在国外已经被普遍采用，在国内近十年来也被越来越多的厂所接受。国内外的理论和实践表明，向葡萄汁或葡萄中接种优良乳酸菌菌株能够克服自然乳酸菌存在状况差异大、不稳定，诱发异变及质量难控制等问题，有利于提高苹果酸-乳酸发酵的成功率，便于控制苹果酸-乳酸发酵的速度、时间和质量，是实现葡萄中酸度、口感、果香平衡和谐的有效工艺途径。目前，在世界范围内只有少数专业公司有能力开发并生产高品质的直接接种乳酸菌产品，其中较为流行的品种型号有 VTT. D/31MBR（耐低温和低 pH）/VP41（耐高度和高 $SO_2$）/EQ54（重启苹果酸-乳酸发酵）。

将橡木类辅料在酿造和陈化过程中加入到酒中，可赋予葡萄酒一些它本身不存在的香气。并且通过葡萄酒的浸泡作用，也可将橡木中的多酚类物质如单宁融入到酒中，柔和葡萄酒的口感。橡木类辅料主要是指经过加工熏烤过的橡木桶、橡木片、橡木纤维和橡木粉等。目前自酿葡萄酒普遍使用橡木片，性价比十分不错，非常适合酿造 1～2 年内饮用的葡萄酒使用。加入量可根据个人的口感和喜好而定。

## 六、 澄清剂及吸附剂

使用澄清剂可减少大量大颗粒杂质、果胶及不稳定蛋白质或铁化合物。它将固体物质和悬浮分子黏结，并使其沉淀在最底层，使酒体保持清澈。有很多澄清物质经常在全世界的酒庄和企业使用，每种都有很多的使用目的，例如膨润土、硅藻土、活性炭、蛋清、明胶、血粉等。其中血粉因为可能存在疯牛病病毒的原因，在欧美等国已经被禁止使用。

① 明胶、鱼胶、蛋清、单宁等：用于葡萄酒的下胶，应密封、贮存于干燥处，启封后不能久放。

② 皂土：去除葡萄汁及原酒的蛋白质。

③ 硅藻土：用于葡萄汁或原酒的过滤。

④ 活性炭：去除白葡萄酒过重的苦味，葡萄酒的脱色，用于颜色变褐或粉红色的白葡萄酒的脱色。

⑤ 聚乙烯聚吡咯烷酮：吸附酒中的酚类化合物。

## 七、促进剂

促进剂，简称酒精发酵促进剂（bioactive），是一种复合型制剂，由酵母浸出物、酶制剂和无机盐组成。它的特点：①高效营养助推器，促进酵母繁殖、代谢；②提升酵母发酵性能及环境耐受力；③缩短酒精发酵时间；④降低残糖、优化发酵指标；⑤促进原料分解，提高原料利用率。

（1）酵母浸出物　含有丰富的不饱和脂肪酸、磷脂、甾醇、氨基氮、矿物质和维生素等，营养成分比例适当，充分满足酵母生长代谢需求，使酵母自始至终都能保持旺盛的生理活性，利于提高酵母菌体的生长量和酒精代谢水平。

（2）酶制剂　酶制剂能够降解原料中的大分子物质，使之变成能被酵母快速利用的可发酵性物质，增加有效成分，强化发酵过程，提高酒精产率和原料利用率。

（3）无机盐　提供了酵母生长所必需的磷、硫、钾、钙、镁、锌等元素，调节渗透压、pH、氧化还原电位，有效提高酵母菌耐高渗透压、耐高酒分以及耐受恶劣环境的能力。

## 八、添加剂

亚硫酸或偏重亚硫酸钾：具有对葡萄浆、葡萄汁酒杀菌、澄清、抗氧、溶解、增酸及改善口味的作用。可贮存于玻璃瓶或食用塑料袋内，注意密封、防潮。

磷酸氢二铵：酵母营养剂，须密封保存。

维生素 C：为葡萄汁及发酵酒的抗氧、防氧剂和酵母营养源。

食用酒精：用于原酒贮器的封口、调整酒度。

砂糖：发酵时添加或用于调酒。

柠檬酸：调整原酒酸度，防止铁破败病。

乳酸：调整原酒酸度。

碳酸钙：用于葡萄汁和原酒的降酸。

酒石酸：调整原酒酸度。

酒石酸钾：用于原酒降酸。

碳酸氢钾：用于酒的降酸。

硫酸铜：去除酒中的 $H_2S$ 气味。

植酸钙：用于酒的除铁。

## 九、灭菌剂

二氧化硫是最常见的硫氧化物。无色气体，有强烈刺激性气味，大气主要污染物之一。其主要作用是杀杂菌、防止污染以及终止葡萄酒的发酵。二氧化硫是目前葡萄酒酿造中所必需的，但是，国家葡萄酒标准对它有严格的使用限制。

酿酒初期，二氧化硫对葡萄醪起杀菌作用，在酿造以及陈放过程中起抗氧化作用，葡萄酒贮存后则对葡萄酒的颜色、质量的稳定起保护作用等，因此用好二氧化硫是自酿葡萄酒环节中的重点。需要注意的是，由于二氧化硫具有腐蚀性和刺激气味，所以不要接触皮肤，且防止小孩接触。酿酒过程中加入过量的二氧化硫会抑制或终止葡萄酒的发酵，装瓶前加入过量，不但会使酒的风味变坏，如果饮用，也会对人体健康产生不良影响甚至发生中毒。

一般要想保持葡萄酒的果味和鲜度，就必须在发酵过程后立刻添加二氧化硫处理。二氧化硫可以阻止由空气中的氧使葡萄酒所引起的氧化作用。

### 十、常用的气体

氮气或二氧化碳：用于葡萄汁及原酒的隔氧，贮存于耐压钢瓶。

二氧化硫：用于葡萄汁及原酒的防氧、抗氧化，贮存于耐压钢瓶。

无菌压缩空气：用于酵母培养。

## 第五节 酿造葡萄的新辅料产品

### 一、酵母系列

**1. Zymaflore 系列酵母**

(1) Zymaflore RX60　该菌株拥有卓越的发酵能力同时也具有理想的提取和产生芳香物质的能力，可以用于所有红色葡萄品种，适用于酿造果香浓郁、口感轻柔圆润的新世界红葡萄酒。

(2) Zymaflore X5　该菌株拥有超强地提取葡萄品种硫醇类初级芳香的能力（特别是4MMP）和在发酵过程中出色地产生二级芳香的能力。此菌株适用于生产香味多变、清爽怡人的新世界白葡萄酒；即使在困难的条件如浑浊度低或温度低的情况下也能安全地进行发酵。

(3) Zymaflore X16　该菌株拥有强大的产生二级芳香酯类物质的能力（水蜜桃、黄色水果等），使所酿葡萄酒更加细腻和清爽。即使在困难的条件如浑浊度低和温度低的情况下也能安全地进行发酵。此菌株适用于品种香气特征不明显或葡萄产量大的情况，适用于酿造新世界类型的白葡萄酒。

(4) Zymaflore FX10　使用该菌株酿造的葡萄酒结构感强劲（单宁的强度），又显幽雅大方（毫无单宁的紧涩感），突出葡萄的种植环境特征和体现优质单宁的柔顺特征。无转基因培育，该菌株能够保证发酵安全进行。强烈推荐使用于酿造高品质、耐贮藏的红葡萄酒，特别适用于赤霞珠和美乐品种。

(5) Zymaflore F15　F15 菌株能保证酒精发酵安全进行并使所酿的红酒更显果香、圆润、平衡和醇厚。特别推荐用于酿造和谐、醇厚（产生大量的甘油）的红葡萄酒和预计酒精度高的红葡萄酒。适用于所有的红葡萄品种，特别适用于美乐、赤霞珠和增芳德。

(6) Zymaflore F 83　该菌株由意大利托斯卡娜（Toscane）地区的佛罗伦萨大学培育筛选而出，适用于地中海地区的红色葡萄品种，特别适用于品种桑娇维塞，酿造中高档红葡萄酒。具有较强的生产丙三醇的能力，Zymaflore F83 的选育是由于它能酿造果香浓郁、圆润轻柔的适合市场快节奏的红葡萄酒。同时由于潜伏期短、接种容易，Zymaflore F83 能使发酵朝着规范、完全的方向进行。

(7) Zymaflore VL1　VL1 菌株经由天然环境中筛选而出，它能使酒体更加清爽细致，芳香优雅。应用在酿造高级霞多丽葡萄酒上非常理想，同样它拥有卓越的提取能力，与专业果胶酶搭配使用，能使一些葡萄品种，如白麝香、雷司令、琼瑶浆等原有的芳香萜烯物质快速地显露出来。因此它完美地适用于酿造品质卓越、芳香优雅的白葡萄酒。

(8) Zymaflore VL2　在尊重保留葡萄生长的自然环境与不同品种所形成的固有特征的情况下，VL2 菌株能使所酿葡萄酒产生复杂多变的香味和圆润的口感（水解多糖），使所酿葡萄酒更加细致和清爽。完美地适用于在橡木桶中的发酵，使葡萄酒在保持原有芳香下更显优雅。该菌株是在勃艮地地区的葡萄园经天然选育而出。

(9) Zymaflore VL3　VL3 菌株拥有卓越的释放特定品种如长相思、鸽笼白和小满胜中特殊浓郁的硫醇芳香的能力。极好地应用于酿造精致典雅、芳香浓郁的白葡萄酒。这种菌株是在对长相思品种芳香特征研究工作的基础上选育出来的，它可以显示和优化各种白葡萄酒的芳香潜力。

(10) Zymaflore ST　ST 菌株和 $SO_2$ 的结合潜力非常低，而且对 $SO_2$ 非常敏感，容易使发酵停止。完美地适用于酿造甜葡萄酒（葡萄自然风干或者葡萄感染贵腐霉菌），也适用于酿制品质卓越的干白葡萄酒，如霞多丽、赛美蓉和维欧尼。该菌株是在索特娜地区（Sauterne）经天然选育而成。

**2. Actiflore 系列酵母**

拉氟德公司（Laffort）拥有的 Actiflore 系列酵母产品，其发酵效果显著，特别适用于大容积酿造。这一系列酵母菌株可以帮助酿酒工作者解决在葡萄酒酿造过程中出现的一些特殊情况。

(1) Actiflore F33　保证红葡萄酒酿造能够安全地进行。F33 菌株的选育，能在发酵过程中产生大量的水解多糖（口感丰富、醇厚），同时该菌株还拥有强大的发酵能力（耐高酒精度如 16%）。

(2) Actiflore F5　该菌株具有易于接种、发酵快速和发酵完全的特点。生动活泼的芳香特征，适合于酿造果香和香料特征明显的，适应快节奏市场消费需求的红葡萄酒。

(3) Actiflore 522Davis　菌株 522Davis 由 Montrachet 地区的 Davis 大学选育而出，使用该菌株能使发酵迅速启动并使发酵完全，而且不会影响葡萄酒的感官特征。适用于红葡萄酒。

(4) Actiflore BO213 精心选育的Actiflore BO213菌株，适用于酿造细致清爽芳香型白葡萄酒，并拥有卓越的发酵能力（抵抗高酒精度的能力，能在浑浊度低、温度低、缺氧的情况下发酵）。推荐该菌株应用在停止发酵的再启动。

## 二、果胶酶辅料新产品

酶制剂天然存在于所有生物中，是一种非常精确、高效的催化剂，尤其作用于葡萄和葡萄酒中。结合科技才能和酿酒工艺，拉氟德公司（Laffort）不断地在葡萄酒酿造领域中进行研究和开发，致力于生产高效、精炼、实用的产品，使酿酒工艺更完善。拉氟德公司（Laffort）更加保证所开发生产的系列果胶酶乃绝对的天然产品，不含转基因成分。

### （一）Lafase系列果胶酶

适用于红葡萄酒酿造工艺的系列果胶酶产品如下。

**1. 浸渍期间使用的果胶酶**

(1) Lafase HE Grand Cru 高纯度的水解果胶酶制剂，适用于酿造结构感强、颜色丰富、单宁圆润的高品质红葡萄酒。

① 有利于对色素的提取；也有利于萃取聚合度高的单宁，使所酿葡萄酒结构稳定、口感柔润、色泽艳丽。

② 在浸渍期间，有选择地更多地提取葡萄果皮和果肉中的有利物质（色素物质、和多糖结合的单宁、葡萄品种初级香气等物质）。

③ 高纯度的不含肉桂酯酶制剂，限制有可能发生的感染酒香酵母（*Brettanomyces*）所形成的初级气味已基苯酚（马尿、牲口棚的气味）。

④ 高纯度的不含花色素酶（anthocyanases）制剂，更有利于保护色素物质。

(2) Lafase Fruit 高纯度的水解果胶酶制剂，适用于酿造果香浓郁、颜色丰富和口感圆润的新世界型红葡萄酒。

① 有利于提取各类芳香物质和色素物质，也有利于提取果皮中的柔软单宁物质。

② 可以缩短葡萄浸渍所需的时间，可以取代冷浸渍预发酵工序。

③ 减少酿酒成本，简化酒窖管理。

④ 提高葡萄压榨的出汁率（增加5%～15%左右），改善澄清、压榨和过滤操作。

(3) Lafase HE 水解果胶酶制剂，在葡萄浸渍期，可以加速对酚类物质的提取。

① 有利于对单宁、色素的提取，使所酿葡萄酒结构平衡、丰富和色泽艳丽。

② 提高自流汁的产量。

③ 改善压榨汁的质量和提高压榨汁的产量。

(4) Optizym 是一种非常适用于大容量酿造葡萄酒的果胶酶，能有效地帮助发酵过程中快速地提取酚类物质和澄清果汁。

① 缩短浸渍时间25%～30%。

② 增加自流汁和第一次压榨汁的出汁率（增加5%～25%）。

③ 不管是自流汁还是压榨汁都能得到有效的澄清。

④ 能有效地改善下胶处理。

**2. 澄清用果胶酶**

Lafase clarification 是一种水解酶制剂，用于对葡萄汁和葡萄酒的澄清。

① 加速葡萄汁中不溶性固体物质的沉淀（白葡萄酒和桃红葡萄酒）。

② 改善葡萄酒的澄清沉降，使下胶处理更容易。

### （二）Lafazym 系列果胶酶

适用于白葡萄酒和桃红酒酿造工艺的系列果胶酶产品如下。

**1. 浸渍期间使用的果胶酶**

（1）Lafazym extract　专业的高纯度水解酶制剂，用于白葡萄酒带皮冷浸渍的酿酒工艺。改善对初级香气和品种香气的提取，从而酿造果香浓郁、芳香四溢的白葡萄酒。

① 改善对葡萄原有品种香气物质硫醇（thiols）和初级香气物质的提取。

② 有利于提取能改善白葡萄酒结构和加强白葡萄酒陈酿潜力的物质。

③ 减少白葡萄酒带皮冷浸渍所需的时间（可以降低成本）。

④ 有利于后续操作，如压榨、澄清、过滤。

（2）Lafazym press　高纯度的水解酶制剂，用于白葡萄酒和桃红酒的酿造工序，优化压榨操作和改善对葡萄初级香气物质的提取。

① 改善对葡萄原有香气物质和初级香气物质的提取。

② 增加自流汁和压榨汁的出汁率。

③ 使压榨操作管理更容易。

④ 降低压榨所需的压强和减少压榨所需的时间周期。

⑤ 降低对果皮和籽粒的捣碎程度（可以限制苯酚物质的萃取、保护果汁不被氧化、避免pH值的变动）。

⑥ 减少白葡萄酒带皮冷浸渍所需的时间（可以降低成本）。

**2. 澄清用果胶酶**

Lafazym CL 是高纯度浓缩水解酶制剂，运用于快速澄清葡萄汁（白葡萄酒和桃红葡萄酒）。

① 高纯度不含肉桂酸酯酶制剂。它能限制由苯酚酸产生乙烯苯酚的含量，乙烯苯酚具有浓重的药味、油漆味和丁子香干花蕾味，它的存在能使酒体香气变质。

② 在澄清阶段，Lafazym CL 能完全分解葡萄中的果胶。

③ 能使酒泥聚集更容易。

④ 在极端情况，如pH值低、果胶含量太丰富、葡萄产量太高、温度低（5～10℃）等，该产品可以有效地对果汁进行澄清，减少酒泥量。

⑤ 有助于其他物理操作（冷凝系统、离心分离操作），改善葡萄酒品质。

⑥ 在自然沉淀澄清过程中限制草味等不受欢迎香气物质的扩散。

### （三）陈酿过滤用果胶酶

适用于红葡萄酒、白葡萄酒和桃红酒中。

（1）Extralyse　以β-（1-3）葡聚糖酶、β-（1-6）葡萄糖酶和果胶酶为基础的高纯度制剂，适用于带酒泥葡萄酒的陈酿。

① Extralyse能加速带酒泥陈酿的葡萄酒的生物机理进程，特别是加速酵母的溶解过程，使所酿葡萄酒更加丰满圆润。

② 减小对悬浮着的微生物的电荷敏感度，从而限制在陈酿过程中酒体受污染的危机。

③ 充分开发利用酒泥，在保留酒体相同感官特征潜力的情况下，减少陈酿所需的时间。

④ 对葡萄酒的澄清和过滤提供帮助，改善葡萄酒下胶处理。

（2）Filtrozym　以β-（1-3）葡聚糖酶、β-（1-6）葡聚糖酶和果胶酶为基础的高纯度制剂，改善葡萄酒的澄清和过滤。

① Filtrozym可以分解一些来自酵母或者真菌（灰霉病菌）中的大分子物质，如葡聚糖和/或果胶物质，这些物质的存在会阻止葡萄酒的澄清和降低过滤效果。

② Filtrozym改善葡萄酒的过滤能力，可以保护葡萄酒的感官特征和优化过滤管理。

③ 降低过滤过程中所需的压强值。

④ 减少在过滤过程中损失葡萄酒的量。

⑤ 减少过滤次数。

⑥ 降低过滤板的损伤。

⑦ 减少清洗过程中水的使用量。

⑧ 减少人工操作。

## 三、乳酸菌系列

### 1. Lactoenos 450 PreAC

拥有强大活性的酒类酒球菌（*Oenococcus oeni*）菌种（450），并结合了专有的生产工艺（PreAC）。

① 具有良好的活性和环境适应性。

② 具有性价比高的优点。

③ 能有效地控制苹果酸—乳酸发酵的顺利完成，非常适用于品质优秀的红葡萄酒和白葡萄酒的酿造工艺。

### 2. Lactoenos SB3

驯化的酒类酒球菌菌种，可以直接接种于红葡萄酒。

① 使用简单（在水中能使其非常简单的活化）。

② 和工业酵母菌株的兼容性非常强。

③ 中性芳香（对酒体无芳香影响）。

**3. Lactoenos B16**

酒类酒球菌菌种，具有强大的抵抗酸性和抵抗困难环境的能力。

在香槟地区选育的菌种，非常适用于在困难的条件下启动或者再次启动苹果酸-乳酸发酵。Lactoenos B16 适用于高酸度的白葡萄酒，适用于条件困难的所有葡萄酒或者苹果酸-乳酸发酵停止的状态。

**4. Malostart**

苹果酸-乳酸发酵促进剂，能使苹果酸-乳酸发酵更容易启动并加速发酵进程。其结合了营养物质（惰性酵母、载体成分）和解毒因子（酵母细胞壁）。

① 改善乳酸菌的生存条件（吸收、固定那些引起抑制发酵的短链脂肪酸物质）。

② 增强乳酸菌活性（直接供应乳酸菌可吸收性氮等营养物质）。

## 四、 明胶辅料新产品

拉氟德（Laffort）公司生产的明胶产品可应用于红葡萄酒、白葡萄酒和桃红葡萄酒，起到澄清效果（把酒液中的悬浮物质和酒液分开）；稳定效果，使葡萄酒的感官特征更加优雅化；去除大部分微生物物质。

所有的明胶产品都是在公司自己的工厂中加工制成。并且在产品加工之前，所有的初始原料都经过严格筛选；在加工过程中严格控制并遵循生产制造流程。

在生产明胶过程中，经多元因素的相互影响从而生产出种类繁多的明胶产品，但是，在产品的特性上有三条准则是必需的：①水解的自然性，化学的或者酶的；②水解密度；③所使用的明胶的纯度。

根据这三条准则，可以生产出特性不一的明胶产品，而在使用这些特性不一的明胶产品时，它们的功效也是有很大区别的。

用明胶产品处理白葡萄酒时，经常会有过度下胶的现象出现，这就是为什么提倡使用硅胶（或者膨润土或者单宁）来处理白葡萄酒的原因。

明胶产品的颜色可以表现其浓度，浓度高一些的基本作用于葡萄酒的结构浓度低一些的基本作用于澄清效果。

在处理年份比较远的葡萄酒时（单宁为多聚体），明胶产品的分解可能会引起过度下胶情况；相反的，处理比较年轻的葡萄酒则效果非常理想。

（1）Gelatine Extra No. 1 用于陈酿型红葡萄酒。

热溶性明胶粉，使用高纯度原材料制成，其表面电荷密度特别高。它可以对所有的单宁全面发挥作用，改善葡萄酒的骨架感、结构感和平衡感。该明胶产品效果非常理想，在使用时需十分小心（溶解于热水中）。价格稍微有些贵。使用时必须用热水溶解，否则会凝结成块；如果葡萄酒的温度太低的话，它会在酒液中形成一颗颗的小珠。

使用剂量：6～10 g/hL。

（2）Gecoll Supra　用于高品质葡萄酒。

液体明胶产品，使用高纯度的原材料制成，表面电荷密度非常高。针对于一些刺激性和酸涩性单宁非常有效，其次对于葡萄酒中的其他单宁也有全面的作用。能够柔化压榨汁酿造的葡萄酒或者含有大量收敛性单宁的葡萄酒。在处理白葡萄酒时经常结合硅胶一起使用。

这是一种应用于红葡萄酒的非常经典的明胶产品。

使用剂量：3～8 cL/hL。

（3）Gelarom　用于芳香型葡萄酒。

液体明胶产品。该产品最大的特点就在于其专门作用于掩盖芳香物质的胶体。使用该产品能够增值葡萄酒芳香特征；应用于比较轻柔的葡萄酒。正是因为其能够改善葡萄酒的芳香特征，才命名此明胶产品为“Gelarom”。应用于有芳香潜力的葡萄酒。

使用剂量：2～6 cL/hL。

（4）Gelaffort　用于一般的葡萄酒。

在1995年重新改进了制造工艺而生产的液体明胶产品。澄清效果非常迅速并且具有卓越的稳定效果，非常适合于大酒厂的大规模化生产。既适用于红葡萄酒也适用于白葡萄酒（骨架感）。在应用于白葡萄酒时，可以结合硅胶（或者膨润土）一起使用。

使用剂量：3 cL/hL。

（5）Gecoll　用于年轻的红葡萄酒。

冷溶性粉末状明胶产品。特别适用于澄清新鲜的红葡萄酒，对葡萄果汁进行下胶，去除葡萄汁过氧化时产生的氧化产物。降低单宁的收敛性，使葡萄酒更加柔和、优雅。

使用剂量：8～10 g/hL。

（6）Clarpress　用于用压榨汁酿制的葡萄酒。

高浓度的液态明胶产品。非常适用于对用压榨汁酿造的葡萄酒的澄清处理，使收敛性和刺激性单宁柔和化。起到快速澄清的效果并保证葡萄酒优质的结构感。如果葡萄酒非常浑浊，那么可以考虑结合 Vinosol 1 一起使用。

使用剂量：4～6 cL/hL。

## 五、发酵营养促进剂

（1）Superstart　来源于天然酵母，经特有工艺加工而成，含有丰富的维他命、矿物质、脂肪酸和固醇。它能增加对困难环境（潜在酒精度大、温度低等）的抵抗能力，同时也能补偿固醇含量低（浑浊度低、厌氧发酵）的葡萄汁。还能改善酵母的存活性和新陈代谢能力，同时拥有以下几个优点。

① 增强对酒精的抵抗能力。

② 避免产生过多的挥发性酸含量。

③ 改善对葡萄酒芳香物质的萃取和产生。

④ 强化接种罐的能力。

(2) Bioactiv　以酵母细胞壁、惰性载体成分（纤维素）和惰性凝结酿造酵母混合组成，它提供以下作用。

① 酵母的载体作用。

② 对果汁和酒液的解毒作用。

(3) Nutristart　该发酵促进剂含有铵盐（磷酸铵)、硫胺和惰性凝结酿造酵母，它拥有以下功能。

① 促进酵母的繁殖，使其充足。

② 使酒精发酵规范化和完整化。

③ 预防产生不受欢迎的物质（硫化氢，挥发性酸等)。

(4) Thiazote　结合铵盐和硫胺素（维生素 $B_1$）的混合产品，它拥有以下功能。

① 促进酵母的繁殖并保证酵母的生存能力。

② 加速发酵进程。

③ 减少酮酸的产量（硫胺素的作用)，降低二氧化硫的结合比例。

## 六、酵母细胞壁辅料新产品

有一种新型辅料产品非常重要且使用方便，那就是酵母细胞壁。

酵母细胞壁，就是酵母细胞的外壳，也称酵母皮。酵母细胞壁的厚度约为 0.1～0.3μm，重量占细胞干重的 18%～30%，主要由 D-葡聚糖和 D-甘露聚糖两类多糖组成，此外细胞壁中还含有少量的蛋白质、脂肪、矿物质成分。酵母细胞壁因其独特的生物特性，现在已经已被广泛应用葡萄生产领域，成为葡萄生产过程中一种重要的辅料。

酵母细胞壁在葡萄酿造中主要有以下三大作用。

(1) 吸附功能　葡萄中过多的脂肪酸会严重影响的口感，酵母细胞壁可以很好地吸附这些脂肪酸，如六碳酸、八碳酸、十碳酸、十二碳酸等。此外，葡萄中还含有少量诸如赭曲霉素等这些对人体有害的物质，酵母细胞壁同时也对此类物质有极好的吸附功能。据报道，酵母细胞壁对人体中的残留农药也具有较好的吸附作用。

(2) 促进发酵　酵母细胞壁本身是细胞经过多种酶酶解后得到的难溶性物质，通过离心方法收集起来以后得到的产物。细胞壁富含丰富的生长因子，如甾醇、不饱和链状脂肪酸、油酸和棕榈酸等，这些物质可以促进细胞膜渗透性的调整，并促进酵母细胞的发酵作用。

(3) 改善品质　甘露糖蛋白是酵母细胞壁的主要组分，也是非常重要的葡萄酿造辅料，其在葡萄中稳定色泽、改善香气、修饰口感的作用是显而易见的。酵母细胞壁虽然不能和市售纯度高的酵母多糖（如酵母浸出物 MP60）等产品相比较，但是酵母细胞壁中存在的少量甘露糖蛋白十分有助于改善葡萄的品质。

因此，酵母细胞壁在葡萄酿造过程中是个很好的多面手，尤其是其吸附发酵毒素的作用是其他辅料不可比拟的。

目前，酵母细胞壁已被OIV组织列入了国际葡萄酿药典，且在国外酿酒行业中获得了广泛的应用。国内酵母龙头企业安琪酵母股份有限公司针对这一情况，在国内率先开发出高品质的酵母细胞壁产品（CW101）。该产品已获得食品QS生产许可（QS420528010005）并大规模投放市场，其优秀的品质及相当有竞争力的价格，加上安全的食品属性，使其很快受到了国内外葡萄界的广泛关注和认可，目前，安琪公司每年出口到欧美市场就有几十吨规模。

# 第六节 原料与辅料的质量控制及检验

确定葡萄最适采摘时间，对葡萄酒的质量有着极其重要的影响。过早收获的葡萄，含糖量低，酿成的酒酒精含量低，不易保存，酒味清淡，酒体薄弱，酸度过高，有生青味，使葡萄酒的质量降低。在生产实践中，通过观察葡萄的外观成熟度（葡萄形状、颗粒大小、颜色及风味），并对葡萄汁理化的糖度和酸度进行检测，就可以确定适宜的采摘日期。

## 一、葡萄外观成熟度的确定

葡萄成熟时，一般白葡萄变得有些透明，有色品种完全着色；葡萄果粒发软、有弹性，果粉明显，果皮变薄，皮肉易分开，籽也很容易与肉分开，梗变棕色，表现出品种特有的香味；过熟的葡萄果梗发黑，穗上四周的葡萄，尤其是日照一面的葡萄皮出现细微的皱纹，捏破后葡萄汁会有较强的黏手感觉。

## 二、理化的糖分与酸度检测

### 1. 葡萄糖分测定

葡萄快要成熟的时候，应该常常进行糖分测定，以便在成熟度最适当时候采摘。在气候温暖地区，对于酿造干酒用的红葡萄，应该在糖分为21Bx或20Bx采集，因最后几天葡萄成熟非常快，往往在未采完之前，有些葡萄已经过熟，所以可以早一点开始采摘，用略为带生葡萄所酿的酒，和以后过熟的所酿之酒调和。

测定糖分必须采集足够数量的样品葡萄（5～10kg），用小型压榨机挤出葡萄汁，经筛子或纱布过滤。

葡萄汁密度、糖分和酒精度的对照表见表2-9。密度表、糖度表，须先经过校正，在15℃时，水的密度应等于1000g/L。折射仪也应经过校正，纯水在20℃折射率等于0。如果葡萄汁非常浓厚，无法用密度表测定时，可以用水将葡萄汁稀释后再测，例如有一个浓厚葡萄汁，稀释一倍之后，25℃的密度为1047g/L，则稀释之前的原始浓度等于：

$$1047\times2-1000=1094\text{g/L}\ (25℃)$$

参照温度校正表（表2-10），校正之后，即等于1096g/L（15℃），从表2-9中，可以查出，密度1096g/L的葡萄汁每升含糖226g，或具有13.3%（体积分数）的酒精潜力。

法国一般用杜茄唐-沙累龙（Dujardin-Saleron）表，该表以15 ℃为标准温度。

**表2-9 葡萄汁密度、糖分、酒精度对照表**

| 密度/(g/L) | 糖分/(g/L) | 酒精度/% | 密度/(g/L) | 糖分/(g/L) | 酒精度/% |
|---|---|---|---|---|---|
| 1060 | 130 | 7.6 | 1087 | 202 | 11.9 |
| 1061 | 132 | 7.8 | 1088 | 204 | 12.0 |
| 1062 | 135 | 7.9 | 1089 | 207 | 12.2 |
| 1063 | 138 | 8.1 | 1090 | 210 | 12.3 |
| 1064 | 140 | 8.2 | 1091 | 212 | 12.5 |
| 1065 | 143 | 8.4 | 1092 | 215 | 12.6 |
| 1066 | 146 | 8.6 | 1093 | 218 | 12.8 |
| 1067 | 148 | 8.7 | 1094 | 220 | 12.9 |
| 1068 | 151 | 8.8 | 1095 | 223 | 13.1 |
| 1069 | 154 | 9.0 | 1096 | 226 | 13.3 |
| 1070 | 156 | 9.2 | 1097 | 228 | 13.4 |
| 1071 | 159 | 9.3 | 1098 | 231 | 13.6 |
| 1072 | 162 | 9.5 | 1099 | 234 | 13.8 |
| 1073 | 164 | 9.6 | 1100 | 236 | 13.9 |
| 1074 | 167 | 9.8 | 1101 | 239 | 14.1 |
| 1075 | 170 | 10.0 | 1102 | 242 | 14.3 |
| 1076 | 172 | 10.1 | 1103 | 244 | 14.4 |
| 1077 | 175 | 10.3 | 1104 | 247 | 14.6 |
| 1078 | 178 | 10.5 | 1105 | 250 | 14.7 |
| 1079 | 180 | 10.6 | 1106 | 252 | 14.9 |
| 1080 | 183 | 10.8 | 1107 | 255 | 15.0 |
| 1081 | 186 | 10.9 | 1108 | 258 | 15.2 |
| 1082 | 188 | 11.0 | 1109 | 260 | 15.3 |
| 1083 | 191 | 11.2 | 1110 | 263 | 15.5 |
| 1084 | 194 | 11.4 | 1111 | 268 | 15.7 |
| 1085 | 196 | 11.5 | 1112 | 268 | 15.9 |
| 1086 | 199 | 11.7 | 1113 | 271 | 16.0 |

表 2-10 不同温度的葡萄汁密度校正

| 温度/℃ | 校正值/(g/L) | 温度/℃ | 校正值/(g/L) | 温度/℃ | 校正值/(g/L) |
|---|---|---|---|---|---|
| 10 | −0.6 | 21 | +1.1 | 32 | +4.0 |
| 11 | −0.5 | 22 | +1.3 | 33 | +4.3 |
| 12 | −0.4 | 23 | +1.6 | 34 | +4.6 |
| 13 | −0.3 | 24 | +1.8 | 35 | +5.0 |
| 14 | −0.2 | 25 | +2.0 | 36 | +5.3 |
| 15 | −0.0 | 26 | +2.3 | 37 | +5.7 |
| 16 | +0.1 | 27 | +2.6 | 38 | +6.0 |
| 17 | +0.3 | 28 | +2.8 | 39 | +6.4 |
| 18 | +0.5 | 29 | +3.1 | 40 | +6.8 |
| 19 | +0.7 | 30 | +3.4 | | |
| 20 | +0.9 | 31 | +3.7 | | |

**2. 葡萄酸度的测定**

测定葡萄汁或葡萄酒总酸度时，用酚酞指示剂会造成很大误差，对于无色或浅色葡萄汁，误差尚不致太大（根据色泽深浅，误差在0.1～0.3g/L），但对于深色葡萄汁，尤其是红葡萄酒，差错会达到1g/L，应该用酚红（苯酚磺酞），或溴百里蓝（二溴百里酚磺酞）为指示剂，后者为国际葡萄酒协会专家们所推荐的。

## 三、 葡萄酒采摘日期的确定

通过葡萄汁的糖分与酸度的测定，了解葡萄的成熟情况后，就能制定何时开始，从哪一种葡萄开始采摘的采摘方案与日程（规划）安排。

例如法国南部的葡萄产地以生产佳丽酿（Carignan）、阿拉蒙（Aramon）、神索（Cinsault）及紫北寨（Alicante-Boushet）等四个品种为主，彼此成熟时期相差8～10天，北寨一般成熟最早，直接杂交种（Direct Produser）（欧洲葡萄与抗病品种的杂交品种）也一般早熟。白葡萄成熟比红色品种快，在气候寒冷地区，应让葡萄完全成熟后再采摘。

法国南部及和西班牙接壤之外，普通从8月20～25日开始采摘，9月为大忙季节，最晚忙到10月间（山区）。种在平原的葡萄一般先熟，然后丘陵地带，最后采山上的葡萄。

## 四、 采收与运输

采摘葡萄，须择天气晴朗、朝露已干之后，用特制的剪刀或园艺用的小刀切取，放在柳条筐或竹制容器内，每一容器装20～30kg，大的装50kg，然后装车送往工厂，亦有直接装在卡车内送厂者。葡萄易于压破，且卫生条件差，易引起杂菌感染。

不论用何种容器，用前必须洗净消毒，最好每次能用蒸汽杀菌，只采集完全成熟的葡萄，如果过于成熟，糖分过高，可采取一部分比较生的果实，混合使用。如果气候炎热，葡萄的温度太高，采下的葡萄应在筐中放置一夜，第二天在黎明之前送往工厂，以免再受日晒。

葡萄园如果离酒厂很近，运输问题不大。如果距离很远，就比较困难，因长途运输，往往造成很大损失。在这种情况下，可在葡萄产地设立溃碎站，葡萄采摘后在当地溃碎，去梗，放在适当容器内，添加 $SO_2$ 防腐，再送往酒厂，或者先在产地制成新葡萄酒，再运回酒厂进行陈化、澄清等工序。

## 五、葡萄原料的要求及品质

有的葡萄酒专家说：葡萄酒的质量，七成取决于葡萄原料，三成取决于酿造工艺。很难说这种估计是否绝对精确，但可以说葡萄原料奠定了葡萄酒质量的物质基础。葡萄酒质量的好坏，主要取决于葡萄原料的质量。

所谓葡萄原料的质量，主要是指酿酒葡萄的品种、葡萄的成熟度及葡萄的新鲜度，这三者都对酿成的葡萄酒具有决定性的影响。

**1. 品种**

不同的葡萄品种达到生理成熟以后，具有不同的香型和糖酸比，适合酿造不同风格的葡萄酒。河北省沙城的龙眼葡萄，清香悦人，用它酿造的长城牌干白葡萄酒，具有优雅细腻的果香，在国内外独树一帜。山东省龙口市的玫瑰香葡萄，是浓香型的葡萄，烟台张裕葡萄酿酒公司用玫瑰香葡萄为原料，酿造成姆斯卡白葡萄酒和姆斯卡红葡萄酒，具有新鲜浓郁的果香，典型性很强。世界上著名的葡萄酒，都是选用固定的葡萄品种酿造的。葡萄品种决定葡萄酒的典型风格。

**2. 成熟度**

葡萄的成熟度是决定葡萄酒质量的关键之一。众所周知，用生青的葡萄是不能酿造出好葡萄酒的。葡萄在成熟过程中，浆果中发生着一系列的生理变化，其含糖量、色素、芳香物质的含量不断地增加和积累，总酸的含量不断地降低。达到生理成熟的葡萄，其浆果中各种成分的含量处于最佳的平衡状态。

有经验的果农，根据葡萄浆果的外观性，如葡萄果穗的形状，浆果的颜色和软硬程度，及浆果的甜酸口味和香味等，可以大致地确定葡萄的成熟度和采收期。但是，这些外观指标不能准确地表示浆果的成熟状态，为了达到这一目的，一般采用成熟系数来表示葡萄浆果的成熟程度。所谓成熟系数，是指葡萄浆果中含糖量与含酸量之比，可表示为：

$$成熟系数=含糖量(g/L)/总酸(g/L)$$

在葡萄成熟的过程中，随着浆果中含糖量的不断积累增加和总酸含量的不断减小，成熟系数也不断增加。达到生理成熟的葡萄，成熟系数稳定在一个水平上波动。葡萄的采收期，应确定在葡萄浆果达到生理成熟期或接近生理成熟期。

在同一个地区，对同一种葡萄来说，不同的年份，其成熟系数是不同的。因此要利用成熟系数，来确定葡萄的采收期，需要连续地做几年工作，即在每年葡萄采收前 20 天左右开始，在同一块葡萄园里，选择 1～2 棵葡萄，每 3～4 天采样一次，每次采 300～400 粒葡萄，榨出果汁测定总糖和总酸，直到葡萄采收为止。把每次测定的数据，制成“葡萄成熟度控制表”，并根据该表，绘成“葡萄成熟度变化曲线”。根据以往年份葡萄成熟期的天气特点及葡萄的成熟系数，参照当年的天气情况，即可预定该地区某种葡萄成熟系数的范围。

**3. 新鲜度及卫生状况**

葡萄的新鲜度及卫生状况，对葡萄酒的质量具有重要的影响。葡萄采收后，最好能在8h内加工。加工的葡萄应该果粒完整，果粒的表面有一层果粉。不能混杂生青病烂的葡萄。为此需在果园里采摘葡萄时做好分选工作，先下一等葡萄做优质葡萄酒，然后再下二等葡萄或等外葡萄，做普通葡萄酒或蒸馏酒精。

要保证葡萄好的卫生状况，应从葡萄采收前20天起，不得使用剧毒农药或长残留农药。装盛葡萄的筐和箱要干净，不能有霉烂和污染。运输化肥、农药和鱼虾等被污染的车辆，不能装运葡萄，必须洗刷干净以后才能使用。

## 六、 葡萄酒原辅料质量规范

国家从1980～2008年先后出台了多部葡萄酒法规，如《中国葡萄酿酒技术规范》、《葡萄酒厂卫生规范》、《葡萄酒》新国标等。这些法规基本涵盖了葡萄酒生产过程的这些项目的标准，但没有涉及葡萄酒原料的检验。

目前酿酒葡萄的农药残留还没有标准，现在实行的是无公害葡萄的标准。原料的好坏对葡萄酒质量的影响很大，所以目前亟需加强对葡萄原料的管理和控制，不能只凭测量一个糖度来判断葡萄质量的优劣，要规范原料的产地及检测相应的理化项目，如农药名称、成分、安全系数评估以及葡萄打药的时间、用药量、打药的次数等进行详细记录，定期对葡萄的农药残留进行检测，从葡萄种植开始建立葡萄酒的溯源档案。随着国家对食品安全的重视，会进一步加强食品生产原料的管理，从基本上杜绝存在的安全隐患。

现在可以说大部分葡萄酒生产企业都很重视产品质量，在生产过程中会严格遵守酿酒生产技术规范，尤其是在添加剂的使用上谨慎规范了许多。

另外，根据GB 7718—2004《预包装食品标签通则》、GB 10344—2005《预包装饮料酒标签通则》等国家标准要求企业要在标签上严格标注添加剂的使用情况，葡萄酒所使用的食品添加剂企业在产品标签上基本能明示。

对添加剂的使用，自从2003年行业停止半汁酒生产之后，相关部门一直没有停止对这方面的监察，因为葡萄酒生产过程中添加剂的使用是一项比较重要的内容，也是易于出现安全问题的环节，所以今后会继续加大这方面的课题研究及管理力度。

根据GB 2760—2011《食品添加剂使用卫生标准》的规定，允许添加到葡萄酒当中的食品添加剂有十多种左右，包括二氧化硫、山梨酸钾及其钾盐等。

# 第三章

# 发酵化学和葡萄酒成分

## 第一节 物理与化学因素对发酵的影响

发酵过程对周围环境的物理和化学条件十分敏感，任何一种微生物发酵均需要适当的温度、pH、溶解氧、营养物等，保证最适的发酵条件是发酵成功获得高产产品的关键。另外，发酵的环境条件，直接影响酵母的生存与作用，所以必须充分了解各种物理和化学的环境因素对发酵的影响，才能掌握最适当的葡萄酒酿造条件。

### 一、 物理因素的影响

#### 1. 温度对微生物生长的影响

温度主要是通过影响微生物细胞内生物大分子的活性来影响微生物的生命活动。一方面，随着温度的升高，细胞内的酶反应速度加快；另一方面，随着温度的进一步增高，生物活性物质（蛋白质、核酸等）发生变性，细胞功能下降，甚至死亡。所以，每种微生物都有个最适生长温度。作为整体，微生物可在－10～95℃范围中生长，极端下限为－30℃，极端上限为105～300℃。但对于某一种特定的微生物来说，则只能在一定的温度范围内生长。温度下限和上限分别称为微生物的最低和最高生长温度。当低于或高于最低或最高生长温度，微生物就停止生长，甚至死亡。

酿制葡萄酒的酵母和其他生物一样，只能在一定的温度范围内生活，温度在10℃以下时，存在于葡萄皮上的酵母或孢子一般不发芽或者发芽速度非常慢，如果把温度降低，即使到-200℃，酵母孢子并不完全死亡，当周围环境好转时，它又重新发芽繁殖。相反，温度略为升高，对酵母发生显著影响，从20～22℃开始，发芽速度已经很快，单位时间内分解的糖随着温度上升而增加，酵母活力一直增强到34～35℃附近，超过了这个温度，即使温度增加得很少，酵母的繁殖便开始受到影响，到37～39℃活力减弱，从40℃开始，酵母即停止发芽，这是葡萄酒酿造不应该达到的最高温度。

需要指出的是，微生物不同的生理活动需要在不同的温度条件下进行，所以，生长速率、发酵速率、代谢产物积累速率的最适温度往往不在同一温度下。例如，乳酸链球菌在34℃时繁殖速率最快，25～30℃时细胞产量最高，40℃时发酵速度最快，30℃时乳酸产量最高。其他微生物也有类似特点。

用高温（38～40℃）驯养酵母，不易实现，尤其因为在这样的温度，细菌最易繁殖，在生存竞争中，酵母处于不利地位。

杀菌温度因酵母细胞的生理条件、干热或湿热、基质的组成、酵母的老嫩等而不同。少壮的酵母抵抗力比老的强，少壮酵母与孢子的杀灭温度也相差5～15℃，酵母对干热的抵抗力比对湿热强。在同样条件下，基质的酸度越大，或酒精度越高，热的作用就越强。

在较高温度下，细胞分裂虽然较快，但维持时间不长，容易老化；相反，在较低温度下，细胞分裂虽然较慢，但维持时间长，细胞的总产量反而较高。

在各种情况下，需要基质完全杀菌，温度须达到115～120℃。在气候温暖地区，控制发酵醪温度是生产上的一个关键问题，目前的趋势，是采用较高的发酵温度，以便缩短发酵时间。

温暖地区，葡萄入厂时的温度，往往在25～35℃，葡萄含糖量往往很高，因此在很短的发酵期间（3～5天），生成大量的热，在30～35℃时，酵母大量发芽繁殖。

同样，发酵速度与代谢产物积累之间也有类似关系。研究不同微生物在生长或积累代谢产物阶段时的最适温度，采用变温发酵，对提高发酵生产效率具有重要意义。

另外，大型水泥发酵池（150～250kg），表面积相对比较小，辐射散发的热量不大，如何使发酵池温度控制在30～32℃，将在以后加以讨论。

**2. 压力对酵母繁殖的影响**

高压力影响酵母的繁殖，但即使使用1000atm①，也不能杀死酵母。香槟酒及密闭发酵槽一般用4～5atm防止酵母繁殖；工业上用高压力的二氧化碳（8atm）保存葡萄汁。

**3. pH对微生物生长的影响**

培养基的pH对微生物生长的影响主要是引起细胞膜电荷变化，以及影响营养物离子化程度，从而影响微生物对营养物的吸收；pH也会影响生物活性物质，如

① 1atm＝101325Pa。

酶的活性。

与温度对微生物的影响类似，微生物存在最低生长 pH、最适生长 pH 和最高生长 pH。不同微生物对环境 pH 适应的范围不同。一般微生物生长的最适 pH 在 4.0～9.0 范围内。真菌生长的范围宽，细菌较窄（3～4pH 单位），细菌、放线菌一般适应于中性偏碱性环境，而酵母、霉菌适应于偏酸性环境。最适生长 pH 偏酸性的微生物，称为嗜酸性微生物；其中不能在中性环境生长的称专性嗜酸微生物，如乳酸杆菌和假单胞杆菌；既能适应酸性，也能在中性环境中生长的称兼性嗜酸菌；最适生长 pH 偏碱性的称嗜碱性微生物，如链霉菌。

同一种微生物在不同的生长阶段和不同生理生化过程中，对环境 pH 也有不同要求。如丙酮丁醇梭菌在 pH 为 5.5～7.0 时，以菌体生长繁殖为主；pH 为 4.3～5.3 时，才进行丙酮丁醇发酵。

同一种微生物由于培养环境 pH 不同，可能积累不同的代谢产物。如黑曲霉在 pH 为 2～3 的环境中发酵蔗糖，产物以柠檬酸为主，只产极少量的草酸；当 pH 接近中性时，则大量产生草酸，而柠檬酸产量很低。又如酵母菌在最适 pH 时，进行乙醇发酵，不产生甘油和醋酸；如果环境 pH 大于 8，发酵产物除乙醇外，还有甘油和醋酸。因此，在发酵过程中，根据不同目的，采用变 pH 发酵，可以控制产物和生产效率。

大多数微生物能分解糖，产生酸性物质，造成 pH 下降。少数微生物能分解尿素成氨，使环境 pH 上升，蛋白质脱羧反应也会使 pH 上升。所以，微生物的代谢活动会改变环境 pH，影响其生存。pH 变化的程度与培养基的 C/N 比有关，C/N 比高，则 pH 下降明显；反之，pH 有可能会上升。有时为了控制发酵液的 pH 需要通过加入酸碱进行调节。

## 二、 化学因素的影响

许多化学因子对发酵有或多或少的影响，这里只谈普通存在于葡萄汁的化学物质（氧、酸、糖、单宁），发酵产生的物质（乙醇、二氧化碳），以及法律上许可的添加物（亚硫酸及其盐类）和可能带入葡萄醪的防腐剂与杀虫剂等对发酵的影响。

**1. 氧**

酵母是一种单细胞真菌，在有氧和无氧环境下都能生存，属于兼性厌氧菌。因此，一般来讲，酵母和一切生物一样，发育生长需要有氧存在，但酵母能在一定能的时间内。处于厌氧状态，在无氧情况下生活。

根据巴斯德的发酵理论，好氧生活直接用氧化得到能量，这是呼吸。厌氧生活从分解可发酵物质中，例如葡萄糖，而得到能量，这就是发酵。巴斯德以他有名的实验证明，酵母根据它们的培养条件，能够用任何一种方式得到生活所必需的能量。

(1) 好氧方式　含糖基质放在很浅的培养皿中，在空气中培养，则酵母用呼吸方式，将糖氧化成水与二氧化碳，发芽繁殖，生成大量酵母细胞，但只产生极少量的乙醇。

（2）厌氧方式　基质经过煮沸，在密闭的容器中培养，则酵母繁殖很慢，活力很快下降，在这种条件下，糖被分解成乙醇和二氧化碳，只产生少量酵母。

不过在这种情况下，发酵往往不完全，或留较多糖分，因为酵母原形质中游离氧的含量降到维持酵母活力的必需量以下时，酵母就失去繁殖能力，氧在这里的作用是细胞刺激剂，而不是供应能源。

如果不管氧气有无，酵母都生长的差不多，说明这些酵母细胞曾经过大量通风，原形质已含有足够的氧，能连续发芽繁殖若干代，直到后来原形质中的氧消耗完了，新生的细胞就失去了活力。

（3）实际应用　由于氧对酵母生长的重要性，根据产品性质，有两种不同通风方式。

① 酵母生产　须进行强烈通风，使所有糖分全部转化为酵母细胞，不产生或少产生酒精。

② 酒精生产　和前者相反，尽量少通风，获得最高酒精得率。葡萄酒工业的通风条件，介于两者之间。

③ 葡萄酒生产　必须控制，适当地通风，使酵母发芽繁殖，生成足够的酵母细胞，能在正常时间内，将糖全部发酵成酒精。如果通风过度，就会由于由于酵母的好氧生活而损失酒精。

在生产实践中，通过葡萄破碎、醪液循环流动和下酒，能充分得到酵母发酵必需的通风量。一般来说，发酵槽上面总得留出适当空隙，发酵时比空气重的二氧化碳盖在醪液表面，阻止了和空气的过分接触。

**2. 酸**

酸对酵母的影响，因酸的性质和强度而不同，无机酸的影响一般比有机酸明显。醪液的 pH 或真正酸度，对各种微生物的发育繁殖有不同影响，pH 也影响酶的活力。葡萄酒发酵，最好控制在 pH3.3～3.5（相当于 4～5g$H_2SO_4$/L），因为酵母比细菌耐酸，在这个酸度下，杂菌受了抑制，而酵母能正常发酵，如果 pH 值太低，3.0 或更低，发酵会减低。

气候炎热地区的葡萄，往往糖分高而酸不足（pH>3.5，滴定酸度低于 4g/L），须添加酒石酸或亚硫酸调节酸度，否则酒味平淡、色泽暗淡、成品保存性差。

**3. 糖与其他碳源**

葡萄糖和果糖是酵母的主要碳源和能源，葡萄糖利用速度比果糖快。蔗糖先被位于酵母细胞膜和细胞壁之间的转化酶在膜外水解成葡萄糖和果糖，然后再进入细胞，参与代谢活动。果酒酵母能利用的碳源还有醋酸、乙醇、甘油等，但这些物质在果浆中含量较低。水果中的其他糖如戊糖则不能被酵母利用。

糖浓度影响酵母的生长和发酵。糖度为 1～2°Bx 时生长发酵速度最快；5°Bx 开始抑制酒精发酵，单位糖的酒精产率开始下降；高于 25°Bx 出现发酵延滞；高于

30°Bx时单位糖酒精产率显著降低；而高于70°Bx时大部分果酒酵母不能发酵。糖度高，发酵生成的甘油较多，生成的乙醇及其醋类也多。果汁加糖发酵时，高级醇和乙醛的生成量增加。当果汁含糖量过高时，适当添加氮源有利于酒精发酵且减少高级醇的形成。

一般而言，大多数酵母能在含碳、氮和无机盐的培养基上生长。单糖是最普通而且可能是酵母最喜欢的碳源，但也能在许多其他碳源上生长，例如酵母能利用醋酸，发酵初期相当数量的醋酸被消耗，葡萄酒酵母也能氧化乙醇。大部分葡萄酒酵母发酵葡萄糖比果糖快，尽管呋喃果糖对己糖激酶的亲和力两倍于葡萄糖，只有法国有名的索坦（Sauterne）酒酵母倍丽酵母（*S. bailli*），发酵果糖比较快，高察克（Gottschalk，1948）认为这是因为果糖比葡萄糖更易渗透这种酵母的细胞膜之故。斯柴伏（Szabo等）发现，还原糖17%～20%时葡萄糖发酵最快，20%～25%时，两种糖的发酵速度一样，高浓度时，果糖发酵比较快。

在糖分为1%～2%时，发酵速度最快，格雷（Gray，1945）发现葡萄糖超过5%时，每克糖的酒精产量下降，正常的葡萄糖厂中最大酒精得率是在糖分约16%时，但因菌株、温度、通风条件和发酵方法的不同。用浓厚糖浆状醪液发酵，酒精得率可以显著提高，酵母可以驯养，使其适合浓糖发酵。台尔（Delle，1911）认为，4.3%的糖相当于1%乙醇（体积分数），对酒精发酵有抑制作用，事实上糖分超过25%延滞发酵，在糖浓度增加到70%时，大部分葡萄酒酵母不能发酵。高糖分阻碍发酵的原因，部分由于浸透影响，如果阻止发酵，糖浓度须达到重量的60%～65%（含糖850～900g/L，36～38°Bé）。浓缩的葡萄糖浆须保持在无空气条件下，否则很快吸收大气中的水分，使表面糖液稀释，引起发酵。

香台尔（Schanderl，1959）报告。德国特种浓葡萄酒（Trocken Bcerenaus Lese），发酵醪液含糖40%～67%，发酵5～7年，生成5%～9%的酒精。他指出某些耐酒精酵母能生成16%酒精，高糖分也增加了挥发酸的产量。

**4. 单宁**

单宁（tannin），又称单宁酸或鞣酸，是植物中的一种化学成分。单宁酸主要可以分为可水解的单宁酸与聚合的单宁酸两种。

葡萄酒是由单宁、酒精、酸物等因素所构成，这就是葡萄酒与葡萄汁的差异；而这些因素也决定了酒的质地，缺乏单宁的红葡萄酒在结构上会失衡，质地轻薄，没有厚实的感觉，薄酒莱即为典型之代表；此外单宁亦决定了酒的风味，尤其是陈年老酒，由单宁、色素及酵母菌死细胞等所结合成的沉淀物在酒液中长时间的生化变化，发展出陈年老酒香醇细致的风味。

因此，如单宁达到某一浓度也会阻滞酵母活力，甚至使发酵停止。有色葡萄及红葡萄的压榨醪中，富于单宁及有色物质，有时会使发酵迟缓而且不完全。这是由于过多单宁吸附在酵母细胞膜表面，妨碍原形质的正常生活，阻碍了透析，使酒精酶的作用停止。这种现象常常出现在主发酵快完毕的时候，通过醪液循环，或和另一个正在旺盛发酵的浅色醪液混合，捣一次桶，使酵母获得空气，可以恢复发酵活力。

斯高凡克（Sikovec，1966）报告，各种多元酚在酒精发酵过程中有不同作用，绿原酸与异绿原酸促进发酵，而没食子酸、绿原酸和咖啡酸抑制发酵，陈酿期间，绿原酸水解而生成咖啡酸。斯高凡克指出酵母对多元酚化合物的抵抗力，因菌株而不同。

**5. 酒精**

食用酒精使用粮食和酵母菌在发酵罐里经过发酵后，经过过滤、精馏来得到的产品，通常为乙醇的水溶液，或者说是水和乙醇的互溶体，食用酒精里不含有对人体有毒的苯类和甲醇。

同样发酵产物都对酶也有阻碍作用，酒精和二氧化碳对酵母也是如此，酒精对酵母的作用，因菌株、活力及温度而异，前面已经讲过，尖端酵母在5%酒精中即不能生长，而葡萄酒酵母能抵抗130°GL，或更高的酒精。

香台尔曾用含不同浓度酒精的葡萄酒，加入酵母，采用50℃处理1～5min，测定酵母的存活率，其结果如表3-1所示，这个试验指出酒精的直接作用和温度的辅助关系。

**表3-1 酒精浓度、温度与酵母存活率的关系**

| 加热时间/min | 不同酒精浓度下的酵母存活率/% | | | | | |
|---|---|---|---|---|---|---|
| | 0 | 3 | 6 | 9 | 12 | 15 |
| 1 | 15.9 | 1.5 | 0.28 | 0.20 | 0.009 | 0.05 |
| 2 | 6.3 | 0.28 | 0.30 | 0.03 | 0.00 | 0.06 |
| 3 | 1.0 | 0.20 | 0.18 | 0.03 | 0.00 | 0.00 |
| 4 | 0.25 | 0.28 | 0.09 | 0.02 | 0.00 | 0.00 |
| 5 | 0.22 | 0.04 | 0.02 | 0.002 | 0.00 | 0.00 |

**6. 二氧化碳**

二氧化碳对酒精发酵的影响，往往被人们所忽视，许密特享那（Schmitthenner，1950）指出，二氧化碳含量达到15g/L时（约7.2atm），酵母即停止生长，试验各种酵母都得到同样结果，这是工业上用8atm保存葡萄汁（Bohi盘伊法）的理论根据。二氧化碳抑制酵母生长并不能完全阻止酒精发酵，阻止发酵需更高的压力。他发现乳酸杆菌（*Lactobacillus*）能在高压下生长，克勒克酵母（*Kloeckera*）及球拟酵母（*Torulopsis*）能在二氧化碳压力下产生醋酸。用密闭容器在二氧化碳压力下发酵，每克糖能生产较多酒精，用于酵母繁殖的糖显著减少，发酵停止时往往残留少量糖分，目前德国、南非、澳大利亚广泛采用此法，生产半干（semi-dry）白葡萄酒。

**7. 二氧化硫**

从中古开始就采用二氧化硫为酿造葡萄酒的杀菌剂，现在全世界都用它来保护酿造容器和葡萄酒。二氧化硫对微生物的杀菌作用，受下列各种因素影响。

(1) 基质的性质　在纯水中，二氧化硫对酵母的致死量为0.05g/L，但在葡萄汁中须1.2～1.5g/L或更多一些，才能达到良好的杀菌效果，因为二氧化硫和葡萄醪中的糖分结合，生成添加化合物，这种形式称为固定二氧化硫，失去杀菌能力。勃拉凡尔门（Blacerman，1953）发现二氧化硫只与醛酸结合，不同果糖结合，只有游离二氧化硫具有杀菌力，pH值越小，被固定的速度和数量也越低。

二氧化硫添加到葡萄醪时，先和水结合成亚硫酸：

$$SO_2 + H_2O \longrightarrow H_2SO_3$$

亚硫酸和醪液中有机酸盐（例如酒石酸钾）作用，生成酸性亚硫酸盐：

$$H_2SO_3 + \text{酒石酸钾} \longrightarrow KHSO_3 + \text{酸性酒石酸钾}$$

最后酸性亚硫酸钾与部分葡萄糖结合，生成不活泼的固定亚硫酸化合物，反应是可逆的，一般在24h左右，两者达到平衡。这个平衡随着温度、醪液酸度、醪液成分而变化，例如酿酒时，每百升醪液加二氧化硫120～180g，游离二氧化硫在35%～47%。醪液pH值越小，杀菌力越强。

(2) 微生物的性质与活力　葡萄酒酵母比野酵母对二氧化硫有较大抵抗力，经过驯养的酵母，能在相当高浓度的二氧化硫中生长，葡萄酒醭酵母（*Mycoderma vini*）对二氧化硫有较大抵抗力，细菌对微量二氧化硫及其敏感。大多数微生物当二氧化硫含量在0.1g/kg以下时，就能抑制其生长。

在成熟葡萄皮上存在的各种酵母中，尖端酵母最敏感，其次是巴氏酵母，真正葡萄酒酵母对二氧化硫有较大抵抗力，能在适量二氧化硫控制下生长，从而达到自然选育酒母的目的。酿酒时添加二氧化硫，应在发酵醪入池时一次全量加入，而不是分批添加，这样可淘汰不需要的微生物，而保存有用的微生物。酵母正在旺盛发酵时，二氧化硫的作用比较小，可能是由于一部分二氧化硫被发酵生成的乙醇固定的缘故，所以从这一点说，一次添加也比分批添加更为有效。

二氧化硫除了杀菌之外，还有抗氧作用，香台尔认为二氧化硫的作用最好是从阻止氧化来解释，葡萄酒酵母在厌氧状态下生长较好。

葡萄酒发酵完毕后，应添加足够的二氧化硫，它和乙醛及某些未确定成分的物质结合。勃鲁因（Blouin，1963）认定这些未确定的成分主要是葡糖醛酸、半乳糖醛酸、丙酮酸和$\alpha$-酮基戊二酸，陈酿期间二氧化硫能制止由酶引起的氧化，但对由于暴露而接触空气的氧化，无抑止作用。

(3) 温度的影响　葡萄醪在温度较低时（15～18℃），添加少量（8～10g/100L）的二氧化硫，能延迟发酵；如果温度在25℃以上，添加20～30g/100L，不至于延迟发酵，但也能达到净化目的。葡萄醪中游离的和固定的二氧化硫比例，因温度、含糖量及pH值而不同，温度高，固定的比例越大，杀菌力受到影响。

**8. 农药**

栽培葡萄使用各种农药防止病虫害，酿酒时有些农药会随着葡萄带入发酵槽，影响酵母发酵和成品葡萄酒的质量。这里只对几种常见的葡萄用农药做简要说明。

(1) 铜　葡萄常常用含铜农药，但对于发酵无明显影响，发酵时，大部分成为硫化铜，沉淀在酒脚里。葡萄酒含铜达到2～3mg/L，会产生浑浊，且有令人讨厌的铜味。

(2) 氟化物　葡萄酒酿造禁止用氟，但有些国家准许用氟硅酸钡或氟硅酸钠防止葡萄病害。

氟化物对酵母的杀菌作用在50～100mg/L，一般来讲，不至于有那么多的氟带入葡萄醪。但在成品葡萄酒中，如含有超过法律许可的限量（2mg/L），有添加氟化物增加保存性的嫌疑。

(3) 砷化物　用钙或铅的砷化物防治霉菌，在葡萄发育期以前允许少量使用。

每升醪液中含几毫升的砷，并不影响酵母发酵，大部分砷化合物（约50%）和酒脚一同生成沉淀。为了不使砷含量超过法律规定（0.2mg/L），最好在葡萄发育期开始后，不再使用砷化物。

(4) 新农药　近年合成有机农药越来越广泛采用，这些农药对于发酵和成品葡萄酒的影响，有待进一步的研究。

**9. 抗生物质**

葡萄酒用抗生物质作为保存剂，已有多年历史。李倍乐-楷荣（Ribereau-gayoon，1952）曾试验用放线菌酮（actidione）、枯草菌素（*mycosubtiein*）及其他抗生物质作保存剂。虽然许多抗生物质在短时期内有防腐作用，但目前法律上还没有一种是许可使用的。

# 第二节　葡萄酒的化学成分

## 一、乙醇

食用酒精使用粮食和酵母菌在发酵罐里经过发酵后，经过过滤、精馏来得到的产品，通常为乙醇的水溶液，或者说是水和乙醇的互溶体，食用酒精里不含有对人体有毒的苯类和甲醇。

乙醇对葡萄酒香与味的关系，缺乏全面的研究，含量极其稀薄时，几乎没有气味，但它是一个气味物体的良好溶剂，略带甜与酸味，脱去酒精的葡萄酒比未去酒精前涩口。乙醇的味觉极限值为0.04～0.052g/L，乙醇水溶液中有糖存在时，味觉极限明显升高。葡萄酒的乙醇，大部分来自发酵，但长期陈酿的葡萄酒，有少量乙醇可能来自糖苷的水解。

世界各国对葡萄酒的乙醇含量，各有法律规定，作为征税的根据。

## 二、甲醇

甲醇不是发酵产生的，主要来自天然存在于葡萄的果胶物质的分解，例如甘氨酸脱羧，可以产生甲醇。在葡萄汁或葡萄糟粕中添加蛋白酶时，会增加甲醇的产量，带皮发酵，会产生较多的甲醇，所以红酒和淡红色酒比白葡萄酒含较多甲醇，果酒尤其如此。

溃碎的葡萄醪比未处理的甲醇多，天然果汁中似乎含游离的甲醇，白葡萄酒发酵时甲醇不增加，而红酒发酵时，明显增加，这大概是由于果皮中甲酯酶（methyl estesase）的作用。

葡萄酒的甲醇含量，从痕迹到0.635g/L，平均为0.1g/L，法国葡萄酒含甲醇0.036～0.35g/L，西班牙葡萄酒含甲醇0.039～0.624g/L（分析220个样品的结果）。欧洲葡萄产生甲醇比较少。

关于甲醇香味，没有做过研究，但是许多甲基酯，有很好的香味。

## 三、高级醇

葡萄酒的高级醇，90%以上是异戊醇（3-甲基丁醇与2-甲基丁醇的混合物）和2-甲基丙醇，约含150～600mg/L，红酒的高级醇约有1/4是2-甲基丙醇，白酒中约占1/3。

发酵时如添加磷酸铵，就生成较少的高级醇，当然并非所有高级醇都是氨基酸脱氨基而生成的，高级醇的产生和乙醇的生成是平行的。高级醇的性质与含量对葡萄酒香味有重要影响。佐餐酒一般含高级醇0.14～0.42g/L，浓甜酒含0.16～0.90g/L，大概是加强用的酒精中含有高级醇之故。

极少量的高级醇会带来受人欢迎的香味，葡萄牙特产的色尔德（Port）酒，含较多高级醇，深受世界各国欢迎。雷司令酒香气主要来自苯乙醇，解百纳酒含有丙醇，但雷司令酒中没有。

密闭加压发酵生成的高级醇比较少，加糖发酵产生的高级酵比较多。氧化促进高级醇的形成，带糟发酵的红葡萄酒，通风发酵时有利于生成高级醇，即使是发酵力很弱的异常汉逊酵母（*H. anomala*）和汉逊德巴利酵母（*D. hansenii*）也会生成大量高级醇。发酵时强烈搅拌，高级醇大大增加（可达7倍），并产生较多的乙偶姻与双乙酰。天然存在于醪液的悬浮物质能助长高级醇的生产，尤其是异丁醇和异戊醇。丙醇和2-甲基丁醇的含量不受悬浮固形物的影响。阿美林指出，高级醇不单单由于它本身的气味，同时因为它的溶剂作用，能溶解其他的挥发性成分。

## 四、甘油

甘油是一种味甜、无色的糖浆状液体。食品中加入甘油，通常是作为一种甜味剂和保湿物质，使食品爽滑可口。

百年前巴斯德即发现甘油是酒精发酵的副产物，但酒精和甘油的固定比例，至今还未搞清楚，存在着一系列原因，如温度、酸度、糖分、酵母品种等，凡温度低、高酒石酸、添加二氧化硫的，有利于甘油的生成；增加糖分，就降低了甘油对酒精的比例。大部分甘油是在发酵初期生成，不同的酵母菌株，甘油产量明显不同，溃腐的葡萄含较多甘油，用这种葡萄酿制的酒，甘油含量就比较多。

甘油是甘油三酯分子的骨架成分。当人体摄入食用脂肪时，其中的甘油三酯经过体内代谢分解，形成甘油并贮存在脂肪细胞中。因此，甘油三酯代谢的终产物便是甘油和脂肪酸。一旦甘油和脂肪酸经过化学分解，甘油便不再是脂肪或碳水化合物了。虽然甘油也可以像其他碳水化合物一样提供热量（每克甘油完全代谢后产生4.32kcal① 热量)，但它们有着不同的化学结构。

甘油对葡萄酒风味有重大关系，因为它不但甜而且像油一样浓厚。甘油在水中的呈味界限值为0.38%～0.44%。欣林纳等报告，当pH＝3.4时，甘油呈味界限提高到1.5%，在浓度为10%的酒精溶液中，甘油呈味界限为1%。

黎倍乐（1959）指出，精氨酸和氨的存在，会增加2,3-丁二醇。胱氨酸及全部氨基酸都能产生高琥珀酸，含大量氨基酸与氨也会增加醋酸含量，这些研究成果用到生产实践中去，很有意义。因为美国加州葡萄富于氮化合物，但产生极少的醋酸，除了科学研究之外，一般无须测定甘油和2,3-丁二醇。

## 五、2,3-丁二醇、甘二醇、乙偶姻、双乙酰等

在酒精发酵期间，这些化合物的形成机理尚未完全明了。某些生化学家认为有的酵母只生成2,3-丁二醇，另一种酵母只生成乙偶姻（3-羟基-2-丁酮)，而别的生化学家发现，旺盛发酵时，两者同时产生。因为乙偶姻产量并不受呼吸强度影响，拉丰（1956）认为它不是2,3-丁二醇的氧化产物，结果不同的原因，可能是由于试验条件和技术差异，例如酵母的老嫩、氧化还原电位等。分析各种葡萄酒的结果，发现一般葡萄酒含2,3-丁二醇约为0.1～1.6g/L，平均为0.4～0.9g/L。2,3-丁二醇没有气味，略带甜苦味，且受到比它含量多10～20倍的甘油所掩盖，所以2,3-丁二醇含量多少不影响酒的质量。葡萄汁含糖越多，2,3-丁二醇也越多，因此有人认为可以从乙醇和2,3-丁二醇的比例来判断该酒是否加强，令人感到意外的是法国阿尔马涅克白兰地酒（Armagnac）含2,3-丁二醇比可雅克白兰地酒（Cognac）高出8倍，法国用这个差异来鉴别不同产地的白兰地酒。

乙偶姻略有气味，但含量极微，约含2～34mg/L，德国葡萄酒一般含3～32mg/L，在发酵时逐渐增加到25～100mg/L，陈酿期间，逐渐下降，最后几乎完全消失。加酒精的加强酒，发酵在中途停止，故含量较多。采用深层培养产膜酵母的谐丽酒，双乙酰的含量正常。被醋酸杆菌感染的葡萄酒，生成较多的乙偶姻。

双乙酰有强烈的酸奶油气味，有时会影响香味，正常葡萄酒含约0.2mg/L，如果超过0.8mg/L，会使葡萄酒带上酸奶油味。可雅克白兰地酒比一般白兰地含较多的双乙酰。

双乙酰与乙偶姻都是由丙酮酸生成的，发酵中期含量最高，到发酵后期转变为

① 1cal＝4.1868J。

2,3-丁二醇，所以含量降低（Gaymon 和 Growell，1965）。

肌醇、甘露醇、清凉茶醇、存在于葡萄汁的肌醇，是葡萄酒中另一个醇类。甘露醇往往是细菌感染后还原果糖而生成的，清凉茶醇的存在是加有其他果汁的证明，尤其是苹果汁。

## 六、乙醛

乙醛是酒精发酵的副产物，如果发酵前加二氧化硫，生成较多的乙醛，在发酵时添加 $SO_2$，则生成的乙醛更多。发酵不完全的葡萄酒，在有活泼酵母存在下通风，生成乙醛，乙醛主要是在酵母存在下由酶作用产生的。

新发酵的葡萄酒含乙醇在 75mg/L 以下，对气味无多大作用，尤其是现在的葡萄酒都加二氧化硫，大部分乙醛已被固定。乙醛在水中气味界限值为 1.3～1.5mg/L，在佐餐酒中气味界限值是 100～125mg/L。

陈酿时由于氧化或产膜酵母的作用，乙醛含量渐渐增多，谐丽酒最多，达 500mg/kg，一般超过 200mg/kg。阿美林（Ameilin，1958）等曾用谐丽酵母，巴扬酵母在好氧条件下发酵，不时搅拌，乙醛累积到 100mg/kg。谐丽酒的香味并非全部来自乙醛，但谐丽酒必须含有最低浓度的乙醛。

## 七、乙缩醛

乙醛与乙醇作用生成乙缩醛，它具有类似乙醛的香味，葡萄酒中含量极少，一般少于 5mg/L，在 pH 值低时，有利于生成乙缩醛。

## 八、羟甲基糠醛

果糖在酸性溶液中加热时，脱水而生成羟甲基糠醛。因此，羟甲基糠醛的存在表示酿造时曾经加热或加过浓缩葡萄汁。一般葡萄酒禁止采用加热法产生黄褐色泽，发生焦糖香味。美国用加热法生产各种甜浓酒，含羟甲基糠醛超过 300mg/L，马拉加（Malaga）酒也含羟甲基糠醛。

## 九、酯类

一般认为酯类是葡萄酒和白兰地酒的芳香组成部分，对于正常的葡萄酒来说，未免有些夸大，因为存在于葡萄酒中的酯类含量很少，香味很淡，只有乙酸乙酯看来是重要的，每升在 200mg 以下时，有很好的香味，超过此限，似乎酒已经变坏了。

葡萄酒中存在中性和酸性酯，阿美林（1954 年）曾对于葡萄酒中各种酯做了总结，含量在 200～400mg/L（以乙酸乙酯计），包尔德酒和谐丽酒（甜浓酒）比较高，挥发性中性酯平均在 20～200mg/L，谐丽酒平均为 344mg/L（以乙酸乙酯计）。

酯类的形成机理表明，酒中的酯难以达到平衡，见表 3-2。

表 3-2 酯类的实际含量/理论含量之比

| 年代 | 酒龄/年 | 实际含量/理论含量之比 | | |
|---|---|---|---|---|
| | | 最低 | 最高 | 平均值 |
| 1893～1914 | 22～43 | 0.73 | 0.70 | 0.75 |
| 1920～1936 | 6～10 | 0.57 | 0.71 | 0.66 |
| 1931～1932 | 4～5 | 0.54 | 0.73 | 0.64 |
| 1933 | 3 | 0.49 | 0.67 | 0.62 |
| 1934 | 2 | 0.50 | 0.65 | 0.55 |
| 1935 | 0.75 | 0.23 | 0.38 | 0.34 |

例如，柠檬酸在葡萄酒的 pH 值下，极不容易酯化，乳酸与琥珀酸酯化比较快而且接近完全，酵母与细菌产生酯，葡萄酒中的酯化酶活力很小。黎倍乐-加荣曾由葡萄汁中分离得咖啡酸和酒石酸的酯。

卑诺（Pcynand，1950）提出鉴别葡萄酒应以乙酸乙酯的含量作为限度，而不是醋酸，原因如下。

① 在葡萄酒中添加醋酸，不形成酸败味。

② 稍微酸败的葡萄酒用真空处理，除去乙酸乙酯，香味得到改善。

③ 在葡萄酒中加入乙酸乙酯，生成酸败酒味。

④ 在一密闭试管中，将醋酸和葡萄酒一起加热，生成酸败味，新酒常常含挥发酸很低，而酸败很严重，也常常有挥发酸很高，而并不酸败的葡萄酒。他建议用最大挥发中性酯含量，限度 220mg/L（以乙酸乙酯计），代替过去的挥发酸限度。不过在大多数情况下，乙酸乙酯与醋酸的产量有一定的比例，如果一方含量高，另一方含量也高，而且酯化平衡随时间达到可以预测的关系。测定中性酯含量比较麻烦，所以卑诺的建议，未被采用。

## 十、 挥发酸

挥发酸是指随蒸汽而挥发的脂肪酸，是酒精发酵正常副产物，除了醋酸、乳酸以外，尚有甲酸、丁酸、丙酸以及其他的微量脂肪酸。

乳酸不仅是酒精发酵的正常副产物，而且是苹果酸-乳酸发酵的产物。在有些红葡萄酒中，它作为一个主要的酸存在，不大挥发。用精馏塔，可使少量乳酸蒸馏出来。已经证实乳酸并不是葡萄酒一般酸败的产物，挥发酸包括由醋酸起一系列的脂肪酸，但不包括乳酸、琥珀酸、碳酸和亚硫酸。

醋酸不但是酒精发酵的副产物，而且在发酵期间被酵母所利用。葡萄汁含糖分愈多，发酵产生的醋酸也愈多，主要在酒精发酵开始起产生。一般醋酸生成途径变化是随着 pH 值、磷酸盐含量、温度、基质温度而转变。有氧存在比无氧存在时产量多，真正葡萄酒酵母以外的其他酵母活力和有关系的微生物活力也很重要。

用中和法减少挥发酸，不切实用，它会使固定酸也被除去。产膜酵母能减少挥发酸，或者将高挥发酸的葡萄酒添加到正在旺盛发酵的葡萄汁中，不过在健康的葡萄汁中添加高挥发酸的葡萄酒，有引起杂菌感染的危险。

正常葡萄酒含微量甲酸，用葡萄干酿造的酒，可能含量更高，甲酸是不是会带来鼠尿味，尚无证明。一般葡萄酒只含少量的丁酸（10～20mg/kg），但葡萄醋中丁酸很多（290mg/kg），丙酸只存在于酸败的葡萄酒中。

葡萄酒的挥发酸含量因葡萄来源和发酵工艺而有明显不同，经验证明，精心酿造的葡萄酒，挥发酸可能少于0.03g/mg（以醋酸计），陈酿期间不超过0.10g/mg。浓甜葡萄酒的挥发酸-酯含量，无明文规定，马台拉酒和其他甜酒，似乎并不反对较高的挥发酸度。法国规定，葡萄酒出厂时挥发酸限制在0.15g/100mL，零售时为0.187g/100mL。

## 十一、不挥发酸

天然存在于葡萄汁的酒石酸、苹果酸和柠檬酸，发酵后残留于葡萄酒中，但含量比原来少。它们是葡萄酒的重要成分，不单是由于它们的酸味，而且它们防止了酒的酸败，并保持了酒的颜色，它们有时也受到微生物的分解。

曾用不同的酵母做试验，发现新葡萄酒固定酸的百分比明显不同，梅奇酵母（*Metschnikowia pulcherrima*）生成延胡索酸。他们发现不同种类的酵母，生成挥发酸的比率大不相同。葡萄品种、地区和年份并不影响酒中丙酮酸的含量，而是与酵母菌株和发酵温度（30℃比19.5℃生成较多丙酮酸）有关。澳洲67种葡萄酒，其丙酮酸含量为1～128mg/L（伦金，1965）。

**1. 酒石酸**

酒石酸（tartaric acid），结构简式HOOCCH（OH）CH（OH）COOH，即2,3-二羟基丁二酸，是一种羧酸，存在于多种植物中，如葡萄和酸角、甜角，也是葡萄酒中主要的有机酸之一。作为葡萄酒中添加的抗氧化剂，可以使葡萄酒具有酸味。在低温时对水的溶解度低，易生成不溶性的钙盐。

酒石酸氢钾存在于葡萄汁内，此盐难溶于水和乙醇，在葡萄汁酿酒过程中沉淀析出，称为酒石，酒石酸的名称由此而来。酒石酸主要以钾盐的形式存在于多种植物和果实中，也有少量是以游离态存在的。

酒石酸在当代有机合成中是非常重要的手性配体和手性子，可以用来制备许多著名的手性催化剂，以及作为手性源来合成复杂的天然产物分子。

酸味来自氢离子，但pH值和酸味无直接关系。葡萄酒的缓冲能力，各种酸的相对量，含糖量和其他因素影响外观酸味。各种酸的味觉界限值如表3-3所示。

表 3-3　各种酸的味觉界限值

| 酸种类 | $pK_{a_1}$ | $pK_{a_2}$ | 界限值/(g/100mL) | 界限值差/(g/100mL) |
|---|---|---|---|---|
| 柠檬酸 | 3.09 | 4.39 | 0.0023～0.0025 | 0.07 |
| 乳　酸 | 3.81 | — | 0.0038～0.0040 | — |
| 苹果酸 | 3.46 | 5.05 | 0.0026～0.0030 | 0.05 |
| 琥珀酸 | 4.18 | 5.25 | 0.0034～0.0035 | — |
| 亚硫酸 | 1.71 | 7.00 | 0.0011 | — |
| 酒石酸 | 3.01 | 4.05 | 0.0024～0.0027 | 0.05 |
| 酸性酒石酸钾 | — | — | 0.0075～0.0090 | 0.10 |

葡萄酒的酸味，主要来自酸性盐，因为大部分酸是被部分中和的，如果葡萄酒中有较大部分酸未和矿物质化合，就会生成极大酸味，溶解性盐类能减少酸味。葡萄汁与葡萄酒的缓冲能力用钾当量表示，每升含 1g 的钾，相当于 0.31g 的镁或 0.59g 的钠。在同样滴定酸度时，酸味的次序为苹果酸、酒石酸、柠檬酸和乳酸。在同样 pH 值时，其酸味顺序是苹果酸、乳酸、柠檬酸和酒石酸。pH 值和滴定酸度对于感官鉴定都很重要。

酒石酸的减少是由于生成酸性酒石酸钾的沉淀，在葡萄中酒石酸氢钾以过饱和状态存在，它在酒精中溶解度比较小，所以发酵和陈酿时逐渐析出。

酒精发酵时苹果酸减少 10%～30%，苹果酸先脱去两个氢原子而生成草酰乙酸。一般草酰乙酸经脱羧而生成乙醛，再接受两个氢原子生成乙醇。关于苹果酸-乳酸发酵，将在以后章节中讨论。葡萄酒的酸味强弱不完全由于酸的浓度，也受到缓冲能力和糖类等的影响，主要的缓冲作用来自钾盐，钙镁、钠效果较小。

**2. 柠檬酸**

柠檬酸是一种重要的有机酸，又名枸橼酸，无色晶体，常含一分子结晶水，无臭，有很强的酸味，易溶于水。其钙盐在冷水中比热水中易溶解，此性质常用来鉴定和分离柠檬酸。结晶时控制适宜的温度可获得无水柠檬酸。在工业、食品业、化妆业等具有极多的用途。

一般各种细菌会分解葡萄所含的柠檬酸（白葡萄酒中比较多）生成醋酸，酵母对糖的发酵也生成少量柠檬酸，柠檬酸与铁生成络合物，常被用作防止浑浊的添加剂，不少国家对柠檬酸用量有一定限制（一般为 0.05g/100mL），但法国的有名白葡萄酒——索坦恩的柠檬酸含量常常超过 0.08g/100mL。一般葡萄酒含柠檬酸在 0.01～0.03g/100mL 范围，很少超过 0.05g/100mL 的。

陈酿期间，柠檬酸起缓慢的脱羧作用，形成柠苹酸（或 2-甲基苹果酸），因为葡萄汁并不含此酸，所以认为它是由柠檬酸脱羧生成的。

**3. 山梨酸**

在生产甜葡萄酒时，山梨酸是经常被当作防腐剂使用的。山梨酸的抗菌作用只有在二氧化硫的协同作用下才会发挥更大的作用。在国家标准中允许使用山梨酸，但在使用过程中应注意标准的最高限量，不要超标。同时，要注意山梨酸和二氧化硫、酒精度的关系，从而充分发挥山梨酸的防腐作用。

山梨酸是一种不饱和脂肪酸，无毒性，能被人体完全吸收。它具有特殊的抗酵母作用，是一种稳定的真菌抑制剂；它能够抑制葡萄酒酵母的繁殖，在隔绝空气时抑制效率更高；它能抑制酵母的糖发酵能力而不杀死它们。国家标准 GB 15037—2006《葡萄酒》中规定最大允许量为 200mg/L，各级检验机构均可以检出山梨酸的存在和测定出它的添加量。但要注意的是，有些国家不允许进口经山梨酸处理过的葡萄酒，因此，在生产出口产品时一定要注意并了解清楚。山梨酸的抗酵母能力会因为乙醇的存在而大大加强，但山梨酸的溶解度较小。在实际生产过程中，常会遇到使用山梨酸钾的情况。

应注意不论用到多少剂量，山梨酸都没有抗细菌的作用。虽然它能避免甜葡萄酒的再发酵，但它不能防止酒的醋酸菌污染，也不能防止酒的乳酸菌污染。当山梨酸消失时，细菌污染的危险就会倍增，这时，葡萄酒具有一种不愉快的气味，类似于香叶油味，因为已生成乙烯二醇。山梨酸只能在一定的乙醇浓度和一定的二氧化硫存在的情况下，才能呈现出满意的效果。它可以加强后者的作用效果，但绝不能代替它们。

山梨酸在水中的溶解度不很大，它的较易溶形式是山梨酸钾。270g/L 的山梨酸钾溶液中含有 200g/L 山梨酸。由于山梨酸的溶解度较低，往葡萄酒中添加时必须小心，要缓慢添加，强烈搅拌，使用循环泵充分混合均匀。在下述条件中，山梨酸能够有效抑制葡萄酒中酵母的活化。

① 根据酒的乙醇含量和酸度采用足够量。

② 被处理的葡萄酒已经仔细澄清过，做过有效的除菌过滤。

③ 与酒的混合迅速而完全。

④ 处理后，酒中的游离二氧化硫含量一般在 60～80mg/L，足以防止氧化和细菌生长。

**4. 琥珀酸**

琥珀酸是酒精发酵产物之一，葡萄酒中琥珀酸含量相当于酒精重量的 0.68%～2.25%（平均约为 1.0%），它在发酵初期比在发酵后期生成较多。琥珀酸的来源，主要是由糖代谢而不是氨基酸。也可能有其他的生成机理。此酸对细菌的抵抗力很强，在谐丽酒菌膜底下不起变化，它具有盐苦味，但它的乙酯是某些葡萄酒的重要芳香成分。

**5. 乳酸及其他的固定酸**

乳酸有很淡的酸度，是酒精发酵常有的副产物，含量为 0.04～0.75g/L。在谐丽酒陈酿时，它的含量慢慢增加。由于苹果酸-乳酸发酵及细菌活动的结果，红葡萄酒生成较多的乳酸。

其他的固定酸比较不重要，葡萄和葡萄酒均含有乙醛酸。霉烂葡萄含葡萄糖醛酸可达到0.13%，葡萄糖酸1.0%，正常葡萄中含前者不超过0.03%，葡萄糖酸的存在使溃腐葡萄酿成风味优良的酒。葡萄酒中尚含有2-或3-甲基-2,3-二羟基丁酸和2-羟基-戊二酸及其内酯。

## 十二、糖类

葡萄糖和果糖对酒精发酵的重要性前已有说明，它们与酒味的关系非常密切。甘油2,3-丁二醇和甘二醇也有甜味。在水中的呈味界限值，果糖为0.13～0.15g，葡萄糖为0.4～0.44g，甘油为0.38～0.44g。乙醇在1%～15%范围内有加强甜味的作用，在pH为2.55～3.44范围内它对于糖的呈味界限值几乎没有什么影响。

陈酿期间，由于葡萄糖苷的水解，还原糖略有增加。

## 十三、果胶物质

葡萄酒厂常常用水解酶除去果胶质，水解酶可以在发酵之前或发酵之后添加，它使果胶质含量降低，便于过滤，但也会使半乳糖醛酸和甲醇含量增加。

## 十四、含氮化合物

含氮物质对于葡萄酒的重要性，过去不像啤酒那样受到重视，但它对于澄清、细菌的生长繁殖有影响，而且直接或间接左右葡萄酒的香味。美国加利福尼亚葡萄酒一般含氮高于欧洲酒。

葡萄含有各种氮化合物，如蛋白质、胨、肽、胺、氨基酸及氨。葡萄酒只含极少量的氮化合物，它几乎全部在发酵时用去。成品葡萄酒平均含氮0.05%～0.027%，德国白葡萄酒含蛋白质60～411mg/L（Diemair等，1962）

不同的测定方法，往往结果不一样，例如用甲醛法测定氮时，氨基氮偏低，因为未包括含量丰富的脯氨酸在内；用微生物法测定氨基酸往往结果偏高，因为有些微生物喜欢用低肽作为营养；色谱法只能测定游离的氨基酸。

葡萄酒中脯氨酸与色氨酸约占总氨基酸的70%，其次为赖氨酸、谷氨酸和丝氨酸，然后是丙氨酸、天冬氨酸、组氨酸、亮氨酸等。

葡萄汁加热到80℃，再压榨、发酵，比未加热的含较少的总氮和氨基酸。密闭式和开放式发酵无多大差异，不过开放式含较多的色氨酸和较少的组氨酸与赖氨酸。

带酒脚贮存的葡萄酒中，缬氨酸、亮氨酸、酪氨酸有明显增加。分析两种新葡萄酒的结果，总氮的90%～91%为游离氨基酸，6%～9%为酰胺，只有0.4%～3.3%为氨及非蛋白质氮。法国葡萄酒法规定含氮不得超过20mg/L。氨有促进谐丽酒生成菌膜（flor film）的作用。氨基酸含量和酒的芳香有关。

新葡萄酒比原料葡萄汁含较少总氮，葡萄酒与酒脚接触1～3个月，含氮量渐渐增加，2个月时达到顶点，大部分（87%）增加的是胺氮，其余为酰胺与蛋白质氮，在这一阶段，酵母发生自溶。

葡萄酒中氨基酸可分成以下四类。

① 发酵时被用掉，不因酵母自溶而重新出现，有精氨酸、苯丙氨酸、组氨酸。

② 发酵时被用掉，因酵母自溶而再出现，有脯氨酸。

③ 发酵时被用掉，因自溶而再出现，且量增多，有谷氨酸、天冬氨酸、亮氨酸、异亮氨酸、缬氨酸、丝氨酸、赖氨酸、酪氨酸和色氨酸。

④ 发酵和自溶而量增多，有胱氨酸、蛋氨酸及甘氨酸。

葡萄酒贮存期间发生苹果酸-乳胶发酵，情况就更加复杂，感官鉴定认为在酒脚上贮存一个月能改善香味，但无具体数据。对某些乳酸菌，丙氨酸是必需的营养。阿糖乳酸杆菌（*L. arabinosus* 或 *L. plaularum*）产生苹果酸-乳酸酶转化须有11种氨基酸，即精氨酸、半胱氨酸、组氨酸、异亮氨酸、亮氨酸、赖氨酸、蛋氨酸、苯丙氨酸、色氨酸、酪氨酸及缬氨酸，并还须有腺苷硫酸盐、鸟苷酸、硫胺及尿嘧啶的存在（Bocks，1961）。

当葡萄汁添加氨之后，某些氨基酸急剧增加。最明显的是精氨酸、组氨酸、赖氨酸、缬氨酸、酪氨酸、异亮氨酸、蛋氨酸、天冬氨酸和丙氨酸，其次是谷氨酸、色氨酸、丝氨酸和脯氨酸。

葡萄酒中存在微量的酰胺氮，0.001～0.008g/L，例如天冬酰胺和谷酰胺。多肽类，一般用磷钼酸沉淀法测定，是葡萄酒中最重要的有机氮，占总氮量的60%～90%，在31种波尔多白葡萄酒中，游离吡哆醇含量是0.12～0.67mg/L（平均为0.31mg/L），58种红酒含量为0.13～0.68mL/L（平均0.35mL/L）。

## 十五、单宁及多元酚

一般用高锰酸钾氧化法测定时，红葡萄酒平均含单宁0.1～0.3g/100mL，其中包括色素，陈酿期间单宁减少，因为一部分与醛结合，一部分与添加的或原有的蛋白质结合形成沉淀，或者由于其他变化。单宁对某些酶系有阻碍作用，但无明显的杀菌能力。

白葡萄酒含单宁不到0.05%，所以无苦涩味。葡萄籽单宁的味觉界限值为0.02g/100mL，白佐餐酒味0.1g/100mL，红酒为0.15g/100mL（天然单宁含量0.02～0.2g/100mL），蔗糖存在并不影响味觉界限值。有经验的品尝家对单宁的存在很敏感，但也喜欢单宁较高的酒，据说苦涩味能促进食欲。

儿茶酸（catechin）和花白素（leucoanthocyans）是黄烷衍生的无色多元酚物质，花白素在酸性机制中加热到100℃时转化为花青素。通过酶的氧化，黄铜醇儿茶酸及花白素转成它们相应的醌基，更进一步反应使醌基多聚化而使颜色变深。用丁醇盐酸处理葡萄酒，如果颜色立刻加深，说明酒中有花白素的存在。

儿茶酸与花白素会使葡萄酒发苦，影响酒味。葡萄酒中甘油转变为丙烯醛出现的苦味是由于生成丙烯醛-花青素和丙烯醛-儿茶酸化合物。有微量铁存在时，产生灰色或蓝黑色沉淀。

## 十六、色素

一般新红葡萄酒存放几个月之后色泽变深，森白里安（Sambelyan，1959）认为有两种原因，花白素变成有色物质或者由于葡萄酒中的锦葵色素（malvidin）转变成锦葵花苷（malvin）之故，时间放长之后，花青色素转变成胶体而沉淀，随着色素的氧化色泽转变成黄褐色。高酒精或含有二氧化碳的葡萄酒，色泽变化比较慢。美国山葡萄杂交种（*V. labrusca*）含色素 Malvin 可达 275mg/L，发酵后减低一半以上（Bieber）。铁离子或铜离子为花青素氧化的强催化剂。

葡萄酒色泽的变化速度，因酚类化合物的含量、温度及葡萄酒溶解数量而不同。白葡萄酒的褐化，主要是由酚类氧化而引起的。

## 十七、矿物质

葡萄酒的无机成分，对于葡萄酒酿造的生化过程及工艺都有着重要的意义，有些是酒精发酵必不可少的，有的是氧化还原系统的重要因子，有的对于澄清和风味有影响。大部分无机盐是人类营养必需的，只有极少数场合，为了避免中毒，法律上做出最大含量的规定。

**1. 非金属元素**

每千克葡萄酒含硼酸少于 50mg，一般为 15～30mg，产膜酵母能在高锰酸葡萄酒中发育良好。溴含量极微，每升应不超过 1mg，含量高可能是加有一溴醋酸作为防腐剂，许多国家禁止使用。每升葡萄酒含氯可达 0.4g，瑞士及法国限制在 0.607g/L。如果超过这个范围，可能是加有防腐剂一氯醋酸或者是离子交换剂没有洗干净之故。

葡萄酒含氟应少于 5mg/L，如果超过此限，可能来自含氟的农药或来自用氟硅酸钠涂布的水泥发酵池。葡萄酒一般不含碘，难得超过 0.3mg/L。

磷酸对酒精发酵的重要性是众所周知的，磷酸铁沉淀是在葡萄酒中常常遇到的一个讨厌问题。带皮发酵使葡萄酒的磷酸含量增加。每 100 万个酵母细胞摄取磷酸 0.00128～0.00167mg。每升新葡萄酒含磷酸 50～90mg，其中有 10%～20%，以有机磷酸盐（如磷酸甘油酯等）存在。很多老的葡萄酒酿造后，均认为磷酸含量和酒的香味有关，但没有可靠的证据。

硅酸盐的含量极微，每升约含 20～60mg。硫酸盐在工艺上、风味上、法律上都很重要，硫酸盐略带咸苦味，加过石膏的葡萄汁含较多的硫酸盐。此外，亚硫酸的氧化会增加葡萄酒的硫酸盐含量。各国对于葡萄酒中硫酸盐含量都有规定，一般在 2～3g/L（以硫酸钾计），酒精发酵时，硫酸盐被还原成亚硫酸。有人认为未经 $SO_2$ 处理的发酵醪中，有二氧化硫生成。阿美林（1956 年）和伦金（1963 年）曾做过实验，但始终未能加以证实。

新葡萄酒中偶尔发现有硫化氢和甲基（或乙基）硫醇。查基斯指出，即使只存在 1mg/L 的游离硫，发酵时就可以检出硫化氢，通风很容易将所含的硫化氢除去。

游离硫高达5mg/L时，产生相当多的硫化氢与硫醇，造成通风也难以除净的困难。据他们研究，二氧化硫是硫化氢少数来源之一，低温厌氧发酵，会积累较多的硫化氢。游离硫的主要来源是葡萄为防治霉菌而喷射的农药，所以后期喷射应该避免。里开茨等曾研究几种酵母，其中有6种发酵时生成硫化氢。麦歇也指出，不同酵母产生硫化氢的量不一样。伦金（1963）也说过不同的酵母生成硫化氢的量不同，建议选育特殊酵母，他还认为葡萄汁pH值低，发酵温度高，发酵液很深时，生成较多的硫化氢，这与查基斯的结果相反。还原二氧化硫是来源之一，另一来源是含硫的氨基酸，甲硫醇可能是最讨厌的，此物可能由半胱氨酸还原而来，半胱氨酸是亚硫酸盐还原胱氨酸而生成的。

葡萄酒中硫化氢的检出极限，伦金（1963年）规定为每升不得超过1mg，游离二氧化硫在5天内将10mg/L的硫化氢除去97%。他认为乙醛和硫化氢反应时生成乙硫醇，具有难闻的臭味，乙硫醇沸点比较低，很容易通风除去，但二乙化二硫沸点高，最好先用维生素C还原成乙硫醇，再通风除去，在实际操作时效果并不太好。

**2. 金属元素**

铝是葡萄酒正常成分之一，裘尔姆提出，铝最大含量为50mg/L，正常葡萄酒很少超过15mg/L，一般只有1～3mg/L。铝制容器、管道和澄清剂为高铝含量的主要来源，红葡萄酒含铝量高于白葡萄酒。

葡萄酒含砷量不超过0.01～0.02mg/L，规定不得超过0.02mg/L。含砷杀虫剂是砷的主要来源，但很多国家已禁止使用了。大部分的砷在发酵时被除去，砷酸铅几乎不溶解在葡萄酒中。镉略溶于葡萄酒，所以不能用镀镉的容器盛酒。

葡萄酒中的钙来自果实本身、土壤或石膏，以及含钙的助滤剂或澄清剂、水泥池、过滤垫板、漂白粉等。水泥发酵池应该经过处理，避免钙质的溶出。现在制造的过滤垫板含钙极少，应该常常检查，洗涤。酸度大的葡萄酒比酸度小的抽出较多的钙。

铜是葡萄汁与葡萄酒的重要无机成分，发酵时对氧化还原起重要作用，而影响酒的美味。阿美林等分析美国加州葡萄酒的含铜量结果见表3-4。

**表3-4 美国加州葡萄酒的含铜量**

| 葡萄酒来源 | 样品数目 | 含铜量/（mg/L） | | |
|---|---|---|---|---|
| | | 最低 | 最高 | 平均 |
| 市场商品酒 | 45 | 0.16 | 0.39 | 0.25 |
| 试验白葡萄酒 | 39 | 0.04 | 0.43 | 0.12 |
| 试验红葡萄酒 | 33 | 0.04 | 0.28 | 0.09 |

大部分的铜（40%～90%），发酵后随葡萄糟与酒脚除去。葡萄酒中难得超过0.5～1.0mg/L，除非葡萄汁含有较多的铜或葡萄酒与铜器接触，近代葡萄酒厂一般不用铜制器具，以免与酒接触。葡萄酒含铜量达2～3mg/L，会引起酒的浑浊，且有讨厌的铜味。

铁也和铜一样，对葡萄酒造成混浊，影响酵母并损害葡萄酒的质量。来自葡萄皮表面的铁远远超过果实内部，葡萄汁中的铁大部分在发酵与后酵时失去，数量的多少视氧化还原条件及发酵时与葡萄皮接触时间长短而不同，发酵时失去1/3～1/2，大部分存在于酵母细胞内。

葡萄酒中过多的铁主要来自与铁器接触之故。磷酸铁难溶于乳酸及酒石酸，但易溶于苹果酸，所以当苹果酸-乳酸发酵时，会出现磷酸铁沉淀。葡萄酒的陈酿是否一定需要有微量的铁存在，尚无定论。一般葡萄酒含铁量为0～50mg/L，美国加州葡萄酒含铁少于10mg/L。

正常的葡萄汁不含或含极少的铅。各国对含铅量有法律规定，英国为0.2mg/L，联邦德国为0.35mg/L，瑞士为3.5mg/L，法国葡萄酒有1/3超过0.2mg/L限度，最多达0.6mg/L。铅的来源来自各个方面。如无涂料的水泥池、含铅的漆、橡皮管道、含铅的金属器具等。泰伦托拉等分析了二十几种意大利佐餐酒和6种味美思酒，发现前者含铅量0.08～0.66mg/L（平均为0.17mg/L），后者为0.11～0.22mg/L（平均0.17mg/L）。他们发现葡萄汁中铅的29%～67%在发酵时失去。

镁在葡萄酒以极少量存在，一般为50～165mg/L。葡萄汁中比葡萄酒中多，镁与钨之比，在发酵时由1∶2增至1∶4。

各种葡萄酒都含少量的锰，在含锰土壤生长的葡萄更多。红酒含锰多于白酒，各种酒含锰量在0.5～15mg/L，不过一般认为超过2.5mg/L，就有作假的嫌疑，可能曾用过锰酸钾处理还原过多的$SO_2$，或者来自含锰的骨炭。苏联人认为富于锰、钼钒、钛、硼的酒，香味比较好。

钾为葡萄酒中最多的元素，约占总糖质的3/4。它对发酵的重要性和酸性酒石酸盐的稳定性，从未受到注意。它对于香气和风味的影响，缺乏充分研究，减低酸度可能是主要作用。据阿美林报告，每升葡萄酒含钾量为0.1～1.76g，平均为0.36～1.1g/L。

铷存在于葡萄皮和梗上，红葡萄上白葡萄上多，每升的葡萄酒含铷0.2～4.2mg，平均约0.5mg/L。

葡萄采用离子交换树脂处理以来，钠离子非常受到关注，另一个含钠量高的原因是由于离海边近；酸性亚硫酸钠或偏重亚硫酸钠可能也是钠的另一来源，也有来自澄清剂的可能。

酒石酸钠的溶解度比钾盐大得多，含钠高会影响葡萄酒的风味，对高血压患者也不适宜。葡萄酒含钠量多少不一，据阿美林（1958年）报告，为5～443mg/L，但极大部分葡萄酒低于100mg/L。在盐碱土生长的葡萄，比种在非盐碱土上的葡萄含钠量多至4倍，含氯量多到5.6倍。栽培和气候条件也有影响，意大利葡萄酒的钾与钠之比一般不少于10∶1。

葡萄酒不应含锡，由于和锡器接触，例如马口铁，会使锡溶解于葡萄酒（0.1～0.9mg/L），会产生锡蛋白质浑浊，并导致生成硫化氢。

由于使用含锌农药（杀虫剂），故葡萄酒中常常发现锌，其最大限度不应超过5～6mg/L。如果含锌超过5mg/L会使酒带来金属味。

# 第四章

# 酵母菌与酒精发酵

## 第一节 概述

### 一、酿造与酵母菌种类

（1）真酵母

① 酿酒酵母（*Saccharomycesserevisiae*） 酿酒酵母细胞为椭圆形，8～9μm，产酒精能力（即可产生的最大酒精度）强（17%）；转化1%酒精需17～18g/L糖，抗$SO_2$能力强（250mg/L）。酿酒酵母在葡萄酒酿造过程中占有重要的地位，它可将葡萄汁中绝大部分的糖转化为酒精。

② 贝酵母（*S. bayanus*） 贝酵母和葡萄酒酵母的形状和大小相似，它的产酒精能力更强，在酒精发酵后期，主要是贝酵母把葡萄汁中的糖转化为酒精。它抗$SO_2$的能力也强（250g/L），但贝酵母可引起瓶内发酵。

③ 戴尔有孢圆酵母（*Torulasporadebrueckii*） 戴尔有孢圆酵母细胞小，近圆形（6.5μm×5.5μm），产酒精能力为8%～14%，它的主要特点是能缓慢地发酵大量的糖。

（2）非产孢酵母

① 柠檬形克勒克酵母（*Kloecheraaniculata*） 柠檬形克勒克酵母大量存在于葡萄汁中，它与酿酒酵母一起占葡萄汁中酵母总量的80%～90%。它的主要特征是产酒精能力低（4%～5%），产酒精效率低（1%的酒精需糖21～22g/L），形成的挥发酸多。但它对$SO_2$极为敏感，故可用$SO_2$处理的方式将它除去。

② 星形假丝酵母（*Candidastellata*） 星形假丝酵母细胞小，椭圆形，产酒精能力为10%～11%，主要存在于感灰腐病的葡萄汁中。

## 二、 葡萄酒与酵母的鉴定

葡萄酒酿造是一个复杂的微生物学过程，其中由酵母菌主导的酒精发酵是葡萄酒生产最重要的阶段之一。酵母菌的生物多样性及微生物群体组成对葡萄酒的感观质量具有重要影响。葡萄酒相关酵母菌的生物多样性及分类鉴定是选育优良酵母菌种的基础和关键。

在葡萄酒酿造过程中，酵母菌是最重要的一类微生物，它的种群结构及变化决定了葡萄汁发酵的成败，而且对葡萄酒的风味和品质有重要影响。因此，研究葡萄酒发酵过程中酵母菌种类和菌群的动态变化，对在发酵过程中合理调控微生物，发挥各类酵母菌的优点，有很大的积极作用。近年来，随着生物技术的不断进步，分子生物学技术鉴定酵母菌种的方法已逐步取代传统的依靠酵母生理生化特征和形态的鉴定方法

李慧等从“北红”葡萄汁的自然发酵液中分离天然葡萄酒酵母，利用WL营养琼脂培养基对分离菌株进行分类鉴定，共分离到7种类型的葡萄酒酵母，其中一株具有典型的酿酒酵母特征。对该株酵母进一步通过显微形态观察、生理生化试验及DNA序列分析证明为酿酒酵母。利用模拟葡萄汁模拟标准葡萄汁的成分，以两株商业葡萄酒酵母为参照，研究分离酿酒酵母的酿造特性，研究结果显示分离菌株具有良好的酒精转化性能、较快的酒精发酵速率及甘油产生能力。对模拟葡萄汁进行改良以研究分离菌株的胁迫耐受性，研究结果表明改良模拟葡萄汁适于葡萄酒酵母单一抗逆性能的研究，分离菌株具有良好的温度（特别是高温）、酒精、渗透压和低pH耐受性。天然葡萄汁对分离菌株酿造性能的检测结果进一步证明该菌株具有良好的酿造特性。

王会会等利用WL培养基对分离自烟台葡萄果皮和干红葡萄酒发酵过程中的117株酵母菌进行归类，采用26S rDNA D1/D2区序列分析进行分子鉴定，共得到6属8种。并对发酵过程不同时期的酵母种类进行分析，结果表明发酵过程中酵母种类持续减少。

# 第二节 酵母菌的酒精发酵

葡萄酒是新鲜葡萄或葡萄汁通过酵母的发酵作用而制成的，因此在葡萄酒生产中酵母占有很重要的地位。将原料通过微生物分解，而产生酒精，这是酿酒过程中非常关键的一步。

## 一、 糖化菌

用淀粉质原料生产酒精时，在进行乙醇发酵之前，一定要先将淀粉全部或部分转化成葡萄糖等，这种淀粉转化为糖的过程称为糖化，所用催化剂称为糖化剂。糖化剂可以是由微生物制成的糖化曲（包括固体曲和液体曲），也可以是商品酶制剂。无机酸也可以起糖化剂作用，但酒精生产中一般不采用酸糖化。能产生淀粉酶类水解淀粉的微生物种类很多，但它们不是都能作为糖化菌用于生产糖化曲，在实际生产中主要用的是曲霉和根霉。历史上曾用过的曲霉包括黑曲霉、白曲霉、黄曲霉、米曲霉等。黑曲霉群中以宇佐美曲霉（*Aspergillus usamii*）、泡盛曲霉（*Asp. awamori*）和甘薯曲霉（*Asp. batatae*）应用最广。白曲霉以河内白曲霉、轻研二号最为著名。酒精和白酒生产中，不断更新菌种，是改进生产、提高淀粉利用率的有效途径之一。我国的糖化菌种经历了从米曲霉到黄曲霉，进而发展到用黑曲霉的过程。我国 20 世纪 70 年代选育出黑曲霉新菌株 As. 3. 4309（UV-11），该菌株性能优良，目前我国很多酒精厂和酶制剂厂都以该菌种生产麸曲、液体曲以及糖化酶等，新的糖化菌株也都是 As. 3. 4309 的变异菌株。根霉和毛霉也是常用的糖化菌。著名的阿米诺法，即是以根霉作糖化菌的酒精生产方法。著名的根霉菌有东京根霉（又称河内根霉）（*R. tonkinensis*）、鲁氏毛霉（*M. rouxii*）和爪哇根霉（*R. javanicus*）等。

## 二、 酒精发酵

许多微生物都能利用已糖化进行酒精发酵，但在实际生产中用于酒精发酵的几乎全是酒精酵母，俗称酒母。利用淀粉质原料的酒母在分类上称为啤酒酵母（*Saccharomyces cerevisiae*），是属于子囊菌亚门酵母属的一种单细胞微生物。该种酵母菌繁殖速度快，发酵能力即产酒精能力强，并具有较强的耐酒精能力。常用的酵母菌株有南阳酵母（1300 及 1308）、拉斯 2 号酵母（Rasse Ⅱ）、拉斯 12 号酵母（Rasse ⅪⅠ）、K 字酵母、M 酵母（Hefe M）、日本发研 1 号、卡尔斯伯酵母等。利用糖质原料的酒母除啤酒酵母外，还有粟酒裂殖酵母（*Schizosaccharomyces pombe*）和克鲁维酵母（*Kluyveromyces. sp*）等。除上述酵母菌外，一些细菌如森奈假单胞菌（*Ps. lindneri*）和嗜糖假单胞菌（*Ps. saccharophila*），可以利用葡萄糖进行发酵生产乙醇。总状毛霉深层培养时也要产生乙醇。利用细菌发酵酒精早在 20 世纪 80 年代初就引起了注意，但此方法还未达到工业化，其中有许多问题有待研究。

## 三、 酒精发酵生化机制

不同生产原料，酒精发酵生化过程不同。对糖质原料，可直接利用酵母将糖转化成乙醇。对于淀粉质和纤维质原料，首先要进行淀粉和纤维质的水解（糖化），再由酒精发酵菌将糖发酵成乙醇。

**1. 淀粉质和纤维质原料的水解**

淀粉是多糖中最易分解的一种，由许多葡萄糖基团聚合而成。天然淀粉具有直链淀粉和支链淀粉两种结构，它们在性质和结构上有差异。

直链淀粉是由葡萄糖通过α-1,4-糖苷键连接而成的聚合物。一般认为，直链淀粉的聚合度在200～1000范围内，相对分子质量32400～162000，近来发现了聚合度更高的直链淀粉。天然直链淀粉分子卷曲成螺旋形，螺旋的每一圈含有6个葡萄糖残基。直链淀粉溶解于70～80℃的温水，遇碘呈深蓝色。在大多数植物淀粉中，直链淀粉含量为20%～29%。支链淀粉是由葡萄糖通过α-1,4-糖苷键及α-1,6-糖苷键（在分支点上）连接而成的聚合物。其分子较直链淀粉的大，相对分子质量可达$10^7$，分支点之间平均有5～8个葡萄糖苷键。支链淀粉各个分支卷曲成螺旋状，整个分子近似球形。支链淀粉不溶解于温水，遇碘呈蓝紫色。

**2. 淀粉的糊化、液化**

淀粉在水中经加热会吸收一部分水而发生溶胀。如果继续加热至一定温度（一般在60～80℃），淀粉粒即发生破裂，造成黏度迅速增大，体积也随之迅速变大，这种现象称为淀粉的糊化。

不同种类淀粉糊化温度有所不同，苷薯、马铃薯、玉米和小麦淀粉的糊化温度分别为70～76℃、59～67℃、64～72℃和65～68℃。发生糊化现象称为淀粉的溶解，或称为液化。马铃薯、小麦和玉米支链淀粉完全液化的温度为132℃、70～80℃、136～141℃和146～151℃。

**3. 淀粉水解**

淀粉水解又称糖化，通过添加酶制剂或糖化曲来完成。糖化曲中含有的并起作用的淀粉酶类包括α-淀粉酶、β-淀粉酶、葡萄糖淀粉酶和异淀粉酶（脱支酶）。α-淀粉酶能从分子内部切开α-1,4-糖苷键，但不能水解α-1,6-糖苷键及靠近α-1,6-糖苷键的几个α-1,4-糖苷键。当α-淀粉酶作用于淀粉糊时，能使其黏度迅速下降，故又称液化酶。直链淀粉经该酶水解的最终产物为葡萄糖和麦芽糖，支链淀粉水解产物除葡萄糖、麦芽糖外，还有具有α-1,6-糖苷键的极限糊精和含有4个或更多葡萄糖残基的带键的低聚糖。β-葡萄糖淀粉酶能从淀粉的非还原末端逐个切下麦芽糖单位，但不能水解α-1,6-糖苷键，也不能越过α-1,6-糖苷键水解α-1,4-糖苷键，所以该酶水解支链淀粉时留下分子量较大的极限糊精。葡萄糖淀粉酶能从淀粉的非还原末端逐个切下葡萄糖，它既能水解α-1,6-糖苷键，又能水解α-1,4-糖苷键。由于形成的产物几乎都是葡萄糖，因此该酶又称为糖化酶。异淀粉酶专一水解α-1,6-糖苷键，因此能切开支链淀粉的分支。另外，在糖化曲中除含有淀粉酶类外，还含有一些蛋白酶等，后者在糖化过程中能将蛋白质水解成胨、多肽和氨基酸等。

总之，淀粉在以上几类酶的共同作用下被彻底水解成葡萄糖和麦芽糖。麦芽糖可在麦芽糖酶的作用下进一步生成葡萄糖。

**4. 纤维质原料的水解**

纤维素是由葡萄糖通过$\beta$-1,4-糖苷键连接而成的聚合物，是一种结构上无分枝、分子量很大、性质稳定的多糖。其分子量可达几十万，甚至几百万。纤维素是构成植物细胞壁的主要成分，稻麦秸秆、木材、玉米芯的纤维素含量分别为40%～50%、40%～50%、53%。在植物细胞壁中，纤维素总是和半纤维素、木质素等伴生在一起。半纤维素是一大类结构不同的多聚糖的统称。构成半纤维素的成分有D-葡萄糖、D-甘露糖和D-半乳糖等己糖，及D-木糖、L-阿拉伯糖等戊糖以及糖醛酸等。常见的半纤维素分子有D-木聚糖、L-阿拉伯聚糖-D-木聚糖、L-阿拉伯聚糖-D-半乳聚糖、L-阿拉伯聚糖-D-葡萄糖醛酸-D-木聚糖、D-半乳聚糖-D-葡聚糖-D-甘露聚糖等。这些多聚糖的聚合度（DP）为60～200，直链或分支。半纤维素与纤维素不同，它很容易水解，但由于它们总是交杂在一起，只有当纤维素也被水解时，才可能全部被水解。根据采用的方法不同可将纤维素的水解法分成三种，即稀酸水解法、浓酸水解法和酶水解法。纤维素酸水解所用的酸为硫酸、盐酸和氢氟酸等强酸。水解反应式为：$(C_6H_{10}O_5)_n + nH_2O \longrightarrow nC_6H_{12}O_6$无机强酸催化纤维素分解的机理是：酸在水中解离产生$H^+$，$H^+$与水构成不稳定的水合离子$H_3O^+$，当$H_3O^+$与纤维素链上的$\beta$-1,4-糖苷键接触时，$H_3O^+$将1个氢离子交给该糖苷键上的氧，使它变成不稳定的四价氧。当氧键断裂时，与水反应生成两个羟基，并重新放出$H^+$。$H^+$可再次参与催化水解反应。溶液中$H^+$浓度越高，水解速度越快。酶水解采用的酶是纤维素酶，它是一种复合酶类，故又称纤维素酶复合物。已知纤维素酶复合物由C1和Cx组成。天然纤维素的分解过程是：纤维素先被C1酶降解为较低分子化合物，同时具有水合性；其次由所谓Cx的几种酶作用形成纤维二糖。纤维二糖再由纤维二糖酶（-葡萄糖苷酶）水解成葡萄糖。由于纤维素的性能稳定，无论用酸水解还是用酶水解，都存在水解速度慢、糖得率低的问题，这是影响纤维素科学利用的难题之一。

**5. 酵母菌的乙醇发酵**

酵母菌在厌氧条件下可发酵己糖形成乙醇，其生化过程主要由两个阶段组成。第一阶段己糖通过糖酵解途径（EMP途径）分解成丙酮酸。第二阶段丙酮酸由脱羧酶催化生成乙醛和二氧化碳，乙醛进一步被还原成乙醇。葡萄糖发酵成乙醇的总反应式为：$C_6H_{12}O_6 \longrightarrow 2C_2H_5OH + 2CO_2$＋能量。发酵过程中除主要生成乙醇外，还生成少量的其他副产物，包括甘油、有机酸（主要是琥珀酸）、杂醇油（高级醇）、醛类、酯类等，理论上1mol葡萄糖可产生2mol乙醇，即180g葡萄糖产生92g乙醇，得率为51.5%。

## 四、 酒精发酵的化学反应

葡萄的酒精发酵是酿造过程中最重要的转变。其原理可简化成以下的形式：

葡萄中的糖分＋酵母菌⟶酒精（乙醇）＋二氧化碳＋热量

通常葡萄本身就含有酵母菌，酵母菌必须处在10～32℃间的环境下才能正常运作，温度太低酵母活动变慢甚至停止，温度过高则会杀死酵母菌使酒精发酵完全中止。由于发酵的过程会使温度升高，所以温度的控制非常重要。大约17g的糖可发酵成1%的酒精，所以要酿成酒精浓度12%的葡萄酒，葡萄汁中的糖分浓度要达到204g/L。一般干白酒和干红酒的酒精发酵会持续到所有糖分（2g/L以下）皆转化成酒精为止，至于甜酒的制造则是在发酵的中途加入二氧化硫停止发酵，以保留部分糖分在酒中。

酒精浓度超过15%以上也会中止酵母的运作，酒精强化葡萄酒即是运用此原理于发酵半途加入酒精，停止发酵以保留酒中的糖分。

### 五、 酒精发酵的副产物

酒精发酵的副产物主要有二氧化碳（如用淀粉质为原料，二氧化碳理论产量为酒精产量的95.5%），另一部分副产物则是酒精发酵过程中醪液被杂菌污染反致，如乙酸、丁酸、乳酸等。

对于酒精发酵来说，酒精发酵的目的是将糖更多地转化为酒精，副产物的产生直接消耗了原料，降低了原料酒精的得率，因此副产物产生越少越好。控制好发酵条件，控制好不染菌是发酵的关键技术之一。

一般酒精发酵除了制造出酒精、二氧化碳外，正常发酵条件下，发酵醪中产生少量甘油（含量为醪液量的0.3%～0.5%）、杂醇油和琥珀酸、酯类等。

（1）甘油　一般葡萄酒每升大约含有5～8g，贵腐白酒则可高达25g，甘油可使酒的口感变得圆润甘甜，更易入口。

（2）酯类　酵母菌中含有可生产酯类的酶，发酵的过程会同时制造出各种不同的酯类物质。酯类物质是构成葡萄酒香味的主要因素之一。酒精和酸作用后也会产生其他酯类物质，影响酒香的变化。

## 第三节 酵母菌的营养及代谢

一般干酵母粉的主要成分就是酵母菌。酵母在低水分下（一般6%以下）会进入休眠状态，真空包装的干燥、真空及隔光等条件，保证了酵母的活性。使用时，酵母会从休眠中复活。

### 一、 酵母的成分

据倍洛豪勃克（Belohoubek）的分析，新鲜酵母和干酵母具有的成分及含量见表4-1。

表 4-1 酵母的成分

| 成分 | 含量 | |
|---|---|---|
| | 新鲜酵母 | 干燥酵母 |
| 水分 | 68.02% | — |
| 含氮物 | 13.10% | 40.98% |
| 碳水化合物 | 14.10% | 44.10% |
| 无机成分 | 1.77% | 5.54% |
| 脂肪 | 0.90% | 2.80% |
| 纤维素 | 1.75% | 5.47% |
| 其他 | 0.36% | 1.11% |

## 二、 葡萄酒酵母所含的酶

像其他生物细胞一样，酵母细胞含有各种酶，依靠酶的催化作用，促进酵母生活必需的各种生化反应，但酶不和分解产物生成化合物。

酶对于温度、化学药品、金属都很敏感，其失活温度在 70～80℃，但温度到 40℃以上时，酶活力开始衰退。

葡萄酒酵母分泌的两种最重要的酶为酒精酶与转化酶，其他如蛋白酶、氧化酶与还原酶也对葡萄酒有一定作用。

大多数葡萄酒酵母分泌的酶，只在发酵时起催化作用。在酿成葡萄酒以后，一部分酶活力仍保留下来，对于酒的老熟陈化有一定意义。

(1) 酒精酶（zymase） 1897 年德国人蒲赫纳用砂将酵母磨碎，在压出的酵母细胞液中发现能分解糖成乙醇与二氧化碳的酶，蒲赫纳将它命名为酒精酶。

(2) 转化酶（sucrase，lnvertase） 葡萄酒酵母和巴斯德酵母都分泌转化酶，但尖端酵母与圆酵母没有这种酶，这个酶使蔗糖水解成为转化糖。转化酶很易通过酵母细胞膜，故添加到葡萄醪的蔗糖很快就转化发酵。

(3) 蛋白酶（proteases） 本酶使蛋白质分解成更简单的含氮物质（氨基酸）。

(4) 氧化酶（oxidases） 促进葡萄酒的氧化（陈化、色素的沉淀等）。

(5) 还原酶（reductases） 本酶使某些物质与氢接合起还原作用，尤其是与含硫物质作用生成硫化氢（酒脚味）。

## 三、 酵母菌需要的营养物质及代谢

酵母像其他生物一样需要呼吸、代谢，它需要水分、含氧物、碳水化合物和无机盐，这些成分天然大量存在于葡萄醪中，葡萄醪是一个适合酵母生活的营养基质。

酵母的相对密度为 1.180，和葡萄醪相差无几（1.080～1.120），但比葡萄酒的相对密度（0.995～0.998）大得多，所以发酵完毕，酵母很快下沉，生成酒脚。

**1. 水分**

新鲜活泼的酵母细胞含水分68%～70%，葡萄醪含有差不多比例的水分，适于酵母的发育繁殖。

**2. 碳水化合物**

酵母不含叶绿素，不能像高等植物那样利用光合作用制造碳水化合物，它只能依靠发酵直接利用基质中的糖，主要是己糖（葡萄糖与果糖），蔗糖须先经酵母本身分泌的转化酶作用，将蔗糖分解为葡萄糖和果糖才能同化。

酵母同化碳水化合物，有两种方式，一种是在氧气存在下，好氧式（aerobic）的同化，另一种是在无氧气的情况（anaerobic）下，用发酵方式进行同化。

（1）好氧方式　在有氧气时，酵母以呼吸方式使糖氧化，分解成二氧化碳与水，而得到能量。

$$C_6H_{12}O_6 + 6O_2 \longrightarrow 6CO_2 + 6H_2O + 674\text{cal}$$

（2）厌氧方法　酵母在无氧气时，用分子间呼吸，使糖分解，得到生活所需的能量，这种无氧的生活方式，称为发酵，酵母在这个场合起了媒介作用，糖被分解成乙醇与二氧化碳。

酵母发育繁殖，必须有一定数量的氧气，故酿酒时进行通风或捣桶（醪液循环流动），使其和空气接触。

**3. 含氮物质**

酵母不能利用通不过透析膜的大分子蛋白质，只能利用蛋白胨或分子更小的分解物如胺与氨基酸，最容易同化的是氨的化合物。

葡萄醪一般含有足够的含氮物质，能够保证酵母的正常发育与繁殖。

**4. 无机成分**

钾和磷是酵母生长所必不可缺的成分，成熟的葡萄中含量很充裕，钙并不是必需品，而镁的存在，有利于酵母生长。

## 第四节　葡萄酒酵母发酵技术

### 一、优良葡萄酒酵母菌株的特征

葡萄酒酵母（*Saccharomyces ellipsoideus*）在微生物学分类上为子囊菌纲的酵母属，啤酒酵母种。葡萄酒酵母可发酵葡萄糖、果糖、蔗糖、麦芽糖、半乳糖，不发酵乳糖、蜜二糖，棉子糖发酵1/30。

葡萄酒酿造所需要的酵母，主要来源于葡萄皮和果梗上附着的野生酵母和发酵前添加到葡萄汁中纯粹培养的葡萄酒酵母。葡萄果皮上除了葡萄酒酵母外，还有其他酵母，如尖端酵母（*S. apicutatus*）、巴氏酵母（*S. pastorianus*）、圆酵母属

(*Torulas*) 等，统称野生酵母。野生酵母发酵力弱，生成酒精量少，不利发酵。通常可通过添加适量的 $SO_2$ 来控制野生酵母。

一般该属的许多变种和亚种都能对糖进行酒精发酵，并广泛用于酿酒、酒精、面包酵母等生产中，但各酵母的生理特性、酿造副产物、风味等有很大的不同。葡萄酒酵母除了用于葡萄酒生产中以外，还广泛用在苹果酒等果酒的发酵上。世界上葡萄酒厂、研究所和有关院校优选和培育出各具有特色的葡萄酒酵母的亚种和变种。如我国张裕 7318 酵母、法国香槟酵母、匈牙利多加意（Tokey）酵母等。

葡萄酒酵母繁殖主要是无性繁殖，以单端（顶端）出芽繁殖。在条件不利时也易形成 1～4 个子囊孢子。子囊孢子为圆形或椭圆形，表面光滑。在显微镜下（500 倍）观察，葡萄酒酵母常为椭圆形、卵圆形，一般为（3～10）μm×（5～15）μm，细胞丰满，如图 4-1 所示。在葡萄汁琼脂培养基上，25℃培养 3 天，形成圆形菌落，色泽呈奶黄色，表面光滑，边缘整齐，中心部位略凸出，质地为明胶状，很易被接种针挑起，培养基无颜色变化。

优良葡萄酒酵母具有以下特性。

① 除葡萄（其他酿酒水果）本身的果香外，酵母也产生良好的果香与酒香。

② 能将糖分全部发酵完，残糖在 4g/L 以下。

③ 具有较高的对二氧化硫的抵抗力。

④ 具有较高发酵能力，一般可使酒精含量达到 16%以上。

⑤ 有较好的凝集力和较快沉降速度。

⑥ 能在低温（15 ℃）或果酒适宜温度下发酵，以保持果香和新鲜清爽的口味。

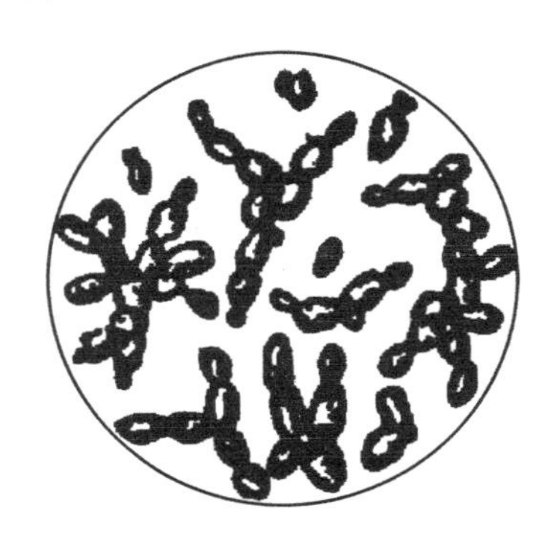

图 4-1 葡萄酒酵母形态

## 二、葡萄酒的酒母制备

小葡萄酒厂大都习惯将葡萄破碎以后，任其自然发酵，不另外添加酒母。但完全成熟的葡萄表皮和果梗上野生酵母的数目远比真正葡萄酒酵母多，往往干扰真正葡萄酒酵母的发酵作用；破损或长霉的葡萄，常有大量醋酸菌存在；早熟的葡萄品种，表皮上的微生物，主要是霉菌，只有极少量的各种酵母细胞；酒厂每年酿酒季节开始时，各种设备，如溃碎机、输送泵、管道、发酵槽等上面附着的微生物大多数是霉菌，酵母很少，所以每年酿酒季节开始，最初溃碎的葡萄汁，很有添加纯粹培养葡萄酒酵母的必要。优良的纯粹培养酒母，不但可以保证葡萄酒的安全发酵，而且可以提高成品的质量，经过一次成功发酵之后，发酵槽中已有大量的优良酵母存在，此后即使不添加新酒母，发酵槽加满之后，只要其他条件合适，即可获得安全旺盛的发酵。

但是有些野生酵母在发酵槽一代一代地存活下去，数量逐渐增多，会对成品质量带来很大损害，为了保证每年从第一槽或第一桶破碎葡萄与葡萄汁开始就得到健康正常的发酵，并使酿酒车间的设备和容器上都沾满优良的葡萄酒酵母，至少每年制酒开始时，应添加纯粹培养的酒母。

**1. 纯粹培养葡萄酒酵母的来源**

从巴斯德以后，有不少微生物学家研究过葡萄皮上的天然酵母。著名的酵母学家，如法国的 Pacottet 和 Keyser，德国的 Wortmann，及瑞士的 Mullar-Thugau 以及其他微生物学者已分离出许多不同的葡萄酒酵母，并研究了它们的性质，包括许多菌株在葡萄酒酿造上的作用。

美国葡萄酒厂本来都用自然发酵，20 世纪初加利福尼亚大学葡萄酒专业教授 Bioletti 在美国推广了 Pacottet 的勃艮第（Burgundy）酵母和香槟（Champagne）酵母，迄今已有六十多年。这两种酵母属于凝集酵母，发酵旺盛期间，常常被发酵生成的二氧化碳冲向液面生成灰色酵母层，随着发酵的进展，逐渐破裂沉入器底，生成浓厚坚密颗粒状沉淀，发酵一完毕，新酒很快就澄清，卸酒时即使受到振荡，酵母也不会浮起。

加州葡萄皮上的天然酵母，发酵时分散在酒内，粒子很细，使酒浑浊，即使发酵完毕已澄清的酒，稍一振动，即引起浑浊。但是不论凝集或粉末酵母，两者的发酵率、酒精产量和成品葡萄酒的风味没有多大差异，不像苹果酒或葡萄酒酵母，苹果酒酵母有的发酵极慢，只生成少量酒精，有的发酵非常快，糖分几乎全部发酵，酿成极干的酒，啤酒酵母不适于发酵溃碎的葡萄醪，只生成少量酒精，且带来怪味。

除了上面讲的勃艮第与香槟酵母之外，尚有一个广泛使用的托卡依（Tokay）酵母，来自匈牙利著名的托卡依产酒地区，这是一个非凝集性酵母，生成细小粉状沉淀，但发酵快，酒精得率非常高。

欧洲各个葡萄酒产地，尚有种种有名的酵母，例如法国的蒙脱拉先（Montrachet）酵母（勃艮第型，Castor 教授分离），德国的斯坦倍（Steinberg）酵母。欧美各国供应纯粹培养酵母株的单位，有名的如下、法国巴黎农学校、巴斯德学院、德国盖丝哈姆农学院发酵实验室、瑞士苏黎世农业试验站、美国加利福尼亚大学倍开雷酵母实验室、美国农林部北部地区研究所、美国菌种保管所及荷兰菌种保管中心等。

**2. 国内传统葡萄酒酒母的制备**

（1）葡萄酒酵母的来源

① 天然葡萄酒酵母　葡萄成熟时，在葡萄果皮、果梗上都有大量的酵母存在，因此，葡萄破碎后，酵母就会很快繁殖开始发酵，这是利用天然酵母发酵葡萄酒。

但天然酵母附着其他杂菌，往往会影响葡萄酒的质量（表4-2），

表4-2 葡萄采摘后酵母细胞数的变化

| 葡萄 | 酵母细胞数/（个/mL） |
| --- | --- |
| 刚从树上摘下的葡萄 | $1\times10^3\sim1.6\times10^5$ |
| 送到工厂的葡萄 | $2\times10^3\sim2.8\times10^5$ |
| 破碎后的葡萄 | $4.6\times10^3\sim6.4\times10^6$ |

大量研究结果表明，葡萄上酵母的种类、构成比和菌数，受产地、风土、气候、年份、葡萄品种、成熟期、葡萄园的管理状况、葡萄受伤受害程度、农药使用情况等因素的影响。

② 优良葡萄酒酵母的选育　为了保证正常顺利地发酵，获得质量优等的葡萄酒，往往从天然酵母中选育出优良纯种酵母。目前大多数葡萄酒厂都已采用了优良纯种酵母进行发酵。

③ 酵母菌株的改良　选育出的优良酵母也不可能一切特性都符合理想的要求，适合所有场合使用，加之生产的发展，不断对酵母提出新的要求，因此，排除它们的不良性能，提高优良性能，增添新的有用特性，以适应生产发展的需要。

最常用手段为人工诱变，用同宗配合、原生质体融合、基因转化等遗传工程方法现已在研究进行中。

（2）葡萄酒酵母的扩大培养

① 扩大培养酵母的设备　纯粹葡萄酒酵母扩大培养设备有种种类型，比较简单的只用两只或两只以上密闭罐，容积200～400L，一只放在另一只上面（简称上罐与下罐）。上罐装有不锈钢或其他耐腐蚀材料的蒸汽管道（不能用普通的钢、铁、铜、锡或锌），葡萄汁在上罐用蒸汽灭菌后，可以通冰水冷却。下罐装有多孔通风管道，可以用过滤压缩空气通风，使葡萄汁接触空气，促进酵母繁殖，压缩空气须通过过滤器除去尘埃、油滴和其他污染葡萄汁的物质。

罐可以用水泥、搪瓷、木材、塑料或不锈钢制成，不锈钢耐腐蚀，易于洗涤、灭菌，比其他材料经久耐用。葡萄酒厂可以安装二三组这种扩大培养设备，容积可以随意放大。

② 天然酵母的扩大培养　在利用自然发酵方式酿制葡萄酒时，每年酿酒季节的第一罐酒醪一般需要较长的时间才开始发酵，这起着葡萄皮上天然酵母的扩大培养作用。第二罐后，由于附着在设备上的酵母较多，醪液的发酵速度就快得多（有些工厂为了调节发酵步调，也采用添加天然种母的方法）。

在葡萄开始采摘前一周，摘取熟透的、含糖高的健康葡萄，其量为酿酒批量的3%～5%，破碎、榨汁并添加亚硫酸（含量100mg/L），混合均匀，在温暖处任其自然发酵，待发酵进入高潮期后，酿酒酵母占压倒优势时，即可作为首次发酵的种

母使用。另外，正常的第一罐发酵酒醅也可作为种母使用。

一般凡无法获得纯粹培养葡萄酒酵母的地区，可用下列方法自己繁殖接种用的酒母，亦可获得优良成绩。取完全成熟，糖分在20%以上的清洁健康的葡萄果实50kg，加二氧化硫5g或酸性亚硫酸钾12g（或$K_2S_2O_5$ 10g），和匀之后，放在温暖处，任其自然发酵，待酒精含量已达到容量10%，才可用作酒母，如用得过早，发酵力弱的柠檬状酵母占多数，必须待酒精达到容量10%，真正葡萄酒酵母才占优势。

③ 纯种酵母的扩大培养　酿酒葡萄和设备上酵母菌自然群体的数量常常不能保证正常的酒精发酵，所以，葡萄酒生产一般采用人工添加酵母进行发酵。

我国使用的酵母一般为试管斜面菌种。从斜面试管菌种到生产使用的酒母，需经过数次扩大培养，每次扩大倍数为10～20倍。其工艺流程各厂不完全一样，下面为实例之一。

$$\text{斜面试管菌种}\xrightarrow{\text{活化}}\text{麦芽汁斜面试管培养}\xrightarrow{10\text{倍}}\text{液体试管培养}\xrightarrow{12.5\text{倍}}\text{三角瓶培养}\xrightarrow{12\text{倍}}$$

$$\text{玻璃瓶（或卡氏罐）}\xrightarrow{14\sim25\text{倍}}\text{酒母罐培养}\longrightarrow\text{酒母}$$

a. 斜面试管菌种由于长时间保藏于低温下，细胞已处于衰老状态，需转接于5°Bé麦芽汁制成的新鲜斜面培养基上，25℃培养4～5天。

b. 液体试管培养：取灭过菌的新鲜澄清葡萄汁，分装入经干热灭菌的试管中，每管约10mL，用0.1 MPa的蒸汽灭菌20min，放冷备用。在无菌条件下接入斜面试管活化培养的酵母，每支斜面可接入10支液体试管，25℃培养1～2天，发酵旺盛时接入三角瓶。

c. 三角瓶培养：往500mL经干热灭菌的三角瓶注入新鲜澄清的葡萄汁250mL，用0.1MPa蒸汽灭菌20min，冷却后接入两支液体培养试管，25℃培养24～30h，发酵旺盛时接入玻璃瓶。

d. 玻璃瓶（或卡氏罐）培养：往洗净的10L细口玻璃瓶（或卡氏罐）中加入新鲜澄清的葡萄汁6L，常压蒸煮（100℃）1h以上，冷却后加入亚硫酸，使其二氧化硫含量达80mg/L，经4～8h后接入两个发酵旺盛的三角瓶培养酵母，摇匀，换上发酵栓（棉栓），于20～25℃培养2～3天，其间需摇瓶数次，至发酵旺盛时接入酒母培养罐。

e. 酒母罐培养：一些小厂可用两只200～300L带盖的木桶（或不锈钢罐）培养酒母。木桶洗净并经硫黄烟熏灭菌，过4h后往一桶中注入新鲜成熟的葡萄汁至80%的容量，加入100～150mg/L的亚硫酸，搅匀，静止过夜。吸取上层清液至另一桶中，随即添加1～2个玻璃瓶培养酵母，25℃培养，每天用酒精消毒过的木耙搅动1～2次，使葡萄汁接触空气，加速酵母的生长繁殖，经2～3天至发酵旺盛时即可使用。每次取培养量的2/3，留下1/3，然后再放入处理好的澄清葡萄汁继续培养。若卫生管理严格，可连续分割培养多次。

f. 酒母使用：培养好的酒母一般应在葡萄汁加二氧化硫后经4～8h再加入，以减小游离二氧化硫对酵母的影响。酒母用量为1%～10%，视情况而定。

④ 扩大培养操作法　葡萄酒厂从菌种保管单位获得的菌株，大都是琼脂斜面培养，可以按下列工序，扩大为接种用的酒母。

a. 取1L葡萄汁，放在铝或搪瓷锅煮沸，倒在一只灭过菌的大烧瓶（2～3L）中，棉塞塞口，放置一夜，任其冷却。

b. 将灭过菌的葡萄汁注入培养纯粹酵母的琼脂斜面，约达3/4，加棉塞放置一夜，倒回杀菌葡萄汁大烧瓶，放在温暖处（21～27℃），经常摇动大烧瓶，使葡萄汁接触空气，进行扩大培养。

c. 2～3天之后，将酵母接种到20L灭过菌的葡萄汁内，每日振荡2～3次，使之接触空气，4～5天内出现旺盛发酵。

d. 20L葡萄汁开始发酵后，将上面的酒母罐加满葡萄汁，通蒸汽灭菌，加热到71℃。然后通冷水降温到32℃以下，下面的酒母罐洗净，用直接蒸汽灭菌，任其冷却。

将上罐灭过菌的葡萄汁流入下罐，达到3/4，在接入酵母前3～4h，在下罐加二氧化硫100～125mg/kg，用酸性亚硫酸或偏重亚硫酸的钾盐，对酵母进行亚硫酸驯养，然后将正在旺盛发酵的20L葡萄汁注入下罐，用滤过空气通风数分钟。

e. 经过3～4天，下罐旺盛发酵，取出2/3或3/4作为发酵槽接种之用。每10升酒母可以接种500L溃碎葡萄醪或葡萄汁。

f. 上罐不断灭菌，冷却新葡萄汁，下罐安装发酵栓，放出二氧化碳，防止感染，上罐有棉塞或空气过滤器。

有些葡萄酒厂，在上罐葡萄汁中加二氧化硫120mg/kg，放置一夜，放入两只下罐，接入纯粹培养酵母，通风数分钟，旺盛发酵开始后，用作酒母，留下1/3或1/4，上罐再注入新葡萄汁。实际操作时，每天用一只下罐，培养时间48h，正好在发酵最旺盛时期。

酒母经过长时间反复扩大培养，逐渐变得不纯，就有必要将扩大培养设备全部出空，洗涤消毒，重新开始用来自供应单位的纯粹培养酵母扩大培养，避免因酵母不纯而造成质量事故。

⑤ 酒母用量　添加酒母必须在葡萄醪加$SO_2$之后4～8h，以免游离$SO_2$影响酒母作用，酒母用量2%～10%，一般用3%，经过几批发酵之后，发酵容器上存在大量酵母，酒母量可减到1%。

## 三、 葡萄酒酿造过程中的变化及发酵

### 1. 自然乳酸菌群体在红葡萄酒酿造过程中的变化

Carre（1980）研究了自然乳酸菌群体在红葡萄酒酿造过程中的变化。供试的葡萄醪含糖量为220g/L、pH值为3.5，在酒精发酵前进行或不进行$SO_2$（100mg/L）处理。在葡萄醪中，活乳酸菌为$10^4$个/mL。$SO_2$处理仅使其群体数量减少1/10；在

酒精发酵过程中，活乳酸菌数降至$10^2$个/mL。这些乳酸菌为自然选择菌体，非常适应葡萄酒的环境。在分离过程中，虽然皮渣带走了部分乳酸菌，但无论葡萄醪是否经过$SO_2$处理，葡萄酒中的乳酸菌群体均由于环境中微生物的接种上升至$10^4$个/mL。在酒精发酵结束并分离葡萄酒以后，在未进行$SO_2$处理、温度19℃的良好条件下，乳酸菌立即进入繁殖阶段。繁殖阶段持续10天左右，群体量达$3\times10^7$个/mL；12天后，苹果酸-乳酸发酵结束，乳酸菌进入平衡阶段。

在酒精发酵开始前对葡萄醪的$SO_2$处理，降低乳酸菌的繁殖速度和最大群体数量$10^7$个/mL，葡萄酒分离25天后，乳酸菌进入平衡阶段，苹果酸-乳酸发酵在分离30天后结束。如果在葡萄酒分离后将温度由19℃降至14℃，乳酸菌群体数量则首先下降，而且繁殖阶段也仅仅使其群体数量不超过$10^6$个/mL，苹果酸-乳酸发酵在乳酸菌群体数量达最大值后14天结束。最后，如果在葡萄酒分离时再进行$SO_2$（50mg/L）处理，乳酸菌群体数量下降幅度更大，其生长繁殖开始时的群体基数仅为$10^2$个/mL，而且其最大群体数量也仅为$10^4$个/mL；在分离后44天，苹果酸-乳酸发酵停止时，仍残留1.7g/L苹果酸。

此外，与葡萄醪中的酵母群体相反，较大的乳酸菌群体以平衡状态在葡萄酒中保持很长时间。因此，在良好的条件下，葡萄酒酿造过程乳酸菌的生长周期包括以下几个主要阶段。

① 潜伏阶段：这一阶段对应于酒精发酵阶段，乳酸菌群体数量下降，但保留下最适应葡萄酒环境的自然选择群体。

② 繁殖阶段：出现在酒精发酵结束后，乳酸菌迅速繁殖并使其群体数量达到最大值。

③ 平衡阶段：乳酸菌群体数量几乎处于平衡、稳定状态。在适宜的条件下，该阶段可持续很长时间。

**2. 葡萄酒酵母的不正常发酵**

果酒是用水果作原料经发酵、陈酿和后加工处理酿造而成的低酒度饮料酒。果酒生产第一阶段的工艺操作就是发酵。

果酒的发酵是水果果汁中的糖水，经酵母分泌出来的酵素（酶）作用变成酒精与二氧化碳。这是一个生物化学过程，其主要化学变化的反应如下：

$$C_6H_{12}O_6 \xrightarrow{\text{酒精酶}} 2CH_3CH_2OH + 2CO_2$$

就果酒发酵过程来讲，分为前发酵和后发酵。前发酵包括静止期、萌发期和旺盛期；后发酵包括旺盛低落期、缓慢期尾期。果酒的正常发酵是保证其产品质量的重要一环。如发酵质量不好，得不到高质量的发酵原酒，也就不能生产出高质量的产品。发酵季节常常会遇到一些发酵不正常现象，特别在后期发酵的缓慢期、停止期发生较多。致使所发酵原酒，挥发酸增高，产品质量低劣。

（1）醋酸发酵　发酵温度过高，又有了适当的酒度，客观上给醋酸菌提供了良好生长条件。如果转入后发酵原酒，品温持续高温，超过35℃以上，酵母发酵能力将明显减退，正适宜醋酸菌的繁衍，而产生醋酸发酵。要保持其产品的良好风味，高温发酵是积极的。色泽浅蓝，口感柔和，品质细腻的好产品都是采用低温发酵，如干白葡萄酒的发酵就是采用低温发酵；以16～60℃之间较理想。对于红葡萄酒或带色水果的发酵温度以25～28℃之间较为适宜，绝对不要超过30℃。水果在发酵前要添加杀菌剂，通常使用偏重硫酸钾或亚硫酸，加入量在50～150mg/kg。并注意，好水果可少加，次水果可多加，红葡萄发酵可少加，白葡萄发酵可多加。这样将会杀死葡萄水果表面的细菌、霉菌、野生酵母，以接入人工活性酵母，使发酵顺利进行。当开始发生醋酸发酵现象时，应立即采取灭菌措施，消灭醋酸菌，首先要保住发酵醪液不至于变酸，而后再接入优良活性酵母发酵。对于醋酸菌感染不严重的原酒，可采用加热或冷冻下胶及过滤的办法净化。

(2) 杂菌感染　在转入后发酵时，如果品温高，容器不满或酒度不高，又没能及时补到贮酒要求，空隙多而留有大量空气，给好氧性酒花菌生长繁殖创造有利条件，出现长醭现象。所以在发酵即将结束时，要及时调整成分并逐渐添容器。转入贮酒阶段，切不可耽搁太久以免引起杂菌感染。如发现液面出现霉菌薄膜，应立即用同类原酒注入长霉菌的容器内，使液面升高，将霉菌顶出，然后加上5～10L高度酒精于酒液面上。或者添加$SO_2$100～150mg/kg，并在液面上充入惰性气体。

(3) 发酵中止　酿酒者最关心的是否尚有残糖。残糖高，容易受细菌感染和升高发酸，而且澄清不彻底。正常后发酵，如果一切都正常，葡萄醪的相对密度有规则地下降，随着糖分的消失，后发酵在4～5天内完成。根据酒精度和浸出物的含量，得到的新葡萄酒、果酒的相对密度下降到0.3～0.8时，发酵已完全停止，可以认为发酵已经完全，糖分已全部转化（残糖在4g/L以下）。已经霉烂的或变虫害的葡萄或其他水果酿的酒，即使完全不含糖分，相对密度也可能达到或超过1.000，因为酒内含有较多的浸出物（树胶、果胶等），使果酒的相对密度颇大。如果主发酵温度升到35℃以上，发酵越来越迟缓，在糖分尚分解完之前，发酵就完全停止，有时高达20g/L以上。在收获葡萄或其他水果季节时，遇上大雨，野生酵母大部分被滂沱大雨冲掉，而在发酵中又不采取接入优良活性酵母时，极会造成在残糖较高时，发酵中止（如黄河故道地区常常会遇到此种现象）。在北方地区，当天气转冷时，发酵正在进行时，由于受低温影响，醪液温度太低，酵母活力降低，而使发酵停止。在此种情况下，不能仅仅依靠酵母本身的活力将残糖完全分解发酵。停止之后，可采用下列一种或几种处理方法，方可取得较理想的效果。

① 倒地翻汗：使发酵醪接触空气，可以降低温度，使陷入瘫痪的酵母恢复活力。

② 通空气：用泵从后发酵池底部通入杀菌的空气，使全部发酵液得到良好的通风，并使已经下沉的酵母，重新分散悬浮在发酵液中。

③ 换桶：换桶时进行自然通风，并除去酒脚。

④ 添加旺盛的发酵液，即把发酵中止的发酵液逐步添加到旺盛的发酵液中，切不可以少量旺盛发酵液添加到大量的发酵中止的发酵液里。必要时可补加部分酵母液。也可以用相邻的发酵池，与发酵正常的池子进行串连，促进后发酵的顺

利进行。

⑤ 给酵母提供营养，增强酵母活力。当发酵不正常时，有些因为缺乏营养素而衰老，使发酵缓慢，甚而停止。在此种情况下可添加营养素。如加磷酸二氢钾0.1%，给酵母增加营养素，以增强酵母的生命力。也可在液面上加入大量的游离氨基氮和少量的空气就可在7天后实现完全发酵，温度为15～20℃。加入游离氨基氮和空气促进了活性酵母的生长，这就有利于后发酵的进行。另外，通风温度和酵母所需营养物浓度也是改变发酵缓慢和不彻底的必要因素。

⑥ 由于温度降低，酵母活力减弱所造成的不正常后发酵，可将此转换容器，并进行加温处理，使醪液温度达20℃左右，以迅速恢复活力，使后发酵顺利进行。

果酒转入发酵时期，是发酵管理的重要一环，因而要予以高度重视。在整个发酵过程中要加强卫生管理，严格控温发酵，合理使用二氧化硫，接入优良活性酵母，及时调整成分，保证安全贮藏。操作人员要在整个发酵过程中，勤检查温度、细观察、准确化验，严格工艺操作，保证后发酵的顺利进行，不断提高发酵质量和产品质量。

## 四、影响酵母菌生长和酒精发酵的因素

(1) 温度　葡萄酒酵母最适宜的繁殖温度是22～30℃。当温度低于16℃时，繁殖很慢，如在22℃下已经开始发酵，再将发酵的果汁温度降低到11～12℃或更低一些，发酵还会继续下去。

酵母能忍受低温，从天然的葡萄酒酵母中，可分离出低温发酵的葡萄酒酵母。

当温度超过35℃，酵母呈瘫痪状态，在40℃完全停止生长和发酵。

(2) 酸度　酸度在pH为3.5时，大部分酵母能繁殖，而细菌在pH低于3.5时就停止繁殖。当pH降到2.6时，一般酵母停止繁殖。

(3) 酒精作用　酒精是发酵的主要产物，对所有酵母都有抑制作用。葡萄酒酵母与其他酵母相比忍耐酒精的能力较强，尖端酵母当酒度超过4%时就停止生长和繁殖。在葡萄破碎时带到汁中的其他微生物，如产膜菌、细菌等，对酒精的抵抗力更小，因此，它阻止了有害微生物在果汁中的繁殖。但有些细菌就不一样，如乳酸菌，在含酒精26%或更高情况下，仍能维持其繁殖能力。

(4) 二氧化硫作用　不同的二氧化硫量对酵母的作用不同，当加入50～100mg/L二氧化硫时，已明显有抑制作用，为了杀死酵母或者停止新鲜果汁的发酵，可添加二氧化硫1g/L。

## 五、葡萄酒活性干酵母的应用

随着生物技术的进步，国内外已利用现代酵母工业的技术来大量培养葡萄酒酵母，然后在保护剂共存下，低温真空脱水干燥，在惰性气体保护下，包装成商品出售。

活性干酵母是利用现代酵母工业技术大量培养葡萄酒酵母，然后在保护剂共存下，低温真空脱水干燥，制成的商品酵母。

这种酵母具有潜在的活性，故被称为活性干酵母。它解决了葡萄酒厂扩大培养酵母的麻烦和鲜酵母易变质不好保存等问题，为葡萄酒厂提供了很大的方便。目前德国、法国、荷兰、美国、加拿大及我国等均已有优良的葡萄酒活性干酵母商品生产，产品除基本的酿酒酵母外，还有杀伤性酿酒酵母、二次发酵用酵母、增果香酵母、耐高酒精含量酵母等许多品种。

葡萄酒活性干酵母一般是浅灰黄色的圆球形或圆柱形颗粒，含水分低于5%～8%，含蛋白质40%～45%，酵母细胞数（20～30）$\times 10^9$个/g。保存期长，20℃常温下保存1年失活率约20%，4℃低温保存1年失活率仅5%～14%，保质期可达24个月，但起封后最好一次用完。

活性干酵母的用量视商品的酵母菌株、细胞数、贮存条件及贮存期、使用目的、使用方法等而异。力求适当，过少起酵慢，不安全；过多易给酒带来酵母味。以加拿大Lallemand公司提供的Lalvinrz活性干酵母（细胞含量$20\times 10^9$个/g）复水后直接使用时的用量范围为例，如表4-3所示。

**表4-3 葡萄酒活性干酵母的使用**

| 使用目的 | 法国等地使用/（g/100L） | 意大利使用/（g/100L） |
| --- | --- | --- |
| 生产白葡萄酒 | 5～22 | 10～20 |
| 生产红葡萄酒 | 10～25 | 15～25 |
| 中断发酵后的再发酵 | 20～50 | 30～50 |
| 起泡酒的二次发酵 | 15～30 | 15～30 |

活性干酵母不能直接投入葡萄汁中进行发酵，需抓住复水活化、适应使用环境（尤对特殊用途的酵母）、防止污染这三个关键。

（1）复水活化后直接使用　活性干酵母必须先使它们复水，恢复活力，才可投入发酵使用。此法简便，工厂常用。做法是在35～42℃的温水（或含糖5%的水溶液，未加二氧化硫的稀葡萄汁）中加入10%的活性干酵母，小心混匀，静置使之复水、活化，每隔10min轻轻搅拌一次，经20～30min（此活化温度下最多不超过30min），酵母已经复水活化，可直接添加到二氧化硫的葡萄汁中去进行发酵。

（2）活化后扩大培养制成酒母使用　由于活性干酵母有潜在的发酵活性和生长繁殖能力，为了提高使用效果，减少活性干酵母的用量，也可在复水活化后再进行扩大培养，制成酒母使用。并使酵母在扩大培养中进一步适应使用环境，恢复全部的潜在能力。

做法是将复水活化的酵母投入澄清的含80～100mg/L二氧化硫的葡萄汁中培养，扩大比为5～10倍。当培养至酵母的对数生长期后，再次扩大5～10倍培养。

为了防止污染，每次活化后酵母的扩大培养不超过3级为宜。培养条件与一般的葡萄酒酒母相同。

# 第五节 葡萄酒的发酵

葡萄酒发酵，首先是由酵母菌引起的酒精发酵，其次是由乳酸菌引起的苹果酸-乳酸发酵。因此，葡萄酒的种类和质量，首先取决于原料的质量以及酒精发酵、苹果酸-乳酸发酵进行的条件及其控制。只有利用质量优良的原料，并使之在良好的条件下顺利地进行酒精发酵，以及在需要时顺利地进行苹果酸-乳酸发酵，才能充分保证葡萄酒的质量。

## 一、 发酵机理

**1. 酒精发酵**

酒精发酵是葡萄酒酿造最主要的阶段，其反应非常复杂，除最后生成酒精、$CO_2$及少量甘油、高级醇类、酮醛类、酸类、酯类等成分外，还会生成磷酸甘油、醛等许多中间产物。

**2. 葡萄酒色、香、味的形成**

（1）色泽　葡萄酒的色泽主要来自葡萄中的花色素苷。发酵过程中产生的酒精和$CO_2$均对花色素苷有促溶作用。发酵时花色素苷由于还原作用，一部分会变为无色。在发酵后期，被还原的花色素苷又重新氧化，使色泽加深；还原型或氧化型的花色素苷，均有可能被不同的化学反应部分地破坏，或因与单宁缩合而被部分破坏。故在发酵阶段，某些酒液色泽会加深，而某些酒液则色泽减退。在新酒中，花色素苷对红葡萄酒色泽的形成影响较大，单宁也有增加色泽的作用；而白葡萄酒色泽的成因，主要与单宁有关。但在葡萄酒贮存阶段，花色素苷与单宁缩合而继续减少，单宁本身则逐渐氧化缩合，使色泽由黄变为橙褐。

（2）葡萄酒香气　有三个来源：①葡萄果皮中含有特殊的香气成分，即葡萄果香；②发酵过程中产生的芳香，如挥发醋、高级醇、酚类及缩醛等成分；③贮存过程中有机酸与醇类结合成酯，以及在无氧条件下由于物质还原所生成的香气，即葡萄酒的贮存香。

（3）葡萄酒的口味　成分主要是酒精、糖类、有机酸。葡萄本身含有机酸。在酵母发酵过程中，有机酸含量增加；同时，由于酵母对有机酸的同化及酒石酸盐的沉淀，使有机酸减少。增酸主要在前发酵期，而减酸作用则发生于葡萄酒的酿造全过程。若发酵条件有利于醋酸菌繁殖并污染较多的醋酸菌，则葡萄酒会呈现出令人讨厌的醋酸味。

实际上，葡萄酒的色、香、味三者的成分是很难截然分开的。同一成分往往对色、香、味有不同程度的作用。赋予葡萄酒色、香、味的各种成分之间，以及它们的形成机理之间都有着一定的联系。

## 二、酵母杂交技术提高葡萄酒风味

葡萄酒酿造工艺又有了新进展，酵母杂交技术的应用，可大大提高葡萄酒的风味。萨齐·普利托利斯在波尔多 Lallemand 公司举办的“精选酵母菌研讨会”上透露，澳洲科学家已成功利用酵母菌组合控制葡萄酒香气。

普利托利斯称，精选酵母成分组合能够在发酵过程中改进葡萄酒的香气，达到酿酒师满意的效果。这只是一种酵母成分的组合研究，没有改变酵母菌的内在基因。

据了解，科学家受到新陈代谢学的启发，通过挑选适当的酵母菌株，来改进葡萄酒的质量、香气和口味。

普利托利斯说：“酵母赋予葡萄酒个性，但浆果是基础结构。”

调查显示，葡萄酒细微的差别取决于代谢物（由生物代谢产生的化合物）的添加，以及来自浆果与酵母的不同。

普利托利斯指出，科学家也许能通过酵母生理学研究，控制葡萄酒的效果，其途径包括挑选浆果、监视发酵过程、成分变异、酵母杂交技术和基因工程。

据悉，酵母杂交技术现已取得非常好的实验室结果，如果酿酒师想要得到酒精度低、果味浓郁的葡萄酒，就可以通过酵母杂交技术达到。“这种技术并不神秘，但能大大提高葡萄酒的风味。”

这是科学推动工业发展的又一进步，酵母杂交技术的广泛应用，可能是带来葡萄酒口味的一次变革。

## 三、添加活性干酵母促进发酵，缩短预发酵

无论是发酵红葡萄酒，还是发酵白葡萄酒，葡萄浆或葡萄汁入发酵罐以后，都要尽快地促进发酵，缩短预发酵的时间。因为葡萄浆或葡萄汁在预发酵以前，一方面很容易受到氧化，另一方面也很容易遭受野生酵母或其他杂菌的污染。

传统的葡萄酒发酵采用自然发酵的方法，使葡萄酒发酵过程处于一种失控状态。近几年红葡萄酒发酵和白葡萄酒发酵，都采用加入活性干酵母的方法，使发酵过程特别是预发酵过程得到有效的控制。活性干酵母的种类不同，有的适合于红葡萄酒发酵，有的适合于白葡萄酒发酵，有的适合于香槟酒的发酵。同样是适合白葡萄酒发酵的活性干酵母，不同的活性干酵母产酒风味也有差异。因此，应该根据所酿葡萄酒的种类和特点，来选购活性干酵母。活性干酵母的添加量，按每万升葡萄汁或葡萄浆，添加 1kg 活性干酵母计。做白葡萄酒，澄清汁入发酵罐以后，立即添加活性干酵母。添加的方法是，将 1∶10 的活性干酵母与葡萄汁和软化水（1∶1）的混合物，混合搅拌。即 1kg 活性干酵母与 10L 葡萄汁和软化水的混合液（其中

5kg 葡萄汁，5kg 软化水)，混合搅拌 1h，加入盛 10t 白葡萄汁的发酵罐里，循环均匀即可。

红葡萄酒发酵，添加活性干酵母的数量及添加方法与白葡萄酒相同。只是红葡萄酒是带皮发酵，刚入罐的葡萄浆，皮渣和汁不能马上分开，无法取汁，应该在葡萄入罐 12h 以后，自罐的下部取葡萄汁，与 1∶1 的软化水混合。取 1 份质量的活性干酵母与 10 份质量的葡萄汁和软化水的混合物，混合搅拌 1h 后，自发酵罐的顶部加入。然后用泵循环，使活性干酵母在罐里尽量达到均匀分布状态。

## 四、 发酵过程的质量控制

在葡萄酒发酵的过程里，酵母菌把葡萄果汁中的还原糖发酵成酒精和二氧化碳，这是葡萄酒发酵的主要过程。在生成酒精的发酵过程中，由于酵母菌的作用，及其他微生物和醋酸菌、乳酸菌的作用，在葡萄酒中形成其他的副产物，如挥发酸、高级醇、脂肪酸、酯类等。这些成分是葡萄酒二类香气的主要构成物。控制葡萄酒的发酵过程平衡地进行，就能保证构成葡萄酒二类香气的成分，在葡萄酒中处于最佳的协调和平衡状态，从而提高葡萄酒的感官质量。

如果发酵速度过慢，一些细菌和劣质酵母的活动，可形成具有怪味的副产物，同时提高了葡萄酒中挥发酸的含量。如果发酵温度高，发酵速度过快，$CO_2$ 的急剧释放会带走大量的果香，因而所形成的发酵香气比较粗糙，质量下降。所以有效地控制发酵过程，是提高葡萄酒产品质量的关键工序。

首先要控制好葡萄酒发酵的温度。白葡萄酒的最佳发酵温度在 14～18℃的范围内。温度过低，预发酵困难，加快浆液的氧化；温度过高，发酵速度太快，损失部分果香，降低了葡萄酒的感官质量。白葡萄酒的发酵罐，罐体外面应该有冷却带，或者在罐的里面安装冷插板。因为在酒精发酵过程中产生的热量，会使品温升高［在葡萄酒发酵过程中，每产 1%（体积分数）酒精，温度升高 1.3℃。在白葡萄酒的发酵过程中，要通过冷却控制发酵温度］。

红葡萄酒发酵最适宜的温度范围在 26～30℃，最低不低于 25℃，最高不高于 32℃。温度过低，红葡萄皮中的单宁、色素不能充分浸渍到酒里，影响成品酒的颜色和口味。发酵温度过高，使葡萄的果香遭受损失，影响成品酒香气。红葡萄酒的发酵罐，最好也能有冷却带或安装冷插板，这样能够有效地控制发酵品温。红葡萄酒的发酵温度较高，因而在罐体较小的情况下，用自来水喷淋罐体，也能把发酵温度控制在需要的范围内。这样的罐体可以不带冷却装置。

在葡萄酒发酵的过程中，葡萄汁的相对密度不断下降，按时测定发酵醪液的相对密度变化（每 8h 测定、记录一次），可以掌握发酵的速度或断定是否停止发酵，从而为控制发酵过程提供依据。用于原料成熟度测定的密度计，也可用于葡萄醪及葡萄酒的相对密度测定。当表测葡萄醪液的含糖量接近零时，只有通过分析滴定，测定葡萄酒的含糖量，才能最后确定酒精发酵是否结束。

# 第六节 葡萄原浆、原汁的制取

## 一、葡萄酒发酵前的准备

每年在葡萄进厂的投料季节之前，须准备好一切辅料、设备及仪表，并对设备进行全面检查，对厂区环境、厂房、设备、用具等，进行全面消毒杀菌、清洗，具体的准备工作有如下两个方面。

**1. 发酵车间的准备**

事先做好发酵车间的一切准备工作，才能做到井井有条，不致临时措手不及，造成混乱。主要准备工作如下。

① 车间里面一切非酿酒用的器具，全部出清（包括暂时贮存在酿酒室的各种产品、原料、器材等）。

② 墙壁及水泥发酵池外表面用石灰刷白。

③ 检查容器是否漏水，尤其是长期未装酒的容器，须装水检查，是否裂漏。

④ 新容器及新除去酒石沉淀的容器，内部重新加涂料，装过坏酒的容器，须进行杀菌。

⑤ 检查发酵池的门、阀门、橡皮衬里等，是否完好，有无漏水现象。

⑥ 检查所有管道，橡皮管等。

⑦ 检查所有酿酒机器设备、电动机、破碎机、除梗机、压榨机、输送泵、冷却设备等。

这些设备每年只有在酿酒季节使用两个月左右，但在酿酒开始之前，须充分检查，保证在酿酒过程中能安全生产，不致发生故障。

⑧ 检查所有木制容器，是否有长霉、脱箍或漏水现象，并应涂油漆一遍。

⑨ 准备好一切附属设备，如沉框（压板、篦子）及各种仪表。

⑩ 在酿酒车间布置酒母室、二氧化硫准备室，准备一定数量的酒母。

⑪ 事先准备好发酵需要的化学药品：$SO_2$、酒石酸、单宁等。

**2. 发酵前对葡萄的处理**

发酵前对葡萄的处理，在过去似乎非常容易，只需人工与机械的操作，只要过熟的葡萄掉落在地上，内含于葡萄的酵母就能将葡萄变成葡萄酒。但是经过数千年经验的累积，现今葡萄酒的种类不仅繁多，且酿造过程复杂，有各种不同的繁琐细节，具体过程如下。

（1）筛选　收采后的葡萄有时挟带葡萄叶及未熟或腐烂的葡萄，特别是在不好的年份，比较认真的酒厂会在酿造前做筛选。凡是出产极品酒的名庄，更会用人工一颗一颗地精心挑选最好的葡萄。

对一般筛选工作就是将不同品种、不同质量的葡萄分别存放。目的是提高葡萄的平均含糖量，减轻或消除成酒的异味，增加酒的香味，减少杂菌，保证发酵与贮酒的正常进行，以达到酒味纯正，酒的风格突出，少生病害或不生病害的要求。筛选工作最好在田间采收时进行，即采收时便分品种、分质量存放。分选后应立即送往破碎机进行破碎。

（2）破碎与除梗

① 破碎　破碎的目的是将果粒破裂，保证籽粒完整，使葡萄汁流出，便于压榨或发酵。要求每粒葡萄都要破裂，籽实不能压破、梗不能碾碎、皮不能压扁，以免籽、梗中的不利成分进入汁中；在破碎过程中，葡萄及其浆、汁不得接触铁、铜等金属。

② 除梗　葡萄梗中的单宁收敛性较强，不完全成熟时常带刺鼻草味，必须全部或部分去除。在红葡萄酒的酿造过程中，葡萄破碎后，应尽快地除去葡萄果梗。果梗在葡萄汁中停留时间过长，会给酒带来一种青梗味，使酒液过涩，发苦。在白葡萄酒生产过程中，葡萄破碎后即行压榨，最后，将果梗与果渣一并除去。

（3）破皮　由于葡萄皮含有单宁、红色素及香味物质等重要成分，所以在发酵之前，特别是红葡萄酒，必须破皮挤出葡萄果肉，让葡萄汁和葡萄皮接触，以便让这些物质溶解到酒中。破皮的程度必需适中，以避免释出葡萄梗和葡萄籽中的油脂和劣质单宁，影响葡萄酒的品质。

## 二、葡萄原浆、原汁的制取

### 1. 榨汁和渣汁的分离

（1）榨汁　在白葡萄酒生产中，破碎后的葡萄浆提取自流汁后，还必须经过压榨操作。在破碎过程中自流出来的葡萄汁称为自流汁。加压之后流出来的葡萄汁称为压榨汁。为了增加出汁率，压榨时一般采用 2～3 次压榨。第一次压榨后，将残渣疏松，再作二次压榨。当压榨汁的口味明显变劣时，为压榨终点。

用自流汁酿制的白葡萄酒，酒体柔和、口味圆润、爽口。一次压榨汁酿制的葡萄酒虽也爽口，但酒体已经欠厚实。二次压榨汁酿制的酒一般酒体粗糙，不适合酿造白葡萄酒，可用于生产白兰地。

为了提高白葡萄酒的质量，通常对葡萄汁进行“前净化”的澄清处理。方法有添加 $SO_2$ 静置澄清、皂土澄清法、机械离心法及果胶酶法等。

在红葡萄酒酿造中，使用葡萄浆带皮发酵或用葡萄浆经热浸提、压榨取汁进行发酵。压榨则是从前发酵后的葡萄浆中制取初发酵酒。出池时先将自流原酒由排汁口放出，清理皮渣进行压榨，得压榨酒。

一般所有的白葡萄酒都在发酵前即进行榨汁（红酒的榨汁则在发酵后），有时不需要经过破皮去梗的过程而直接压榨。榨汁的过程必须特别注意压力不能太大，以避免释出苦味和葡萄梗味。传统采用垂直式的压榨机。气囊式压榨机压力和缓，效果更好。

（2）渣汁去泥沙　压榨后的白葡萄汁通常还混杂有葡萄碎屑、泥沙等异物，容易引发白酒的变质，发酵前需用沉淀的方式去除，由于葡萄汁中的酵母随时会开始酒精发酵，所以沉淀的过程需在低温下进行。红酒因浸皮与发酵同时进行，并不需要这个程序。

**2. 发酵前低温浸皮**

这个程序是新近发明还未被普遍采用。其功能在增进白葡萄酒的水果香并使味道较浓郁，已有出产红酒的酒厂开始采用这种方法酿造。此法需在发酵前低温进行。

## 第七节 葡萄汁成分调整

优良的葡萄品种，如在栽培季里一切条件合适，常常可以得到满意的葡萄汁。但由于气候条件、栽培管理等因素，使压榨出的葡萄汁成分不一，遇到这种情况，就要对葡萄汁的成分进行调正，然后再发酵。其目的是：①使酿成的酒成分接近，便于管理；②防止发酵不正常；③酿成的酒质量较好。

在葡萄酒的生产过程中，由于气候条件、葡萄成熟度、生产工艺等原因，使得生产的葡萄汁成分难免会出现达不到工艺要求的情况，这就需要在发酵之前对不符合工艺要求的葡萄汁进行糖度和酸度的调整。

### 一、 糖分的调整

为保证葡萄酒的酒精含量，保证发酵的正常进行，酿造不同品种的葡萄酒就需要葡萄汁有固定的糖浓度。可添加浓缩葡萄汁或蔗糖提高葡萄汁的糖度。

理论上，以每 1.7g 糖可生成 1%（即 1mL）酒精计算，一般干酒的酒精在 11%左右，甜酒在 15%左右，若葡萄汁中含糖量低于应生成的酒精量时，必须提高糖度，发酵后才能达到所需的酒精含量；但实际加糖量应略大于该值。加糖量也不宜过高，以免发酵后残糖太高导致发酵失败。

**1. 添加白砂糖**

用于提高潜在酒精含量的糖必须是蔗糖，常用 98.0%～99.5%的结晶白砂糖。加糖量如下计算。

利用潜在酒精含量为 9.5%的 5000L 葡萄汁发酵成酒精含量为 12%的干白葡萄酒，则需要增加酒精含量为 12%－9.5%＝2.5%，需添加糖量为 2.5×17.0×5 000＝212 500g＝212.5kg。

若考虑到白砂糖本身所占体积，因为 1kg 砂糖占 0.625L 体积，需添加糖量计算如下。

生产 12%的酒需糖量：12×1.7＝20.4kg

每升汁增加 1°糖度所需糖量：$1\times\frac{1}{100-(20.4\times0.625)}=0.011\ 46$

潜在酒精含量为9.5%的相应糖量为16.200，应加入白砂糖：

$$5\,000\times0.011\,46\times(20.4-16.2)=240.66\text{kg}$$

世界很多葡萄酒生产国家，不允许加糖发酵，或加糖量有一定限制。遇上葡萄含糖低时，只有采用添加浓缩葡萄汁的方法。

加糖操作的要点：①准确计量葡萄汁体积；②先用冷汁溶解，将糖用葡萄汁溶解制成糖浆；③加糖后要充分搅拌，使其完全溶解并记录溶解后的体积；④最好在酒精发酵刚开始时一次加入所需的糖。

**2. 添加浓缩葡萄汁**

添加浓缩葡萄汁，首先对浓缩汁的含糖量进行分析，然后用交叉法求出浓缩汁的添加量。因葡萄汁含糖太高，易造成发酵困难，一般不在前发酵前期加入，而采用在主发酵后期添加。

添加时要注意浓缩汁的酸度，若酸度太高，需在浓缩汁中加入适量碳酸钙中和，降酸后使用。浓缩葡萄汁可采用真空浓缩法制得，使果汁保持原来的风味，有利于提高葡萄酒的质量。加浓缩葡萄汁的计算，首先对浓缩汁的含糖量进行分析，然后用交叉法求出浓缩汁的添加量。

例如，已知浓缩汁的潜在酒精含量为50%，5 000L发酵葡萄汁的潜在酒精含量为10%，葡萄酒要求达到酒精含量为11.5 %，则可用交叉法求出需加入的浓缩汁量。

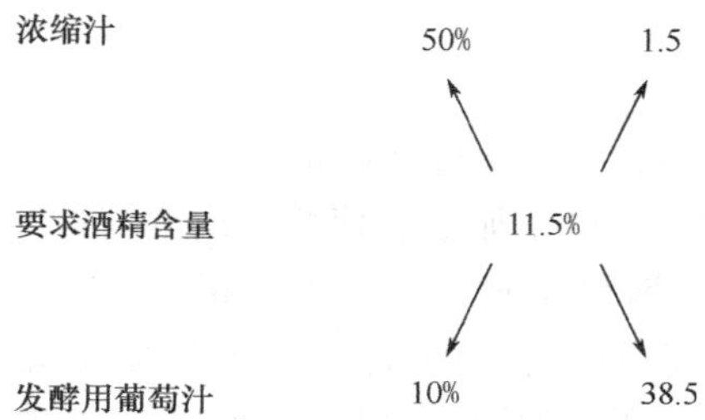


即在38.5L的发酵液中加1.5L浓缩汁，才能使葡萄酒达到11.5%的酒精含量。

根据上述比例求得浓缩汁添加量为：

$$1.5\times5\,000/38.5=194.8\text{L}$$

采用浓缩葡萄汁来提高糖分的方法，一般不在主发酵前期间加入，因葡萄汁含量太高易造成发酵困难，都采用在主发酵后期添加。添加时要注意浓缩汁的酸度，因葡萄汁浓缩后酸度也同时提高。如加入量不影响葡萄汁酸度时，可不作任何处理；若酸度太高，需在浓缩汁中加入适量碳酸钙中和，降酸后使用。

## 二、 酸度的调整

为了抑制细菌的繁殖，保证酵母菌数量的绝对优势和发酵的正常进行，要求葡萄汁有适宜的酸度。葡萄汁在发酵前一般酸度调整到6g/L、pH3.3～3.50。

**1. 添加酒石酸和柠檬酸**

一般情况下可将酒石酸加到葡萄汁中，且最好在酒精发酵开始时进行。因为葡萄酒酸度过低，pH就高，则游离二氧化硫的比例较低，葡萄易受细菌侵害和被氧化。

在葡萄酒中，可用加入柠檬酸的方式防止铁破败病。由于葡萄酒中柠檬酸的总量不得超过1.0g/L，所以添加的柠檬酸量一般不超过0.5g/L。

欧洲实验控制中心（C.E.E.）规定，在通常年份，增酸幅度不得高于1.5g/L；特殊年份，幅度可增加到3.0g/L。

计算举例：葡萄汁滴定总酸为5.5g/L，若要提高到8.0g/L，每1 000L需加酒石酸或柠檬酸为多少？

$$(8.0-5.5)\times 1\,000=2\,500\text{g}=2.5\text{kg}$$

即每1 000L葡萄汁加酒石酸2.5kg。

1g酒石酸相当于0.935 9g柠檬酸，若加柠檬酸则需加2.5×0.935=2.3kg。

**2. 添加未成熟的葡萄压榨汁来提高酸度**

计算方法同上。

加酸时，先用少量葡萄汁与酸混合，缓慢均匀地加入葡萄汁中，需搅拌均匀（可用泵），操作中不可使用铁质容器。

一般情况下不需要降低酸度，因为酸度稍高对发酵有好处。在贮存过程中，酸度会自然降低约30%～40%，主要以酒石酸盐析出。但酸度过高，则必须降酸。方法有生物法苹果酸-乳酸发酵和化学法添加碳酸钙降酸。

碳酸钙用量计算如下：

$$m=0.66\times(A-B)L$$

式中，$m$为所需碳酸钙质量，g；0.66为反应式的系数；$A$为果汁中酸的含量，g/L；$B$为降酸后达到的总酸，g/L；$L$为果汁体积，L。

# 第八节 $SO_2$的添加

## 一、$SO_2$的作用

葡萄酒生产中加入$SO_2$有下列作用。

（1）杀菌和抑菌　二氧化硫是一种杀菌剂，它能抑制各种微生物的活动（繁殖、发酵）。微生物抵抗二氧化硫的能力不一样，细菌最为敏感，其次是尖端酵母，而葡萄酒酵母抗二氧化硫能力较强（250mg/L）。通过加入适量的二氧化硫，能使葡萄酒酵母健康发育与正常发酵。

因此，$SO_2$能抑制微生物的活动。细菌对$SO_2$最为敏感，其次是尖端酵母，而葡萄酒酵母抗$SO_2$能力较强。

（2）澄清作用　由于$SO_2$的抑菌作用，使发酵起始时间延长，从而使葡萄汁中的杂质有时间沉降下来并除去，这对于酿造白葡萄酒有很大好处。

（3）溶解作用　添加$SO_2$后生成的亚硫酸有利于果皮中色素、酒石、无机盐等成分的溶解，可增加浸出物的含量和酒的色度。

（4）抗氧化作用　$SO_2$能防止酒的氧化，特别是阻碍和破坏葡萄中的多酚氧化酶，包括健康葡萄中的酪氨酸酶和霉烂葡萄中的虫漆酶，减少单宁、色素的氧化，阻止氧化浑浊、颜色退化，并能防止葡萄汁过早褐变。

（5）增酸作用　增酸是杀菌与溶解两个作用的结果，一方面$SO_2$阻止了分解苹果酸与酒石酸的细菌活动，另一方面亚硫酸氧化成硫酸，与苹果酸及酒石酸的钾盐、钙盐等盐类作用，使酸游离，增加了不挥发酸的含量。

## 二、二氧化硫的添加

### 1. 添加量

1953年国际葡萄栽培与酿酒会议提出参考允许量，成品酒中总二氧化硫含量（mg/L）为干白350、干红300、甜酒450；我国规定为250。

游离二氧化硫含量（mg/L）为干白50、干红30、甜酒100；我国规定为500。

二氧化硫的具体添加量与葡萄品种，葡萄汁成分、温度、存在的微生物和它的活力、酿酒工艺及时期有关。葡萄汁（浆）在自然发酵时，二氧化硫的一般参考添加量见表4-4。

**表4-4　破碎和发酵时二氧化硫用量**　　单位：mg/L

| 葡萄状况 | 红葡萄酒 | 白葡萄酒 |
| --- | --- | --- |
| 清洁、无病、酸度偏高 | 40～80 | 80～120 |
| 清洁、无病、酸度适中（0.6%～0.8%） | 50～100 | 100～150 |
| 果子破裂、有霉病 | 120～180 | 180～220 |

### 2. 添加方式

酿制红葡萄酒时，$SO_2$应在葡萄破碎后发酵前，加入葡萄浆或汁中。酿制白葡萄酒时，应在取汁后立即添加，以免葡萄汁在发酵前发生氧化作用。

添加方式有添加气体、液体、固体三种。

① 气体：燃烧硫黄绳、硫黄纸、硫黄块，产生二氧化硫气体，一般仅用于发酵桶的消毒，使用时需在专门燃烧器具内进行，现在已很少使用。

② 液体：一般常用市售亚硫酸试剂，使用浓度为5%～6%。它有使用方便、添加量准确的优点。

③ 固体：常用偏重亚硫酸钾（$K_2S_2O_5$），加入酒中产生二氧化硫。

$$K_2S_2O_5 + 2H_2(C_4H_4O_6) \longrightarrow 2KH(C_4H_4O_6) + 2SO_2 + H_2O$$

固体$K_2S_2O_5$中二氧化硫含量约为57.6%，常以50%计算。使用时将固体溶于水，配成10%溶液（含二氧化硫约为5%）。

二氧化硫在葡萄汁中的均匀程度关系到二氧化硫作用的发挥。

# 第五章 苹果酸-乳酸发酵

## 第一节 概述

### 一、 苹果酸-乳酸发酵概念

苹果酸-乳酸发酵是在葡萄酒酒精发酵结束后，在乳酸菌的作用下，将苹果酸分解为乳酸和 $CO_2$ 的过程，但更确切地讲，应该是将 L-苹果酸分解成 L-乳酸和 $CO_2$ 的过程。因为葡萄酒中的苹果酸为左旋体（L-苹果酸），经乳酸菌的作用后也只生成 L-乳酸。这一过程之所以被称为“发酵”，是因为有微生物的作用和 $CO_2$ 的释放。但从能量的角度考察，将苹果酸转化为乳酸的脱羧反应所释放的能量很少，而“发酵”的定义则为：通常在厌氧条件下能为生活细胞提供保证其生命活动，特别是繁殖活动所需能量的一系列反应的总和。因此这一过程并不属于“发酵”的范畴。但因长期的习惯称谓，仍可保留“苹果酸-乳酸发酵”这一概念。

关于这一反应的目的性仍然是一个谜。Lonvaud Funel（1981）认为乳酸菌的这一反应或许仅仅是为了降低基质的酸度，以改变其环境条件。Radler（1958）的研究结果表明，乳酸菌分解 0.1g/L 左右的糖即可保证其分解 5g/L 左右的苹果酸所需群体的生长。因此可以认为，乳酸菌不是通过分解苹果酸本身，而可能是通过分解酒精发酵结束后残留的微量的糖的过程中获得所需能量的。

世界上第一个注意到苹果酸-乳酸发酵的人是巴斯德，并且他把这一现象与在牛奶中观察到结果进行了比较。到了 1914 年，瑞士的两位葡萄酒工作者 Muller-Thurgau 和 Osterwalder 才将这一发酵定名为苹果酸-乳酸发酵。1945 年以后，很多葡萄酒工作者和微生物学家对这一现象进行了深入的研究，取得了很大的进展，并导致现代葡萄酒酿造基本原理的产生（Peynaud，1981）。

根据这一原理，HT5H 要获得优质红葡萄酒，首先应该使糖被酵母菌发酵，苹果酸被乳酸细菌发酵，但不能让乳酸菌分解糖和其他葡萄酒成分；其次，应该尽快地使糖和苹果酸消失，以缩短酵母菌或乳酸细菌繁殖或这两者同时繁殖的时期，HT 因为在这一时期中，乳酸细菌可能分解糖和其他葡萄酒成分，Peynaud 将这一时期称 hT5H 危险期；第三，当葡萄酒中不再含有糖和苹果酸时（而且仅仅在这个时候），葡萄酒才算真正生成，应该尽快地除去微生物。

## 二、苹果酸-乳酸发酵门类与属种

凡是能从葡萄糖或乳糖的发酵过程中产生乳酸的细菌统称为乳酸菌。这是一群相当庞杂的细菌，目前至少可分为 18 个属，共有 200 多种。

域：细菌域 Bacteria

门：厚壁菌门 Firmicutes

纲：芽孢杆菌纲 Bacilli

目：乳杆菌目 Lactobacillales

科：乳杆菌科 Lactobacillaceae

属：乳杆菌属 *Lactobacillus*

Beijerinck 1901

模式种

*Lactobacillus delbrueckii*

葡萄酒的苹果酸-乳酸发酵是苹果酸在酒明串珠菌（*Leuconostoc oenos*）的作用下转换变为乳酸的过程，简称为乳酸发酵，酒明串珠菌发酵过程中会产生强烈的像奶油、坚果、橡木等香味的物质，这些香气能很好地与葡萄酒中的水果风味相融合，增加了葡萄酒的香气复杂性。这些风味之一的奶油香气是通过乳酸菌产生的双乙酰表现出来的。

# 第二节 葡萄成熟和酿造过程中的有机酸变化

## 一、葡萄与葡萄酒中的有机酸

### 1. 葡萄酒中的苹果酸

苹果酸与酒石酸一样，是葡萄中主要的有机酸之一。这种酸几乎在所有的水果和浆果中都可以发现，但是主要多的是存在于青苹果中。在某些葡萄酒中，苹果酸软化成乳酸的过程是非常有益的，例如那些有过多的酸的时候。而在其他葡萄酒中，例如白诗南和雷司令则不鼓励进行此发酵过程，因为随着这个发酵过程的进行，品种中的香气也将随之消失而失去它吸引人的特性。总体来说，红葡萄酒一般都会进行乳酸发酵过程，而白葡萄酒则相对少点。

**2. 葡萄酒中的乳酸**

乳酸，一种比酒石酸和苹果酸更加温和的酸类，闻起来有牛奶的味道。酿酒师想要控制或者避免乳酸发酵过程，存放葡萄酒，并且有过一次完整成功的乳酸发酵过程的橡木桶，很容易催发存放在里面的葡萄酒进行乳酸发酵过程。

**3. 葡萄酒中的柠檬酸**

柠檬酸在柑橘类的水果中很普遍，例如酸橙，柠檬酸的酸性会使葡萄酒的香气太具有挑逗性，咄咄逼人。然而，欧盟的一些国家禁止使用柠檬酸来作为加酸剂，但是却可以少量地使用柠檬酸来去除葡萄酒中多余的铁和铜，只有在葡萄酒中没有亚铁氰化钾的情况下使用。

## 二、 有机酸对葡萄酒颜色的影响

葡萄酒，例如香槟和其他气泡酒，用含有更多酸的葡萄酿造是必不可少的。在红葡萄酒中，酸可以起到维持和稳定葡萄酒的颜色，因此 pH 值低的红葡萄酒颜色更深，并且更加的稳定，例如由桑乔维斯酿造的葡萄酒；而 pH 值高的葡萄酒看起来有更加阴郁的颜色，并且较不稳定，例如施赫酿造的葡萄酒，这些葡萄酒还可能变成褐色。白葡萄酒中，pH 值高的葡萄酒，也就是酸度低的葡萄酒，会使葡萄酒中的酚类物质变暗，并且聚合在一起看起来显褐色。

往葡萄酒中加一定量的抗氧化剂，有利于色素在酒中的溶解、保存，在发酵前，往红葡萄的葡萄汁中添加辅色素可以增加红葡萄酒的颜色。在红色葡萄酿酒品种黑雪利和黑摩尔的葡萄汁中添加咖啡酸（caffeic acid）可以使这两个品种酒的红色明显加深；在发酵结束后，使黑雪利酒的颜色提高 25%～45%（520nm 处的吸光度），Negramoll 葡萄酒的颜色提高 13%～75%；在陈酿过程中，红色的增加甚至超过 100%。

Darias-Martin 等研究儿茶酸（catechin）和咖啡酸对科纳（cannry）岛主栽品种黑雪利的颜色影响发现，儿茶酸可以提高葡萄酒色度 10%（520nm 处的吸光度），而咖啡酸可以使红色提高 60%。Darias-Martin 等的试验表明，咖啡酸对红葡萄酒颜色的稳定和防止氧化有重要作用。增加有机酸的含量可以增加红葡萄酒颜色的稳定性。

# 第三节 苹果酸-乳酸发酵对葡萄酒质量的影响

苹果酸-乳酸发酵对葡萄酒质量的影响受乳酸细菌发酵特性、生态条件、葡萄品种、葡萄酒类型以及工艺条件等多种因素的制约。如果苹果酸-乳酸发酵进行得纯正，对提高酒质有重要意义，但乳酸菌也可能引起葡萄酒病害，使之败坏。

## 一、 苹果酸-乳酸发酵与葡萄酒品质的关系

当新酒在贮存数月后，出现似 $CO_2$ 逸出的现象，这就表明可能发生了苹果-乳

酸发酵，有时由于细菌的生长，酒的浑浊度有所增加，红葡萄酒如发生苹果酸-乳酸发酵，则颜色稍有减退。即使是用接入理想的细菌来获得这一发酵，也能觉察到一些不良气味的出现，但几星期后可消失。当然在发酵的前后可以检出葡萄酒酸度的降低，酒的总酸度将下降1/3。

苹果酸-乳酸发酵的第一个影响是降酸作用。苹果酸-乳酸发酵与生产葡萄酒的气候和地区也有密切的关系。在气候寒冷的地区，如瑞士、德国、法国的某些地区生产的葡萄酒其酸度太高，则可利用这一发酵作为一种降酸的方法。但是酸度的变化在近代的葡萄酒厂已不似过去那样重要。又因为在酸度很高的葡萄酒中较难获得苹果酸-乳酸发酵，并且这一发酵会引起一些酒的风味的变化，所以目前这些国家正转而考虑其他的减酸办法。德国采用对葡萄浆进行复盐处理来减酸。此法是将一部分葡萄浆与Acidex（钙的酒石酸-苹果酸复盐作为品种，并加一部分碳酸钙）相处理，会引起酒中酒石酸和苹果酸次钙的复盐形式沉淀下来。还可以采用能代谢苹果酸的裂殖酵母进行酒精发酵，Benda及Schmidt选用了这种酵母来生产无怪味而健全的葡萄酒。因此可以说，苹果酸-乳酸发酵的减酸作用并非是一种很需要它产生的因素。

在葡萄生长积温较高的地区，葡萄或葡萄酒的酸度并不高，因此不需要苹果酸-乳酸发酵的减酸作用，但也不一定去抑制这一发酵。是否去抑制这种发酵，要根据当时当地的酿酒条件以及对酒质的要求作全面考虑后决定。葡萄酒如酸度不足。可在法规允许范围内采用酸化剂（acidalating agent）或采用酸性离子交换树脂处理。当然也可以用一部分酸度高的酒来进行调配。苹果酸-乳酸发酵后的减酸情况见表5-1。

**表5-1　美国东部葡萄浆及葡萄酒中的减酸情况**

| 品　种 | 葡萄浆 | | 新酒 | | 苹果酸-乳酸发酵后 | |
|---|---|---|---|---|---|---|
| | pH值 | 总酸/（g/100mL）[①] | pH值 | 总酸/（g/100mL） | pH值 | 总酸/（g/100mL） |
| Aurcre | 3.08 | 1.159 | 3.39 | 9.889[②] | 3.46 | 0.654 |
| Dclcware | 3.11 | 1.148 | 3.30 | 0.946 | 3.30 | 0.705 |
| Niagara | 3.03 | 0.826 | 3.10 | 0.709 | 3.13 | 0.690 |
| Catawba | 2.77 | 1.718 | 2.97 | 1.300 | — | — |
| Coucord[③] | 2.81 | 1.642 | 2.97 | 1.258 | — | — |
| Concord[④] | 3.12 | 1.366 | 3.20 | 0.010 | 3.35 | 0.724 |
| IVes | 3.22 | 1.175 | 3.22 | 0.893 | 3.37 | 0.693 |
| Bacouoir | 3.23 | 1.530 | 3.38 | 1.129 | 3.50 | 0.813 |

① 总酸以酒石酸计。

② 减酸包括部分校正的影响以及发酵时酒石酸盐的沉淀。

③ 冷压榨。

④ 热压榨。

## 二、苹果酸-乳酸发酵细菌学

苹果酸-乳酸发酵的第二个影响是细菌学的稳定性（bacteriological stability）。为葡萄酒提供细菌学的稳定性（以下简称细菌稳定性）是苹果酸-乳酸发酵最重要的特性。在装瓶前将陈化的葡萄酒（几乎常在第一或第二年完成发酵）进行适当的后发酵（post-fermemation），可以使酒在装瓶后不致再遭细菌侵蚀的危险。如果苹果酸-乳酸在酒中已进行得很完全，则不会在瓶中再发生第二次细菌发酵，除非酒作了调配。当然，如果抑制了苹果酸-乳酸发酵，而在各个酿造环节中都非常注意，则装瓶后酒也不会发生细菌发酵。

第三个影响是苹果酸-乳酸对葡萄酒风味的关系，也即对葡萄酒风味错杂性（flavor complexity）的影响。这是一种更微妙的影响，这并非是由于酸度的改变，而是由于发酵代谢物对风味的作用。苹果酸-乳酸发酵的主要副产物是双乙酰（分析所得的数据往往是双乙酰加3-羟基丁酮）。在发生了这一发酵的葡萄酒中，双乙酰的含量是较高的，在接近阈值（双乙酰在葡萄酒中的阈值为1mg/kg）的含量时，双乙酰会给予葡萄酒以良好的风味。特别是在某些红葡萄酒中少量的双乙酰是需要的。Radler报道过，发生了苹果酸-乳酸发酵的白葡萄酒中，3-羟基丁酮加双乙酰的含量为9.3mg/kg，而对照的是4.3mg/kg。

表5-2说明了各国各类葡萄酒中双乙酰及3-羟基丁酮的浓度。

**表5-2 葡萄酒中双乙酰及3-羟基丁酮的含量**

| 国家 | 酒的类型 | 3-羟基丁酮 | | | 双乙酰 | | |
|---|---|---|---|---|---|---|---|
| | | 样品数 | 范围/（mg/kg） | 平均/（mg/kg） | 样品数 | 范围/（mg/kg） | 平均/（mg/kg） |
| 澳大利亚 | 佐餐白 | 10 | 0.7～4.3 | 1.8 | 15 | 0.1～1.3 | 0.67 |
| | 佐餐红 | 70 | 1.5～44 | 10.6 | 70 | 0.3～4.6 | 1.4 |
| | 佐餐红 | | | | 466 | 0.1～7.5 | 2.4 |
| 德国 | 佐餐酒① | 2 | 1.5～5.9 | 3.7 | 11 | 0.2～0.6 | 0.3 |
| | 佐餐酒② | 14 | 3.0～31.8 | 11.9 | 14 | 0.7～4.3 | 1.4 |
| | 其他 | 100 | 0～29 | 7.8 | | | |
| 法国 | 佐餐白 | 8 | 8～44 | 12 | | | |
| | 其他 | 20 | 2～84 | 10.0 | 30 | 0.4～1.8 | 0.6 |
| 芬兰 | 佐餐红 | 9 | 6～53 | 46 | | | |
| | 其他 | | | | 16 | 0.16～1.2 | 0.5 |
| 美国 | 干佐餐 | 3 | 5.5～18.5 | 10.3 | 2 | 0.2～2.2 | 0.5 |
| 加州 | 加强甜酒 | 13 | 37.5～236 | 86.0 | 5 | 0.2～0.5 | 0.3 |
| | 焙谱丽 | 3 | 5.6～28.4 | 18.8 | | | |
| | 华丽谱丽③ | 4 | 74～250 | 100 | 4 | 0.2～0.4 | |

① 未发生酸-乳酸发酵。

② 已发生苹果酸-乳酸发酵。

③ 用特殊的产膜酵母生产的西班牙型谱丽酒。

但苹果酸-乳酸发酵也不一定都导致葡萄酒中形成含量很高的3-羟基丁酮及双乙酰。究竟苹果酸-乳酸发酵对葡萄酒风味影响的重要性还是一个有争议的问题。但一般认为对波尔多区（Bordeaux）的红葡萄酒及太酸的白葡萄酒，是需要苹果酸-乳酸发酵的。

苹果酸-乳酸发酵（malolactic fermentation，MLF）是在乳酸细菌的作用下将苹果酸分解成乳酸和二氧化碳的过程，这一发酵使新（生）葡萄酒的酸涩、粗糙等特点消失，从而变得柔软。经苹果酸-乳酸发酵后的红葡萄酒，酸度降低，果香、醇香加浓，获得柔软、有皮肉和肥硕等特点，质量提高。同时苹果酸-乳酸发酵还能增强葡萄酒的生物稳定性。因此，苹果酸-乳酸发酵是名副其实的生物降酸作用。

从上述国外苹果酸-乳酸发酵对葡萄酒质量的影响的具体实例证明苹果酸-乳酸发酵对葡萄酒质量的影响主要归纳为以下三个方面。

**1. 降酸作用**

在较寒冷地区，葡萄酒的总酸尤其是苹果酸的含量可能很高，苹果酸-乳酸发酵就成为理想的降酸方法，苹果酸-乳酸发酵是乳酸细菌以L-苹果酸为底物，在苹果酸-乳酸酶催化下转变成L-乳酸和$CO_2$的过程。二元酸向一元酸的转化使葡萄酒总酸下降，酸涩感降低。酸降幅度取决于葡萄酒中苹果酸的含量及其与酒石酸的比例。通常，苹果酸-乳酸发酵可使总酸下降1～3g/L。

**2. 增加细菌学稳定性**

苹果酸和酒石酸是葡萄酒中的两大固定酸。与酒石酸相比，苹果酸为生理代谢活跃物质，易被微生物分解利用，在葡萄酒酿造学上，被认为是一种起关键作用的酸。通常的化学降酸只能除去酒石酸，较大幅度的化学降酸对葡萄酒口感的影响非常显著，甚至超过了总酸本身对葡萄酒质量的影响。而葡萄酒进行苹果酸-乳酸发酵可使苹果酸分解，苹果酸-乳酸发酵完成后，经过抑菌、除菌处理，使葡萄酒细菌学稳定性增加，从而可以避免在贮存过程中和装瓶后可能发生的再发酵。

**3. 风味修饰**

苹果酸-乳酸发酵的另一个重要作用就是对葡萄酒风味的影响。这是因为乳酸细菌能分解酒中的其他成分，生成乙酸、双乙酰、乙偶姻及其他$C_4$化合物；乳酸细菌的代谢活动改变了葡萄酒中醛类、酯类、氨基酸、其他有机酸和维生素等微量成分的浓度及呈香物质的含量。这些物质的含量如果在阈值内，对酒的风味有修饰作用，并有利于葡萄酒风味复杂性的形成；但超过了阈值，就可能使葡萄酒产生泡菜味、奶油味、奶酪味、干果味等异味。双乙酰对葡萄酒的风味影响很大，当其含量小于5mg/L时对风味有修饰作用，而高浓度的双乙酰则表现出明显的奶油味。

## 三、 乳酸菌引起的病害

对葡萄酒有害的耐酸的细菌大部分是乳酸菌，它们是长杆状、短杆状或球状（有时是葡萄状）的，经常联成串状。主要有乳酸杆菌（*Lactobacillus*）、明串珠菌（*Leuconostoc*）、片球菌（*Pediococcus*）。并非所有的乳酸菌都是酒的病害菌。事实上，近代的酿酒技术有时还利用其特定的作用。在葡萄酒的败坏过程中，往往不是单独一种乳酸菌，而是几种菌共生作用。受乳酸菌侵害的葡萄酒常呈现一种丝状浑浊，这主要是由杆状菌串排列成的。发生乳酸菌败坏的酒常带不协调的气味，甚至染上鼠臭气，且有凝结或粉状的沉淀。能产生 L-鸟氨酸的乳酸菌能抑制啤酒酵母（*S. cerevisiae*）的生长。

在不含糖的干红和一些干白葡萄酒中，苹果酸是最易被乳酸细菌降解的物质，尤其是在 pH 较高（3.5～3.8）、温度较高（>16℃）、$SO_2$ 浓度过低或苹果酸-乳酸发酵完成后不立即采取终止措施时，几乎所有的乳酸细菌都可变为病原菌，从而引起葡萄酒病害。根据底物来源可将乳酸细菌病害分为五类：酒石酸发酵病（或泛浑病）；甘油发酵（可能生成丙烯醛）病（或苦败病）；葡萄酒中糖的乳酸发酵（或乳酸性酸败）；微量的糖和戊糖的乳酸发酵；发黏，伴随着苹果酸-乳酸发酵。

**1. 葡萄酒的病害**

微生物在葡萄酒中生长繁殖，从而使葡萄酒失去原有的风味。

**2. 葡萄酒的败坏**

葡萄酒由于受到内在或外界各种因素的影响，发生不良的理化反应，使外观及色、香、味发生改变的现象，称为葡萄酒的败坏。

葡萄酒发生病害与败坏的原因主要有以下几种。

① 工艺条件控制不当，如发酵不完全、残糖含量高，从而提供了微生物滋长的营养。

② 在发酵和贮存过程中，葡萄酒温度太高，达到了各种有害微生物繁殖最适宜的温度。

③ 在贮存过程中，由于酒度低（13%以下）而不能抑制杂菌繁殖。

④ 葡萄酒中未加防腐剂或防腐剂含量太低，或者杀菌不彻底。

⑤ 生产中，原料、设备及环境不符合卫生要求。

## 四、 对葡萄酒有害的其他微生物

当葡萄酒完成了发酵任务后，如在成品葡萄酒中再有酵母菌存在，那么这种有益的葡萄酒酵母菌也就变成有害的了。发酵苹果酸的乳酸细菌也是这样，在它发酵苹果酸时，对葡萄酒是有益的，当苹果酸发酵完成后，它若继续存在于葡萄酒中，发酵糖或甘油，使成品葡萄酒变浑浊，那么它也成为对葡萄酒有害的细菌了。

有些微生物在葡萄酒酿造中，没有有益作用，只有危害作用，这样的微生物称为对葡萄酒有害的微生物。

**1. 产膜酵母**

由于产膜酵母是好氧性菌，所以在卫生条件差的情况下，当贮酒容器不满，暴露于空气中的酒面很大时，极容易发生产膜酵母。产膜酵母又称酒花菌，开始在酒面繁殖时，先形成雪花状的斑片，然后连成灰色薄膜，时间长了在葡萄酒的液面上形成一个膜盖。

产膜酵母的种类很多，如毕赤酵母属、汉逊酵母属、假丝酵母属、圆酵母属等，这些酵母属里都有产膜酵母菌。

产膜酵母能使葡萄酒发生如下不利变化。

（1）引起“产膜酵母”味　葡萄酒在好氧条件下经过氧化，酒味淡薄。产膜酵母产生的中级醋和高级醇，使葡萄酒具有一股不良的“产膜酵母”味。

（2）酒精损失　产膜酵母能把乙醇分子氧化还原成乙醛，又把乙醛分子分解成$H_2O$和$CO_2$，使葡萄酒的酒精含量降低，淡而无味。

产膜酵母也能分解葡萄酒中的其他成分，使葡萄酒浸出物减少。

**2. 乳酸菌致坏**

葡萄酒里的糖，是大多数细菌繁殖的良好基质，所以含糖的葡萄酒是最容易被细菌感染的。葡萄酒中有一种有害的乳酸菌，它不分解苹果酸，专门分解葡萄酒中的糖、甘油、酒石酸，使优质葡萄酒完全变坏。乳酸菌败坏的葡萄酒病害有黏稠病、乳酸病、甘露醇病、酒石酸分解病、鼠臭病等。

**3. 醋酸菌致坏**

醋酸是挥发酸。葡萄酒中的挥发酸，是一个必须严格控制的理化指标。我国现行的葡萄酒标准GB/T 15037—94规定，葡萄酒的挥发酸≤1.1g/L，当葡萄酒中的挥发酸超过1.4g/L时，葡萄酒就能感受到酸败味。

葡萄酒中的挥发酸来源有两个：其一是酵母菌在发酵葡萄酒的过程中，会有少量挥发酸生成；其二是发酵醪液中的醋酸菌产生的挥发酸。后者是挥发酸的主要来源，要控制葡萄酒中的挥发酸含量，必须要搞好发酵卫生，使醋酸菌不得繁殖。

醋酸菌是一种好氧性细菌，在有氧的条件下，才能进行旺盛的代谢活动。葡萄汁中的糖，是醋酸菌重要的碳源和能源。在有氧的情况下，醋酸菌能把葡萄汁中的糖分解成醋酸。在葡萄酒中缺少糖源的情况下，酒精便是醋酸菌的碳源和能源，醋酸菌也可使乙醇变成醋酸。乙醇先被乙醇脱氧酶氧化成乙醛，乙醛再被乙醛脱氢酶进一步氧化成醋酸。

醋酸菌是嗜温菌，最适温度为30～35℃。醋酸菌对$SO_2$很敏感。人们根据醋酸菌的这些特点加以控制，就可以有效地控制葡萄酒的挥发酸。在葡萄破碎时，就加入60mg/kg左右的$SO_2$。这个浓度的$SO_2$，能有效地抑制醋酸菌的活动，但对酵母菌的发酵活动没有影响。最适合酵母菌的发酵温度是20～25℃。因此，如果能控制葡萄酒的发酵温度在30℃以下，也能阻碍醋酸菌的活动。

像野生的酵母菌一样，醋酸菌在自然界也有广泛分布。在成熟的葡萄上，在运输葡萄的槽车上，在发酵桶或发酵池里，到处都有肉眼看不见的醋酸菌。在适宜的条件下，它们得到果汁便大量繁殖起来。

醋酸菌是好氧性细菌，而酵母菌是嫌氧性菌。根据这个特性差别，人们可以把葡萄汁（或果汁）在好氧的条件下发酵成醋，也可以把葡萄汁（或果汁）在嫌氧的条件下发酵成酒。同样的葡萄汁或果汁，若加入60～70mg/kg的$SO_2$，满罐发酵（入罐量达到80%即可）就可以发酵成葡萄酒。不加$SO_2$半罐或半罐以下容量，暴露于空气中发酵，就有可能发酵成醋。酿造业有这样一句行话：“做酒坛坛好，做醋坛坛酸”，说的是一个人既会做酒，又会做醋，做得都好。如果把这句话的逗点往后移两个字，就成了“做酒坛坛好做醋，坛坛醋”。意思就完全变了，说的是做酒的坛坛，也能做醋。即同样装盛葡萄汁（或果汁）的坛坛罐罐，既能做成酒，也能做成醋，看你如何控制。

**4. 丁酸菌酸致**

葡萄酒的丁酸病很少出现。由于它有令人讨厌的酸臭奶油味，有人把它同醋酸病混为一谈。

丁酸菌是严格的嫌氧性菌，能产生孢子。葡萄酒中的丁酸菌主要是解糖梭状芽孢杆菌，发酵时产生丁酸、醋酸、乙醇、丙醇、丁醇、羟基丁酮、丙酮等，还能分解甘油和乳酸。红葡萄酒有时候会发生丙烯醛病，酒味变苦，由于丁酸菌发酵产生少量的丙烯醛，这种不饱和的醛与酒中的多羟酚起反应，生成了苦味物质。

**5. 葡萄酒酿造中的霉菌**

葡萄成熟以后，树上的葡萄，加工以前的葡萄，容易受霉菌侵染。如根霉侵染葡萄后，就会引起腐烂，汁液外流，造成重大损失。

灰绿葡萄孢霉，在成熟的葡萄果粒表面繁殖，能使葡萄的果皮腐生成孔。在干燥的秋季，会造成葡萄浆果里的水分大量损失，使葡萄的含糖量得到浓缩。可以用这种贵腐葡萄酿造成名贵的贵腐葡萄酒。

霉菌不能在发酵后的葡萄汁里繁殖生长，所以霉菌不能对葡萄酒酿造造成污染。正因为此，葡萄酒内不存在黄曲霉毒素。这一点，已被国内外权威的检测机关所证明。

## 第四节 引发苹果酸-乳酸发酵的乳酸细菌

葡萄酒在酒精发酵后或贮存期间，有时会出现类似$CO_2$逸出的现象，酒质变浑，色度降低（红葡萄酒），如进行显微镜检查，会发现有杆状和球状细菌。这种现象表明可能发生了苹果酸-乳酸发酵。

### 一、引发苹果酸-乳酸发酵的乳酸细菌

引起苹果酸-乳酸发酵的乳酸细菌（malolactic bacteria，MLB）分属于明串珠菌（*Leuconostoc*）、乳杆菌属（*Lactobacillus*）、片球菌属（*Pediococcus*），它们都能把存在于葡萄酒中天然的L-苹果酸转变成L-乳酸。按照乳酸菌对糖代谢途径和产物种类的差异，可以把它们分为同型乳酸发酵细菌和异型乳酸发酵细菌，分别进行同型和异型乳酸发酵。异型乳酸发酵是指葡萄糖经发酵后产生乳酸、乙醇（或乙酸）和$CO_2$等多种产物的发酵；同型乳酸发酵是指产物中只生成乳酸和$CO_2$的发酵。由于葡萄酒中的MLB多为异型乳酸发酵细菌，所以，经苹果酸-乳酸发酵后，葡萄酒中的挥发酸含量都有不同程度的上升。

## 二、 不同的明串珠菌对苹果酸-乳酸发酵的影响

在葡萄酒苹果酸-乳酸发酵过程中，酒明串珠菌能耐较低的pH值、较高的$SO_2$含量和酒精浓度，是苹果酸-乳酸发酵的主要启动者和完成者。在现今报道的明串珠菌属的种中，酒明串珠菌是唯一嗜酸的一个种，来源于酒和有关的环境。这个种的菌株与其他明串菌属的种在许多方面的特性不一。它们可生长于初始pH值为4.8和含10%（体积分数）的乙醇培养基中，绝大多数菌株需要一种番茄汁生长因子。它们缺乏NAD-葡萄糖-6-磷酸脱氢酶，它们的NAD-D（－）乳酸脱氢酶、6-磷酸葡萄糖酸脱氢酶和乙醇脱氢酶的电泳迁移率都明显不同于其他种。酒明串珠菌的全细胞可溶性蛋白图谱与其他种也不一样。

在基因遗传型方面的研究结果，也进一步证明酒明串珠菌与其他种不同，这个种与其他种的DNA-DNA同源性都低。DNA-rRNA杂交和rRNA序列分析也显示酒明串珠菌的特别处，尤其是16S rRNA序列分析和最近的23S rRNA序列研究提示了这个种与明串珠菌属其他种在亲缘上不相关，完全属于另一分支。鉴于以上表型和遗传型与明串珠菌属其他种的明显差异，Dicks等（1995）提出应将这个种列为一个新属，称为酒球菌属（*Oenococcus*），酒明串珠菌（*Leuconostoc oenos*）重新分类，定名为酒类酒球菌（*Oenococcus oeni*）。

# 第五节 苹果酸-乳酸发酵机理

## 一、 苹果酸-乳酸发酵的原理及特征

### 1. 发酵的原理

苹果酸-乳酸发酵是乳酸菌活动的结果。这些细菌分别属于明串珠菌属和乳杆菌属的不同种。根据基质的条件，特别是地区和温度不同，它们的作用和活动方式也有所差异。

当基质条件有利于苹果酸-乳酸发酵进行时，在乳酸菌的作用下，将苹果酸分解为乳酸和$CO_2$。苹果酸是双羧酸，而乳酸是单羧酸，所以，这一过程具有生物降酸的作用。由于苹果酸的感官刺激性明显比乳酸强，苹果酸-乳酸发酵对葡萄酒口味影响相对更大，经过这一发酵后，葡萄酒变得柔和、香气加浓。因此，苹果酸-乳酸发酵是加速红葡萄酒成熟，提高其感官质量和稳定性的必需过程。但对于果香味浓和清爽感良好的干白葡萄酒，以及用$SO_2$中止发酵获得的半干或甜型葡萄酒，则应避免苹果酸-乳酸发酵。

### 2. 生物稳定性特征

葡萄酒在前发酵之后，若室温高于20℃，则酒液逐渐变为浑浊，并产生气泡，使红葡萄酒的色度降低，pH增高，使新生的红葡萄酒的酸、涩和粗糙等口味消

失，而变为柔顺、肥硕，果香和醇香增浓，并提高了葡萄酒的生物稳定性。

依据这个原理，要酿制优质红葡萄酒，应符合如下要求：①糖被酵母充分发酵，苹果酸被乳酸菌发酵，但又不能使乳酸菌将糖及其他的葡萄酒成分分解；②只有在酒中不含有糖及苹果酸时，才算真正酿成红葡萄酒，并应尽快将微生物分离除去；③须尽快地使酒中的糖和苹果酸消失，以缩短酵母及乳酸菌繁殖或两者同时生长的时间。

**3. 苹果酸-乳酸酶性质**

一般苹果酸-乳酸酶具有如下性质。

① 苹果酸-乳酸酶为诱导酶，即只有当基质含有苹果酸时，乳酸菌才能合成此酶。

② 其活性需 $NAD^+$ 为辅酶，故它具有与苹果酸脱氢酶和苹果酸酶相似的性质。

③ 它只能将 L-苹果酸转化为 L-乳酸。

④ 其相对分子质量很大，为 230 000 左右。

关于苹果酸-乳酸酶的作用机理，Lonvaud Funel（1981）提出了如下假说：苹果酸-乳酸酶是由多个蛋白酶构成的复合体，其中一部分像苹果酸酶一样催化 L-苹果酸转化为丙酮酸的反应，另一部分则像 L-LDH 一样将丙酮酸转为 L-乳酸；但是，丙酮酸和 $NAD^+$ 并不被复合体所释放。这一假说可解释如下现象：①虽然乳酸菌具有 D-LDH，但苹果酸-乳酸发酵过程中从来未发现 NADH 和 D-乳酸；②即使在基质中加入丙酮酸，苹果酸-乳酸酶亦不形成 L-乳酸。

一般，苹果酸-乳酸酶活动的最佳 pH 值为 5.75；在固定苹果酸并将之转化为乳酸以后，需要 $Mn^{2+}$ 激活。目前除 $Mn^{2+}$ 以外，还未发现其他激活剂。

相反，已经发现很多苹果酸-乳酸酶的抑制剂。L-乳酸本身可抑制苹果酸-乳酸酶的活性，但葡萄酒中其他有机酸具有更强的抑制力，这一抑制为竞争性抑制。此外，Lonvaud Funel 的研究结果还表明，有机酸对细菌的抑制作用比对苹果酸-乳酸酶更为强烈。因此，有机酸不仅通过决定基质的 pH 值，而且可通过对苹果酸-乳酸酶的特异性抑制影响苹果酸-乳酸发酵。

因此，一般来说葡萄酒的苹果酸-乳酸发酵只能是经过途径三进行的，即：

$$\underset{\text{L-苹果酸}}{\begin{array}{c}COOH\\|\\CH_2\\|\\H-C-OH\\|\\COOH\end{array}} \xrightarrow[\searrow CO_2]{\text{苹果酸-乳酸酶}\ Mn^{2+}} \underset{\text{L-乳酸}}{\begin{array}{c}CH_3\\|\\H-C-OH\\|\\COOH\end{array}}$$

而不像过去的教科书上所述，是通过途径一或途径二或三种途径（图 5-1）（Dittrich，1977）进行的。因为途径一和途径二都必须经过丙酮酸途径，因而都势必产生两种旋体的乳酸（乳酸菌本身同时具有 L-LDH 和 D-LDH），而在葡萄酒的苹果酸-乳酸发酵过程中则只产生 L-乳酸。对苹果酸-乳酸酶的研究结果更加证明了这一观点。

## 二、 苹果酸-乳酸酶途径

随着科学技术的发展，世界各国的研究人员对苹果酸-乳酸发酵进行深入的研究，将会对苹果酸-乳酸发酵有一个圆满的解释。

一般在细菌细胞体内，所有构成代谢的生化反应只有在具有必需的酶类条件下才可能进行。酶的最基本特性之一，就是对反应基质和所催化的反应种类的特异性。所以，如果知道某一转化的特性，就可能确定这一转化的机理。根据对生物（包括微生物、植物和动物）酶的认识，葡萄酒中苹果酸被乳酸菌转化的途径可能有以下几种（图 5-1）。

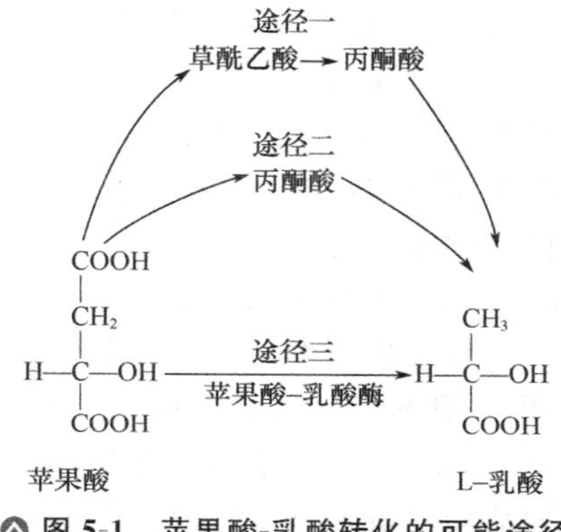


图 5-1 苹果酸-乳酸转化的可能途径

**1. 途径一：苹果酸→草酰乙酸→丙酮酸→乳酸**

在这一反应链中，需要三种酶，即苹果酸脱氢酶（MDH）、草酰乙酰脱羧酶（OADC）和乳酸脱氢酶（LDH）。这一途径的转化过程为：

$$\underset{\text{L–苹果酸}}{\mathrm{HOOC{-}CH_2{-}CH(OH){-}COOH}} \xrightarrow[\mathrm{NAD^+}\ \to\ \mathrm{NADH_2}]{\mathrm{MDH}} \underset{\text{草酰乙酸}}{\mathrm{HOOC{-}CH_2{-}CO{-}COOH}} \xrightarrow[\mathrm{CO_2}]{\mathrm{OADC}} \underset{\text{丙酮酸}}{\mathrm{CH_2{-}CO{-}COOH}} \xrightarrow[\mathrm{NADH_2}\ \to\ \mathrm{NAD^+}]{\mathrm{LDH}} \underset{\text{乳酸}}{\mathrm{CH_3{-}CHOH{-}COOH}}$$

**2. 途径二：苹果酸→丙酮酸→乳酸**

在这一途径中，需要在多数生物中发现的苹果酸酶的作用。它可将苹果酸直接脱氢脱羧转化为丙酮酸，丙酮酸则在乳酸脱氢酶的作用下被还原为乳酸：

$$\underset{\text{L–苹果酸}}{\mathrm{HOOC{-}CH_2{-}CH(OH){-}COOH}} \xrightarrow[\mathrm{NAD^+}\ \to\ \mathrm{NADH_2}\ \mathrm{CO_2}]{\text{苹果酸酶}\mathrm{Mn^{2+}}} \underset{\text{丙酮酸}}{\mathrm{CH_2{-}CO{-}COOH}} \xrightarrow[\mathrm{NADH_2}\ \to\ \mathrm{NAD^+}]{\mathrm{LDH}} \underset{\text{乳酸}}{\mathrm{CH_3{-}CHOH{-}COOH}}$$

但是，以上两种途径均不可能是葡萄酒的苹果酸-乳酸发酵途径。因为在葡萄酒的苹果酸-乳酸发酵过程中，L-苹果酸只能被转化为L-乳酸；而且乳酸菌具有两种LDH，即L-LDH和D-LDH，可将丙酮酸同时转化为L-乳酸和D-乳酸。事实上，在乳酸菌的已糖发酵过程中，通过丙酮酸的还原可同时形成两种旋体的乳酸。

**3. 途径三：葡萄酒的苹果酸-乳酸发酵途径**

由上述分析可知，葡萄酒的苹果酸-乳酸发酵不可能通过丙酮酸途径，否则将同时形成两种旋体的乳酸（Peynaud，1968）。因此，必须考虑这一发酵是由与已知酶类不同的、可将苹果酸直接转化为乳酸的酶所催化的，Kunkee（1975）建议称此种酶为苹果酸-乳酸酶（图5-1）。

## 三、双乙酰及其衍生物的生成机理

伴随着苹果酸-乳酸发酵过程，乳酸细菌同时还能分解酒中的糖、柠檬酸等成分，其中最主要的呈香副产物是双乙酰（2,3-丁二酮）及其衍生物（乙偶姻、2,3-丁二醇）。当双乙酰的含量在其阈值内（小于5mg/L）时，有利于葡萄酒风味复杂性的形成，对酒香有一定的增进作用；当其含量超过阈值时，就会使酒出现奶油味，破坏了酒的香气。不同属的乳酸细菌及同属的不同菌株，发酵特性均不相同。双乙酰及其衍生物的生成可能有2条途径：①柠檬酸生成丙酮酸后，1分子丙酮酸脱羧并生成TPP-C2*（活性乙醛-焦磷酸硫胺素复合物），TPP-C2*再与丙酮酸生成α-乙酰乳酸，经氧化脱羧生成双乙酰；②丙酮酸形成TPP-C2*，再生成乙酰CoA，然后再与TPP-C2*结合直接生成双乙酰。双乙酰及其衍生物的代谢途径见图5-2。

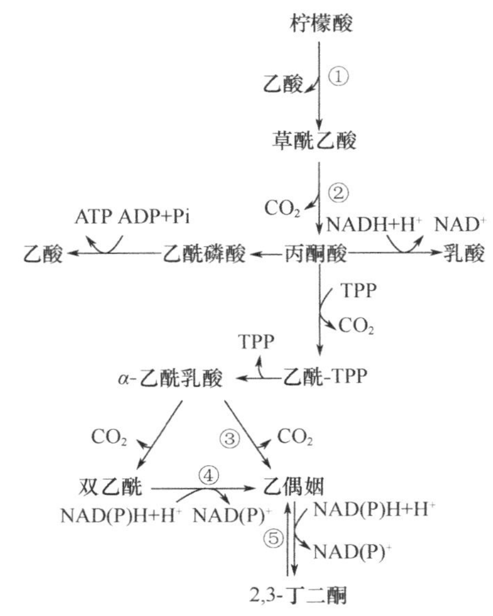


图5-2 双乙酰及其衍生物生成途径

①柠檬酸裂解酶；②草酰乙酸脱羧酶；③乙酰乳酸脱羧酶；

④双乙酰还原酶；⑤乙偶姻还原酶

## 四、 酿酒过程添加乳酸菌可减轻葡萄酒过敏反应

研究人员称，只要在葡萄酒中加入乳酸菌，就能减少酒中生物胺的含量（生物胺这种化合物能够释放香气），并减轻消费者对葡萄酒的过敏反应症状。

此项研究评估了264种2005年份、2006年份波尔多酒。

波尔多大学葡萄酿造学教授帕特里克·卢卡斯表示，不含有生物胺的葡萄酒不到3%，70%含有大量生物胺，而且每升含量超过1mg。

测试表明，向葡萄浆中加入乳酸菌后，能够成功减少生物胺含量，消灭很多不需要的菌类，还能促进苹果酸-乳酸发酵速度。

宝物隆产区盖世龙（LaConseillante）酒庄庄主让-麦克·拉波特说："这是一项有趣的研究，但对某些酒庄来说，其成本过高。"

盖世龙酒庄投资约700欧元，用于在2008年份葡萄酒发酵过程中添加乳酸菌。他说："我们暂时还不清楚新产品的潜在效果，但出于新酒窖的建设需要，我们不得不在葡萄浆中加入乳酸菌促进苹果酸-乳酸发酵速度。""我们酒庄的酒类研究专家告诉我添加乳酸菌的潜在好处。"

一般说来，苹果酸-乳酸发酵都是自然发生的反应，但也可在酒精发酵刚刚结束后加入乳酸菌来加快反应速度。

## 五、 发酵条件对苹果酸-乳酸发酵的调控

一般可以采用下列方法来抑制苹果酸-乳酸发酵的调控：①在主发酵（酒精发酵）的末尾提前倒池或换桶，防止酵母的自溶而释出微量营养成分；②根据pH的情况继续使$SO_2$保持一定的浓度（例如30～50mg/L）；③将贮酒温度控制在18℃以下；④调节酸度，降低pH至3.3以下，或某种经试验得出的安全的pH；⑤将酒贮放于新的木桶或其他容器中，以免接触能引起苹果酸-乳酸发酵的细菌。

要小心地选择酸化剂。如果要抑制的葡萄酒不是细菌稳定性的，加柠檬酸会导致生成过量的双乙酰，加苹果酸会刺激原存细菌的生长，但苹果酸的D异构体是生物惰性的。加反丁烯二酸是一种有效的抑制苹果酸-乳酸发酵的方法，但反丁烯二酸很难溶解。在酒精发酵停止后加0.05%的反丁烯二酸可以推迟苹果酸-乳酸发酵。酒石酸可能是最好的酸化剂，无副作用，只有极少量的乳酸菌能分解酒石酸。

巴氏灭菌也是一种方法，但对酒的风味有影响。一种有前途的HTST处理（高温短时间处理，98℃，1s）值得一试。而用灭菌过滤则是较好的方法，用0.45$\mu$m孔径的薄膜过滤可以除去细菌。单宁含量高，则这一发酵受抑制。

## 六、 分子生物学技术在苹果酸-乳酸发酵上的应用

生物化学尤其是分子生物学在微生物研究方面的飞速发展，已使得对乳酸细菌的研究进入到分子水平。目前，已对苹果酸-乳酸发酵基因及其调节基因进行了定位和序列分析。转基因方法已用于乳酸细菌的改良和葡萄酒酵母工程菌的选育。

Willians 等已成功地从有关细菌中分离得到了苹果酸-乳酸酶基因，并导入到大肠杆菌（*Escherichia coli*）和酿酒酵母（*Saccharomyces cerevisiae*）中，该基因能在受体中表达，整合有苹果酸-乳酸酶基因的受体能像乳酸细菌那样把 L-苹果酸转变成 L-乳酸。但苹果酸-乳酸酶基因在酿酒酵母中表达不完全，进行酒精发酵时，对苹果酸的分解率较低。一旦转基因酵母中苹果酸-乳酸酶基因表达问题得以解决，将会导致葡萄酒酿造微生物学和工艺学的一场革命。

## 第六节 苹果酸-乳酸发酵的控制和影响因素

### 一、 苹果酸-乳酸发酵的控制

苹果酸-乳酸发酵，是乳酸菌活动的结果。当基质的条件有利于苹果酸-乳酸发酵时，乳酸菌可以把苹果酸脱羧分解成酸和 $CO_2$。因为苹果酸是双羧基酸，酸性强，口味尖酸；而乳酸只含有一个羧基，酸性弱，口味柔和，所以苹果酸-乳酸发酵是一种生物降酸过程。酿造红葡萄酒，必须进行苹果酸-乳酸发酵。红葡萄酒经过苹果酸-乳酸发酵，口味变得柔和、肥硕，香气加浓。因此，苹果酸-乳酸发酵是加速红葡萄酒成熟，提高其感官质量和稳定性的必要措施。

酿造干白葡萄酒，要求其口感清爽，在酒精发酵结束后，不需要进行苹果酸-乳酸发酵，应立即加入 150mg/L 的 $SO_2$，以避免乳酸菌的活动。酿造红葡萄酒，需要进行苹果酸-乳酸发酵过程，因而在葡萄酒主发酵结束以后，不能立即加入 $SO_2$，应该在苹果酸-乳酸发酵结束以后再加入 $SO_2$。

红葡萄酒当酒精发酵结束后，在适合的环境条件下，能够立即进行自然的苹果酸-乳酸发酵。一个星期以内即可完成此过程。当环境条件不适合时，这个自然发酵过程可能推迟几个月，甚至根本不能进行。碰到这种情况，可以及时地往发酵罐中接种活性乳酸菌。也可以把同品种、同质量的苹果酸-乳酸发酵已经结束，或正在顺利进行苹果酸-乳酸发酵的红葡萄酒，以 30%～50%的量，混合到不能进行苹果酸-乳酸发酵的醛液里。这样也相当于起到人工接种活性乳酸菌种的作用。

红葡萄酒醒液顺利进行苹果酸-乳酸发酵的最适宜条件是：温度 18～20℃，pH 高于 3.2。另外，乳酸菌对 $SO_2$ 非常敏感，有时候当原料或葡萄酒的 $SO_2$ 处理超过 70mg/L 时，就能阻止乳酸菌的活动。苹果酸-乳酸发酵结束以后，立即加入 120mg/L $SO_2$，将葡萄酒分离到干净、低温的贮酒容器里。

用纸上色谱法检测红葡萄酒的苹果酸-乳酸发酵是否已经完成，是最直接最可靠的方法。测量葡萄酒中的成分含量可判断葡萄酒发酵过程是否结束。

(1) 糖 成熟的葡萄浆果里，主要含 6 个碳的单糖（也称还原糖），即葡萄糖和果糖。在酒精发酵的过程里，还原糖经酵母菌的发酵作用变成酒精和 $CO_2$。当葡萄的含糖量低，不能满足工艺要求时，在葡萄发酵的旺盛期要补加蔗糖。蔗糖是复合糖，它经酵母菌的作用，先分解成还原糖，然后分解成酒精和$CO_2$。

检测葡萄发酵醒液中的残糖含量，是控制葡萄酒发酵过程是否结束的最主要指标。当残糖降到0.2g/L以下时，意味着葡萄的酒精发酵过程已经完成。也有的工厂，把结束酒精发酵的残糖指标定为0.3g/L。这样低的糖用密度计是无法准确测定的。所以发酵终点残糖的测定，只能用分析的方法测定。

含糖量高于0.3g/L的葡萄原酒难以贮藏管理，其中的酵母菌和细菌很容易活动，会引起再发酵，使原酒难以澄清，甚至造成原酒败坏变质。

(2) 总酸　总酸是葡萄汁或葡萄酒中所有可滴定酸的总和。总酸在葡萄酒的感官性方面起着重要作用，它能增加葡萄酒的醇厚感和结构感，使葡萄酒的风格鲜明，典型性强。

新制定的葡萄酒国家标准规定，葡萄酒的总酸范围为5～5.7g/L（甜葡萄酒和加香葡萄酒的总酸范围为5～8g/L）。在葡萄采收以前，测定葡萄浆果中总酸和含糖量的变化，可以控制葡萄的成熟度。对葡萄醒和发酵原酒测定总酸，可以确定是否需要对原酒进行增酸或降酸处理，是否需要进行苹果酸-乳酸发酵，以提高葡萄酒的感官质量。

(3) pH值　一般地讲，葡萄酒的pH值在2.8～3.8的范围内。较低的pH值（当pH值在3.2以下时），可以提高葡萄酒的稳定性，包括生物稳定性、物理稳定性和化学稳定性。而当pH值高于3.4时，葡萄酒的生物稳定性差，便于细菌的活动。

pH值的测定，需要用pH计或精密pH试纸。

(4) 酒精体积分数　葡萄酒的酒精体积分数通常在7%～16%之间。国内外市场上大量销售的葡萄酒，一般在12%左右。

葡萄酒中的酒精对酵母菌和细菌有抑菌作用，因而它能提高葡萄酒的生物稳定性。葡萄酒中的酒精含量与葡萄酒的感官质量关系密切，直接影响葡萄酒的口感。一般来说，酒精体积分数为12 %的干红葡萄酒或干白葡萄酒，容易与葡萄酒中的总酸、单宁、残糖等成分形成最佳平衡状态，酒质醇厚清爽，酒体丰满完整，是理想的酒精体积分数标准。

(5) 挥发酸　挥发酸主要是由醋酸及其衍生物构成，这些衍生物包括乙酸乙酯和少量的丙酸、丁酸以及它们的酯。乙酸乙酯是葡萄酒变质后具有酸味病的主要病因。挥发酸增高，是葡萄酒发酵和贮藏管理不善的主要表现之一。

正常的酒精发酵和苹果酸-乳酸发酵，自然地要产生一定的挥发酸（≤0.49g/L，以醋酸计）。如果发酵的卫生条件不好，就会引起醋酸菌活动或是引起苹果酸-乳酸发酵，产生乳酸病或酒石酸发酵病，从而致使挥发酸增高。当挥发酸的含量＞0.49g/L时，就意味着不正常的发酵现象。

新制定的国家葡萄酒标准规定，葡萄酒中的挥发酸含量≤1.1g/L（以醋酸计）。

(6) 铁　当葡萄酒中铁含量超过一定的标准时，将影响葡萄酒的稳定性。所以葡萄原酒发酵结束以后测定铁含量，可为以后的工艺处理提供依据。

葡萄酒中铁的来源有下列途径。

① 葡萄从土壤中吸收铁，使葡萄汁中的铁含量可达 3～4mg/L。

② 葡萄采收时，泥沙污染可把铁带入葡萄汁中。

③ 酿酒设备，包括破碎机、压榨机、输送泵、发酵罐，凡是葡萄汁接触设备的露铁部分，都能造成污染。这是葡萄酒含铁高的主要污染渠道。

发酵结束后，红葡萄原酒的含铁量应控制在 6mg/L 以内，白葡萄原酒的含铁量应控制在 7mg/L 以内。

按照国家新的葡萄酒标准规定，红葡萄酒的含铁量≤8mg/L；白葡萄酒的含铁量≤10mg/L。

## 二、影响葡萄酒苹果酸-乳酸发酵

影响葡萄酒发酵的因素是多方面的。有些因素，如发酵的温度、发酵时通空气及发酵时添加 $SO_2$ 等，对发酵过程有直接影响，并影响发酵产品的质量，因而在发酵过程必须进行控制，才能使葡萄酒产品符合人们的要求。有一些因素，从理论上讲也能对葡萄的发酵构成影响，但在生产实践中，这些因素达不到影响葡萄酒发酵的程度，因而可以忽略不计。例如，葡萄汁本身的含糖量、葡萄汁发酵产生的酒精量、发酵产生的 $CO_2$ 葡萄汁的酸度及发酵产生的挥发酸等，这些因素对正常的葡萄酒发酵过程有影响，但影响很小，可以不考虑。

(1) 温度　温度对苹果酸-乳酸发酵的影响首先表现在乳酸细菌对葡萄糖的代谢上，在 25℃（pH 3.5～4.0）时，乳酸细菌对葡萄糖的消耗量达到最大，代谢终产物主要为乙醇和少量乳酸和乙酸。

进行苹果酸-乳酸发酵的乳酸菌生长的适温为 20℃，要保证苹果酸-乳酸发酵的触发和进行，必须使葡萄酒的温度稳定在 18～20℃。因此，在红葡萄酒浸渍结束转罐时，应尽量避免温度的突然下降，在气候较冷的地区或年份，还必须对葡萄酒进行升温处理。但必须注意，如果温度高于 22℃，生成的挥发酸含量则较高。

而在相同的 pH 条件下，在 18℃和 32℃时，乳酸的含量却大量增加。由此可以推断，在较低 pH 条件下，18℃和 32℃时，除了酒中的葡萄糖外，还有其他的底物被乳酸细菌所代谢。

(2) pH　对于所有的乳酸细菌来说，pH 是影响其生长和代谢终产物种类和浓度的最重要因子。在较低的 pH 条件下，乳酸细菌能分解酒中的糖、有机酸等成分生成较高浓度的乳酸、乙酸和甘露醇。酒中的柠檬酸能强烈地降低乳酸细菌对果糖的分解，但却促进葡萄糖的代谢并生成乙酸、酒精等成分。在相同的 pH 条件下，柠檬酸对双乙酰、乙偶姻、乙酰乳酸和琥珀酸含量的影响并不大。

苹果酸-乳酸发酵的最适 pH 为 4.2～4.5，高于葡萄酒。若 pH 在 2.9 以下，则不能进行苹果酸-乳酸发酵。

(3) 通风　酒精发酵结束后，对葡萄酒适量通风，有利于苹果酸-乳酸发酵的进行。

(4) 酒精和 $SO_2$　酒液中的酒精体积分数高于10%以上，则苹果酸-乳酸发酵受到阻碍。乳酸菌对游离态 $SO_2$ 极为敏感，结合态 $SO_2$ 也会影响它们的活动。在大多数温带地区，如果对原料或葡萄醪的 $SO_2$ 处理超过70mg/L，葡萄酒的苹果酸-乳酸发酵就较难顺利进行。若将酒液降温至5℃，对葡萄酒进行澄清，则可降低 $SO_2$ 的用量。

(5) 其他　将酒渣保留于酒液中，由于酵母自溶而利于乳酸菌生长，故能促进苹果酸-乳酸发酵；红葡萄中的多酚类化合物能抑制苹果酸-乳酸发酵；酒中的氨基酸，尤其是精氨酸却对苹果酸-乳酸发酵具有促进作用。

在前发酵结束前，应避免苹果酸-乳酸发酵的启动。在发酵正常时，酵母菌能抑制乳酸菌。但如果酒温度高达35℃，则会导致酒精发酵中止而残糖偏高。若乳酸菌分解上述残糖，则会造成乳酸菌病害。故在气温高的年份，须注意避免上述现象的发生。如果出现酒精发酵中止的现象，则应立即将酒液中的细菌滤除后，再添加酵母继续发酵，并须控制品温和密切注视糖量的变化。当苹果酸-乳酸发酵结束后，须立即将酒液倾析，以去除细菌，并按具体情况调整酒液中 $SO_2$ 的含量，使游离 $SO_2$ 浓度为20～50mg/L

# 第七节　葡萄酒的苹果酸-乳酸发酵技术工艺管理

## 一、葡萄酒的苹果酸-乳酸发酵的作用和问题

苹果酸-乳酸发酵可以酿造出风味优异的高级葡萄酒，很多自酿者都在积极地引入苹果酸-乳酸发酵发生。但是，苹果酸-乳酸发酵技术要求较高，处理不好会产生一些问题。主要表现在以下几个方面。

① 无监管的苹果酸-乳酸发酵有可能导致pH值过高，葡萄酒过早地氧化，引起细菌腐败。

② 柠檬酸在苹果酸-乳酸发酵过程中会产生醋酸。葡萄因为柠檬酸含量较少，基本不受影响。但是进行酸度平衡时如果加入柠檬酸，在苹果酸-乳酸发酵过程中就会有醋酸产生的问题。

③ 苹果酸-乳酸发酵不彻底会造成陈酿过程中乳酸菌的大量繁殖，影响葡萄酒的品质。

④ 从营养角度来看，进行苹果酸-乳酸发酵或许是个损失，因为苹果酸具有很高的营养价值和保健功能，而乳酸对于人的身体来说，是代谢和运动产生的疲劳物质，此外，苹果酸能够增加葡萄酒的天然水果香气。对于喜欢新鲜水果香气的酿造者，通常采取控制措施，防止苹果酸-乳酸发酵的发生。

酒类酒球菌存在于葡萄的表面，并随着压榨进入果汁，在条件适当的时候大量繁殖，因此，不管是否引导或接种乳酸菌，乳酸发酵都会自然地发生在所有的葡萄

酒酿造过程中。酿造葡萄酒需要了解乳酸菌的特性，以便引导和控制苹果酸-乳酸发酵。

## 二、乳酸菌的适生条件和果醪准备

### 1. 乳酸菌对生长条件的要求

① 营养丰富。

② 酒精度小于10%。

③ 游离 $SO_2$ 在10mg/kg以内，人工菌种可以忍耐20～50mg/kg的 $SO_2$。

④ 生长温度约12～24℃，适宜发酵的温度在18～22℃之间，12℃温度下苹果酸-乳酸发酵也可以进行，但是速度很慢。

⑤ 乳酸菌最适生长pH值为4.2～4.5，通常需要进行苹果酸-乳酸发酵的pH值在3.1～3.5之间。

### 2. 苹果酸-乳酸发酵的果醪准备

（1）水果质量　采收的酿酒葡萄要清洁，没有腐烂变质，这样添加的游离二氧化硫可以控制在50mg/kg以下。如果葡萄质量不好，添加的游离二氧化硫要超过100mg/kg，乳酸菌的存活数量会很少。

（2）游离二氧化硫　乳酸菌对 $SO_2$ 非常敏感，在启动苹果酸-乳酸发酵时，要控制 $SO_2$ 的含量。

自然启动的苹果酸-乳酸发酵：$\leqslant$ 5mg/kg。

人工接种的苹果酸-乳酸发酵：$\leqslant$ 20mg/kg。

（3）酸度调整　如果果醪的酸含量很低而又需要做苹果酸-乳酸发酵，则要进行酸度调整。进行苹果酸-乳酸发酵果醪的酸度调整不能使用苹果酸和柠檬酸，只能使用酒石酸。苹果酸-乳酸代谢消耗苹果酸，导致酸度下降，失去酸度调整的意义。柠檬酸则在苹果酸-乳酸菌代谢过程中生产醋酸。醋酸不但对苹果酸-乳酸发酵不利，并且影响酒的口味。许多混合酸等量地混合了柠檬酸、苹果酸和酒石酸，进行苹果酸-乳酸发酵应该避免使用。

（4）营养要求

① 矿物质　$Mn^{2+}$、$Co^{2+}$、$Zn^{2+}$、$Mg^{2+}$ 等是乳酸菌代谢所必需的矿质元素，如同酵母菌、苹果酸-乳酸菌受益于这些营养元素的补充。

② 有机营养　乳酸菌对有机营养的要求超过酵母，尤其是氨基酸、尼古丁酸和泛酸。增加核黄素、吡醇、精氨酸对于乳酸菌的生长具有促进作用。

③ 细酒泥　苹果酸-乳酸发酵时最好有细酒泥，细酒泥含有的养分对乳酸菌生长起重要作用。

④ 不要添加氮素　与酵母菌不同的是乳酸菌不需要无机氮，增加铵盐有可能导致葡萄酒变咸。

## 三、苹果酸-乳酸发酵的引导

苹果酸-乳酸的菌种有两个，一个是利用野生乳酸菌，另外一个是使用人工乳酸菌种。

乳酸菌人工菌种有液体菌种和冷冻干燥菌种两种包装形式。乳酸菌的液体菌种贮存时间较短。冷冻干燥的乳酸菌种，在冰箱里可以贮存一年以上。

(1) 自然发生的苹果酸-乳酸发酵　低 $SO_2$ 环境条件下野生乳酸菌会自然发酵。为了发酵彻底，通常是冬季把完成酒精发酵的果醪放在室内或地窖里，随着春天气温回升，温度会进入乳酸发酵适宜的范围。这个方法的缺点容易产生其他微生物的危害，影响葡萄酒的口味。

(2) 选择能够兼容苹果酸-乳酸发酵的酵母菌　有些酵母菌可以和苹果酸-乳酸菌共生，在酒精发酵的同时可以进行苹果酸-乳酸发酵。

(3) 人工接种的苹果酸-乳酸发酵　乳酸菌的人工接种主要有以下两种方法。

① 用人工乳酸菌种接种，操作方法在购买的菌种包装上有使用说明。

② 已经进行苹果酸-乳酸发酵的葡萄酒可以给没有进行苹果酸-乳酸发酵的葡萄酒接种。前提是葡萄酒苹果酸-乳酸发酵的时间要超过 2 个星期，接种量为 1∶50。加大接种量成功的可能性更高。

## 四、乳酸菌的接种

由于人工乳酸菌种价格昂贵，为了节约成本，增加菌种数量，需要进行菌种的复水和预处理。

### 1. 乳酸菌的复水

① 冷冻干燥菌种要先放入 25～30℃的蒸馏水中进行 15min 的复水，期间轻轻搅动。

② 然后加入 25mL 没有防腐剂的苹果汁，排除气体，密封。

③ 在室温条件下放置 2～4 天后加入到果醪中。

经过预处理的乳酸菌抗逆性增强，以 Lalvin OSU 菌种为例，可以在游离 $SO_2$ 大于 10mg/L、温度小于 16℃、pH 值小于 3.2、酒精含量大于 12.5%的条件下使用。发酵醪的体积可以增加 3～5 倍。

### 2. 乳酸菌接种的时间

① 最好的时间是在酒精发酵完全结束后。过早接种会引起酵母和乳酸菌两者之间的营养竞争和相互抑制，导致酵母发酵过早停止或者乳酸发酵不能启动。

② 对于与乳酸菌相容的酵母菌，可以在酒精发酵的同时，接种乳酸菌进行苹果酸-乳酸发酵。

### 3. 接种方法如下

① 红葡萄酒：果醪温度最好在 21～24℃，或尽量接近苹果酸-乳酸可以接受的工作温度。按照使用说明加入乳酸菌和及其营养。搅拌均匀。

② 白葡萄酒：白葡萄酒的苹果酸-乳酸发酵比红葡萄酒更加困难。由于去皮发酵营养来源不足，所以如果要进行苹果酸-乳酸发酵必须补充营养。

### 4. 注意事项

① 苹果酸-乳酸菌常有接种不足的危险。如果发酵初期细胞数量不够，苹果酸-

乳酸菌通常不能繁殖出足够的菌群，不能完成发酵。

② 苹果酸-乳酸菌没有接种过量的危险，接种量过多只会加快完成发酵，唯一的负面影响是成本过高。

## 五、 乳酸发酵的管理

乳酸发酵开始后，可以观察到微生物活动的迹象。典型的乳酸发酵特征是有细密的小气泡沿着瓶壁上升。人工接种的乳酸发酵一般进行 3～4 周，自然发生的乳酸发酵要持续 1～2 个月。此期间如果管理不当，会有乳酸发酵停顿或杂菌感染的风险。乳酸发酵的管理措施如下。

① 每周轻轻地搅拌两次。要让发酵瓶底部的细酒泥完全悬浮到酒体中。

细酒泥是乳酸菌生长的营养来源。搅拌防止乳酸菌沉积在发酵瓶的底部，使得养分均匀分布，有利乳酸菌的生长。搅棒不要使用竹木制品，木材的多孔结构容易滋生杂菌。

② 温度保持在 18～22°C，可以促使乳酸菌尽快完成发酵。如果< 18°C，发酵速度会放慢，这取决于菌株的生物特性和葡萄酒的其他条件。

③ 尽量减少暴露空气的时间。大部分乳酸菌适于无氧或少氧条件，发酵时不能曝气，也不能倒酒。苹果酸-乳酸发酵所产生的二氧化碳的数量远低于酒精发酵。不能依靠二氧化碳隔绝氧气，在搅动葡萄酒时，要采用密封式的搅动或加注二氧化碳。

④ 加入橡木。如果希望增加葡萄酒橡木的味道，在苹果酸-乳酸发酵时加入橡木是很好的时机。木材裂缝为微生物的生长创造了优良的环境。同时所产生的香味能够微妙地融入葡萄酒。

⑤ 苹果酸-乳酸发酵会明显地降低 pH 值，在苹果酸-乳酸发酵之前和完成苹果酸-乳酸发酵以后，最好进行温度和 pH 值的测定和调整。这不仅是为了温度和 pH 值的平衡，也是为了防止高 pH 值条件下产生的微生物腐败。

⑥ 适合乳酸菌生长的条件，同时也适于其他有害微生物的生长，因此在酿造葡萄酒的全过程中，都要高度重视消毒，防止杂菌滋生。

## 六、 乳酸发酵的检测

苹果酸耗尽以后，苹果酸-乳酸发酵会自然停止。通常在苹果酸-乳酸发酵停止后要进行检测，以防苹果酸-乳酸发酵停顿造成的麻烦。检测和确定发酵完成的办法是进行色谱测试，也可以通过视觉方式帮助判断。

### 1. 色谱测试

色谱检测是唯一准确鉴定苹果酸-乳酸发酵是否完成的办法。国外自酿使用的苹果酸-乳酸发酵的检测是纸面色谱包，可以在专门的酿酒设备商店或网站购买。

### 2. 观测判断

如果没有条件进行色谱检测，可以采用以下办法。

① 倾斜发酵瓶，观察是否有细密的小气泡沿着瓶壁上升。

② 温度调整到乳酸菌适宜的范围，连续观察 10 天。此期间如果没有发现小气泡，可以认为苹果酸-乳酸发酵完成。

注意：苹果酸-乳酸发酵完成的观测判断常常出现失误。因此要加强葡萄酒的 $SO_2$ 管理及装瓶的稳定措施。否则，后续恢复的苹果酸-乳酸发酵导致 pH 值升高，可能会出现腐败问题。

## 七、 苹果酸-乳酸发酵的抑制和乳酸菌的清理

### 1. 苹果酸-乳酸发酵的抑制

对于不需要进行苹果酸-乳酸发酵的葡萄酒，必须要人为地抑制苹果酸-乳酸发酵。抑制的方法有以下几种。

① 最有效的方法是在酒精发酵之前加入足量的 $SO_2$，在以后进行的倒酒过程中补充 $SO_2$，保持必需的浓度。

② 温度控制控制在低于苹果酸-乳酸发酵的范围。

不需要苹果酸-乳酸发酵的白葡萄酒的酒精发酵温度控制在 10～14℃，防止可能出现的酵母发酵和苹果酸-乳酸发酵同时进行的情况发生。

红葡萄酒和白葡萄酒都要在 10～14℃的范围内进行贮存和陈酿。

③ 酒精发酵使用 Lalvin EC-1118 RED 或 STAR Davis ＃796 酵母。这些菌种在发酵过程中产生的 $SO_2$ 可以抑制苹果酸-乳酸发酵。

### 2. 乳酸菌的清理

对于进行苹果酸-乳酸发酵的葡萄酒，在苹果酸发酵完成后，乳酸菌群体数量并不迅速下降，如果不及时采取终止措施，乳酸菌就会利用葡萄酒中的氨基酸生成生物胺，引发多种乳酸菌病害。因此在苹果酸-乳酸发酵结束后应立即对乳酸菌进行清理。

清理方法如下。

① 总二氧化硫浓度调到 100mg/kg 或游离 $SO_2$ 为 50mg/kg。可以安全地进行苹果酸-乳酸发酵结束后的葡萄酒的贮存和老化。

② 酒度提高到 14％以上。

③ 如果低温贮存，pH 值控制在 3.2 以下，对控制乳酸菌病害更为有利。

# 第六章 红葡萄酒的酿造

葡萄酒是目前世界上产量最大、普及最广的单糖酿造酒，红葡萄酒在整个葡萄酒占有较大份额。红葡萄酒国内品牌主要有长城、张裕、王朝等。红葡萄酒颜色红润，色泽喜庆，是人们欢庆祝贺时的首选葡萄酒之一。

红葡萄酒是选择皮红肉白或皮肉皆红的酿酒葡萄，采用皮汁混合发酵，然后进行分离陈酿而成的葡萄酒，这类酒的色泽呈自然宝石红色、紫红色、石榴红色等。它的酒精含量在8%～20%，是营养丰富、味道甘甜醇美，并能防治多种疾病的饮料，最早盛行于法国，在欧美和世界各地都很流行。

## 第一节 红葡萄酒原料、香气、口感及品质

### 一、红葡萄酒的原料

适于酿制红葡萄酒的优良葡萄有以下品种。

（1）法国蓝（Blue french） 别名玛瑙红、蓝法兰西，原产于奥地利。我国烟台、青岛、黄河故道等地均有种植。酿制的红葡萄酒为宝石红色，有本品种特有的果香味，酒体丰满，酒质柔和，回味长。

（2）佳丽酿（Curignane） 又名加里酿、法国红，原产于西班牙。我国北京、天津、安徽、江苏、陕西、山东等地都有种植。可酿制红、白葡萄酒。酿制的白葡萄酒淡黄色，1年新酒，微带红色，有轻微的果香。3年贮存的酒有柔和的酒香，酸高，味厚，宜久藏。酿制的红葡萄酒，呈淡红宝石色，有良好的果香。该品种也

可用于酿制桃红葡萄酒。

（3）赤霞珠（Cabernet sauvignon） 又名解百纳，原产于法国。我国山东等地栽培较多。是酿造优质红葡萄酒的世界名种，适合酿造干红葡萄酒，也能酿制桃红葡萄酒。酿造的红葡萄酒颜色紫红，果香、酒香浓郁，酒体完整，但酒质稍粗糙。

此外，适于酿制红葡萄酒的优良品种还有汉堡察香、味多儿、梅鹿辄、宝石解百纳、增芳德及我国选育的品种梅郁（58-5-1）、梅醇（58-6-3）、北醇（54-4-271）、公酿1号等。

## 二、红葡萄酒的香气

红葡萄酒的香气成分，是由几百种物质相互交织在一起构成的，因而使红葡萄酒的香气表现得极为复杂和多样。

根据红葡萄酒中香气成分的来源不同，人们可以把红葡萄酒的香气分成三大类，即来源于葡萄浆果的香气被称为果香或品种香，来源于发酵产生的香气被称为酒香，来源于贮存过程产生的香气被称为陈酿香。

目前已经分析出葡萄酒中的化学成分有600多种，其中呈香物质有300多种。葡萄酒中的香气成分主要是醇类、酯类、有机酸类、羰基化合物类、酚类和萜烯类等物质。

### 1. 醇类

乙醇是酒精发酵的主要产物。在红葡萄酒中，乙醇的体积分数在7%～16%。乙醇具有酒精特有的清香和高浓度的乙醇味辛辣，低浓度的乙醇有微甜的感觉。甘油是三个羟基的醇类，是红葡萄酒中的重要成分，赋予葡萄酒柔和和肥硕的感觉。红葡萄酒中的高级醇种类很多，不同的高级醇具有不同的香气，许多高级醇具有愉快的水果芳香。高级醇是酒精发酵的产物，是葡萄酒酒香的主要成分。

### 2. 酯类

红葡萄酒中的酯类物质，主要是酵母发酵的副产物。也有些酯类成分，不仅能在发酵过程产生，也能在贮藏过程产生。如乙酸乙酯是乙醇和乙酸酯化反应形成的，在葡萄酒挥发酸高的情况下，贮藏的时间越长，乙酸乙酯的含量越高。当葡萄酒中乙酸乙酯的含量少于50mg/kg时，乙酸乙酯呈愉快的水果香；当乙酸乙酯的含量大于150mg/kg时，使葡萄酒具有酸败味。

红葡萄酒中酯的种类很多，有中级酯、高级酯，不同的酯类具有不同的芳香，酯类是葡萄酒中的主要呈香物质。

### 3. 有机酸类

红葡萄酒中的有机酸类，从低分子量的甲酸、乙酸，到高级脂肪酸，分子量不等，分子结构不同，具有不同的口味和气味。低分子量的甲酸、乙酸，具有强烈的刺激性气味。绝大部分的有机酸分子，对葡萄酒的口味有重要影响。

乙酸具有强烈的刺激性气味。在红葡萄酒中，凡是有乙酸味或过量的乙酸乙酯味的都属于酸败味。

酵母菌在酒精发酵过程中会产生少量的乙酸，葡萄酒中大量的乙酸是醋酸菌代谢的产物。醋酸菌是葡萄酒酿造的大敌，如果葡萄酒暴露在空气发酵、发酵卫生条件不好、发酵温度高就有可能引起醋酸菌繁殖，把葡萄酒变成葡萄醋。

**4. 羰基化合物类**

羰基化合物主要是指酮类和醛类。羰基化合物类是微生物活动的产物。红葡萄酒中羰基化合物的种类很多，不同的羰基化合物具有不同的气味。乙醛和丙醛具有刺激性气味；异丁醛、异戊醛具有香蕉味、苹果味；庚醛具有不愉快的苦味；茴香醛具有山楂花的香味。多数的醛类和酮类具有愉快的水果香和花香。可以说羰基化合物是葡萄酒芳香物质的主要成分。

**5. 酚类和萜烯类**

这些物质主要存在于葡萄皮中，红葡萄酒中的色素物质及单宁物质，主要是多酚类化合物。在红葡萄酒发酵过程里，多酚类化合物由葡萄皮转移到发酵汁中，保留在红葡萄酒中。酚类化合物对葡萄酒的香味影响不大，但对红葡萄酒的口味影响很大。多酚类化合物对人类的心血管系统有保护作用。萜烯类物质大都具有愉快的芳香，源于成熟的葡萄浆果，是葡萄酒芳香的重要成分。

在通常情况下，葡萄酒的香气要比相应的葡萄浆果本身的香气浓郁。这是因为在葡萄浆果里，存在着游离状态和结合状态两大类香气物质，只有游离状态香气物质才有呈香能力。而结合状态的香气物质，经过发酵过程的分解作用，变成游离状态的香气物质，所以葡萄酒的果香在多数情况下，比相应的葡萄浆果浓。

在红葡萄酒发酵过程中，酵母菌在将葡萄糖分解成酒精和二氧化碳的同时，还产生很多的副产物，这些副产物对葡萄酒的感官质量有重要影响，这就是发酵香或称酒香。酵母菌的种类是决定酒香的重要因素，此外，发酵的条件，如发酵的温度，对酒香也有重要影响。

好的红葡萄酒必须在橡木桶里陈酿，才能达到尽善尽美。红葡萄酒在贮藏过程中由于酯化反应及其他生化反应，以及由于葡萄酒对橡木成分的萃取作用，使红葡萄酒产生了丰富的陈酿香气。有些葡萄品种酿成的葡萄酒，如解百纳类型的葡萄酒，必须经过长期的陈酿。在陈酿的过程中，单宁变成了有挥发性的香味物质。所以，成熟的解百纳干红葡萄酒更丰满，更醇厚，更有立体感和结构感。

## 三、 红葡萄酒中的15种口感

(1) 酸爽　突出、清新可人的酸味。

(2) 土香　有些葡萄酒带土壤气味，不同与坏了的葡萄酒的霉腐味。

(3) 易入口　形容很顺喉的葡萄酒，但没有复杂性、深度、余韵这些东西作鉴赏。对于廉价酒而言易入口也不是轻易的。澳洲及南美洲国家在这方面颇成功。

(4) 优雅　最上等的评语之一，是指葡萄酒的整体感觉非常优雅。

(5) 花香　形容气味丰富，值得长时间去闻。只有极少的葡萄品种可酿制出气味芳香可人的葡萄酒。品露娜就以气味比味道更好的评价著名。

(6) 水果味　只要不是最低劣的葡萄酒，都含有一种或以上的水果味道，如柠檬、荔枝、梅子等。美国出产的酒通常有较多水果味，而法国致力追求的是柔和细腻的风格。

(7) 苦涩　适量的涩对于葡萄酒爱好者来说是心头之好。但过犹不及，苦涩味的来源是单宁，亦即葡萄果皮。产生过度苦涩多因未臻全熟便摘下的葡萄果实，此情况常发生于低价葡萄酒。

(8) 酸　恰当程度的酸味提神怡人，亦减轻了葡萄酒的涩味。轻清身型的葡萄酒酸味较高，最宜于炎炎夏日冷却后饮用。

(9) 葡萄身型　决定身型的是酒的重量。果粒较细的葡萄，葡萄皮相对较多，因而，酿成的酒在口腔中显得较沉重。

(10) 酒精度　酒精成分高，对口腔的刺激力度亦较大。

(11) 霉腐味　处理不当（如室内太潮湿），受感染的木塞会导致葡萄酒带霉腐味。贮存经年的葡萄酒常常多少有些毛病。

(12) 中虚　有些葡萄酒入口时味道丰富，咀嚼之下，又发觉香味不知哪里去了；但吞下时又觉得还有些味道，这个特性就被称为中虚，严重的便称为中空。

(13) 蜜糖味　已成熟的好葡萄酒细细品尝下可能会察觉有一丝小巧诱惑的蜜糖甜味。

(14) 橡木味　存酿葡萄酒的木桶多乃橡木所制。较新的橡木桶会带给葡萄酒橡木味。过度的橡木味常发生于存酿多年的葡萄酒。某些技巧高超的酿酒师会利用恰到好处的橡木味令葡萄酒的味道更复杂，多层次。但过度的橡木味则会喧宾夺主，抑压了葡萄酒的其他良好元素。

(15) 均衡　葡萄酒的各项要素如酸、甜、酒精，有恰当的比例，不会因某方面缺乏或太突出，而破坏了和谐感。

## 四、提高红葡萄酒的品质

西班牙研究人员开发了一种可以提高红葡萄色泽、香气和酚类含量的新技术，主要通过在装瓶前向里添加来自果汁行业的脱水废弃葡萄皮。科学家 Miguel Angel Pedroza 和其同事写道："消费者的喜好和市场趋势是动态的，这就要求葡萄生产商在葡萄的感官和质量参数方面不断创新。然而许多酒庄预算有限，用以追踪消费者时常变化的口味需求的经费很少。"

文中称，葡萄的风味感知，与类黄酮、酚醛酸及其他从葡萄中提取的挥发物的组成和浓度有关。特定的采收和酿造技术、酿造过程的化学反应、陈年等也对葡萄整体品质有影响。一款普通葡萄的最佳感官特性（如色泽）的持续时间比高端葡萄短，这主要是由于多酚类浓度降低、氧化磨损和聚合作用。他们表示，"这些变化对红葡萄来说非常关键，因为色泽是影响消费者喜好的一个重要参数"，而葡萄的稳定性也是关键的质量指标。

普通或者低质葡萄酒使用的葡萄本身多酚类浓度就低，所以“注定要”添加抗坏血酸或二氧化硫等抗氧化物来减少氧化磨损。其他添加物，如木屑、酶、单宁、E13 也常被酿酒师使用以增加葡萄品质。

这些科学家表示，果汁行业的葡萄渣也是一个选项，因为这个行业的葡萄浸渍时间短（4 天），仍然富含许多有用物质。所以，他们通过在装瓶前向两款陈年葡萄和两款新添加 4 种不同的脱水白/红葡萄皮，研究其效果。使用的葡萄都是来自某西班牙庄的添普兰尼洛、赤霞珠和梅乐葡萄，新的品质相当于装瓶后有 3 年货架保质期的散装餐。

添加葡萄皮之后，研究团队发现，葡萄色泽平均增强了 11%（最高者 31%），平均酚类增加了 10%（最高 20%）。他们总结道：“在葡萄装瓶前，添加来自果汁行业的脱水废弃葡萄皮，是提高色泽和酚类物质等质量参数的有效手段。”

## 第二节 红葡萄酒发酵方式与酿造技术及评价

### 一、 红葡萄酒的发酵方式

**1. 发酵方式**

一般红葡萄酒发酵有以下几种方式。

（1）开放式发酵　将经过破碎、二氧化硫处理、成分调整或不调整的葡萄果浆，用泵送入开口式发酵桶（池）至桶容约 4/5，留空位约 1/5 预防发酵时皮渣冲出桶外，最好在一天内冲齐。加入培养正旺盛的酒母 3%～5%乃至 10%（按果浆量计），根据具体情况而定。加酒母的方法有：先加酒母后送果浆，也可与果浆同时送入。接种酒母后，控制一定温度待其发酵。

（2）密闭式发酵　将制备果浆以及培养酵母送入密闭式发酵桶（罐）至约八成满。安上发酵栓，使发酵产生的二氧化碳经过发酵栓溢出。桶内安有压板，将皮渣压没在果汁中。也可以不安压板，由发酵产生的二氧化碳积存在浮渣的表面，以防止氧化作用生成挥发酸。

密闭发酵的优点是，芳香物质不易挥发，酒精浓度较高，游离酒石酸较多，挥发酸较少；不足之处是散热慢，温度容易升高，但在气温低时有利。

（3）连续发酵　用连续发酵罐进行发酵，投料、出酒能连续化。操作要点为：首次投料时，加入培养酒母 20%～30%，投料部位达到皮渣分离器的下端。发酵约 4 天即可进行连续发酵。投入的料按 15～20g/100L 加入二氧化硫。连续发酵后，每日定时定量放出发酵酒并投料，投料时打开出酒阀使发酵酒自由流出。在投料和出酒的同时，开动螺旋推进器将皮渣经漏斗流入皮渣压榨机分离酒液。发酵结束后可将出酒阀门关闭，打入已发酵结束的酒将皮渣顶出。罐内温度要保持在 28～30℃，以利发酵正常进行。

(4) 出桶压榨与后发酵　前发酵结束后，应及时出桶，以免渣汁中的不良物质过多渗出，影响酒的风味。出桶时，若发现浮渣败坏、生霉、变酸，应先将浮渣取出弃去，然后将酒液放出，称为原酒，用转酒池承盛，再泵入消毒的贮酒桶至桶容的90%～95%，安上发酵栓，以待进行后发酵作用。

浮渣取出用压榨机榨取酒液，开始不加压就流出的酒称为自流酒，可与原酒互相混合，加压后榨出的酒称为压榨酒，品质差，应分别盛装。压后的残渣可供蒸馏酒或酿制果醋。

由于出桶供给了空气，休眠的酵母复苏，再进行发酵作用将剩余糖分发酵完。但发酵是比较微弱的，宜在20℃左右的温度下进行，开始还有二氧化碳放出，约经2～3周，已无二氧化碳放出、糖分降低到0.1%左右时，将发酵栓取下，用同类酒添满，塞严密封口，以待酵母、渣子等全部下沉。然后即时换桶，分离沉淀，分离出的酒液装盛于消毒的容器中至满、密封，待其陈酿；沉淀用压滤法取出酒液，也可供做蒸馏酒。

**2. 红葡萄酒的酿造方法**

红葡萄酒必须由红葡萄来酿造，品种可以是皮红肉白的葡萄，也可采用皮肉皆红的葡萄。酒的红色均来自葡萄皮中的红色素，绝不可使用人工合成的色素。

红葡萄酒的酿造方法有很多，共同特点都是去梗、压榨，再将果肉、果核、果皮统统装进发酵桶中发酵，发酵过程中酒精发酵和色素、香味物质的提取同时进行。

发酵桶或罐都需要先用低剂量的二氧化硫处理，以预防微生物污染。葡萄汁在大桶中发酵生成酒精的同时，果皮和果肉经过在葡萄汁中浸泡，5～7天内便释出葡萄酒的色素和耐久的劲力（劲度）。

红葡萄酒的酿造方法一般为传统发酵法，另还有旋转罐法、二氧化碳浸渍法、热浸提法和连续发酵法。

自己酿制葡萄酒，不用添加发酵剂，也不添加任何防腐剂和澄清剂，因地制宜，只要注意卫生就行了。家酿的葡萄酒利用野生酵母菌分解葡萄中的糖分转化为酒精，另加点糖提高酒精度，酿造出来的葡萄酒属于干红葡萄酒，并且一般比买来的干红更醇。一般保质期不超过两年，所以成酒后应在两年内喝光。

## 二、 红葡萄酒的酿造过程与技术

**1. 红葡萄酒的酿造过程**

一般，红葡萄酒的酿造包括采收、破皮去梗、浸皮与发酵（二氧化碳浸皮法）、再榨汁发酵、橡木桶中的培养、酒槽中的培养、澄清、装瓶等工序。

(1) 破皮去梗　红酒的颜色和口味结构主要来自葡萄皮中的红色素和单宁等，所以必须先破皮让葡萄汁液能和皮接触，以释出这些多酚类的物质。葡萄梗的单宁较强劲，通常会除去，有些酒厂为了加强单宁的强度会留下一部分的葡萄梗。

(2) 浸皮与发酵　完成破皮去梗后，葡萄汁和皮会一起放入酒槽中，一边发酵一边浸皮。传统多使用无封口的橡木酒槽，现多使用自动控温不锈钢酒槽，较高的温度会加深酒的颜色，但过高（超过32℃）却会杀死酵母并丧失葡萄酒的新鲜果香，所以温度的控制必须适度。发酵时产生的二氧化碳会将葡萄皮推到酿酒槽顶端，无法达到浸皮的效果，依传统，酿酒工人会用脚踩碎此葡萄皮块与葡萄酒混合。此外，亦可用邦浦淋酒或机械搅拌混合等方法，浸皮的时间越长，释入酒中的酚类物质、香味物质、矿物质等越浓。当发酵完，浸皮达到需要的程度后，即可把酒槽中液体的部分导引到其他酒槽，此部分的葡萄酒称为初酒。

（3）二氧化碳浸皮法　用此法制成的葡萄酒具有颜色鲜明、果香宜人（香蕉、樱桃酒等）、单宁含量低容易入口等特性，常被用来制造适合年轻时饮用的清淡型红葡萄酒，如法国宝祖利（Beaujolais）出产的新酒原理上制造的特点是将完整的葡萄串放入充满二氧化碳的酒槽中数天，然后再榨汁发酵。事实上，由于压力的关系很难全部保持完整的葡萄串，会有部分被挤破的葡萄开始发酵。除了能生产出具特性的酒之外，这种酿造法还可让乳酸发酵提早完成。

（4）榨汁　葡萄皮榨汁后所得的液体比初酒浓厚得多，单宁红色素含量非常高，但酒精含量反而较低。酿酒师可依据所需在初酒中加入经榨汁处理的葡萄酒，但混合之前须先经澄清的程序。

（5）橡木桶中的培养　此过程对红酒比对白酒重要，几乎所有高品质的红酒都经橡木桶的培养，因为橡木桶不仅补充红酒的香味，同时提供适度的氧气使酒圆润和谐。培养时间的长短依据酒的结构、橡木桶的大小新旧而定，通常不会超过两年。

（6）酒槽中的培养　红葡萄酒培养的过程主要为了提高稳定性、使酒成熟，口味更和谐。

（7）澄清　红酒是否清澈跟酒的品质没有太大的关系，除非是因为细菌感染使酒浑浊。但为了美观，或使酒结构更稳定，通常还是会进行澄清的程序。酿酒师可依所需选择适当的澄清法。

（8）装瓶。

**2. 酿造过程工艺详细要点**

（1）工艺操作要点

① 品种应选红色、深色或紫红色葡萄品种如品丽珠、赤霞珠、梅鹿辄等。含糖量高，含酸适当。

② 及时剔除烂果、剪成小串、清洗、破碎。

一般采摘的葡萄运达酒厂后→破碎（使果肉和果汁从葡萄中分离）→除梗（去除果梗的青稞味）→第一次发酵（发酵过程中葡萄皮中的单宁和红色素就会渗入发酵中的葡萄汁里称为浸渍。浸渍时间一般为4～5天或2～3周，根据红酒的不同类型而定）。

（2）添加$SO_2$作用　在果浆中通入二氧化硫消毒。酿造红葡萄酒添加$SO_2$的作用有以下几方面：①杀菌作用；②抗氧化作用；③增酿作用；④溶解作用；⑤澄清作用，增 $SO_2$ 推迟发酵，保持静止状态，使悬浮物澄清。

（3）红葡萄酒的稳定性处理　及时添加 $SO_2$，$SO_2$ 容易和葡萄酒中的游离氧结合，保护葡萄酒不被氧化。

把葡萄酒加热到 70～75℃有杀菌作用，可防止微生物引起的浑浊沉淀，但是会减少果香和酒精度数。也可对红葡萄酒进行冷处理，把葡萄酒桶放在室外冷却降温，使温度达到－5℃以下保持几天，加速酒石酸的结晶，降低葡萄酒的酸度。

预防葡萄酒变质的措施：正确使用二氧化硫，贮藏一定要满桶，不让酒接触空气。

浸渍一般酿造单宁含量较低、较柔顺易入口的“新酒”，浸渍时间会很短；酿造可长期收藏的红酒，因需要足够的单宁，浸渍时间则需延长。其过程为从发酵罐中抽取自然流出的酒液（滴出酒）→压榨葡萄渣（以取得更多单宁酸的压榨酒）→小心混合（调配）自流酒与压榨酒→醇化（即乳酸发酵或称后发酵，把酒中酸涩的苹果酸转变成较柔顺且稳定的乳酸）→澄清（沉淀、分离及精滤）→陈酿（在大酒桶中贮藏 6 个月至 2 年）→装瓶（早期饮用的酒在采摘 2～6 个月后装瓶，陈酿的在转桶 2 年后装瓶）。

## 三、干红葡萄酒技术特点

优良的干红葡萄酒应具有以下技术特点。

① 有自然宝石红色、紫红色、石榴红色等。

② 有该品种干红葡萄酒的典型性。这取决于葡萄的完好性和成熟情况，一般葡萄汁的相对密度至少在 1.090～1.096 的条件下，才能形成。

③ 葡萄酒含酸量应在 5.5～6.5g/L，最高不应超过 7.0g/L。

④ 葡萄酒中单宁含量少，不应使葡萄酒产生收敛过涩的感觉（在发酵过程中，渣与酒接触时间长，酒中会溶入一部分单宁）。

⑤ 葡萄酒应尽可能发酵完全。残糖量在 0.5%以下。

⑥ 有浓郁回味悠长的酒香，口味柔和，酒体丰满，有完美感。

⑦ 葡萄酒味浓而不烈，醇和协调，没有涩、燥或刺舌等邪味。

## 四、干红葡萄酒的技术评价

干红葡萄酒是由新鲜葡萄或葡萄汁经过酒精发酵而得到的一种含酒精饮料。葡萄酒质量是其外观、香气、口味、典型性的综合表现。一方面，酒中的糖、酸、矿物质和酚类化合物，都具有各自独特的风味，它们组成了葡萄酒的酒体；另一方面，酒中大量的挥发性物质，包括醇、酯、醛、缩醛、萜烯、碳氢化合物、硫化物等，都具有不同浓度、不同愉悦程度的香气，葡萄酒最终的质量则是葡萄酒中各种成分协调平衡的结果。

干红葡萄酒的成分之间存在着复杂的关系，它们又与感官质量之间有着密切的联系。采用科学的方法使存在于这些复杂关系的问题简单化，进而更加清楚地了解它们之间的相互关系，统计学方法无疑可以开辟一条有效的途径。

从葡萄酒的营养价值来看，干红所蕴含的维生素B族的比例都要高出干白。从赏味期来看，由于干白只用汁液酿造，其单宁的含量相对较低，而干红是用果皮、果肉和汁液一起酿造，其单宁含量相对较高，所以一般情况下，干红比干白的酒性更稳定，赏味期也更长。从品饮时温度的影响来看，干红也更具有可操作性。

根据实践经验，在16～18℃时进行品尝红葡萄酒，就可取得最好的结果；至于干白，则以清凉状态，即为8～10℃尝品为最佳，此时可以更好地尝出其风味来。而从葡萄酒的鉴赏来看，酒的颜色也是可能导致其受宠与否的因素之一。无论如何，红色，尤其是张裕解百纳干红的那种经典意义的深宝石红，其给人视觉上的享受远非近乎无色的干白所能比拟。实际上，感官上的快感对于以品味取悦于人的葡萄酒来说是非常重要的。

## 第三节 家庭（作坊型）红葡萄酒酿造方法与技术

### 一、家庭自酿干红葡萄酒

#### 1. 方法一

（1）买葡萄　选购葡萄时，可以挑选一些熟透的葡萄，哪怕是一颗颗散落的葡萄也不要紧。这些葡萄一是容易发酵，二是价位相对较低。常见的葡萄、提子、马奶子等，都是可以用来制作葡萄酒的。

（2）洗葡萄　由于葡萄表皮很可能残留农药，清洗葡萄的环节就相当重要，最好能够逐颗清洗，再用自来水反复冲洗，同时剔除烂葡萄。一些爱干净的人，喜欢把葡萄去皮后酿酒，这也未尝不可，但是少了一些葡萄皮特有的营养。

（3）晾干葡萄　把葡萄盛在能漏水的容器当中，等葡萄表面没有水珠就可以倒入酒坛。

（4）选择容器　酒坛子可以是陶瓷罐子，也可以是玻璃瓶，但不主张用塑料容器，因为塑料很可能会与酒精发生化学反应，并产生一些有毒物质，危害人体健康。

（5）捏　将葡萄放进容器，双手洗净后，直接捏葡萄。操作办法是抓起一把葡萄使劲一握，然后放入酒坛中，再把糖放在葡萄上面，葡萄和糖的比例是10∶3，即5kg葡萄放1.5kg糖（不喜欢吃甜的朋友，可以放1kg糖，但是不能不放糖，因为糖是葡萄发酵的重要因素）。

（6）加封保存　将酒坛子密封，如果是陶瓷罐的话，可以到卖黄酒的小店要点酒泥，加水后糊住封口。加封后，酒坛子需放在阴凉处保存，平时不要随意去翻动或打开盖子。

（7）启封　天热时，葡萄发酵时间需要20天至一个月左右；天冷时做葡萄酒，发酵时间需要40天左右。启封后，捞出浮在上面的葡萄皮，就可以直接喝葡萄酒了。注意，如果喜欢酒劲足一点，只需延迟启封时间就行了。启封后，每一次舀出葡萄酒后，别忘盖好酒坛的盖子，以免酒味挥发。

(8) 装瓶　装瓶前，－3～－6℃冷冻2～3天，然后进行抽滤，葡萄酒才能在极其严格的卫生条件下进行装瓶。为了尽量避免瓶塞味，装塞瓶的过程也要求在无菌的高卫生标准下完成。

**2. 方法二**

(1) 配料　葡萄5kg，白酒1kg，冰糖1～1.5kg（视葡萄含糖多少加入），凉白开水1kg。

(2) 制法　将葡萄果实洗净、沥干水，拧粒放到酿酒容器中备用。把凉白开水倒入容器中加入冰糖溶化，把溶化的冰糖水倒入葡萄中，最后倒入白酒，密封发酵。前期每天搅动1次，搅3～4次后密封好，一个月后可饮用。这时可把上清酒液倒出放到密封容器中在低温下贮藏，葡萄粒可适当破碎加入少量白酒和糖再发酵、分离。

**3. 家庭自酿注意事项**

(1) 一定要在葡萄大量上市的夏天买自然成熟的葡萄，不要买反季节的大棚里栽种的葡萄。要买紫红色成熟了的葡萄，尝尝味道，很甜的一般是成熟了的。

注意：看看果蒂处，如果是青的，而且味道酸，就可能是打了“催红素”的，这样的葡萄最好不要买。

(2) 用剪刀贴近果蒂处把葡萄一个个地剪下来，可以留一点果蒂，以免伤了果皮，不要用手去揪葡萄，揪下葡萄就可能伤到了果皮。

注意：凡是伤了果皮的葡萄放到一边去，留着吃，不用它做葡萄酒。

(3) 把剪好的葡萄冲洗干净后用淡盐水浸泡10min左右，这是为了去掉葡萄皮上的农药和其他有害物质，前面说到葡萄伤了皮的不要用来酿制葡萄酒，就是害怕浸泡时盐水浸到果肉里，而影响葡萄酒的质量。然后再用清水冲洗一遍，再把水沥干。

注意：用盐水浸泡葡萄时间约10min。

(4) 把葡萄倒在盆里，用手把它们一个个捏碎，葡萄皮、葡萄籽和果肉全都留在盆里。

注意：瓶子不要装得太满，要留出1/3的空间，因为葡萄在发酵的过程中会膨胀，会产生大量的气体，如果装的太满，葡萄酒会溢出来。另外，为了不让外面的空气进去，在瓶盖上最好用塑料袋缠紧。

(5) 夏天气温高，过21天葡萄酒就酿好了；如果气温低（低于30℃）可以多酿几天。

注意：酿的时间越长酒味越浓；葡萄酒酿好以后，放的时间越长，酒味越浓。

(6) 葡萄酒酿好以后，要把葡萄籽、葡萄皮，还有发了酵的果肉都滤掉，这就要滤渣。滤渣的工具可选用纱布。

注意：滤渣的工具一定要严格消毒，不要把细菌带到酒里面去了。

## 二、小规模（作坊型）干红葡萄酒酿造工艺

酿制红葡萄酒一般采用红皮白肉或皮、肉皆红的葡萄品种，主要有法国蓝、佳丽酿、赤霞珠、蛇龙珠、品丽珠、黑品乐等。我国酿造红葡萄酒主要以干红葡萄酒为原酒，然后按标准调成半干、半甜、甜型葡萄酒。

**1. 酿造葡萄酒常用的物品**

（1）酿酒容器　不锈钢桶、大玻璃瓶子、纯净水桶、陶瓷坛子及食品级塑料桶等，不能使用铜、铝、锡、铁等容器酿造；其容量大小可根据实际情况而定。

（2）酿酒测量工具　温度计 1 支、密度计 0.900-1.000 和 1.000-1.100 各一支、pH 试纸（2.5～4.5 段的）、100mL 和 250mL 的量筒各 1 个、小天平 1 个等。

（3）其他用具　塑料盆或不锈钢盆 12 个、大、小漏斗、皮渣分离用的尼龙网或纱网、搅拌葡萄皮渣用的长柄勺或长棒、抽酒或倒桶用的食品级塑料管或硅胶管 2m、单向空气阀、刷瓶用的毛刷、20mL 或 50mL 的针管一支。

（4）常用设备　葡萄破碎除梗机、压榨机、过滤机、冲瓶机、压塞机、真空定位灌装机、缩帽器、发酵桶、陈酿桶等（有条件的可以使用）。

**2. 酿造葡萄酒常用辅料与使用**

（1）葡萄酒用酵母　葡萄酒酵母菌分红葡萄酒酵母和白葡萄酒酵母两种，添加酵母菌其目的在于快速启动发酵，形成酵母优势菌群来抑制杂菌生长。葡萄酒酵母种类很多，不同的酵母菌酿出酒的风格略有不同。最好可根据葡萄的品种选用相应的酵母品种。一般情况 100L 葡萄加活性干酵母菌 1015g，量大时酵母菌的使用量可以再少一些，使用时最好是在 30℃左右温水中活化后再加入（活化方法是加入约干酵母相同数量的糖再加入约 10 倍左右的水），酵母菌不活化直接加入搅拌也可以，但发酵启动时间会稍推迟一些，如果发酵温度超过 40℃，酵母菌有可能死亡而终止发酵。

（2）二氧化硫　用偏重亚硫酸钾按 50%计算二氧化硫的量，一般自酿葡萄酒过程中二氧化硫的使用应控制在 1 次或 2 次，加入二氧化硫有利于葡萄汁的澄清和防止杂菌生长，并有效防止葡萄汁和葡萄酒氧化和延长保持时间等作用，一般自酿葡萄酒在破碎时的添加量为 50～60mg/L，对于酿造 15.5%以上的葡萄酒也可以在葡萄破碎时只加一次或甚至不加。

（3）蔗糖　从理论上讲每升加入 17g 糖可产生 1%酒，但在生产中由于发酵过程中的损耗，酿造白葡萄酒和桃红葡萄酒应按每升葡萄汁至少 17.5g 糖产生 1%酒计算，而酿造新鲜性干红葡萄酒应按每升葡萄汁至少 18g 糖产生 1%酒计算，如果酿造陈酿性干红葡萄酒，由于发酵的温度相对高一些再加上循环喷淋等环节会造成酒精消耗量的增大，所以应按每升葡萄汁 19g 糖产生 1%酒计算，并在发酵前一次性将糖加入并搅拌均匀。

（4）果胶酶　能提高葡萄酒或果汁的澄清度，有利于提取葡萄皮中的色素，提

高出汁率；使用量的大小要根据情况而定，一般使用量为20～50mg/L；加入时先用少量冷开水溶解后加入，并在果浆中充分搅匀，酿造葡萄酒时添加一定量的果胶酶，对促进葡萄酒的澄清也起到一定的作用。

（5）磷酸氢二铵　酵母营养剂，加入的目的是防止因葡萄缺氮而终止发酵或使发酵更彻底，让酵母充分及时地将葡萄里的糖顺利转为酒精，同时也可以降低葡萄酒中硫化氢气味，它的用量应按100～150mg/L计算，成熟的葡萄可以不加，可以在发酵前或发酵启动后加入，一般红葡萄酒用量高而白葡萄酒用量低。

（6）橡木片　是提高葡萄酒品质与口感的重要辅料，可采用橡木片浸泡葡萄酒的方法。一般使用中度烘烤的橡木片，用量按每升酒加入24g，浸泡10～20天左右效果较好。浸泡时间长短主要与使用量有关，自酿一般在前发酵时加入，并在皮渣分离时去掉即可，也可以在后发酵或陈酿时加入，如果不喜欢其橡木的味道也可以少加或不加，但酿造干红葡萄酒提倡加入。

（7）乳酸菌　加入葡萄酒专用乳酸菌干粉，其目的是将葡萄酒中的苹果酸通过发酵转变成柔顺的乳酸，降低了葡萄酒中苹果酸的尖酸，使得果香突出，醇香加浓，口感柔润肥硕，使用量一般为100L葡萄酒添加1g乳酸菌。

（8）维生素C　具有强烈的抗氧化作用，酿造白葡萄酒也有在装瓶时加入，其量为30～100mg/L，但必须要有足够的二氧化硫保护才能起到明显的效果，主要用于白葡萄酒，而红葡萄酒一般不使用。

以上辅料对酿造葡萄酒来说比较重要，可根据需要选择使用。

**3. 纯种酒酵母的扩大培养**

纯种酒酵母的扩大培养过程，按微生物接种、培养过程操作。（菌种来源于科研单位或生产单位）。

菌种→固体斜面培养（试管）→液体试管培养（把一接种环菌，接入9mL无菌葡萄汁试管中，在25～28℃下培养3天）→锥形瓶培养（培养好的葡萄汁，到入100mL无菌葡萄汁锥形瓶，于25～28℃培养2～3天）→大玻璃瓶培养（培养好的葡萄汁全部倾倒在1L无菌葡萄汁的玻璃瓶中于25～28℃培养2天）→酵母桶培养（再把培养好的葡萄汁全部倾倒在20L无菌葡萄汁的桶中，于25～28℃培养2天。可留5L，重新补充15L无菌葡萄汁，在25～28℃培养培养1～2天，即可重复使用）→生产用酵母培养液（按3%～5%的菌种加入生产上处理好的葡萄浆或汁中发酵）。

**4. 小规模干红葡萄酒的生产工艺流程**（图6-1）

**5. 干红传统发酵工艺**

葡萄经破碎后，果汁和皮渣共同发酵至残糖5g/L以下，经压榨分离皮渣，进行后发酵。

（1）前发酵（主发酵）　葡萄酒前发酵主要目的是进行酒精发酵、浸提色素物质和芳香物质。前发酵进行的好坏是决定葡萄酒质量的关键。

传统发酵法生产中应注意的问题如下。

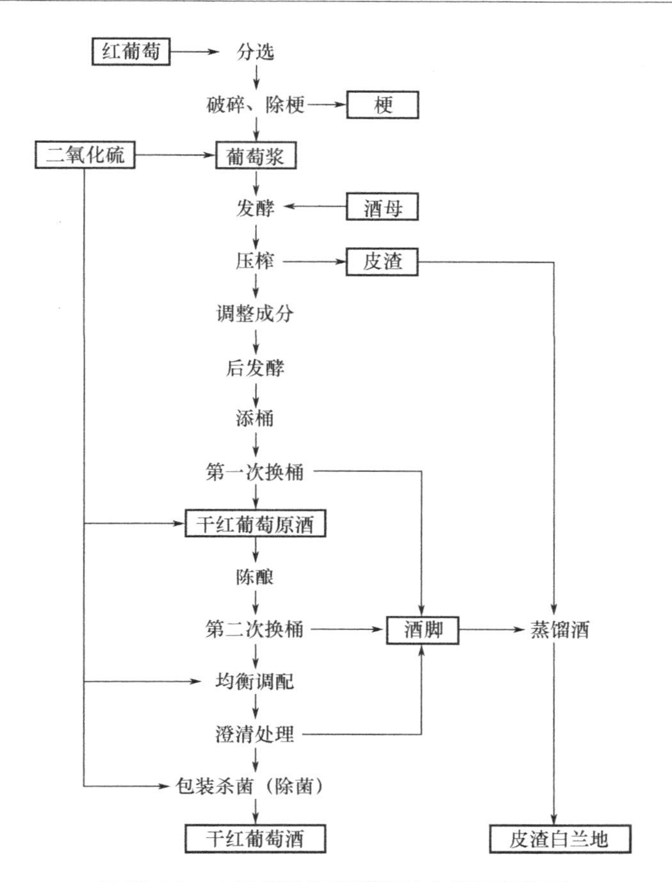


图 6-1 小规模干红葡萄酒的生产工艺流程

① 容器充满系数 葡萄浆在进行酒精发酵时体积增加。原因之一是发酵时本身产生热量，发酵醪温度升高使体积增加；二是产生大量二氧化碳气不能及时排出，也导致体积增加。为了保证发酵的正常进行，一般容器充满系数为80%。

② 皮渣的浸渍 葡萄破碎后送入敞口发酵池，因葡萄皮相对密度比葡萄汁小，再加上发酵时产生的二氧化碳，葡萄皮渣往往浮在葡萄汁表面，形成很厚的盖子，这种盖子亦称“酒盖”或“皮盖”。因皮盖与空气直接接触，容易感染有害杂菌，败坏葡萄酒的质量。为保证葡萄酒的质量，并充分浸渍皮渣上的色素和香气物质，须将皮盖压入醪中。

压盖方式有两种，一种是人工压盖，每天压盖次数视葡萄醪温度和发酵池容量而定。可用木棍搅拌，将皮渣压入汁中。也可用泵将汁从发酵容器底部抽出，喷淋到皮盖上，循环时间视发酵池容量而定。另一种方式是在发酵池四周制成卡口，装上压板，压板的位置恰好使皮盖浸于葡萄汁中。

③ 温度控制

a. 温度对红葡萄酒质量的影响：发酵温度是影响红葡萄酒色素物质含量和色

度值大小的主要因素。一般讲，发酵温度高，葡萄酒的色素物质含量高，色度值高。从红葡萄酒质量考虑，如口味醇和、酒质细腻、果香酒香等综合考虑，发酵温度控制低一些为好。红葡萄酒发酵温度一般控制在25～30℃。

b. 红葡萄酒发酵降温方法有循环倒池法、发酵池内安装蛇形冷却管、外循环冷却法。

④ 葡萄汁的循环　红葡萄酒发酵时进行葡萄汁的循环可以起到以下作用：增加葡萄酒的色素物质含量；降低葡萄汁的温度；开放式循环可使葡萄汁和空气接触，增加酵母的活力；葡萄浆与空气接触可促使酚类物质的氧化，使之与蛋白质结合成沉淀，加速酒的澄清。

⑤ 二氧化硫的添加　在破碎后，产生大量酒精以前，恰好是细菌繁殖之际加入。

（2）压榨　残糖降至5g/L以下，发酵液面只有少量二氧化碳气泡，“皮盖”已经下沉，液面较平静，发酵液温度接近室温，并且有明显酒香，此时表明前发酵已结束，可以出池。一般前发酵时间为4～6天。

出池时先将自流原酒由排汁口放出，放净后打开入孔清理皮渣进行压榨，得压榨酒。

前发酵结束后各种物质的比例如下：皮渣11.5%～15.5%；自流原酒52.9%～64.1%；压榨原酒10.3%～25.8%；酒脚8.9%～14.5%。

自流原酒和压榨原酒成分差异较大，若酿制高档名贵葡萄酒应单独贮存。

（3）后发酵

① 后发酵目的

a. 残糖的继续发酵：前发酵结束后，原酒中还残留3～5g/L的糖分，这些糖分在酵母作用下继续转化成酒精与二氧化碳。

b. 澄清作用：前发酵得到的原酒，还残留部分酵母及其他果肉纤维悬浮于酒液中，在低温缓慢的发酵中，酵母及其他成分逐渐沉降，后发酵结束后形成沉淀即酒泥，使酒逐步澄清。

c. 陈酿作用：新酒在后发酵过程中，进行缓慢的氧化还原作用，并促使醇酸酯化。理顺乙醇和水的缔合排列，使酒的口味变得柔和，风味上更趋完善。

d. 降酸作用：有些红葡萄酒在压榨分离后诱发苹果酸-乳酸发酵，对降酸及改善口味有很大好处。

② 后发酵的管理

a. 补加二氧化硫：前发酵结束后，压榨得到的原酒需补加二氧化硫，添加量（以游离计）为30～50 mg/L。

b. 温度控制：原酒进入后发酵容器后，品温一般控制在18～25℃。若品温高于25℃，不利于新酒的澄清，给杂菌繁殖创造条件。

c. 隔绝空气：后发酵的原酒应避免与空气接触，工艺上常称为隔氧发酵。后发酵的隔氧措施一般是在容器上安装水封。

d. 卫生管理：前发酵的原酒中含有糖类物质、氨基酸等营养成分，易感染杂菌，影响酒的质量。搞好卫生是后发酵的重要管理内容。

正常后发酵时间为3～5天，但可持续一个月左右。

# 第四节 典型酒庄级酿造干红葡萄酒的生产技术

## 一、葡萄的成熟与采收

一般葡萄从坐果开始，到完全成熟，要经过以下几个阶段。

① 幼果期：葡萄从坐果开始，到转色以前。这一时期，幼果迅速膨大，并保持绿色，质地坚硬。

② 转色期：是指葡萄浆果着色的时期。在这期间，浆果不再膨大。果皮叶绿素大量分解，变成半透明的浅黄色，或变成红色、紫红色。浆果含糖量大量上升，含酸量开始下降。

③ 成熟期：从转色期结束，到浆果成熟。在此期间，浆果再次膨大，着色进一步加深，果汁的含酸量迅速降低，含糖量逐渐增高。

④ 过成熟期：浆果成熟以后，浆果与葡萄植株之间的物质交换已经停止。由于浆果内部水分的蒸发，而使浆果的糖度和固形物含量继续升高。

对于大量生产的葡萄酒，葡萄浆果达到生理成熟期，就应该采收、加工。对于制作特种要求的葡萄酒，例如做冰葡萄酒、贵腐葡萄酒或制作高酒度、高糖度的葡萄酒来说，需要采收过成熟的葡萄。

为了科学地确定葡萄浆果的成熟时间，决定最佳的采收期，可以根据成熟系数的值，来分析判断。成熟系数是指葡萄的糖酸比。如果用$M$表示成熟系数，$S$表示含糖量，$A$表示含酸量，成熟系数则为：$M=S/A$。

在葡萄的成熟过程中，葡萄浆果的含糖量不断升高，含酸量急剧下降，所以成熟系数$M$的值迅速升高。对于某一个具体的葡萄品种来说，当葡萄已经达到生理成熟，其含糖量和含酸量很少变化，这时成熟系数的值也相对稳定。一般来说，要做高质量的葡萄酒，$M$的值必须大于20。

人们应该根据葡萄的成熟系数，根据葡萄加工的能力和条件，确定葡萄的采收期。

一般选择无青果、无霉烂果、糖度在18度以上的红葡萄后，将葡萄的果实和葡萄梗分开，根据不同质量的葡萄加入适量的$SO_2$，一般用量推荐50mg/L葡萄，这样可避免葡萄酒里出现葡萄梗的草本味道以及丹宁极强的涩味。

## 二、葡萄的破碎加工

成熟的葡萄采收后，要尽快送到加工地点，进行破碎加工，尽量保证破碎葡萄的新鲜度。为此，有的把葡萄酒厂建在葡萄园里；有的把葡萄破碎机安装在葡萄园里，这样可以保证采收的葡萄即时加工。

葡萄破碎的目的，是使葡萄果粒破裂而释放出果汁。对红葡萄酒加工而言，一般要求尽量高的果粒破碎率和除梗率。

如果要生产新鲜的果香型红葡萄酒，需要在一部分葡萄果粒内进行发酵。这样只要将部分的葡萄果粒破碎，保留20%～30%的整粒葡萄。这种发酵方法，由于$CO_2$的浸取作用，使葡萄皮中的芳香物质更多地释放出来。

葡萄酒发酵，也有破碎时不除梗，使葡萄皮和葡萄梗一起混在葡萄醪中进行发酵。这样有利于皮渣的压榨，还能补充红原酒草木的芳香和丹宁的口味。

一般红酒的颜色和口味结构主要来自葡萄皮中的红色素和单宁等，所以必须先破皮让葡萄汁液能和皮接触，以释出这些多酚类的物质。葡萄梗的单宁较强劲，通常会除去，有些酒厂为了加强单宁的强度会留下一部分的葡萄梗。酿制红酒的时候，葡萄皮和葡萄肉是同时压榨的，红酒中所含的红色色素，就是在压榨葡萄皮的时候释放出的。就因为这样，所有红酒的色泽才是红的。

通常使用的葡萄破碎机，是葡萄破碎和除梗过程同时完成。整穗的葡萄经过破碎机上对向滚动的一对辊轴，把葡萄挤碎，落入破碎机的卧式筛笼内。筛笼内有一个能快速转动的轴杆，轴杆上安有许多齿钉，把葡萄梗分离出去。葡萄浆从筛笼的孔落入接受槽里，由活塞泵或转子泵，把葡萄浆输送到发酵罐里。

葡萄破碎机的工作能力，为5～50t/h不等。应根据葡萄酒厂的生产规模，选择配备葡萄破碎机。

在进行葡萄破碎时，要同时按葡萄重量加入50～60mg/kg的$SO_2$，可以亚硫酸的形式加入，或随着葡萄破碎机一起加入，或随破碎后的葡萄浆加入，加入的$SO_2$一定要均匀。它对防止杂菌和野生酵母的繁殖，保证葡萄酒酵母菌的纯种发酵极端重要。

## 三、红葡萄酒的主发酵

一般红葡萄酒的发酵容器多种多样。现代国内外普遍采用不锈钢发酵罐，也有用碳钢罐，必须进行防腐涂料处理。或者用水泥池子，经过防腐涂料处理。传统的生产方法，红葡萄酒发酵是在橡木桶内进行的。

红葡萄酒的发酵容器可大可小，根据企业的生产规模来决定。小的发酵容器是几吨或十几吨，大型的发酵容器每个几十吨或100多吨。

现代最先进的工艺，发酵红葡萄酒的工艺流程是：

葡萄破碎入罐（加入50～60mg/kg $SO_2$）→加入果胶酶（用量30～50mg/L）→加入活性干酵母及酵母的营养素（干酵母用量200mg/L $NH_3H_2PO_4$ 用量300mg/L）→自发酵开始24h加入丹宁（200～250mg/L）。

红葡萄酒浸渍发酵的温度控制在20～28℃。从接入酵母菌开始，每天开放式倒罐两次，每次倒罐量50%。倒罐时应喷淋整个皮渣的表面，测温度、密度，绘制发酵曲线，并根据发酵曲线，及时调整发酵过程的控制。

加活性干酵母的方法是，将每千克活性干酵母，加入10千克35～38℃纯净水里，再加入1kg白砂糖，不停地搅拌。待酵母开始再生，有大量的泡沫冒起来时，加入酵母液容量5倍的葡萄浆，混合后用泵打到酒罐的上面。

如果葡萄浆的实际含糖量在200g/L以上，这样的葡萄浆发酵成红葡萄酒后，酒精度自然就能达到12%或12%以上。这种葡萄浆不需要补充糖。如果葡萄浆的实际含糖量在200g/L以下，为了发酵生成12%的红原酒，在红葡萄浸渍发酵过程中，要补加白砂糖。

加糖时，先将需添加的蔗糖在部分葡萄汁中溶解，然后加入发酵罐中。添加蔗糖以后，必须倒一次罐，使加入的糖均匀分布在葡萄汁中。添加蔗糖的时间，最好在发酵最旺盛的时候，即当葡萄汁的糖度消耗一半时。可将需要添加的蔗糖一次性加入。

按国外最新的工艺发酵红葡萄酒，主发酵时需要添加活性干酵母、果胶分解酶、丹宁或橡木素。这对提高和保证红葡萄酒的质量，是非常重要的措施。有选择地加入活性干酵母，能保证发酵过程的纯正性，可改善红葡萄酒的风味，提高红葡萄酒的色泽。加入果胶分解酶，有利于提取葡萄皮中的色素，并能提高出汁率。主发酵时添加丹宁或橡木素，能有效地保护红葡萄酒中的色素，使红葡萄酒的色素更稳定，并能改善红葡萄酒的口味，增加结构感。

传统的工艺发酵红葡萄酒，没有以上的添加物质，靠葡萄果粒上附着的野生酵母自然发酵。红葡萄酒的自然发酵过程，由于在葡萄破碎时加入60mg/kg左右的$SO_2$，二氧化硫对杂菌和野生酵母有杀灭作用。在自然发酵过程中的葡萄酒酵母，由于它耐受$SO_2$的能力强，在发酵过程中耐高温、耐酒精的能力也强，因而在自然发酵的过程中，葡萄酒酵母得以大量繁殖，并能顺利地完成酒精发酵过程。但可以肯定的是，自然发酵对葡萄酒风味的影响是难以预测的，在个别情况下，可能使发酵的酒产生不良的口味和气味。

红葡萄酒的主发酵过程一般是6～7天。当发酵汁含残糖达到5g/L以下时，进行皮渣分离。分离出来的自流汁，应该单独存放和管理。自流汁控干后，立即对皮渣进行压榨，压榨汁也应该单独存放和管理。

## 四、红葡萄酒的后发酵

红葡萄酒的后发酵过程，也叫苹果酸-乳酸发酵过程。这个过程是在乳酸细菌的作用下，将苹果酸分解成乳酸和$CO_2$的过程。经过苹果酸-乳酸发酵的红葡萄酒，尖酸降低，果香醇香加浓，口感柔谐肥硕，才称得上名副其实的红葡萄酒。

在细胞体内所进行的一切生物化学反应，都必须在特异性酶的作用下才能进行。苹果酸发酵生成乳酸的过程，是在苹果酸-乳酸酶的作用下完成的。该酶的活动，需要$Mn^{2+}$激活。

传统的工艺生产红葡萄酒，苹果酸-乳酸发酵是自然进行的。成熟的葡萄果粒上，不仅附着酵母菌，也附着有乳酸细菌。随着葡萄的加工过程，葡萄皮上的乳酸细菌，转移到葡萄醪中，又转移到主发酵以后的葡萄原酒中。

如果要进行自然地苹果酸-乳酸发酵，需要控制下列的工艺条件：葡萄破碎时加入60mg/kg的$SO_2$；主发酵完成后并桶，保持容器的“添满”状态，严格禁止添加$SO_2$处理；保持贮藏温度在20～25℃。在上述条件下，经过30天左右，就自然完成了苹果酸-乳酸发酵。

现在红葡萄酒苹果酸-乳酸发酵，大多采用人工添加乳酸细菌的方法，人为地控制苹果酸-乳酸发酵。首先人们选择那些能适应葡萄酒条件的乳酸菌系，将它们工业化生产成活性干乳酸菌。活性干乳酸菌可以经过活化以后，接种到葡萄酒中。也有的活性干乳酸菌，不经过活化处理，就可以直接接种到葡萄酒中。其发酵要求的工艺条件与苹果酸-乳酸自然发酵控制的条件一样。

经过30天左右的后发酵，当检测红葡萄原酒中不存在苹果酸了，说明该发酵过程已经结束，应立即往红原酒中添加50～80mg/kg的$SO_2$，控制乳酸细菌的活动，并通过过滤倒桶，把红原酒中的乳酸细菌和酵母菌分离掉。否则乳酸细菌将继续活动，分解酒石酸、甘油、糖等，引起酒石酸发酵病、苦味病、乳酸病、油脂病、甘露糖醇病等，这时的乳酸细菌由有益菌变成有害菌。

苹果酸-乳酸发酵是提高红葡萄酒质量的必需工序。苹果酸-乳酸发酵过程由乳酸菌自发开始，将稍显硬的苹果酸转变为更软、更圆的乳酸菌，而且使葡萄酒变得更加柔和圆润。这一发酵过程必须保证满罐、密封。结束后添加$SO_2$至50mg/L。

葡萄酒苹果酸-乳酸发酵研究，奠定了现代葡萄酒工艺学的基础。要生产优质红葡萄酒，首先是酵母菌完成对糖的主发酵，然后是乳酸菌完成将苹果酸转化成乳酸的后发酵。当葡萄酒中不再含有糖和苹果酸时，葡萄酒才具有生物稳定性，必须立即除去葡萄酒中所有的微生物。

## 五、 分离和榨汁

测定葡萄酒的相对密度降至1及以下（或测定含糖量低于2g/L）时，开始皮渣分离。在酿酒桶里发酵完毕，葡萄液呈现需要分离的两部分：一部分是液体，称为自流汁，自然地从桶底部流出；另一部分称为榨汁，需要从葡萄液的剩余固体部分压榨出来。待榨汁的颜色较深，含更多的丹宁，浓缩度更高，但不及自流汁细腻。根据葡萄酒工艺学家对这款葡萄酒的设想，可以对榨汁再利用或处理。

## 六、 红葡萄原酒的贮藏和陈酿

红葡萄原酒后发酵完成后，要立即添加足够量的$SO_2$。一方面能杀死乳酸细菌，抑制酵母菌的活动，有利于红原酒的沉淀和澄清。另一方面，$SO_2$能防止红原酒的氧化，使红原酒进入安全地贮藏陈酿期。

根据酿酒葡萄的品种不同，特别是市场消费者对红葡萄酒产品的要求不同，决定红葡萄酒贮藏陈酿的时间长短。有些红葡萄品种如玫瑰香、美乐、黑虎香等，适合酿造新鲜的、果香型浓郁的红葡萄酒。当年酿造的红葡萄酒，经过澄清处理和稳定性处理，即可上市销售。待第二年葡萄季节到来之前，要全部销完。这种类型的红葡萄酒，其平均的贮藏陈酿期只有半年。有些世界上著名的红葡萄酒品种，如赤霞珠、蛇龙珠、品丽珠、西拉等，适合酿造陈酿型的红葡萄酒，其原酒必须经过2～6 年，甚至更长时间的贮藏陈酿，才能尽善尽美。每一种葡萄酒，发酵刚结束时，口味比较酸涩、生硬，为新酒。新酒经过贮藏陈酿 ，逐渐成熟，口味变得柔协舒顺，达到最佳饮用质量。再延长贮藏陈酿时间，饮用质量反而越来越差，进入葡萄酒的衰老过程。从贮藏管理操作上讲，一般应该在后发酵结束后，即当年的11～12 月份，进行一次分离倒桶。把沉淀的酵母和乳酸细菌（酒脚、酒泥）分离掉，清酒倒到另一个干净容器里满桶贮藏。第二次倒桶待来年的 3～4 月份。经过一个冬天的自然冷冻，红原酒中要分离出不少的酒石酸盐沉淀，把结晶沉淀的酒石酸盐分离掉，有利于提高酒的稳定性。第三次倒桶待第二年的 11 月份。在以后的贮藏管理中，每年的 11 月份倒一次桶即可。

红葡萄酒的贮藏陈酿容器各种各样，大致可分成两点。一类是不对葡萄酒的风味和口味造成影响的贮藏容器，如不锈桶、防腐涂料的碳钢桶、防腐涂料的水泥池等。这类贮藏容器，多数是大型容器，小的容器也有几十吨，大的容器每个几百吨、上千吨。这类容器的特点是不渗漏，不与酒反应，结实耐用，易清洗，使用方便，价格低廉。红葡萄酒贮藏在这种大型的容器里，自然要发生一系列的化学反应和物理-化学反应，使葡萄酒逐渐成熟。另一类的贮酒容器，其有效成分要浸溶到红葡萄酒里，影响红葡萄酒的风味和口味，直接参入葡萄酒质量的形成。如橡木桶容器贮藏葡萄酒，橡木的芳香成分和单宁物质浸溶到葡萄酒中，构成葡萄酒陈酿的橡木香和醇厚丰满的口味。要酿造高质量的红葡萄酒，特别是用赤霞珠、蛇龙珠、品丽珠、西拉等品种，酿造高档次的陈酿红葡萄酒，必须经过橡木桶或长或短时间的贮藏，才能获得最好的质量。

**1. 橡木桶中的培养**

此过程对红葡萄酒比对白葡萄酒重要，几乎所有高质量的红葡萄酒都经橡木桶的培养，因为橡木桶不仅补充红葡萄酒的香味，同时提供适度的氧气使酒圆润和谐。培养时间的长短依据酒的结构、橡木桶的大小新旧而定，通常不会超过两年。

**2. 酒槽中的培养**

红葡萄酒培养的过程主要为了提高稳定性、使酒成熟，口味和谐，乳酸发酵、换桶、短暂透气等都是不可少的工序。期间，酒里一定数量的组成成分会充分融合一起，酒味因此变得更加丰富，更爽口，在一些情况下酒质会更成熟。因此，针对更适合在年轻期时得到消费的果味酒，培养定在酒槽里进行，以便强化酒香和促进日后在瓶中的陈酿。

上述橡木桶不仅是红葡萄原酒贮藏陈酿容器，更主要的它能赋予高档红葡萄酒所必需的橡木的芳香和口味，是酿造高档红葡萄酒必不可缺小的容器。

由于橡木桶中可浸取的物质是有限的。一个新的橡木桶，使用 4～5 年，可浸取的物质就已经贫乏，失去使用价值，需要更换新桶。而橡木桶的造价又是很高的，这样就极大地提高了红葡萄酒的成本。

最近几年，国内外兴起用橡木片浸泡红葡萄酒，代替橡木桶的作用，取得很好的效果。经过特殊工艺处理的橡木片，就相当于橡木桶内与葡萄酒接触的内表层刮成的片。凡是橡木桶能赋予葡萄酒的芳香物质和口味物质，橡木片也能赋予。橡木片可按2/1000～4/1000的用量，加入到大型贮藏红葡萄酒的容器里，不仅使用方便，生产成本很低，而且能极大地改善和提高产品质量，获得极佳的效果。

## 七、红葡萄酒的澄清与过滤

红酒是否清澈跟酒的质量没有太大的关系，除非是因为细菌感染使酒浑浊。但为了美观，或使酒结构更稳定，通常还是会进行澄清的程序。酿酒师可依所需选择适当的澄清法。

一般刚装瓶的葡萄酒，或刚出厂的葡萄酒，应该是澄清、晶亮、有光泽。瓶装葡萄酒随着装瓶时间的延长，特别是瓶装红葡萄酒，装瓶2～3年以后，普遍会出现浑浊或沉淀现象。虽然多年装瓶的红葡萄酒，沉淀现象是不可避免的，而且这种沉淀的红葡萄酒，不影响饮用质量。但广大的消费者，对浑浊的葡萄酒，特别是对有沉淀物的葡萄酒，从感情上不能接受，不能认可。有些人甚至把浑浊沉淀的葡萄酒，视为变质的葡萄酒，不敢饮用 ，要求退货，都是经常发生的。因此，葡萄酒生产者必须把葡萄酒做得澄清、晶亮、有光，而且应该使装瓶后的葡萄酒，在尽可能长的时间里，保持这种澄清状态。

葡萄酒的澄清，分自然澄清和人工澄清两种方法。

新酿成的红葡萄酒里，悬浮着许多细小的微粒，如死亡的酵母菌体和乳酸细菌体、葡萄皮、果肉的纤细微粒等。在贮藏陈酿的过程里，这些悬浮的微粒，靠重心的吸引力会不断沉降，最后沉淀在罐底形成酒脚（酒泥）。罐里的葡萄酒变得越来越清。通过一次次转罐倒桶，把酒脚（酒泥）分离掉，这就是葡萄酒的自然澄清过程。

（1）自然澄清过程　红葡萄酒单纯靠自然澄清过程，是达不到商品葡萄酒装瓶要求的。必须采用人为的澄清手段，才能保证商品葡萄酒对澄清的要求。

（2）人工澄清方法　人工澄清方法有以下几种。

① 下胶　下胶就是往葡萄酒中加入亲水胶体，使之与葡萄酒中的胶体物质和以分子团聚的丹宁、色素、蛋白质、金属复合物等，发生絮凝反应，并将这些不稳定的因素除去，使葡萄酒澄清稳定。

为了使葡萄酒中的胶体和不稳定的大分子团发生絮凝沉淀，必须使其发生两方面的变化，即通过吸附带相反电荷的粒子失去电性，或者通过粒子的相互吸附增加粒子的质量。

红葡萄酒的下胶，通常采用蛋白质类下胶剂，如酪蛋白（来源于牛乳）、清蛋白（来源于蛋青）、明胶（来源于动物组织）、鱼胶（来源于鱼鳔）。蛋白胶在葡萄酒内能形成带正电荷胶体分子团。

红葡萄酒加胶的效果，一方面取决于红葡萄酒的温度，温度最好在20℃左右。如果温度超过25℃，下胶的效果就很差。另一方面取决于红葡萄酒中丹宁的含量。一般采用先往红葡萄酒中补加单宁，而后再加胶，这样效果更好。

往红葡萄酒中下胶的方法是，把需要的下胶量称好，提前一天用温水浸泡，充分搅拌均匀。加胶的数量，应通过小型试验来确定，一般为20～100mg/L。

下胶是人为方法加速红葡萄酒的自然澄清过程。

② 过滤　过滤是使葡萄酒快速澄清的最有效手段，是葡萄酒生产中重要的工艺环节。

随着科学技术的进步，过滤的设备，特别是过滤的介质材料，不断地改进，因而过滤的精度也不断地提高。过去在葡萄酒工业上普遍使用的棉饼过滤，已被淘汰。现在葡萄酒工业广泛采用的过滤设备有以下几种。

a. 硅藻土过滤机　多用于刚发酵完的红原酒粗过滤。在硅藻土过滤机内，有孔径很细的不锈钢丝网。过滤时选择合适粒度的硅藻土，在不锈钢滤网上预涂过滤层。在过滤过程中，硅藻土随着被过滤的原酒连续添加，使过滤持续进行而不阻塞。

硅藻土过滤机有立式的、卧式的。过滤面积有大有小，过滤速度可快可慢。这种过滤设备在啤酒工业和葡萄酒工业上广泛使用。

b. 板框过滤机　是由交错排列的板框构成的。板框的作用是将要过滤的液体，分布到整个过滤介质的表面，使其通过，达到过滤目的。

板框过滤机所使用的过滤介质，是用纤维素和硅藻土制成的滤板。滤板设计的截留方式，是将颗粒俘获在滤板内部，而不是在滤板的表面形成一层滤饼。滤板通过的微粒孔径可大可小，能人为控制。可进行澄清过滤，也可进行除菌过滤。

在红葡萄酒生产过程中，板框过滤机多用于装瓶前的成品过滤。

c. 膜式过滤机　用于装瓶前的除菌过滤。柱状的滤芯是由滤膜叠成。为达到除菌过滤的目的，滤膜上孔径的大小是至关重要的。除去酵母细胞孔径要小于0.65μm，除去细菌的过滤孔径要小于0.40μm。

③ 离心　离心处理可以除去葡萄酒中悬浮微粒的沉淀，从而达到葡萄酒澄清的目的。在红葡萄酒生产中应用不多。

## 八、 红葡萄酒的稳定性处理

澄清的红葡萄酒装瓶以后，经过或长或短时间的存放，会发生浑浊和沉淀。葡萄酒生产者的任务，就是要通过合理的工艺处理，使装瓶的红葡萄酒，在尽量长的时间里，保持澄清和色素稳定。

葡萄酒的浑浊是指澄清的葡萄酒重新变浑或出现沉淀。按红葡萄酒浑浊的原因，可归结为三种类型的浑浊，即微生物性浑浊、氧化性浑浊和化学性浑浊。防止微生物性浑浊的措施是将葡萄酒加热杀菌，或通过无菌过滤的方法，将葡萄酒中的细菌或酵母菌统统除去。防止氧化性浑浊的方法是，在葡萄酒贮藏时，及时添加$SO_2$，保持一定游离$SO_2$含量，可有效地防止氧化。在红葡萄酒装瓶时，添加一定量的维生素C。维生素C和游离$SO_2$容易和葡萄酒中的游离氧结合，保护葡萄酒不被氧化。葡萄酒的化学性浑浊，是由于葡萄中含有过量的金属离子或非金属离子。通过合理的工艺，把这些不稳定的因素除去，就可以提高葡萄酒的化学稳定性。

为了提高红葡萄酒的稳定性，通常采取以下工艺措施。

(1) 葡萄酒的热处理　红葡萄酒的热处理有两种作用，一方面热处理能加速红葡萄酒的成熟，促进氧化反应、酯化反应和水解反应。另一方面，热处理能提高葡萄酒的稳定性。热处理有以下几种提高稳定性的作用：热处理能引起蛋白质的凝絮沉淀；热处理可使过多的铜离子变成胶体而除去；热处理可使葡萄酒中保护性胶体粒子变大，加强其保护作用；热处理可以破坏结晶核，不容易发生酒石沉淀；加热有杀菌作用，可防止微生物引起的浑浊沉淀；加热还能破坏葡萄酒中的多酚氧化酶，防止葡萄酒的氧化浑浊。

红葡萄酒热处理的方法有三种：一种是把装瓶的红葡萄酒在水浴中加热，品温达到70℃，保温15min；第二种方法是热装瓶，就是将45～48℃的葡萄酒趁热装瓶，自然冷却；第三种方法是对大量要处理的散装葡萄酒，通过薄板热交换器，在温度较高的情况下，瞬间加热，也能达到热稳定的目的。

(2) 葡萄酒的冷处理　葡萄酒的低温处理，一方面能改善和提高葡萄酒的质量，越是酒龄短的新酒，冷却改善感官质量的效果就越明显。另一方面，冷却对提高葡萄酒的稳定性，效果特别显著，是提高瓶装葡萄酒稳定性最重要的工艺手段。

冷却提高葡萄酒稳定性的作用，主要表现在以下几方面；冷却可以加速葡萄酒中酒石的结晶，通过过滤或离心，可把沉淀的酒石分离掉；冷却可使红葡萄酒中不稳定的胶体色素沉淀，趁冷过滤可分离掉；冷却能促进正价铁的磷酸盐、单宁酸盐、蛋白质胶体及其他胶体的沉淀。经过低温冷却的葡萄酒，在低温下过滤清后，其稳定性要显著提高。

目前人工冷却葡萄酒通常有两种方法。一种是把葡萄酒在冷却桶里，冷却降温，使温度达到该种葡萄酒冰点以上1℃的温度，在该温度下保温7天，趁冷过滤，即达到冷却目的。另一种方法是用速冷机冷冻葡萄酒，使葡萄酒瞬间达到冰点，即可趁冷过滤，也有冷冻效果。

(3) 提高葡萄酒稳定性的其他方法　阿拉伯树胶能在葡萄酒中形成稳定性胶体，能防止澄清葡萄酒的胶体浑浊和沉淀。用阿拉伯树胶稳定红葡萄酒，用量为200～250mg/L。在装瓶过滤前加入。

偏酒石酸溶于葡萄酒里，由于它本身的吸附作用，能分布在酒石结晶的表面，阻止酒石结晶沉淀，能在一定的时间里延长葡萄酒的稳定期。

## 九、红葡萄酒的病害及防治

葡萄酒是有生命的饮料酒。由于葡萄酒的酒度低，营养成分丰富，因而葡萄酒容易受到微生物的侵染，引起各种微生物病害。据现代仪器分析，葡萄酒的化学成分有600种，由于各种成分之间的化学反应，引起葡萄酒的浑浊沉淀，称为葡萄酒的破败病。由于葡萄原料、加工设备、加工工艺的不洁净、不合理，使葡萄酒的风味不洁不净有缺陷，也属于葡萄的病害。

（1）红葡萄酒的微生物病害　葡萄酒中的微生物，分好氧性微生物和厌氧性微生物。由好氧性微生物引起的葡萄酒病害，常见的是酒花菌病害和醋酸菌病害。

① 酒花菌病害　酒花菌是一种好氧性酵母菌，在葡萄酒的表面，与空气接触，出芽繁殖很快。在不满的贮酒桶、贮酒池表面繁殖，能形成一层灰白色的膜，逐渐加厚，出现皱纹。

② 醋酸菌病害　酒花菌能引起葡萄酒中的乙醇和有机酸分子氧化，把乙醇氧化成二氧化碳和水，其中间产物是乙醛。感染酒花病的葡萄酒，酒度降低，酒味变淡，像掺了水一样。由于乙醛的含量升高，使葡萄酒有一种不愉快的氧化味。

（2）防止酒花菌的措施　一般防止酒花菌的措施是，盛酒的容器要清洁卫生，经过 $SO_2$ 消毒杀菌。盛装葡萄酒时，容器一定要满。防止葡萄酒长时间与空气接触。

# 第五节 果香型红葡萄酒的特殊工艺与技术

## 一、概述

葡萄酒按香型可分为陈酿型葡萄酒和果香型葡萄酒。陈酿型葡萄酒又称氧化型葡萄酒，是按传统工艺生产的原酒经过两年或两年以上贮藏的葡萄酒，具有陈酿的酒香和优雅的果香。果香型葡萄酒又称还原型葡萄酒，是按新工艺生产的葡萄酒，原酒在加工的过程中要防止氧化，经几个月的加工处理，甚至时间更短即可出厂，具有新鲜浓郁的果香及酵母产生的酒香。

我国的红葡萄酒生产，目前主要是按传统工艺生产的陈酿型甜红葡萄酒和陈酿型干红葡萄酒。近几年有的厂家也开始生产果香型红葡萄酒，产品有鲜明的个性特点，丰富了红葡萄酒的花色品种。这种果香型红葡萄酒的酿造工艺还鲜为人知。本文旨在介绍和推广这种红葡萄酒酿造的新工艺。

## 二、葡萄原料

生产好的果香型红葡萄酒，最重要的条件是选择好的葡萄原料。所谓好的葡萄原料，是指葡萄的品种好、成熟度好、新鲜度好。

### 1. 品种

不同的葡萄品种具有不同的香味和口味。葡萄酒质量的好坏，主要取决于所采用的酿造葡萄品种。果香型红葡萄酒是采用优良的红葡萄品种酿造的。适合酿造果香型红葡萄酒的主要葡萄品种有以下几种。

① 梅鹿辄，它是法国波尔多地区主要栽培品种之一，也是生产世界上著名的波尔多红葡萄酒的主要品种之一。

② 黑比诺，用它酿制的红葡萄酒色泽明快，呈宝石红色，具特殊的青果香味，口味细腻，回味完好。

③ 法国蓝又称玛瑙红，是酿造红葡萄酒的优良品种。所酿造的红葡萄酒，呈宝石红，果香良好，滋味醇和，酒体协调。

④ 玫瑰香，具有浓郁的玫瑰香气，是理想的生食品种。用它酿成的红葡萄酒具有浓郁的品种香，香气悦人。

**2. 成熟度**

不言而喻，用不成熟或成熟度不好的葡萄是酿不出好葡萄酒的。葡萄的成熟度好是酿造好葡萄酒的先决条件之一。因为成熟度好的葡萄含糖高，含酸低，具有理想的糖酸比。更重要的是，达到生理成熟的葡萄，香精油的含量最大，葡萄的品种香最丰满，用这种葡萄酿成的果香型葡萄酒，才能具有丰满完整的果香。

**3. 新鲜度**

新鲜度好的葡萄，色泽鲜艳，符合品种色泽要求，果粒的表面有一薄层粉霜。使用新鲜度好的葡萄酿成的葡萄酒，果香清新而浓郁，口味爽净，所以酿造果香型红葡萄酒要求葡萄具有更好的新鲜度。在葡萄采收的同时要做好分选工作，即先挑选成熟度好、质量好的葡萄穗采收。在葡萄运输的过程中，要保持果穗完整，防止破粒和脱粒现象。从葡萄采收到加工的时间要尽量缩短，最好在葡萄采收后 3～8h 即能加工。

葡萄生长的气候条件和土壤条件对葡萄的质量有直接影响。生产果香型红葡萄酒用的葡萄，要选择好的土壤条件。含钙质高的沙壤土和轻黏土，有利于葡萄果香的形成，可赋予葡萄酒优雅的果香。

## 三、 整穗葡萄发酵生产果香型红葡萄酒的工艺

葡萄不经破碎，整穗葡萄入罐发酵，按此工艺可以在短时间里生产出果香很浓的红葡萄酒。

整穗葡萄发酵的工艺流程如图 6-2 所示。

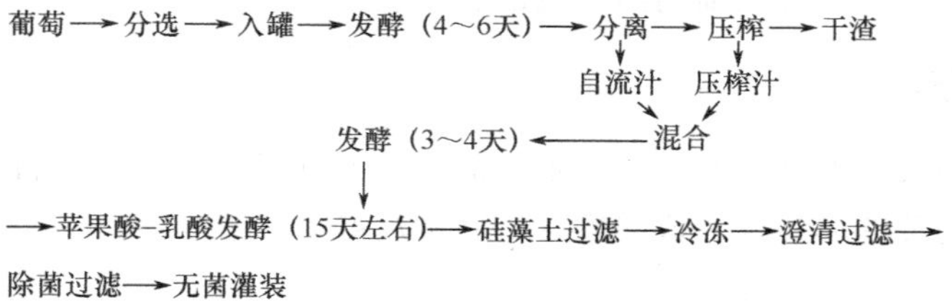

葡萄 → 分选 → 入罐 → 发酵（4～6天）→ 分离 → 压榨 → 干渣

分离 → 自流汁；压榨 → 压榨汁

自流汁、压榨汁 → 混合 → 发酵（3～4天）

→ 苹果酸-乳酸发酵（15天左右）→ 硅藻土过滤 → 冷冻 → 澄清过滤 →

除菌过滤 → 无菌灌装

图 6-2　整穗葡萄发酵生产果香型红葡萄酒的工艺

整穗葡萄入罐发酵操作要点如下。

① 发酵罐可使用20t的不锈钢罐，罐身高3m，要求底部有外冷却带或者罐内底部有冷却片或冷却盘管。有外冷却带的发酵罐，使用和清洗方便。使用有内冷却的发酵罐，冷却效率高，但清洗不方便。

② 整穗葡萄不经破碎，由输送带把葡萄输入发酵罐里，葡萄入罐后，由于摔跌挤压，有一部分葡萄粒破碎流汁，使罐底部的葡萄浸泡在汁里。随着时间的推移，汁上浸越来越高。加入50mg/kg的$SO_2$。

③ 将罐底部浸泡葡萄的汁冷却，控制发酵温度在20～26℃。

④ 加入活性干酵母。活性干酵母的使用量为1kg/10000kg葡萄。加酵母的方法是，取5kg葡萄汁，5kg软化水混合起来。将1kg活性干酵母加入10L葡萄汁和软化水的混合液里搅拌12h，加入盛10000kg葡萄的发酵罐里。不同大小的罐按此比例推算。如果酵母来源困难，也可以把酵母经过一级或二级扩大培养后，加入发酵罐里。

⑤ 在发酵过程里对果汁进行循环，每天循环2次。

⑥ 发酵旺盛时加糖。从罐的底部放出汁，把糖化开，泵入罐中循环均匀。

在这个发酵过程中，除了得到酒精外，更主要的是为了得到葡萄的香气。因为葡萄的果香、单宁、色素等物质是构成果香型红葡萄酒的要素，它们主要存在于葡萄皮中。这种发酵方法产生的$CO_2$充满罐中，$CO_2$包围葡萄果粒，起到$CO_2$浸提作用，能有效地提取葡萄皮中的果香、单宁和色素，是传统的发酵方法所不具备的。

⑦ 经过4～6天的浸提发酵，把自流汁放出来，将发酵后的葡萄压榨。压榨可采用螺旋压榨机、双压板压榨机或气囊式压榨机。自流汁和压榨汁质量不一样，所占比重也是不一样的。把同等比例的汁和压榨汁混合起来进行3～4天的发酵，发酵温度控制在18～20℃。残糖达到3g /L以下，主发酵结束。

⑧ 主发酵结束以后，还需要进行苹果酸-乳酸发酵。不加苹果酸-乳酸发酵菌种，控制温度18～20℃，大约15天的时间即可完成苹果酸-乳酸发酵过程。苹果酸-乳酸发酵是否完成，可用纸上色谱法进行检验。苹果酸-乳酸发酵结束后，补加$SO_2$，使游离$SO_2$达到20mg/kg

⑨ 用硅藻土过滤机进行过滤。入冷冻罐冷冻除去酒石。

⑩ 澄清过滤，除菌过滤，无菌灌装。装瓶后保存酒的温度在10～12℃，喝酒的最佳温度12～14℃。在1年内饮用效果最佳。

按此工艺生产果香型红葡萄酒，从葡萄加工到成品装瓶，最短1个月的时间，即可生产出质量很好的果香型红葡萄酒。

## 四、葡萄破碎发酵生产果香型红葡萄酒工艺

葡萄经过破碎，入罐发酵，严格控制发酵条件和贮藏管理条件，也能生产出质量很好的果香型红葡萄酒。

葡萄破碎发酵生产果香型红葡萄酒的工艺流程如图6-3所示。

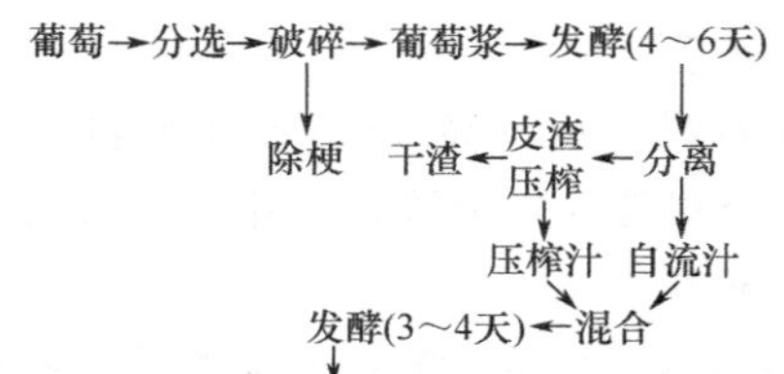


苹果酸-乳酸发酵(15天)左右→并桶→倒桶→贮存→硅藻土过滤→
冷冻→澄清过滤→除菌过滤→无菌灌装

图 6-3 葡萄破碎发酵生产果香型红葡萄的工艺流程

按此工艺生产果香型干红葡萄酒的操作要点如下。

① 必须挑选成熟度好、新鲜度好的葡萄原料，进厂的葡萄要立即加工。

② 葡萄破碎除梗，破碎时加入偏重亚硫酸钾 12g/100kg 葡萄。用水化开，均匀滴加。

③ 葡萄入罐 12h，加入活性干酵母。酵母的用量为 1kg/10000kg 葡萄。酵母的加法是：取 50%的软化水，50%的葡萄汁混合，干酵母与此种混合汁的比例为 1∶10，搅拌 1～2h，加入发酵罐里循环 1h，使酵母在罐里均匀分布并起到通气作用。

④ 发酵温度控制在 26℃以下，每天循环两次，用循环汁充分喷淋浮在罐上部的皮渣。每次循环要使罐里的汁全部倒一遍。如果罐里有 20t 发酵汁，泵的能力为 20t/h，即每次倒桶 1h。

⑤ 当发酵最旺盛时（醒液浓度下降 1/2），第 1 次加入白砂糖，第 1 次加糖量应为全部需要加糖量的 2/3。

⑥ 发酵 4～6 天，当醒液的浓度接近零时，立即进行分离。如果醒液的颜色达到要求也可提前分离。

⑦ 分离后的皮渣，立即进行压榨。压榨要轻些，压榨汁并入自流汁里，立即进行第 2 次加糖，并给酵母补充养分磷酸二氢铵，添加量为 500g/10000L。控制温度 18～20℃，继续发酵 3～4 天，当残糖达到 2g /L 以下时，主发酵结束。

⑧ 控制温度 18～20℃，进行苹果酸-乳酸发酵，时间 15 天左右。苹果酸-乳酸发酵是否完成，用纸上色谱进行检验。

⑨ 苹果酸-乳酸发酵结束后，分离酒脚，品尝并桶，补加 $SO_2$，使游离 $SO_2$ 达到 20mg/kg。

⑩ 当年 11 月份进行第 1 次倒桶。露天贮存，借冬天低温自然冷冻。来年的 3～4 月份进行硅藻土过滤。

经硅藻土过滤的酒即可入冷冻罐，冷冻除去酒石。然后经澄清过滤，除菌过滤，检验合格即可无菌灌装。

按此工艺生产果香型红葡萄酒，使用一般葡萄酒厂的通用设备即可生产。如果葡萄的品种好，成熟度好，新鲜度好，严格控制发酵条件，严格工艺操作，只需 3 个月的时间即可生产出质量很好的果香型红葡萄酒。

# 第六节 典型工业化干红葡萄酒的酿造工艺流程

## 一、概述

典型工业化干红葡萄酒酿造，是将红葡萄原料破碎后，使皮渣和葡萄汁混合发酵。在葡萄酒的发酵过程中，将葡萄糖转化为酒精的发酵过程和固体物质的浸取过程同时进行。通过葡萄酒的发酵过程，将葡萄果浆变成红葡萄酒，并将葡萄果粒中的有机酸、维生素、微量元素及单宁、色素等多酚类化合物，转移到葡萄原酒中。葡萄原酒经过贮藏、澄清处理和稳定处理，即成为精美的干红葡萄酒。

## 二、干红葡萄酒的酿造生产工艺

干红葡萄酒生产工艺现在有如下几种：①传统浸提发酵法；②浸提发酵法；③二氧化碳浸渍法；④旋转发酵罐法；⑤连续发酵法；⑥锥底罐发酵法。

### 1. 浸提发酵法

选择符合工艺要求的红葡萄，除梗破碎后送入发酵容器中，进入的葡萄量约为容积的4/5，同时均匀适量调整二氧化硫。此时可加入果胶酶，尔后加入人工酵母，发酵温度控制在25℃，不超过30℃。每天打循环或采取其他方法，保持果皮浸渍在果汁中，防止形成“帽子”。红葡萄酒发酵温度不宜太高也不宜太低，这是因为，温度太高香气损失太重，酒体显得粗糙，苦涩味重，且易染菌；温度太低，发酵周期延长，容器周转过缓，影响设备利用率。颜色浸渍不足，酒体单薄，结构感差。在发酵期间应根据产品要求适当调整果汁糖度、酸度及pH值。调整的糖度不应太大，以不超过发酵酒度2℃为宜，最好不要一次性加入。

发酵完后（检测可发酵性糖或结合口感品尝）及时将原酒分离，分离太晚原酒苦涩较重，甚至会有酒脚味，原酒分离后所入容器不应太满，以便原酒的后发酵，并应及时调整二氧化硫量，注意二氧化硫不能太高，以便原酒的苹果酸-乳酸发酵。苹果酸-乳酸发酵最好在酒精发酵即将结束或刚结束时添加人工菌种，苹果酸-乳酸发酵约需7天左右时间，苹果酸-乳酸发酵最适宜的条件是pH＝3.2，二氧化硫20mg/kg左右，温度25℃。相对来讲经过了苹果酸-乳酸发酵的干红原酒酸度降低，其口感较为柔和细腻，回味中隐约有奶油香的感觉，同时能增加酒的生物稳定性。苹果酸-乳酸发酵结束后，通过小试，得出添加明胶（或皂土）量，不过红原酒一般不用皂土，这是因为皂土会脱色，另外，皂土也会带来异味。添加明胶应均匀，注意不要过量。当原酒澄清后进行再次换桶。以后，可根据最终成品要求，对原酒进行勾兑搭配，以便能保证产品质量，并使产品保持一致性，再经后期澄清等处理，装瓶，贮存，得到成品酒。该方法的主要特点是浸提和发酵同时完成的。

**2. 热浸提发酵法**

该方法是将整粒葡萄或破碎的葡萄开始发酵前加热，根据所要达到的目的来选定温度，并使葡萄在选定温度下保持一段时间，将果浆冷却至28℃左右，添加人工酵母进行发酵。该方法既可采取全部热浸提，也可采取部分热浸提。该方法能更完全地提取果皮中的色素和其他酚类物质，能抑制酶促反应，降低霉坏原料对产品的影响。热浸提法生产的干红酒色泽鲜艳、香气浓郁、味道谐调柔和，较传统法生产的酒更为成熟，但该方法生产的酒不宜久存。

一般热浸提法生产红葡萄酒是利用加热浆果，充分提取果皮和果肉的色素物质和香味物质，然后进行皮渣分离，进行纯汁酒精发酵。

该法分全部果浆加热、果浆分离出40%～60%冷汁后的果浆加热及整粒葡萄加热三种。加热工艺条件分两种：低温长时间加热，即40～60℃，0.5～24h；高温短时间，即60～80℃，5～30min。例如意大利Padovan热浸提设备的工艺为：全部果浆在50～52℃下浸提1h；$SO_2$用量为80.100mg/L。再取自流汁及压榨汁进行前发酵。

**3. 二氧化碳浸渍法**

$CO_2$浸渍法（carbonic maceration）简称CM法，就是把整粒葡萄放到一个密闭罐中，罐中充满$CO_2$气体。葡萄经受$CO_2$的浸提后进行破碎、压榨，再按一般方法进行酒精发酵。

一般整粒葡萄在充满$CO_2$气体的密封容器中先进行浸渍后进行酒精发酵的方法称为二氧化碳浸渍法。其主要工艺流程：整粒葡萄置于$CO_2$气体的密闭容器中，使葡萄产生厌氧代谢作用，经几天浸渍后，进行压榨分离出果汁，然后可按白葡萄酒方法进行酒精发酵。该方法的主要特点是酒精发酵在没有固体物质的情况下进行发酵。其目的是生产更为柔和、更新鲜、酸度低、芳香物质更为浓郁的红葡萄酒。

另外，$CO_2$浸渍过程其实质是葡萄果粒厌氧代谢过程。浸提时果粒内部发生了一系列生化变化，如苹果酸减少、琥珀酸增加；总醋含量明显增加，双乙酰、乙醛、甘油的生成量提高等，因而酒体柔和，香气悦人。但它要求必须是新鲜无污染的葡萄，酒不能很好地经受陈酿，否则会失去特有的水果香味。我国目前葡萄原料的含酸量较高，采用该法对改善酒质具有重要现实意义。

**4. 旋转发酵罐法**

旋转发酵罐法是当前一种比较先进的红葡萄酒发酵法，利用罐的旋转能有效地浸提葡萄皮中含有的单宁和花色素，同时由于是密闭发酵从而起到了防止氧化的作用，减少了酒精和芳香物质的挥发，改善了传统发酵工艺。该方法的主要特点是色泽鲜艳、芳香浓郁、细腻，干浸出物较高，酒体较为醇厚。因为发酵易于控制，从而减少了酒的苦涩感，缩短了贮藏周期。

旋转发酵罐是一种比较先进的红葡萄酒发酵设备。利用罐的旋转，能有效地浸提葡萄皮中含有的单宁和花色素。由于在罐内密闭发酵，发酵时产生的$CO_2$使罐保持一定的压力，起到防止氧化的作用，同时减少了酒精及芳香物质的挥发。罐内装有冷却管，可以控制发酵温度，不仅能提高质量，还能缩短发酵时间。

世界上目前使用的旋转罐有两种形式，一种是罗马尼亚的Seity型旋转罐（图6-4），一种为法国生产的Vaslin型旋转罐（图6-5）。

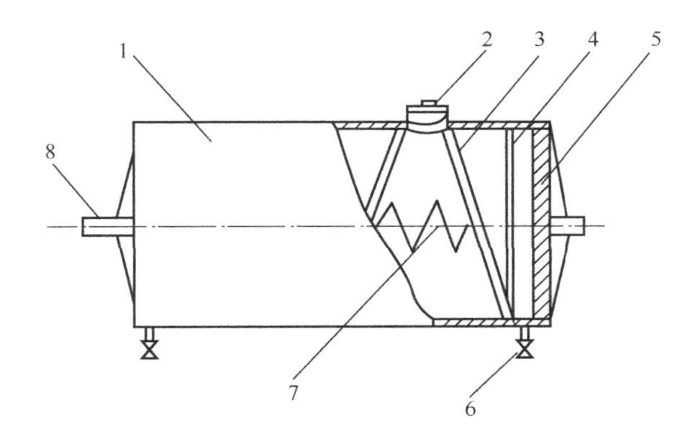


**图6-4 Seity型旋转罐**

1—罐体；2—进料排渣口、入孔；3—螺旋板；4—过滤网；5—封头；6—出汁阀门；7—冷却蛇管；8—罐体短轴

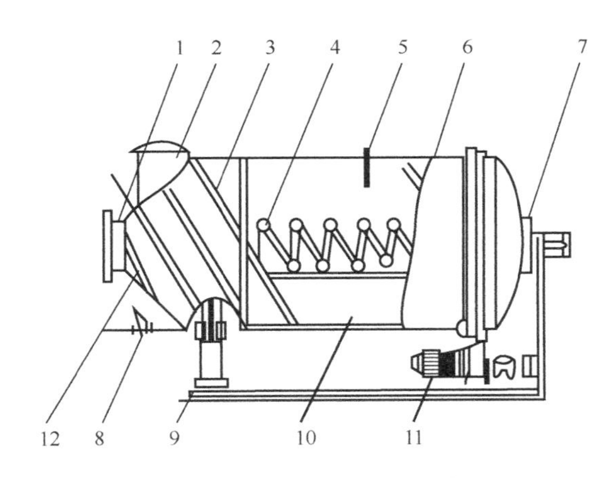


**图6-5 Vaslin型旋转罐**

1—出料口；2—进料口；3—螺旋板；4—冷却管；5—温度计；6—罐体；7—链轮；8—出汁阀门；9—滚轮装置；10—过滤网；11—电机；12—出料双螺旋

(1) Seity型旋转罐发酵工艺 葡萄破碎后，输入罐中。在罐内进行密闭、控温、隔氧并保持一定压力的条件下，浸提葡萄皮上的色素物质和芳香物质，当诱起发酵、色素物质含量不再增加时，即可进行分离皮渣，将果汁输入另一发酵罐中进行纯汁发酵。前期以浸提为主，后期以发酵为主。旋转罐的转动方式为正反交替进行，每次旋转5min，转速为5r/min，间隔时间为25～55 min。浸提时间因葡萄品种及温度等条件而异。

(2) Vaslin型旋转罐发酵工艺 葡萄浆在罐内进行色素及香气成分的浸提，同时进行酒精发酵，待残糖为0.5g/L左右时，压榨取酒，进入后发酵罐发酵。

**5. 连续发酵法**

葡萄果浆在发酵罐内连续进料，连续排料，主发酵过程在连续发酵罐内进行，该方法只适应于大规模生产，且产品质量一般。

**6. 锥底罐发酵法**

在传统工艺基础上，改进了发酵罐的结构，其发酵方法类似于传统工艺，但与传统工艺相比大大降低了劳动强度，节约了人力，其产品也比传统工艺法在外观色泽、香气、口感、回味等各方面均有明显提高。其生产成本比传统法略高，比旋转罐法略低。

## 三、 工业化生产干红葡萄酒发酵中温度对酒质量影响

酿造红葡萄酒时要根据酒的成熟度、葡萄皮颜色的深浅程度，合理选择浸渍温度和发酵温度，扬长避短，酿造葡萄酒。

对于一般红葡萄品种，优质单宁含量不高，酚类化合物不丰富，特别是成熟度较差时，为防止葡萄籽的劣质单宁较多进入酒中，应采用低温发酵（20～25℃），以保留较多的果香，减少对劣质单宁的萃取，酿造出清雅型红葡萄酒。成熟度高的酿酒名种葡萄，则根据市场需求，采用低温浸渍（20℃左右），低温发酵生产部分果香浓郁、清爽的、清新雅致的红葡萄酒。同时采用低温浸渍和较高发酵温度（26～28℃），并在酒精发酵结束后带皮渣浸渍数天，充分萃取其优质单宁、花色苷和酚类化合物，使酒具有浓郁的酒香，味醇厚丰满，酒体肥硕，结构感强，具有贮藏能力。这样优质的干红葡萄酒，在苹果酸-乳酸发酵结束后，在优质橡木桶中陈酿，能够酿造出极品陈酿型干红葡萄酒。

## 四、 工业化生产干红葡萄酒厂房和设备的工艺要求

葡萄酒是供人饮用的酿造酒。饮用好的葡萄酒给人美的享受和艺术欣赏。葡萄酒应该具备酿造葡萄本身的果香和口味，后味洁净。“洁净”二字是衡量葡萄酒质量好坏的重要指标。人的嗅觉器官和味觉器官是相当灵敏的，在葡萄酒酿造过程中，任何污染和过失给葡萄酒带来的异杂味，都是葡萄酒无法掩盖的，甚至是致命的缺陷。

首先，酿造葡萄酒的厂房必须符合食品生产的卫生要求。要根据生产能力的大小设计厂房和选购设备。发酵车间要光线明亮，空气流通。贮酒车间要求密封较好。葡萄酒厂的地面要有足够的坡度，用自来水刷地后，污水能自动流出去，任何地方不得有积水。车间地面不留水沟，或者留明水沟，水沟底面的坡度，能使刷地的水全部流出车间。车间的地面最好是贴马赛克或釉面瓷砖，车间的墙壁用白色瓷砖贴到顶。

酿造葡萄酒的厂房要符合工艺流程需要。从葡萄破碎、分离压榨、发酵贮藏，到成品酒灌装等，各道工序要紧凑地联系在一起，防止远距离输送造成的污染和失误。

葡萄酒的前加工设备，主要有葡萄破碎机、果汁分离机、果汁压榨机、高速离心机等。根据生产能力的大小，选择设备型号，各种设备的能力要配套一致。每种设备凡是与葡萄、葡萄浆、葡萄汁接触的部分，要用不锈钢或其他耐腐蚀的材料制成，以防铁、铜或其他金属污染。

发酵罐和贮酒罐最好是用不锈钢板制成。也可以做成碳钢罐，但罐内壁必须涂有环氧树脂或其他符合工艺要求的涂料。葡萄酒的发酵罐，应该带有冷却带或冷插板。

## 五、 工业化干红葡萄酒的制作方法

一般工业化红葡萄酒的生产过程主要包括下列几个主要方面的酿造工艺操作。

**1. 破碎和去梗**

在前面章节已经说明过，葡萄送到酒厂，先用滚筒式或离心式破碎机将葡萄压碎，再经除梗机去掉果梗，使酿成的酒，口味柔和，这两道工序在破碎除梗机上一次完成。

一般根据葡萄破碎机的能力，均匀地把新鲜的葡萄输入破碎机里，注意检出杂物。在葡萄破碎的同时，要均匀地加入 60mg/L $SO_2$。根据葡萄质量的好坏，$SO_2$ 的加入量可酌情增减。葡萄破碎时加入的 $SO_2$，可以通过亚硫酸的形式，均匀地加入。也可以使用偏重亚硫酸钾，用软化水化开，根据计算的量均匀地加入。

破碎后的葡萄是很容易氧化的。葡萄破碎时加入适量的 $SO_2$ 能有效地防止葡萄破碎以后，在输送、分离、压榨过程及起发酵以前的氧化。

做红葡萄酒，葡萄破碎除梗后，葡萄浆输入发酵缸进行发酵。做果香型红葡萄酒也可以带梗发酵。法国专家介绍，做果香型红葡萄酒，把整穗的葡萄，不经破碎，直接入罐发酵，可以酿造出色香味俱浓的红葡萄酒。

一般已经破碎除去果梗的葡萄浆，含有果汁、果皮、子实及少数从除梗机涌出的细小果梗，立即用泵送往发酵池，加到池深的 3/4，上面留出 1/4 空隙，以防浮在池面的皮糟因发酵产生二氧化碳而溢出。

**2. 发酵**

这个工序从葡萄浆送入发酵池，一直到主发酵完毕的新葡萄酒出池为止，此期间所发生的物理的和化学的变化主要有下列五个方面。

① 由于酵母的作用，葡萄浆中的糖分大部分转变为酒精与二氧化碳，及少量发酵副产物。

② 由于二氧化碳的排出越来越旺盛，使发酵醪出现沸腾现象。

③ 发酵醪的温度迅速升高。

④ 果皮上的色素及其他成分逐渐溶解在发酵醪中。

⑤ 在发酵池表面，生成浮糟的盖子。由于发酵产生的二氧化碳将醪液中的葡萄皮和其他固形物质带到醪液表面，生成很厚而疏松的浮糟，一部分露出醪液表面，一部分浸在醪液内。

红葡萄酒发酵方式按发酵过程中是否隔氧可分为开放式发酵和密闭发酵。发酵容器过去多为开放式水泥池（图 6-6），近年来逐步被新型发酵罐所取代（图 6-7）。

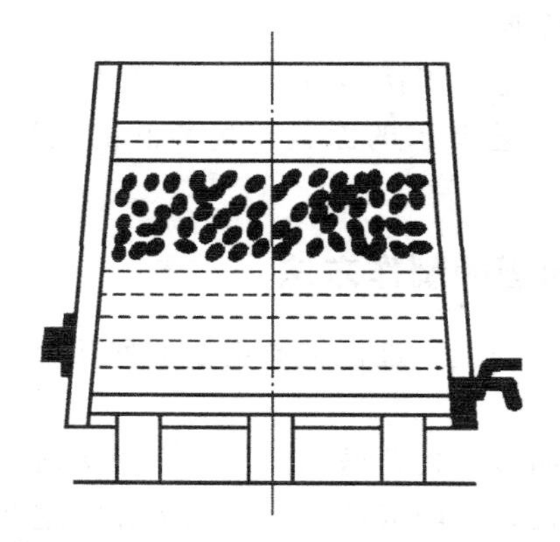

**图 6-6　带压板装置开放式发酵容器**

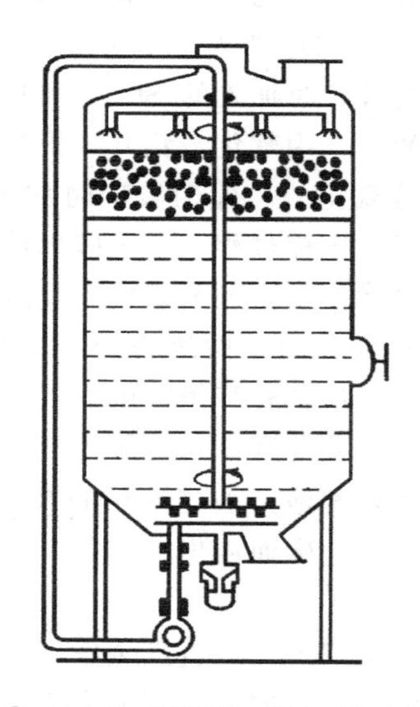

**图 6-7　新型红葡萄发酵罐**

**3. 前发酵**

（1）前发酵工艺

① 入池发酵容器清洗后，用亚硫酸杀菌（20mL/$m^3$），装好压板、压杆。泵入葡萄浆，充满系数为 75%～80%。按规定量添加，然后加盖封口。在葡萄浆入池几个小时后，有害微生物已被 $SO_2$ 杀伤。这时，在醒液循环流动状态下，将酒母加入。添加酵母最好使用人工培养的纯种酵母，或使用天然酵母，也可使用上一次的酒脚。人工酒母的相对密度为 1.020～1.025。

② 前发酵的主要目的是进行酒精发酵、浸提色素物质和芳香物质。前发酵进行的好坏是决定葡萄酒质量的关键。若葡萄浆的原始糖度低于成品酒酒度所要求的度数，应一次加入需加的糖量，或在前发酵旺盛时分 2 次添加，压板的缝约 0.5cm，浸没深度为 6～12cm。

（2）前发酵的管理

① 温度管理　红葡萄酒发酵的最适温度范围为 26～30℃温度过低，红葡萄皮中的单宁、色素不能充分溶解到酒里，影响成品酒的颜色和口味。发酵温度过高，葡萄的果香会受到损失，影响成品酒香气。入池后每天早晚各测量 1 次品温，记录并画出温度变化曲线。若品温过高，须及时冷却降温；无冷却设备，可每天早晚循环倒汁各 1 次，每次约 30min。

② 成分管理　每天测定糖分下降状况，并记录于表中，画出糖度变化曲线。按品温和糖度变化状况，通常可判断发酵是否正常。

③ 观察发酵面状貌　通常在入池后 8h 左右，液面即有发酵气泡。若入池后 24h 仍无发酵迹象，应分析原因，并采取相应措施。

④ 发酵期的确定　一般当在酒液残糖量降至 0.5%左右，发酵液面只有少量气泡，“酒盖”已经下沉，液面较平静，发酵温度接近室温，并且有明显酒香，此时表明前发酵结束。一般前发酵时间为 4～6d。

发酵后的酒液质量要求为：呈深红色或淡红色；浑浊而含悬浮酵母；有酒精、$CO_2$ 和酵母味，但不得有霉、臭、酸味；酒精含量为 9%～11%（体积分数）、残糖≤0.5%、挥发酸≤0.04%。

⑤ 前发酵过程的物理及化学变化　葡萄浆中绝大部分糖在酵母作用下分解，生成酒精、$CO_2$ 及其他副产物。葡萄皮的色素等成分逐渐溶解于酒中。发酵开始时，有“吱吱”声，响声由小变大。发酵旺盛时，产生大量的 $CO_2$，使酒液出现翻腾现象。旺盛过后，“吱吱”声逐渐变小。整个主发期间泡沫的多少和发酵激烈的程度是相应的；而泡沫的色泽往往是由浅变深的。$CO_2$ 将皮和其他较轻的固状物质带至酒液表面，形成一层厚厚的醒盖。前发酵结束时，醒盖已下沉，应及时分离，否则将导致酵母自溶。

（3）酒液固液分离　通常在酒液相对密度降为 1.020 时进行皮渣分离。如果葡萄的糖度高达 22%～24%，且富含单宁及色素，则皮渣的浸提时间应适当缩短。有时在酒液相对密度降至 1.030～1.040 时，即可进行皮渣分离。如果生产要求色泽很深或单宁含量高的酒，应推迟除渣。使用质量较差的葡萄酿酒，则应提前除渣。

先将自流酒液从排出口放净，然后，清理出皮渣进行压榨，得压榨酒。前发酵结束后的醒液中各组分比例为：皮渣占 11.5%～15.5%，自流酒液占 52.9%～64.1%；压榨酒液占 10.3%～25.8%；酒脚占 8.9%～14.5%。自流酒液的成分与压榨酒液相差很大，若酿制高档酒，应将自流酒液单独贮存。

① 提取自流酒液　自流酒液通过金属网筛流入承接桶，由泵输入后发酵

罐，称为“下酒”；生产红葡萄酒采用这种方法，可使新酒接触空气，以增强酵母的活力，并使酒中溶解 $CO_2$ 得以逸出。但应注意不要溶入过多的空气。若酒液温度高于 33℃，则应先冷却。佐餐红葡萄酒要求有新鲜感，有明显的原果香，故在下酒时应尽量使酒液隔绝空气，以免氧化，即酒液由出口直接经输酒管泵入后发酵罐。

② 出渣、压榨　通常在自流酒完全流出后 2～3h 进行出渣，也可在次日出渣。压榨时应注意不能压榨过度，以免酒液味较重，并使皮上的肉质等带入酒中而不易澄清。

**4. 后发酵**

(1) 后发酵目的　继续发酵至残糖降为 0.2g/L 以下；澄清作用，即在低温缓慢的后发酵中，前发酵原酒中残留的部分酵母及其他果肉纤维等悬浮物逐渐沉降，形成酒泥，使酒逐步澄清；排放溶解的 $CO_2$；氧化还原及酯化作用；苹果酸-乳酸发酵的降酸作用。

(2) 后发酵管理　尽可能在 24h 之内下酒完毕；酒液品温控制为 18～20℃，每天测量品温和酒度 2～3 次，并做好记录；定时检查水封状况，观察液面。注意气味是否正常，有无霉、酸、臭等异味，液面不应呈现杂菌膜及斑点。

若后发酵开始时逸出 $CO_2$ 较多，或有“嘶嘶”声，则表明前发酵未完成、残糖过高。应泵回前发酵罐在相应的温度下进行前发酵，待糖分降至规定含量后，再转入后发酵罐。若酒液一开始呈臭鸡蛋气味，可能是 $SO_2$ 用量过多而产生 $H_2S$ 所致，可进行倒罐，使酒液接触空气后，再进行后发酵。若品温过低而无轻微发酵迹象，应将品温提高到 18～20℃。

若早期污染醋酸菌，则液面有不透明的污点，应及早倒桶并添加适量 $SO_2$，并控制品温，以避免醋酸菌蔓延。若前发酵品温升到 35℃以上而酵母早衰，则很难完成后发酵。可采取如下补救措施：添加约 20%发酵旺盛的酒液，其密度应与被补救的酒液相近。若至发酵季节终了，仍存在后发酵不完全的酒液，则应及时添加人工酒母进行补救。

**5. 澄清与陈酿**

(1) 低温澄清　苹果酸-乳酸发酵后的葡萄酒果香醇香加浓，柔顺协调有厚重感，口感尖酸明显降低，这时应终止乳酸菌的继续发酵，其方法是通过倒桶并加入 70～90mg/L 的二氧化硫。在发酵结束 3 个月左右，一般进行 2 次左右的倒桶去除酒脚并逐渐澄清（干红葡萄酒二氧化硫总量国标不允许超过 250mg/L，自酿葡萄酒贮存时间如果不超过 5 年，其总二氧化硫的量控制在 150mg/L 以内即可）。自酿一般不需要使用化学澄清，除自然沉淀澄清外最好要进行低温处理，即可以使葡萄酒的杂质再沉淀又可以析出葡萄酒中的部分酒石酸，从而也降低了葡萄酒的酸度，同时加强了新酒的陈酿，使酒的生青味酸涩感减少，口味谐调，改善了葡萄酒的质量；利用冬季将酒放到室外－46℃环境中静置 10 天左右或更长的时间。当室外温度低于－6℃时，应采取适当的保温措施。否则会使葡萄酒结冰而影响口感。经过低温处理的葡萄酒会在容器壁和容器底部聚集一层硬质的酒石酸晶体，冷处理完成后要进行冷倒桶。酿的量小也可以放入冰柜在－46℃处理10天左右（酒石酸析出的快慢与温度酒度和冷处理时间都有关）。

（2）熟成　陈酿是葡萄酒走向成熟的关键，恰到好处的陈酿时间能使葡萄酒更和谐、香醇味美、柔顺、圆润；并非是越陈越好。陈酿时葡萄酒要满桶密封贮藏以防止葡萄酒的氧化和杂菌生长；按新鲜型方法酿造的葡萄酒最适饮用期一般不超过3年，陈酿型方法酿造的葡萄酒最适饮用期可达35年，甚至10年以上。

**6. 装瓶**

自酿葡萄酒一般经过5个月左右或更长时间的陈酿就可以装瓶，在装瓶前最好要经过一次过滤机的过滤来去除酵母菌等使葡萄酒更加澄清透明，在装瓶时为防止酒体的氧化，最好使用真空定位灌装机来灌装，并且装好一瓶压塞一瓶。

**7. 压塞**

软木塞有天然软木塞、1＋1软木塞、合成软木塞等。如果装瓶后保存时间超过3年以上的，最好用天然软木塞或1＋1软木塞等；其优点是无异味、密封好、保存时间长。最好使用直径在23～24mm的软木塞，而瓶口内直径只有18.5mm，所以只有借助压塞工具才能完成压塞工作。

## 六、 橡木桶在工业化生产干红葡萄酒陈酿中的应用

由于橡木桶的通透性，新橡木桶中的溶解氧为0.3～0.5mg/L，氧化-还原电位为250～350mV。但需指出的是，在添桶时，会带给表面20cm的葡萄酒约1mg/L左右的溶解氧，在换桶时可溶解2.5～5.0mg/L的氧。随着橡木桶使用次数的增加，其通透性逐渐降低。在使用3～5次后，其陈酿葡萄酒的作用就接近于不锈钢罐了（溶解氧＜0.1mg/L，氧化-还原电位＜200mV）。

在橡木桶中，葡萄酒的氧化为控制性氧化，并由此引起葡萄酒缓慢地变化。在橡木桶陈酿过程中，可观察到$CO_2$的释放、葡萄酒的自然澄清、色素胶体逐渐下降、酒石沉淀等。此外，酚类物质也发生深刻的变化：T-A复合物使葡萄酒的颜色稳定；颜色变为淡紫红色且变暗；丹宁之间的聚合使葡萄酒变得柔和。为了防止降解性氧化反应，丹宁和花色素的比例必须达到一定的平衡：花色素的降解会降低红色色调，丹宁的部分降解会加强黄色色调，从而使葡萄酒变为瓦红色而早熟。要防止葡萄酒的早熟，丹宁/花色素的质量浓度比值应为3～4（即单宁1.5～2g/L，花色素500mg/L）。二氧化硫处理以不中断控制性氧化为宜，应将游离$SO_2$保持在20～25mg/L。

橡木桶，特别是新橡木桶，还会给葡萄酒带来一系列有利于控制性氧化的物质。除对香气的影响（与对白葡萄酒的影响相似）以外，橡木桶特有的水解丹宁，比葡萄酒中的大多数成分更易被氧化。所以，它们首先消耗溶解氧，从而保护葡萄酒的其他成分。它们还能调节葡萄酒的氧化反应，使之朝着使葡萄酒中酚类物质的结构缓慢变化。在这种情况下，明显地减慢了氧化性降解，从而获得在密闭性容器

中不可能获得的结果。

## 七、 酿造干红葡萄酒的特殊方法

上面所叙述的是干红葡萄酒的典型制法，极大部分的红葡萄酒是以这种方法制成的。此外，尚有一些不同的方法，在某些场合行之有效，而在别的场合可能并不适用。

**1. 霉烂葡萄的酿造方法**

经过霉菌侵犯或昆虫损害的葡萄，一般具有下列一些特点。

① 果梗的比例比较高（果实内容不充实）。

② 果皮破碎或褪色，含有氧化酶使色泽转变，皮上长霉或细菌。

③ 酸度高，受昆虫损害的葡萄，不能正常生长，提前收割，可以减少损失。

④ 霉烂葡萄含有较多的果胶、黏质物和含氮物质，用密度计或折射仪测定糖分时，往往因此产生误差。

对于这种葡萄，只有采用下列任何一种方法，可望获得较好的结果。

(1) 轻微霉烂葡萄的酿制红酒方法　霉烂并不严重的葡萄，可以采用前面所讲的典型干红葡萄酒生产方法，采取下列一些必需的措施。

① 添加二氧化硫 30～40g/100L。

② 大量加纯粹培养的优良酵母（8%～10%）。

③ 发酵温度控制在 30℃以下。

④ 缩短主发酵时间，避免皮糟长时间浸出，相对密度降到 1.040 左右出池，不像正常发酵到 1.020 左右出池。

⑤ 淋出酒与压榨酒分别处理。

⑥ 换桶时特别小心，不让微量酒脚带到澄清的新酒中。

霉烂葡萄酿制的酒，尤其是受到虫害的，相对密度往往很大，甚至大于 1.000。而实际上并非含有残糖，对这种酒不可能要求达到正常干红酒相对密度 0.996～0.998，只有依靠化学分析来确定它含残糖的多少，这种酒的浸出物含量有时高得出奇，如果酒精浸出物的质量比低于 2.5（这是法国南方葡萄酒的规定指标），则只可用为蒸馏酒原料，不作为商品应市。

(2) 严重霉烂葡萄的酿制红酒方法　霉烂严重的葡萄，破碎除梗后，立即添加二氧化硫 50～60g/kg，一般可以抵制发酵 48h，在这一段时间内，使葡萄浆得到充分杀菌，让皮上色素充分溶解。不能发酵开始或一开始就将葡萄汁淋出，加纯粹培养的优良酵母制的酒母 8%～10%，葡萄皮糟立刻压榨（最好用连续压榨机），榨出汁另外进行发酵，不与淋出汁混在一起。

本法有时用来处理健康的葡萄，则可将淋出汁与压榨汁混合在一起，以取得较好的颜色。

(3) 霉烂红葡萄酿制浅红酒方法　如果有连续压榨机，可以从霉烂的红葡萄酿造浅红色葡萄酒，发酵前淋出一部分葡萄汁，添加二氧化硫杀菌，按照浅红酒酿造法进行操作。

**2. 预浸出和连续发酵制造红葡萄酒**

葡萄破碎，去梗，加二氧化硫 45～50g/100L，浸提 24～36h，仍将葡萄汁淋出，葡萄糟立即压榨，淋出与压出的葡萄汁混合一起，送往发酵池。连续发酵池由 10 只金属或水泥池组成，每只容量 20kL，互相连接，在离底 1/3 高度之处设有管路，可以相通。

发酵开始时，在第一发酵槽添加非常活泼的优良酒母 60～80hL，然后以一定的流速加入淋出和榨出的葡萄汁，待装到全槽 2/3 时，打开第一槽与第二槽之间的管路，使发酵醪流入第二槽，以后用同样的方法，逐渐流向其他发酵槽，因为后来加到每一个发酵槽的醪液，总比原来留在槽里的醪液浓厚，所以能自动混合，不必加以搅拌。计算原始醪液的流量，发酵槽的容积和数量，加以适当的控制，使最后一槽（例如第十槽）的醪液相对密度达到 1.010 的左右。

将相对密度为 1.010 的醪液，送往后酵槽，使之发酵完全。使用金属发酵槽，可以从槽外淋水冷却，假使是水泥池须采用冷却排管。连续制酒法在某些场合，可简化发酵操作和管理，节约人力。但这个方法比一般典型酿酒方法（制造红葡萄酒）并不优越，而且须用较多的二氧化硫。

**3. 赛密冲（Semjchon）酿酒法**

法国葡萄酒专家赛密冲建议在葡萄汁发酵以前，加一部分做好的葡萄酒，使酒精含量达到 4°GL，两者的比例约为 2∶1。据赛密冲报道，这样的酒精浓度可以抑止尖端酵母（*Saccharomyces apiculatus* Ress）的繁殖，使真正葡萄酒酵母立刻可以开始发酵，提高了糖分的有效的利用。

本法可不用或少用二氧化硫，唯一的优点是在发酵开始时就减少了葡萄汁内 1/3 的糖分，减少了发酵时温度升高的危险，同时也缩短了主发酵时间。另一方面，需要多处理 1/3 的液体，必须在一年前准备好所需数量的葡萄酒。或者使用当年的新葡萄酒，这就必须在发酵季节开始时用传统方法准备一定数量的新葡萄酒。

**4. 用浓缩葡萄汁补充糖分的方法**

欧美各国大都法律上允许用浓缩葡萄汁补充葡萄汁糖分，用量各国有不同的规定。

关于浓缩葡萄汁的制造及补充糖分的方法，不在本章说明，一般用浓缩葡萄汁补充糖分不足葡萄醪的方法及说明商品浓缩葡萄汁有种种不同浓度，在 25～40°Bé 之间，相当于含糖 500～934g/L，或等于 29.4%～55%酒精体积分数等。

一般红葡萄酒酿造时不宜将浓缩汁直接加到有皮糟的主发酵池中，因为浓厚醪液发酵比较困难，而且皮糟含有部分酒精。所以浓缩葡萄汁须待主酵完毕后，将其慢慢地加到后发酵槽中，使在不带糟的情况下，完成发酵。如果浓缩汁质量好，无焦化或煮熟味，可以使某些低度酒质量明显提高。

# 第七节 国内外红葡萄酒酿造新技术

## 一、自喷浸提酿造法（auto sprinkle maceration）

红葡萄酒酿造的关键工艺之一是最大限度地提取葡萄果皮中的酚类物质、花色素和单宁，以获得红葡萄酒理想的颜色和口感，并通过贮存、陈酿，使产品达到香气之间、口味之间及香气与口味之间的协调与平衡。

红葡萄酒的传统发酵，是利用循环、喷淋、倒罐等方式，实现罐下部（或底部）的汁液对上部果皮（皮渣）的喷淋，达到对果皮物质的浸提。

自喷浸提法是采用特殊的酿造设备（嘉尼米德罐 Ganimede），利用发酵过程中产生的高达 40～50L $CO_2$/L 葡萄汁的动力作用对皮盖进行持续柔和的搅动，并定时剧烈地冲击搅拌，保证在不损伤果皮和籽的前提下，更加有效地提取葡萄中的有益物质，实现对皮渣内酚类物质的充分和可控浸提，从而改善与提高葡萄酒的质量。

其原理是：红葡萄醪在发酵过程中，被夹套冷却的发酵液沿罐壁下沉，遇到锥形隔膜，沿着隔膜朝罐中心处聚集。由于隔膜旁通阀关闭，隔膜下腔集满发酵产生的 $CO_2$ 气体，并且在隔膜中心的脖颈处形成大气泡向上升起。在此处积聚的部分冷却的发酵液也随着气泡上浮。在隔膜中心的其余冷却发酵液继续下沉，通过隔膜脖颈，与隔膜下部中心部位的发酵液混合，隔膜下部的冷却夹套冷却罐壁处的发酵液，通过对流热交换作用也有助于下部温度的均衡，从而获得全面均衡的热量分布和温度控制。通过控制上下部 $CO_2$ 气体的交换，有利于均衡上下温度，实现对浸提过程和温度的有效控制。

利用该项技术：一是可对葡萄或果浆预浸渍，以增加果香和浸出物的溶出，同时可避免因发酵启动迟缓而导致果浆氧化产生挥发酸。二是可为发酵醪增氧，以保持酵母的持续活力，使发酵完整和彻底；发酵期间可随时排放掉葡萄籽，以防止收敛性较强的单宁溶入酒液使酒口感苦涩。三是设备结构简单，操作方便灵活，节省能源。

## 二、闪蒸酿造法（flash evaporation process）

闪蒸技术是利用高温液体突然进入真空状态，体积迅速膨胀并气化，同时温度迅速降低并收集凝聚液体的原理，即在最短时间内，将经除梗、沥干的红葡萄原料提高到 70～90℃，然后在低压下瞬间降低到适合的发酵温度（低于 30℃）。

通过该技术的处理，葡萄醪液得以迅速冷却并急速蒸发，从而使葡萄皮组织完全解体，使得色素、单宁、酚类等重要物质充分释放。与传统技术相比，该技术加强了色素和酚类物质的浸提，提高了干浸物的含量，酿造的红葡萄酒不易发生氧化、破败。

“闪蒸技术”用于红葡萄酒的酿造。首先，对葡萄醪液快速热处理，一般不超过4min，而葡萄醪液温度将高于80℃，然后进入气压约－0.9Pa的真空罐内瞬间爆破气化，与此同时，醪液的温度降低至35～40℃。

经过加热的葡萄醪液不间断地被送往真空罐，在真空罐内的负压环境下几乎瞬间冷却，并迅速产生葡萄汁蒸气，随后，葡萄汁蒸气中的香气又被冷却并重新流回到葡萄皮渣中，以此恢复葡萄原料原有的果实香气。

在该技术中，多酚类化合物提取率的高低，完全取决于热处理的程度、真空气化的综合强度以及发酵时间的长短。

高质量的葡萄原料，经闪蒸技术处理后，待发酵的葡萄汁液中富含更多的香气、色素、单宁。酿出的葡萄酒更适合长期陈酿。对于一般质量的葡萄原料，闪蒸技术处理后，提高了原料品质，增加了红酒的色泽，而且色素稳定性强，更多的成熟单宁使口感更丰富。

需要说明的是：闪蒸技术对葡萄固体部分浸提不是选择性的，即在浸渍“优质单宁”的同时，也提取了“劣质单宁”。因此，对于质量差的原料，该技术只会强化葡萄酒质量缺陷，降低葡萄酒质量。

## 三、橡木桶酿酒技术

橡木桶主要用于优质红葡萄酒及部分白葡萄酒的酿造。葡萄酒经过橡木桶酿造，香气复杂性增强，色素稳定，酒体肥硕、饱满。对于红葡萄酒，酒体与醇厚感增强，而白葡萄酒则变得更加柔和、圆润。此技术对红葡萄酒的作用如下。

（1）有利于酒的澄清，加速葡萄酒中的盐、粒子和悬浮的色素物质的沉淀。

（2）氧化-还原反应：橡木桶贮藏过程中，葡萄酒中的氧含量增加，橡木中的鞣酸单宁溶解于葡萄酒中，浓度可达200mg/L。一方面，氧化作用可使鞣酸单宁有规则地降低；另一方面，在氧气存在的情况下，鞣酸单宁能够校正葡萄酒中单宁的结构，并与花色苷结合，稳定色素。

（3）提取木桶化合物：除了鞣酸单宁，橡木还释放一定量的其他化合物，主要是带高愈创木基和丁香基的木质素、香豆素。

用橡木桶贮藏葡萄酒时，橡木释放的酚类化合物可以强化涩味。同时，它的同质多聚体可以软化单宁。

当在橡木桶中提取的香味化合物完全与葡萄酒本身的香气相适应时，对葡萄酒的浓郁度和醇香的复杂性有明显的影响，并能改善香味。优质红葡萄酒经橡木桶陈酿，可以增加它的质量和精巧性。

## 四、较深的干红葡萄酒的酿造新工艺

与进口葡萄酒相比，现在国内企业生产的红葡萄酒颜色相对偏浅。于是有些厂家为了加深红葡萄酒的颜色便往酒中加入调色葡萄原酒或天然色素。此举不但增加了葡萄酒的生产成本，而且影响了葡萄酒的质量。那么，怎样方可产出颜色较深的红葡萄酒呢？可以从以下几方面考虑。

**1. 选好原料**

葡萄的颜色影响酒的颜色，选取颜色较深的葡萄品种可以酿出较深颜色的酒。赤霞珠、黑比诺、品丽珠、玫瑰香这些葡萄都是酿造红葡萄酒的品种，但它们的颜色有深浅之分，其中赤霞珠、黑比诺的颜色较深，品丽珠、玫瑰香的颜色偏浅，所以收购葡萄时应防止将两类葡萄混合在一起。另外，葡萄的成熟度也影响酒的颜色。葡萄在成熟期时会达到其固有的大小和色泽，酿造红葡萄酒应在葡萄完全成熟、色素物质含量最高但酸度适宜时采收。

**2. 选用适宜的酵母菌种**

酿造葡萄酒可采用自然酵母发酵、菌种扩大培养发酵和活性干酵母发酵三种方法。目前国内采用活性干酵母发酵的比较多，它具有使用方便、启动发酵速度快、发酵彻底等优点。活性干酵母的种类很多，每一种型号的酵母酿出的葡萄原酒颜色差异很大。要想酿造颜色较深的红葡萄酒，选用适宜的酵母品种很重要。最好是选择干红专用而且有利于浸提色素单宁和芳香物质的酵母菌种。

**3. 选择利于色素浸提的发酵设备**

葡萄酒发酵容器有水泥池、碳钢罐、橡木桶、立式发酵罐和旋转罐。旋转罐有加热、冷却系统，能够控制浸渍温度，且具有一定的保压能力；它还可以设定罐体转动间隔时间和正反转转动圈数。葡萄浆果在旋转罐内定时转动，使皮渣、汁液充分均匀，有利于色素浸提。

**4. 掌握好皮渣分离时间**

红葡萄酒发酵过程中，皮渣的分离并没有准确的时间和天数，它与葡萄原料的质量、酒精发酵启动的时间、发酵速度、发酵温度及所要求生产的葡萄酒的种类有密切关系。如果要生产在近期消费、颜色深、单宁含量比较多的葡萄酒，就可适当缩短浸渍时间，当酒中色素达到最高值时分离，发酵温度控制在25～27℃为宜。如果为了长期陈酿，就应延长浸渍时间，发酵温度控制在27～30℃范围内。

# 第七章 白葡萄酒的酿造

白葡萄酒用霞多丽、雷司令等白葡萄或红皮白肉的葡萄榨汁后发酵酿制而成，色淡黄或金黄，澄清透明，具有浓郁果香、口感清爽的特点。白葡萄酒不是白色，如同白葡萄的颜色不是白色一样。白葡萄酒的颜色一般为淡黄色，有的近似无色或黄色、金黄色。霞多丽、琼瑶浆和白葡萄甜酒的颜色，会随着贮存时间的增加而越来越黄。

## 第一节 白葡萄酒原料、香气、口感及品质

### 一、白葡萄酒的原料

适于酿制白葡萄酒的优良葡萄品种如下。

（1）灰比诺　又名李将军、灰品诺，原产于法国。我国济南、兴城、南京等地均有栽培，是酿造白葡萄酒和起泡葡萄酒的优良品种。酿酒成熟快，贮存半年到1年就出现这一品种酒的清香，滋味柔和爽口。可做干酒，也可酿甜酒。

（2）龙眼　又名秋紫，是我国的古老品种，为华北地区主栽品种之一，西北、东北也有较大面积的栽培。这种葡萄既适于鲜食，又是酿酒的良种，用它酿造起泡葡萄酒、干白葡萄酒，呈淡黄色，有清香。贮存两年以上，出现醇和酒香，陈酿5～6年的酒，滋味优美爽口，酒体细腻而醇厚，回味较长。也可酿造甜白葡萄酒。

（3）意斯林　又名贵人香，原产于意大利和法国南部，我国烟台、北京、天津、江苏、陕西、山西、辽宁等地均有栽培。酿制的酒呈浅黄绿色，果香酒香兼

备，酒体丰满，醇和怡雅，柔和爽口，回味绵长，酒质优良。

## 二、 白葡萄酒香气

各类呈香物质是各类气味的基础。根据这些呈香物质的来源，葡萄酒的香气可分为一类香气、二类香气、三类香气等三大类。

上述三大类香气对应着许多复杂的呈香物质。在葡萄酒中，根据这些物质的来源，又可将葡萄酒的香气分为三大类：源于葡萄浆果的香气被称为一类香气，又称果香或品种香；源于发酵的香气被称为二类香气，又称发酵香或酒香；源于陈酿的香气被称为三类香气，又称陈酿香或醇香。在醇香中，根据陈酿方式不同，又有还原醇香和氧化醇香两类。还原醇香是在还原条件下形成的香气，包括贮藏罐或木桶和酒瓶两个阶段。氧化醇香是在氧化陈酿条件下形成的香气。

由于醇香是由一、二类香气物质，特别是一类香气物质经过转化而成的，而且与前两类香气比较，它的出现较慢，但更为馥郁、清晰、优雅、持久。所以，可以将一、二类香气统称为类似表香的芳香，以与类似底香的醇香相区别。

不同品种的酒香气有所不同。红酒一般闻起来有水果香，白葡萄酒则饱含花香，桃红葡萄酒则二者兼有之。白葡萄酒的香味多半用生活中常有的香味作为描述的依据，较常在葡萄酒中闻到的味道可以略分为八大类。

（1）花香　即花的香味。这是年轻的葡萄酒中比较常有的香味，久存之后会逐渐变淡、消失；其中最重要的或许也是最陌生的是葡萄花香。最普遍的是醇浓的白葡萄酒中的香堇菜花味（出现在用某些发酵剂发酵时）、丁香味、玫瑰花味（五月玫瑰、茶玫瑰等）

（2）水果香　这是年轻新鲜的葡萄酒比较常有的香味，久存之后会逐渐变淡、消失。需要指出的是，酒的果香通常使人忆起的不是新鲜的果子，而是如果酱般的“甜味”。譬如，酒的草莓味很普通，但大多数品酒者将其称为草莓酱味。

最常见的果香是：白葡萄酒中的葡萄味、麝香葡萄味；新酿的白葡萄酒中和一些新酿的红葡萄酒中的苹果味、梨味；各种精心酿制的白葡萄酒中的柠檬味、柑子味；各种红葡萄酒中的覆盆子味、桑葚味、梅子味、越橘味；某些白葡萄酒中的樱桃味、桃子味和杏味……

（3）干果香味　陈酿中常有的某些香味。橡木桶中酿制的酒有荚果和桂皮的气味；黑比诺红酒中常有黑椒的气味；陈年白葡萄酒中有肉豆蔻子味。

（4）香料香味　是来自橡木桶的香味，大部分则属于葡萄酒成熟后发出来的香味。

（5）蔬菜和植物气味　上等的白葡萄酒中的青草味；植物浆液的气味，苹果皮的气味和树木的气味；木桶中陈酿的橡木味；以及蘑菇和甘草的气味等。劣质的酒散发出类似葱和大蒜的气味。

（6）动物性香　耐久存的红酒经长年的瓶中培养之后，浓郁腥烈的动物性香味会开始出现。与上述植物气味不同，其中大部分并不好闻。一些优质陈年的葡萄酒中有酸奶和新鲜奶酪的气味。这类酒一般在瓶上注明“不含氧气”。尽管难闻，在很多时候只要轻晃杯中之酒，这种气味就消失。这些难闻的气味有：汗味，湿狗的气味，脏衣服的气味。劣质酒中还有老鼠和生肉的气味。

（7）熏烤烘焙香　此类的香味和橡木桶在制造时熏烤程度有所关联。通常很好闻，有面包店烤面包的香味、咖啡味、巧克力味、红茶味、焦糖味、烤干果味，用熟透的葡萄酿制的白葡萄酒中还有蜂蜜和烤蜜蜂的香味。在很旧的桶中，用大量鞣酸酿制的红葡萄酒有松脂和皮革的气味；另外，还有烤木头的气味、焦味、焦木味。

（8）其他类酒香　如焦糖、蜂蜜。

## 三、白葡萄酒口感

相对红葡萄酒的酸、苦涩主导，白葡萄酒的酸、甜主导可能会让大家更易接受。只是由于对白葡萄酒的了解较少，以及白葡萄酒本身的一些特质的原因，大部分国内媒体很少宣传白葡萄酒，国人大多数认为“红酒就等于葡萄酒”。其实作为葡萄酒重要的一支，白葡萄酒的乐趣并不亚于红葡萄酒。

（1）直观感受部分　这部分包括味道、酒体和风味。主要涉及的是用你口中的味觉、触觉和嗅觉来感知白葡萄酒的味道、酒体和风味。

① 味道　在白葡萄酒里通常比较容易出现甜和酸的味道。

白葡萄酒里含有甜味，一般来自于酒中的残糖。主要是由于葡萄发酵时没有把葡萄里的糖分完全转化为酒精造成的。保留的甜度对品尝者来说，有可能很明显，也有可能感觉不到，这主要取决于浓度和每个人对糖的敏感度。

糖分能够增加口中黏稠、腻的感觉；酒精能减弱甜的感觉；成熟的水果香气会带来甜的感觉；白葡萄酒里含有多种酸，像醋酸、柠檬酸、乳酸和苹果酸。酸能增加清新尖脆的口感；酸也能使酒中的果香感觉更新鲜活跃。

② 酒体　指的是酒在口中的重量和浓稠感觉。酒的成分组成了酒体，包括酒精、萃取物、糖分和单宁。可以通过对牛奶的形容，使酒体的概念能比较容易地理解。脱脂牛奶在口中的清淡和水感，可以表述为“轻酒体”；全脂牛奶的略微浓稠，可以说是“中等酒体”；奶油的浓郁，可以被认为是“厚重酒体”。

③ 风味　酒的风味通常就是指葡萄酒在口中的香气。有时你可以在口中感觉到的香气种类比鼻子闻的会更多，有时候却要少些。

（2）外观评价部分

① 一般霞多丽、长相思、赛美容、品丽珠酿出来的都是口感很好的，价格要看是它的配制过程和酒庄级别。苏奥干白葡萄酒就是用50％长相思做的，口感圆润，细腻，还获得过葡萄酒比赛的金奖，广受大家青睐。

② 白冰酒，酒体圆润、细腻、醇厚。透亮、诱人的金色光泽暗示了星级冰酒的优雅品质。它巧妙地融和了蜂蜜以及芒果、西番莲木、菠萝和荔枝多种口味。这种蜂蜜和水果般的甜度和香味只有在酿酒过程中酸度和甜度达到一个完美的平衡才

能体现出来。

③ 冰酒中的果酸至少需要 5 年的时间才能达到最佳的平衡，这时这款冰酒的口感也是最甘美、最优雅的。

## 四、白葡萄酒的品质

白葡萄酒，色淡黄或金黄，澄清透明，有独特的典型性。白葡萄酒不是白色，就跟白葡萄的颜色不是白色一样。白葡萄酒的颜色包含所有的黄色，年份越老颜色越黄。

首先看颜色，一般氧化的白葡萄酒发黄，不过也有好酒是黄色的，那是特例。

另外闻香气，一般白葡萄酒如果是单品种的话应该有品种的特有香气，混合品种的话那就不会很明显。不过总而言之，香气要清新，浓郁，让人舒服。不要有过于漂浮的香气，那有外加香气的嫌疑。

此外，品口感，干白的口感一般来讲是比较柔和舒顺的，酸味儿和甜味比较协调为好。要有回味。

# 第二节 葡萄汁及葡萄酒的氧化

## 一、葡萄汁的氧化

中国营养学会等单位最近发布的一项针对果汁抗氧化能力的调查发现，含量为100%的紫葡萄汁其抗氧化能力比其他果汁平均高出 1.75 倍。

多酚类物质是目前公认的抗衰老效果好的强抗氧化剂之一，研究证明，食物多酚的含量会直接影响体内抗氧化剂的多寡。红葡萄汁含多种类的多酚抗氧化物，且所含的多酚高于其他果汁；柳橙汁所含的多酚与红葡萄汁相比相距甚远。

紫葡萄汁具有显著的高抗氧化能力，是因为紫葡萄本身含有大量类黄酮和多酚。类黄酮和多酚是天然的强抗氧化剂，能帮助健康细胞避免受到自由基的侵袭，减少被氧化的危害，此外还有助于促进细胞内物质的更新，保护心血管。

## 二、氧化发酵

### 1. 概念

氧化发酵（oxidative fermentation）是一种因分子态氧将基质不完全氧化（有产生二氧化碳和不产生二氧化碳的情况），结果使反应液中累积了不完全氧化的生成物的发酵形式。从现在的这一术语来看虽不太适宜，但为了说起来方便还是通用的。例如，累积的代谢产物是葡糖酸、柠檬酸、延胡索酸、醋酸、氨基酸等。就在这些物质的名称后面各加上“发酵”二字加以称呼。

发酵一般是指微生物将糖类（大多是葡萄糖）氧化成其他物质。有的生成乙醇

(酒精发酵),有的生成乳酸(乳酸发酵),有的直接将其氧化成水和二氧化碳等。所以发酵是氧化反应。

**2. 原理**

细菌对葡萄糖的分解有三种不同的类型。细菌仅在有氧环境中分解葡萄糖,称为氧化型;细菌无论在有氧或无氧环境中都能分解葡萄糖,称为发酵型;细菌在有氧或无氧环境中都不能分解葡萄糖,称为产碱型。利用该试验可了解细菌分解葡萄糖的代谢类型,故称为葡萄糖代谢类型鉴别试验或O/F试验。

(1) 方法 纯化的待检菌穿刺接种两支HL培养基,其中一支用灭菌的液体石蜡覆盖约0.5～1cm高度,以隔绝空气,称为闭管;另一支暴露于空气中,为开管。将两支培养基同时置37℃培养48h后观察结果。

(2) 结果 若两管均不变色,为产碱型或不活动型,O/F试验为阴性;两管均产酸变为黄色为发酵型;仅开管产酸变黄,闭管不变色为氧化型。

## 三、 陈酿期的氧化

发酵工艺中采用低温发酵法,采用多种降温方法,将发酵品温控制在16～18℃防止氧化,保持果香;添加人工酵母或活性干酵母,以适应低温发酵,使其能按工艺要求正常进行,增加酒的芳香,提高酒质。

在酒的陈酿或后加工时,进行酒质净化处理,如采用澄清剂、低温冷冻和过滤相结合的方法,以提高酒的澄清度增强酒的稳定性。

在白葡萄酒的酿造过程中应采用防氧、隔氧的有效措施,如添加适量的二氧化硫、充氮气隔氧贮存、充氮气装瓶隔菌过滤、无菌装瓶等措施保持原果香和新鲜感。

白葡萄酒装瓶后进行瓶贮,多采用地下室恒温贮存6个月以上,以增加酒香、酒体协调、典型性突出。

## 四、 白葡萄酒酿造过程的防氧化

白葡萄酒中含有多种酚类化合物,如色素、单宁、芳香物质等,这些物质具有较强的嗜氧性,与空气接触时,它们很容易被氧化,生成棕色聚合物,使白葡萄酒的颜色变深,酒的新鲜感减少,甚至造成酒的氧化味,从而引起白葡萄酒外观和风味的不良变化。

白葡萄酒氧化现象存在于生产过程的每一个工序,如何掌握和控制氧化是十分重要的。

凡能控制这些因素的都是防氧化行之有效的方法,目前国内在生产白葡萄酒中,采用的防氧化措施发酵过程中主要注意以下几个方面:①在前发酵阶段,要严格控制品温;②在后发酵期间,控制较低的温度,并尽量避免酒液接触空气,如补加总量至100mg/L、注意水封、每周用品种同质量的酒液添罐1次等;③用含皂土0.02%～0.03%澄清酒液(或葡萄汁),以减少氧化物质和降低氧化酶的活性;

④在发酵前后，罐内充入氮气或$CO_2$等惰性气体；⑤凡与酒液（或果汁）接触的铁、铜等金属工具及设备，需涂以食用级防腐涂料。

除上述措施外，在其他工序应注意如下几点：①选择葡萄的最佳成熟期进行采摘，以免产生过熟霉变现象；②葡萄先经10℃以下的低温处理后，再进行快速榨取汁，果汁在5～10℃的低温下加入$SO_2$，并进行低温澄清或离心澄清；③成品酒在装瓶前，添加$SO_2$、维生素C等抗氧化剂。

### 五、白葡萄酒发酵温度对酒质量的影响

葡萄酒的发酵温度是决定酒质的重要因素。它对酒的类型和酒质的优劣有非常重要的影响。

酿造白葡萄酒必须低温发酵。发酵适宜的温度为15～18℃，最低温度为14℃，最高温度为20℃，超过20℃或更高温度发酵的白葡萄酒，香气不清新、口感不细腻。而在最适宜温度下发酵的白葡萄酒具有清雅悦人的果香，柔顺、清爽的口感。研究表明，在不同发酵温度下，酵母的代谢主要产物酯类和脂肪酸的品种和数量有很大的差异，从而导致酒的香和味有明显的差别，而低于10℃下发酵的酒显得淡薄。

## 第三节 家庭（作坊型）白葡萄酒酿造方法与技术

### 一、白葡萄酒的酿造与制作方法

**1. 酿造方法**

白葡萄酒既可方便地用白葡萄来酿造，也可用去掉葡萄皮的红葡萄的果汁来酿造，无须经过果汁与葡萄皮的浸渍过程，而是用果汁单独进行发酵。

白葡萄酒的酿制过程是：将葡萄分选去梗→压榨→将果汁与皮分离并澄清→经低温发酵、贮存陈酿及后加工处理，最终酿制成干白葡萄酒。

**2. 制作方法举例**

（1）原料准备　自酿白葡萄酒可以选用的葡萄品种比较广泛，玫瑰香、龙眼、巨峰这些都可以，如果能到葡萄园买到霞多丽、长相思这样的酿酒品种那就更好了。购买时一定要选择那些新鲜、成熟、没有病害的葡萄，越新鲜越好。而且为了使自酿的干白香气、口感更好，可以将买来的葡萄放在冰箱冷藏室里“冷静”一下，降低葡萄的温度。如果担心卫生问题，可以洗干净晾干再放进冰箱冷却一下。但是为了避免冰箱里面的异味影响葡萄，可以装在保鲜袋里边。

（2）工具物品准备　自酿白葡萄酒的工具和自酿红葡萄酒时差不多。医用纱布或者新的干净的尼龙丝袜一双用来压榨取汁。发酵时医院用的20L的玻璃大瓶，或者家里有不锈钢锅也可以。搅拌用的长筷子或者不锈钢漏勺。最后还需要一个贮存

葡萄酒的罐子或者玻璃瓶。温度计用来测量温度。白糖用来改变口味。鸡蛋用来使葡萄酒澄清。虹吸管一根，取清汁。

（3）除梗榨汁　将葡萄从果串上面逐粒摘下，放进事先准备好的丝袜或者纱布中，挤出葡萄汁，用不锈钢锅或者大玻璃瓶盛接。挤出所有的葡萄汁以后，弃去留下的葡萄皮、籽。不建议用榨汁机，那样会将葡萄皮打得太破，葡萄籽也打碎，使酒的口感粗涩。

（4）澄清　取好的葡萄汁要澄清一下，一般24h就可以了，葡萄汁的温度控制在18～20℃最佳。一天以后，葡萄汁里面的杂质就会沉到容器底部。这时候用虹吸管将上清液抽出来灌入另一个干净的容器里，这个容器最好是小口的，而且最好灌满一些，防止葡萄汁和空气接触太多。

（5）清汁发酵　接下来就等着葡萄汁发酵了，天然的酵母菌可以使葡萄发酵，如果用玻璃瓶发酵可以看到产生很多气泡。发酵的时候会产生二氧化碳，为了口感可以在发酵开始之前加点糖。差不多5～7天发酵就可以结束了，那时候你观察起泡越来越少，这时候就可以通过低温或者用1～2滴亚硫酸结束发酵了。亚硫酸可以杀死葡萄酒里面的微生物，并使发酵停止。如果家里没有也可以加一点点高度白酒，但是这样会使酒味更大。

（6）静置澄清　发酵完成的葡萄酒让它静置一段时间，再用虹吸管取上清液。

（7）下胶澄清　其实这时候的白葡萄酒就完全可以喝了，如果想让白葡萄酒更加晶莹剔透，那就进行下胶。方法和自酿红葡萄酒一样。把鸡蛋打匀，或者直接用鸡蛋清，加到之前过滤过的酒中，用筷子搅拌一下，静止一段时间，你会发现在容器的底部形成一层泥状的沉淀，同时酒液也变得清澈。这时取出上清液，即是自酿的白葡萄酒了。

注意：白葡萄酒的自酿全过程都要非常注意控制温度。澄清时酒温度控制在18℃左右，发酵时控制在25℃以下比较好。

## 二、冰白葡萄酒酿造工艺技术

① 当预留葡萄经过剧降至－7～－8℃的夜间气温5～7h的冷冻结冰后，于黎明气温回升前采摘冰葡萄果实，精选后用较低压力迅速压榨取轻压汁，澄清后用于发酵冰白葡萄酒。

② 采用果胶酶和皂土联合澄清方法，选择葡萄汁发酵前的澄清技术和参数。

③ 根据不同酵母种的发酵曲线、产酒能力以及葡萄酒的最终感官质量，筛选出适宜赛美容冰白葡萄酒低温发酵（<14～16℃）的优良菌种。

④ 运用急促降温、硫处理和过滤技术等多项技术联合处理，在酒精发酵适度时，中止发酵，以保留适量源于葡萄果实的糖分。

⑤ 采用低温陈酿、下胶、速冻、除菌过滤等技术完成冰白葡萄酒的澄清稳定，通过稳定性实验研究和澄清度分析测定，选择最佳澄清稳定的工艺技术和处理参数，使用无菌技术灌装。

⑥ 通过对葡萄酒外观、色泽，品种香、酒香的浓郁及优雅协调性，口味的柔顺醇厚和丰满平衡，以及回味和典型性的感官品评，确定最佳的生产工艺技术和参数。

## 三、热白葡萄酒的制作方法

### 1. 热白葡萄酒与香料白葡萄

欧洲的圣诞节有饮热葡萄酒的习俗，每年圣诞前后，欧洲各地的圣诞市场上，随处可见一桶桶冒着热气，浮着橙子、柠檬的热葡萄酒，透着柑橘类水果的清新，混着众多香料的香气，在寒冷的空气中有着让人无法抵抗的魔力。

过去，当葡萄酒变质走味后，人们发现通过添加一些辛香料、糖分加热煮过之后，变质的酒就能再度被饮用。后来这种香料热葡萄酒逐渐演变成冬天的饮料，特别是在圣诞节期间，这种饮料就成了许多欧洲国家的经典节庆饮品。

还有一种加香料葡萄酒是一种以葡萄酒为基酒加强酒精含量和加入了草药、香料、色素等配料的葡萄酒。它的香味来自于多种香料和一些草本植物，像种子、花卉、叶、芽、根、茎等。

### 2. 自制热白葡萄酒的操作方法及注意事项

(1) 材料　白葡萄酒 1 瓶 750mL；水 150mL；柠檬 1/2 个；柳橙 1/2 个；香料（肉桂粉 1 茶匙、肉桂枝 1 根、丁香 6 颗、肉豆蔻粉 1/2 茶匙、姜粉 1/2 茶匙、八角 1 颗）；调料（糖 60g，根据个人口味增减）。

(2) 做法

① 把橙子和柠檬切片。

② 白葡萄酒开瓶倒进锅里，加水，加入橙子片、柠檬片和所有香料。

③ 加热葡萄酒至快要沸腾，改小火，让酒处于小沸腾吐泡泡的状态盖上盖子煮 8min，关火，加糖，趁热饮用。

(3) 注意事项

① 白葡萄酒不必买贵的，哪个便宜拿哪个，但也不要拿最次等的。

② 香料最关键的是肉桂粉和丁香，其他没有的可以不放。

③ 由于圣诞市场卖的热葡萄酒里的橙子、柠檬是泡上一整天的，里面的水果是切块的；而在家制作前后只加热 10min 左右，因此水果要切片。

④ 喜欢酒精味重的减少加热时间，不能喝酒的则多煮一下。

⑤ 热葡萄酒一次喝不完，等再喝的时候重新加热即可。

## 四、加烈葡萄酒的制作方法

### 1. 采收

加烈葡萄酒的种类非常多，红白葡萄酒都有，酿造法也非常多元，通常味道比较重，酒精含量也比一般葡萄酒高，而且以甜型居多，常会采用非常成熟的葡萄酿造，有些雪利酒的酿制甚至在采收后还经过日照以提高葡萄的糖分，再进行榨汁。

**2. 发酵**

加烈葡萄酒发酵前的准备和发酵过程和一般的红白葡萄酒类似，唯一不同的是，酿造甜型的加烈葡萄酒在酒精发酵未完成时，即加入酒精中止发酵。

**3. 加酒精停止发酵**

酒精发酵若于中途停止，尚未发酵成酒精的糖分便留在酒中，所以大部分的加烈葡萄酒都是甜的。一般甜酒是通过添加二氧化硫或降低温度而停止发酵，加烈葡萄酒则是添加酒精使酒精浓度提高到15%以上，使酵母菌难以继续存活，发酵便可中止。添加酒精的时刻因酒的种类而异。甜白葡萄酒通常直接加在发酵酒槽中，干白葡萄酒在糖分全部发酵成酒精之后再添加。甜红葡萄酒则是在进行发酵和浸皮时加入；有时，在发酵停止之后，葡萄皮还会继续浸泡一阵子再进行榨汁。

**4. 橡木桶中的培养**

添加过酒精之后，葡萄酒的结构变得更稳定，不易因氧化而变质，可以经得起更长时间的橡木桶培养。加烈葡萄酒的培养时间长短相差很大，最长甚至可达数十年。在培养的过程中，葡萄酒逐渐氧化，香味浓郁且带有变化丰富的陈年酒香气。

**5. 酒槽中的培养**

有些加烈葡萄酒以丰富的甜熟果味取胜，放入橡木桶中培养反而会失去新鲜果味，通常只在酒槽内进行短暂的培养就装瓶上市了。

**6. 装瓶**

跟气泡酒一样，为了具有稳定的品质、更均衡协调的风味以及表现一致的厂牌风格，许多加烈葡萄酒在装瓶前需经过调配，采用不同年份的葡萄酒混合而成。

## 第四节 酒庄级酿造干白葡萄酒的生产技术

### 一、 原料概述

制造白葡萄酒的葡萄品种非常之多，数目比制红葡萄酒的品种更多。各个酿酒地区酒庄都有适合当地风土气候的主要品种，我国大部分酒庄（基地）已经初步筛选的优良白葡萄酒用品种如下。

**1. 白葡萄酒用品种**

龙眼，我国原有品种；霞多丽；灰比诺，欧洲品种；意大利雷司令；阿里戈杰，欧洲品种，已在东欧普遍推广；勃艮第，西欧品种；巴娜蒂雷司令；勒卡奇杰里；巴亚-西里。

**2. 红白葡萄酒兼用品种**

麝香葡萄；黑比诺，原产于法国；佳丽酿，原产于法国南部。亦可用红皮白肉的葡萄做白葡萄酒，破碎之后只用自流汁，有些往往酿成带色的白葡萄酒。

一般对于白葡萄或红葡萄所酿制的白葡萄酒是可以鉴别的，即使后者并不带色。鉴定方法，取少量白葡萄酒放在试管内，滴入4～5滴10%的硫酸，如果是红葡萄制成的白葡萄酒，则会出现淡红色，而白葡萄制的酒颜色不变。

白葡萄酒的酿造比红葡萄酒更加细致，需要特别的设备，并采取必要的措施，防止铁浑浊的产生。

## 二、从白葡萄制造干白葡萄酒

为了避免马台拉化，拥有淋酒设备的工厂，应该除去葡萄皮糟再酿酒，生产流程如图7-1所示。

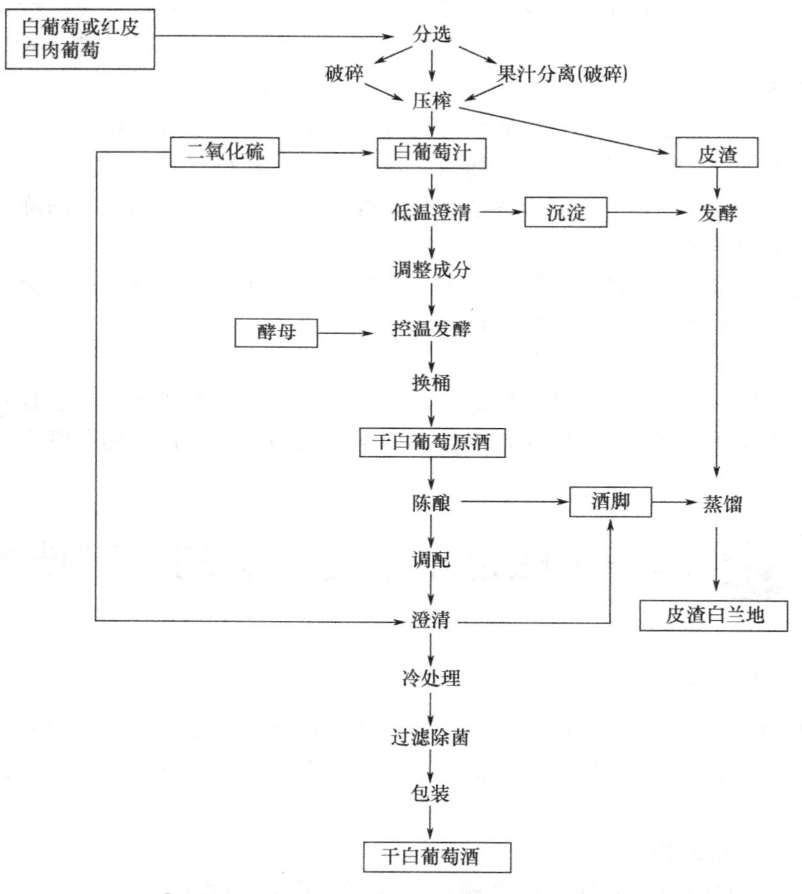


图7-1 酒庄级酿造干白葡萄酒的生产流程

### 1. 葡萄的破碎

采用红葡萄酒同样的破碎机，但不进行去梗，使尚未发酵的葡萄汁易于淋出和压榨。

### 2. 淋汁

这个操作包括分离最大数量的淋出葡萄汁（自流汁），除去葡萄的固体部分

（果梗、皮、子实）。淋汁的另一作用是有利于提高压榨机处理葡萄浆的效率。

淋汁设备有种种类型，可任意选用。

（1）淋汁盘 由木条或钢网制成，破碎的葡萄运到淋汁盘，用一个木制的耙，将破碎的葡萄从一端推向另一端，落入下面的压榨机，淋汁盘的大小，根据处理葡萄的数量来决定，例如一个 3m×1.5m 的淋汁盒，每 24 小时能通过 25000～30000kg 的葡萄，可以得到 35%～40%的比较澄清的葡萄汁。

（2）转筒式淋汁机 用多孔铜板制成的圆筒，略带倾斜，长 2～4m，直径 0.6～1.2m，用齿轮徐徐转动，破碎葡萄由上端投入，葡萄汁经多孔板流到底下沟内，以淋去葡萄汁的皮糟从圆筒的另一端排出，自动落入下面压榨机，经过连续压榨，将残余葡萄汁挤出，为了避免金属网的堵塞，在外面安装一个刷子。

转筒式淋汁机与连续压榨机联合使用，效率很令人满意，淋出汁稍带浑浊，收得率 50%～55%。有些葡萄酒厂采用强烈螺旋式淋汁机，效率很高，但淋出的葡萄汁比起淋汁盘或转筒式淋汁机，显得稍带浑浊。

**3. 葡萄皮糟的压榨**

为了从葡萄皮糟挤出更多的葡萄汁，酒厂使用前面已讲过的各种类型压榨机。

（1）大型水压机 这种水压机颇费人工，压榨效率不高，现已逐渐淘汰。

（2）连续压榨机 这种设备可以连续操作，压榨汁略带浑浊，因压力强度而不同。

（3）卧式压榨机 使用两台卧式压榨机，操作可以连续进行，榨出的葡萄汁相当清，有时从各种形式压榨机出来的葡萄皮糟，再用小型水压机处理一次，但采用榨得极紧的连续压榨机，无须再用水压机处理。

榨过的酒糟尚含一定数量的糖分，可以保存，最好和已经发酵过的红葡萄酒糟混合保存，蒸馏时可以获得较多酒精。用连续压榨机榨得极干的葡萄糟，几乎已不含还原糖，不值得保存，因蒸馏所得酒精尚不够抵偿燃料费用，这种酒糟，可以直接用为饲料。

**4. 二氧化硫的添加**

淋出及榨出的葡萄汁往往混合在一起发酵，立刻将二氧化硫与葡萄汁一同加入发酵池，用量根据需要一次增加。

如果葡萄汁比较清，每百升添加二氧化硫 25～30g，经过 2h 以后，加酵母 5%～6%，很快就开始发酵。

假使葡萄汁比较浑浊，须先进行一次澄清，每百升葡萄汁加二氧化硫 40～50g，使发酵延迟 24～48h，让葡萄汁静置澄清，然后用虹吸将上层澄清液移到另一发酵槽，使其与沉淀的固形物分开。沉淀的多少因葡萄的原始状态及压榨强度而不同。

发酵槽底部安装高低不同的阀门，澄清之后，由上面的阀门排出葡萄汁，避免带出底下的沉淀。澄清的葡萄汁送往发酵槽或后酵槽，立即添加酵母 8%～10%。

浓厚的沉淀（10%～15%，或更多一些）可以用在红葡萄酒制造，如果同时生产红葡萄酒，而且白葡萄的质量健康，则可以作为二氧化硫资源使用。

假使原料白葡萄多少已有点霉烂，或者不是同时生产红葡萄酒，则应将沉淀合并在发酵槽内，进行下列处理。

① 将沉淀合并在一起，加酒母发酵，制成酒，作为蒸馏白兰地的原料。

② 再追加一次二氧化硫，几天后，重新倾泻（滗析）一次，沉淀用压滤机或水压机处理。这些沉淀的处理，为酿酒增加不少麻烦，最简单的方法是加酒母发酵，然后经过蒸馏回收酒精。

从 20 世纪 60 年代开始，出现葡萄汁连续澄清离心机，对于连续压榨机的浑浊葡萄汁的澄清，得到极其满意的结果。这种离心机转速为 2200r/min，在隔绝空气情况下运转。

**5. 白葡萄汁的发酵**

投料时发酵池或槽不可完全加满，因发酵时会生成大量泡沫，应该在液面留出 40～50mm 的空隙。加过二氧化硫的白葡萄汁，不论有未经过澄清，一般发酵开始比较迟缓。因为二氧化硫的添加量比较多（根据原料情况，25～50g/100L），液面没有皮糟的盖子，酵母缺乏寄托的地方，所以必须添加正在旺盛发酵的酒母 5%～10%。

为了使白葡萄酒的滴定酸度达到 3.5～4g 总酸（以硫酸表示），往往须添加酒石酸，使成品葡萄酒味觉新鲜爽口，透明澄清，且不致色泽褐化（马台拉化）。柠檬酸应添加在制成的葡萄酒中，最大添加量不超过 50g/100L。

因为液面没有皮糟盖子，发酵管理比红葡萄酒发酵方便，但必须密切注意温度的上升，一般是很快的，当温度超过 30℃时，须立即开始冷却。

**6. 换桶**

待葡萄醪相对密度已降到 1.005～1.006 附近，发酵已几乎停止，即进行换桶。将沉淀在主发酵底下的大量酒脚和新酒分离开，避免带来酒脚味或硫化氢味，添加较多二氧化硫时，往往在发酵终了产生这种不良气味。

**7. 后发酵**

换桶后的白葡萄酒，尚有少量的糖分，在后酵槽或贮酒桶继续进行发酵，直到相对密度为 0.992～0.996（因酒精含量多少而不同），制成不含残糖的干白葡萄酒（糖分小于 4g/L），为澄清透明及良好保存性的必要条件。

后发酵的管理工作必须和红葡萄酒同样的仔细严密，如果发酵酵母活力有衰退现象，应该立即采取适当措施加以补救。

**8. 白葡萄酒的贮藏**

贮藏白葡萄酒的水泥池内部应涂布环氧树脂或其他合适涂料，防止葡萄酒和水泥池接触，避免过多的铁分溶出，减少产生铁浑浊的危险，白葡萄酒含铁超过 15mg/L 时，有引起铁离子浑浊的可能，最好在第一次换桶时，每百升加柠檬酸 30～40g。

白葡萄酒贮藏期间，不应添加过多的二氧化硫，因为二氧化硫只能暂时阻止铁浑浊的生成，而往往对酒的风味发生不良影响。

## 三、从红葡萄制造白葡萄酒

许多红皮葡萄的果汁是无色的，如佳丽酿、神索等，都可以作为白葡萄酒原料，用红葡萄制成的白葡萄酒往往稍带极轻微的淡红色，可在发酵完毕后，用骨炭和木炭脱色（最大用量100g/100L）。

从红葡萄制造白葡萄酒的方法，基本上同用白葡萄制白葡萄酒是一样的。根据需要制成的白葡萄酒的品种，操作方法分为下列三种类型。

（1）制造白色及淡红色葡萄酒　红葡萄破碎后，立即淋汁，只用自流汁制造白葡萄酒，榨出汁用来制造淡红色（玫瑰色）葡萄酒。

（2）制造略带颜色的白葡萄酒　用淋出的葡萄汁和轻微压榨获得的葡萄汁混合发酵，制造略为带色的白葡萄酒。用连续压榨机或水压机榨出的葡萄汁，用来制造红葡萄酒。

（3）同时制造红葡萄酒和白葡萄酒　淋出的自流汁用来制造白葡萄酒，余下的葡萄糟，不经过压榨，即与适量红葡萄混合发酵，制造红葡萄酒，这是一种值得推荐的方法，尤其是用淡红色葡萄做原料时，用这种方法可以得到毫不带色的白葡萄酒，又因为在红葡萄酒发酵池中增加了一定数量的红葡萄浆，可以制成颜色较深的红葡萄酒。

# 第五节　典型干白葡萄酒的酿造工艺与制作方法

在干白葡萄酒的发酵过程中，有时会遇到一些酒让人品尝以后，给人一种“煮熟”的感觉，香气、口感都令人非常的不愉快。在品尝学上，常将之称为“热发酵味”或者“酒脚味”，要避免这种缺陷产生，要酿造优质的干白葡萄酒，除了要具备好的原料，更应注重工艺的每个环节，从实践中不断地总结经验，只有这样产品品质才会不断得到提升。

## 一、原料概述

干白葡萄酒选用白葡萄或红皮白肉葡萄为原料，主要有龙眼、贵人香、白诗南、白玉霓、白福儿等，经果汁分离、澄清、控温发酵而成。

## 二、干白葡萄酒的酿造工艺

典型干白葡萄酒的酿造工艺流程如图7-2所示。

（1）葡萄采收　白葡萄比较容易被氧化，采收时必须尽量小心保持果粒完整，以免影响品质。

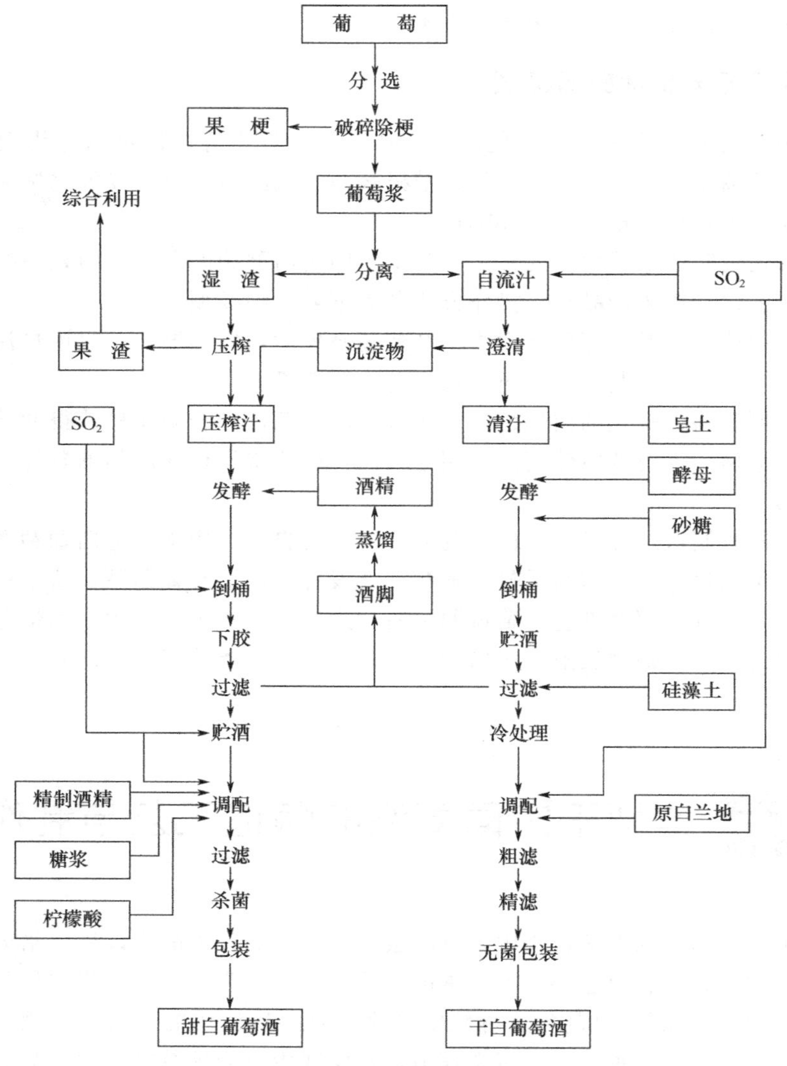


图 7-2 典型干白葡萄酒的酿造工艺流程

(2) 破碎榨汁　采收后的葡萄必须尽快进行榨汁，白葡萄通常会先进行破皮程序，有时也会去梗。为了不会将葡萄皮、梗和籽中的单宁和油脂榨出，压榨时压力必须温和平均，而且要适当翻动葡萄渣。

(3) 发酵前低温浸渍　葡萄皮中富含香味分子，传统的干白葡萄酒酿制是直接榨汁，尽量避免释出皮中物质，大部分存于皮中的香味分子都无法融入酒中。近来发现发酵前进行短暂的浸皮过程可增进葡萄品种原有的新鲜果香，同时还可使干白葡萄酒的口感更浓郁圆润。但为了避免释放太多单宁等多酚类物质，浸皮的过程必须在发酵前低温下短暂进行，同时破皮的程度也要适中。

(4) 清汁发酵　干白葡萄酒需要清汁发酵，采用传统沉淀法，约需一天左右的时间才能澄清；离心分离器，比较方便，但动力太强，常将酵母菌一并除去而需添加人工酵母。传统干白葡萄酒发酵时在橡木桶中进行。在发酵过程中橡木桶的木香、香草香等气味会溶入葡萄酒中使酒香更丰富。一般清淡的干白葡萄酒并不太适合此种方法。不锈钢罐发酵，干白葡萄酒发酵必须缓慢以保留葡萄原有的香味，而且使发酵后的香味更加细腻。为了让发酵缓慢进行，温度必须控制在18～20℃之间。

(5) 陈酿　橡木桶中发酵后死亡的酵母会沉淀于桶底，酿酒工人会定时搅拌使酵母和葡萄酒混合，此法可使葡萄酒变得更圆润。由于桶壁会渗入微量的空气，所以经过桶中培养的干白葡萄酒颜色较为金黄，香味更趋成熟。

干白葡萄酒发酵完之后还需经过乳酸发酵等程序，使酒变得更稳定。由于干白葡萄酒比较脆弱，培养的过程必须在密封的不锈钢罐中进行。乳酸发酵之后会减弱干白葡萄酒的新鲜酒香以及酸味，一些以新鲜果香和高酸度为特性的干白葡萄酒会特意以加二氧化硫或低温处理的方式抑制乳酸发酵。

(6) 装瓶前的澄清　装瓶前，干白葡萄酒中有时还会含有死酵母和葡萄碎屑等杂质必须清除，常见的有换桶、过滤法、离心分离器和皂土过滤法等。所有的工序都结束后，就可以装瓶了，装瓶后干葡萄酒已经从葡萄完成了酒的蜕变。

优良的干白葡萄酒应具有以下特点。

① 酒色泽应近似无色、浅黄带绿、浅黄、禾秆黄、金黄色，澄清透明。

② 具有醇正、清雅、优美、和谐的果香及酒香。

③ 有洁净、醇美、幽雅干爽的口味，和谐的果香味和酒香味。

④ 酒精度（20℃）：7%～13%；总糖（以葡萄糖计）≤4g/L；总酸（以酒石酸计）：5～7.5g/L；挥发酸（以醋酸计）≤1.1g/L。

## 三、半干白葡萄酒（干酒调配法）制作方法

### 1. 原酒酿制

用玫瑰香或佳丽酿葡萄作原料。

(1) 葡萄汁澄清　因无果胶酶，使用二氧化硫澄清法。二氧化硫加量以100mg/kg为适宜，如果加量太少，不能抑制野生酵母；若加量太多，又不利于人工酵母发酵。

(2) 人工酒母　用量以3%效果较好。

(3) 发酵醪降温　最好用冰水循环冷却，若只用自来水在发酵罐外表面喷淋冷却，品温只能控制在20℃左右，仍为偏高。

### 2. 半干白葡萄酒调配

采用玫瑰香、佳丽酿或其他淡色葡萄，经低温发酵后贮存1年的原酒，酒度为10%～11%。柠檬酸和维生素C均符合食用标准。原白兰地的酒度75%以上，贮存期3个月，配酒用水为蒸馏水。白砂糖含糖量95%以上。液态二氧化硫。

① 原酒和白兰地分别计算用量。

② 用所需糖量的30%，经蒸馏水化糖，糖液沸腾后加入0.03%的柠檬酸，待泡沫下落后再沸腾10min可出锅，化糖时的气压不超过0.245MPa。

③ 冷冻时，先充二氧化碳，再加山梨酸，维生素C及二氧化硫。在-3.5℃，冷冻6天。冷冻结束前2h，再充适量二氧化碳。

④ 酒液杀菌温度为（75±1）℃。

⑤ 装酒容器和管道用液态二氧化硫杀菌。

⑥ 用纸板过滤机过滤。过滤后若超过1个月再装瓶，需要过滤一次。

⑦ 空瓶充二氧化碳10～20s，排出空气，二氧化碳气流要适中。

白葡萄酒中，含有一定的蛋白质，这是造成成品酒沉淀的主要原因之一。试验证明，将原酒的蛋白质含量从0.2%左右降至0.04%以下，遇冷时就不会出现蛋白质沉淀现象。

高档的半干白葡萄酒，若用软木塞和塑料帽加以封口，可防止瓶酒氧化变质。且外观也显得高雅。

## 四、烟台产区酿造优质干白葡萄酒生产工艺举例

根据张裕、长城、威龙烟台产区酿造的优质干白葡萄酒生产工艺举例，可从以下几个方面对干白葡萄酒生产工艺说明。

**1. 意斯林与白雷司令**

葡萄酒的质量“先天在于原料，后天在于工艺”，体现出原料的决定因素。好的原料，首先是品种决定的（意斯林与白雷司令含有50多种芳香物质），长期栽培使其具有品种的适应性和特异性，其次白色品种在完全成熟时一类香气（结合态和游离态芳香物质）达到最大。尤其意斯林属中晚熟品种，在烟台产是9月中旬成熟，这就要求在气候条件的允许下，尽量使其达到完全成熟后采摘，并且应该在低温采摘，即清晨采摘有利于保持品种香气和防止氧化。

**2. 除梗破碎、压榨**

任何对原料过于强烈的机械处理都会提高酚类物质的含量，并且使果实种子和果梗的残屑等悬浮物增多。浸渍作用使其具有生青味，同时会使干白葡萄酒香气粗糙。这是做干白葡萄酒所不希望的。目前多数厂家采用的是离心式除梗破碎机。除梗破碎作业时应降低其除梗离心速度，减少破碎强度和不破碎。压榨目前所采用的多数是气囊式压榨机，相对于其他压榨机设备，果皮与筛网表面相对运动最少，从而使果皮和种子受到的剪切和磨碎作用小。结果皮渣中释放出的单宁和细微固体物大大减少，压榨汁中的固体和聚合酚类含量较低。做干白适宜用气囊压榨机，选择适当的程序，压榨过程中，根据情况对汁进行分段选择，同时人为控制某个压力下的压榨时间，从而获得更好的葡萄汁。

**3. 防止氧化**

在干白葡萄酒的整个酿造过程中，氧化现象成为影响干白葡萄酒质量的重要工艺条件。葡萄汁和葡萄酒中存在多酚氧化酶，包括两种不同酶，即酪氨酸酶（tyrosinase）和漆酶（laccase）。前一种是葡萄浆果的速酶类，而后一种在受灰霉危害的葡萄浆果上才有，因此要求原料健康。

防止氧化，首先是可采取抵制或破坏酚氧化酶：①在除梗破碎后，$SO_2$ 和维生素 C 的协调使用。维生素 C 为白色结晶状粉末，无臭、味尖酸，可溶于水和酒中（5%水溶液中，其 pH 值在 2.2～2.5 之间），始终保持透明。它在与其他氧化物同时存在下，被氧化速度更快，因而可保护其他物质免受氧化。其使用应在适量的游离二氧化硫下，效果更好。②惰性气体使用。为了防止更多的氧介入，在葡萄汁或酒所盛用的容积预先充入 $CO_2$、$N_2$ 或 $CO_2$ 和 $N_2$ 的混合物。③整个酿造尽量在低温下操作。低温下多酚氧化酶的活性明显降低（30℃下是 10℃的两倍多）。

**4. 冷澄清工艺**

在低温下，多酚氧化酶活性降低，防止了氧化；同时也避免了挥发性物质的损失；冷澄清可提高汁子的澄清度，使发酵后的酒更加干“净”。

在除梗破碎后，将葡萄汁的温度降至 8℃左右进行压榨。入罐后，如不加酵母，控制温度在 5℃左右进行 12～24 小时的澄清。根据汁子的情况，对于自流的优质汁无需下胶处理，对于差的汁可进行皂土和聚乙烯吡咯烷酮（PVPP）的处理。

**5. 酶制剂和酵母营养素的选择**

用于葡萄汁和葡萄酒中的酶制剂有很多种，如果胶酶、蛋白酶、纤维素酶、葡萄糖苷酶、葡萄酶和脲酶。商品果胶至少含有两种以上特定的酶和混合物，其都有不同的作用。这就要求在使用时，了解产品成分进行选择。比如葡萄糖苷酶可以使萜烯化合物变成可挥发化合物，而增加香味的含量。

活性干酵母已普遍应用于工业化生产中。世界至少有 9 家公司生产约 30 种葡萄酒酵母，同样在使用时，了解产品成分进行选择，考虑其产酒精能力，以及菌种的类型。

干白的发酵温度低，同时又在严格无氧下发酵，发酵显得困难，这就要求首先测出葡萄汁中营养源的含量，再适当添加酵母营养素，如磷酸盐类、无机胺等，来加速发酵速度。

**6. 酒精发酵**

在冷澄清后，分离葡萄汁，添加酵母进行酒精发酵。对于意斯林的芳香型品种，温度应控制在 10～16℃之间。对于霞多丽和索味浓可以在木桶中发酵，也可以在不锈钢罐中带橡木片发酵，温度在 16～18℃。发酵获得意斯林原酒澄清发亮，浅黄色，发酵香气浓，具明显的品种香（果香），酒体丰满柔和，回味延绵。

总之，在烟台产区酿造优质干白葡萄酒应注意：完全成熟的健康原料，在整个酿造过程防止氧化，强调抗坏血酸和 $SO_2$ 的协调使用。尽量减少对葡萄的机械强度处理以及氧气的接触；低温冷清工艺，利用冷澄清，获得澄清度高的汁；酶制剂和酵母以及酵母营养素的选择；低温发酵。

**7. 质量标准**

（1）感官指标　外观：澄清透明，无沉淀或悬浮物；色泽：浅黄色；香气：具该品种葡萄独特的果香及清新的酒香；口味：醇和柔细、酸甜清爽；稳定期：半年以上。

（2）理化指标 酒度：(10.5±0.6)%；糖度（以葡萄糖计）：(1.5±0.6)%；总酸（以酒酸计）：(0.65±0.05) g/100mL；挥发酸（以醋酸计）；0.14g/100L以下；铁离子：6mg/kg以下；相对密度：0.9982±0.0005。

# 第六节 甜白葡萄酒的特殊工艺酿造方式与技术

## 一、甜白葡萄酒

为了酿制中等甜度或纯甜味的酒，需要一些特殊的技术。一般情况下，成熟葡萄中糖的浓度足以生成12%的酒精。在自然条件下，酵母很容易把糖发酵成该酒精含量，于是酿出的葡萄酒将是无甜味（没有甜味）的。

**1. 贵腐菌影响的酒**

由受到贵腐菌（Botrytis cinerea）浸袭的葡萄所酿造，这种微小的霉菌使得葡萄失去水分，因而糖分增浓，采摘者反复地巡视葡萄园，往往只选择采摘受到霉菌浸袭的个别葡萄，那些葡萄的果汁含糖量非常高，当发酵中的酒达到15%酒精含量时，尽管仍有一些糖分残留，酵母菌都受到抑制而停止作用，所产生的酒就会自然地甜，并且带有贵腐菌所引起独特的香味（干果、蜂蜜和橙皮味），这种方法酿造的酒包括波尔多[例如，索泰尔讷（Sauternes）和巴尔萨克（Barsac）]、蒙巴济亚克（Monbazillac）、卢瓦尔区的莱昂区（Coteauxdu Layon）和肖姆-卡尔特（Quartsde Chaume），以及阿尔萨斯的粒选贵腐葡萄酒（Sélectionde Grains Nobles）等甜白酒。

**2. 甜酒中的酒酸**

葡萄酒里的酒酸大致上可以分成四大种：酒石酸（tartaric）、苹果酸（malic）、乳酸（lactic）和柠檬酸（citric）。

酒石酸和苹果酸来自于天然葡萄里，有做过乳酸发酵的酒里面才会有乳酸。其实一瓶甜酒如果没有酸度的话，酒喝起来不但单调乏味而且缺少架构。酒酸不但可以中和甜度，在某个程度上可以增加酒的味道而且使酒的果味感觉甜一点。

**3. 古近东时代甜酒**

自古近东时代起，经过古埃及文明一直到希腊帝国，所发现的酒大多是甜酒。根据书籍记载早期希腊人会把酒用水（甚至于海水）稀释后再加上香料一起饮用。古罗马人怕酒坏掉，会把葡萄汁在发酵前先煮过，这样不但葡萄汁变得比较浓郁而且氧化后的酒保存空间会变长许多。近代甜酒的发展则是从匈牙利托卡伊（Tokaj）开始，在中世纪许多种葡萄的人从意大利和现在的比利时移居到托卡伊，一直到15世纪末才有所谓的托卡伊混酿酒（Tokaji Aszu）出现。但是一直要到公元1562

年匈牙利主教把托卡伊混酿酒当作礼物送给教皇庇护四世后才开始名声大噪，变成国王和贵族们宴会上不可缺少的美酒。

德国的贵腐酒则是在1775年在约翰内斯堡（Schloss Johannisberg）区因为报信人延误了采收时间才发现。而1830年苏玳（Sauternes）区的白塔酒庄（Chateau La Tour Blanche）主人把在德国学到酿造贵腐酒的技术带回波尔多后传授给当时滴金庄园（Chateaud'Yquem）的主人Marquisde Lur Saluces后才开始有法国贵腐酒。在这之间，南非的开普敦（Constantia）区生产的甜酒也曾经在英国和欧洲各地造成一股风潮，拿破仑和当时的俄国沙皇也都是这种甜酒的喜好者之一。后来很多生产甜酒的酒厂因为葡萄根瘤蚜（phylloxera）的关系受创许多，花了很多年才回复到以前的水准。

## 二、 甜葡萄酒的酿造方式

一般想酿造出甜酒，首要条件就是要取得非常成熟而且甜度很高的葡萄，而葡萄农当然会想尽各种办法使葡萄的甜度增加。想取得甜度高的葡萄汁大致上可以从两方面来下手：葡萄采收前在葡萄园里的采收与种植方法；葡萄采收后在酒厂里的一些酿酒技术的调整。

**1. 采收与种植方式**

从葡萄园里有几种采收与种植方式。

（1）贵腐菌　这种霉菌会散布在葡萄皮上，把葡萄里面的水分逐渐吸走，留下浓缩过的葡萄汁在葡萄里。只不过这种菌只有在温热而且潮湿的地区才会快速繁殖，而且为了要采收到好的葡萄采收时要用人工一颗一颗地采，十分费工夫。用这种方式取得葡萄酿造出来的酒称为贵腐酒。

（2）冰冻法　把熟成的葡萄留到葡萄藤上一直到冬天结冻后才采收，采收时因为葡萄里的水分被冻结，所以用这种葡萄压榨出来的葡萄汁十分浓稠，甜度也高。用这种方式酿造出来的酒称为冰酒。

（3）风干法　在葡萄快要成熟时在葡萄梗与葡萄藤连接的地方弯曲使水分无法进入到葡萄里，这样可以使葡萄里的葡萄汁变浓。用这种方法的酒厂现在已经很少了，不过18世纪时法国普罗旺斯区和意大利用这种方式种葡萄却很流行。

**2. 酿酒技术的调整**

在葡萄采收后酒厂里也可以使用一些酿酒技术使葡萄汁变浓。

（1）人工冷冻法　使用冷冻法相似的逻辑把采收到的葡萄放入冷冻库里，结冻后再压榨葡萄汁。

（2）人工散菌法　把采收到的葡萄放入有温控的房子里洒上贵腐菌的孢子，一两星期后葡萄就会像得了贵腐菌的葡萄一样变小而且压榨出来的汁变浓稠。

（3）稻草法　把采收到的葡萄放在稻草上或木盘上利用日晒把葡萄里面的水分蒸发掉，或者是把葡萄吊在房屋的屋檐下让葡萄阴干。用这种方式取得葡萄酿造出来的酒又称为稻草酒（也有人称这种酒为麦秆酒）。

此外在葡萄榨汁后也有一些办法增加葡萄汁的甜度。

① 利用渗透浓缩法（osmotic concentration）把葡萄汁里的部分水分分离出来，使葡萄汁变浓。

② 利用冷冻器把整桶压榨后的葡萄汁冷冻后，把冰块取出或把浓缩的葡萄汁取出。

③ 把浓缩葡萄汁倒进发酵完的葡萄酒里增加甜度。

## 三、 甜白葡萄酒的酿造方法与技术举例

甜白葡萄酒的酿造过程颇像干性白葡萄酒的酿造，不同的是酒中留有一些天然糖分，甜白酒通常含有超过20g/L的糖分，这类酒包含了数种基本类型的葡萄酒。

为了酿制中等甜度或纯甜味的酒，需要一些特殊的技术。一般情况下，成熟葡萄中糖的浓度足以生成12%的酒精。在自然条件下，酵母很容易把糖发酵成该酒精浓度，于是酿出的葡萄酒将是无甜味（没有甜味）的。

### 1. 几种办法选择

要酿出较甜的酒，有几种办法可供选择。由于酵母通常在酒精浓度高于约15%时就不能存活，所以有些甜酒是通过人工提高酒精浓度、抑制发酵而实现的。波特酒和天然甜味酒（vinsdoux naturels）便是加入酒精来制成的。廉价的甜味酒，可以在无甜味酒底中加入浓缩的葡萄汁来提高其甜度。结果常常很不理想。

### 2. 各种不同的技术

很多种无甜味和中等甜味的葡萄酒用各种不同的技术。留下一小部分未发酵的（并且不是浓缩的）葡萄汁，直到装瓶前混合回去。在德国，未发酵的葡萄汁的使用规定非常严格。举例来说，如果雷司令晚收葡萄酒要加入未发酵葡萄汁，那么它就必须是雷司令晚收葡萄的葡萄汁。全甜的酒不能通过这种方法酿制，因为未发酵的葡萄汁是不够甜的。

### 3. 超浓度的糖分发酵完全

最好的甜酒是由依靠某种办法让糖分浓缩的葡萄制成的，酵母很难把超出浓度的糖分发酵完全，因此有相当数量的糖残留在酒里。浓缩糖分最常用的方法是使葡萄发生贵腐病。这是由贵腐菌引起的一种有益的葡萄园真菌病。当袭击葡萄园或是侵害未成熟的浆果时，会造成大灾难。但当它侵入完全成熟的特定品种，并且温度及湿度合适时，则染病的葡萄酿出的酒就特别甘美。

### 4. 特殊的天气条件

贵腐菌发生作用需要非常特殊的天气条件。有雾的早晨有利于真菌的生长，它们能使葡萄表皮变软，并依赖葡萄内部的水分、糖及酸类生存。如果早晨太阳升起得较晚，变软的表皮就会蒸发水分，从而使糖分得到了浓缩。不幸的是，贵腐菌的作用是不可靠的，它可能发生也可能不发生。当它发生的时候，对葡萄的作用也是没有规律的。

**5. 优良品质的葡萄**

因此一个葡萄园不得不进行多次收获，每次只能采摘腐烂程度最严重的葡萄。更糟的是下雨会使腐烂（rot）变成所谓的灰萎（sray rot），产量降低。尽管如此，这个险还是值得冒的。最好的苏玳（Sauternes）葡萄酒、匈牙利的托卡伊（Tokaji）葡萄酒、阿苏（Aszu）葡萄酒以及德国和奥地利有名的浆果极晶（Beerenausle Sen）葡萄酒和无甜味浆果极晶（Trocken-beerenau Slesen）葡萄酒都是由贵腐葡萄酿的酒。

如果酿造贵腐酒不是很保险，不妨考虑一下酿制冰酒。霜冻可以使糖分浓缩，这里需要的是健康的葡萄。葡萄园里温度降到约-8.3℃并维持了至少8h以上时，这些葡萄才被采摘下来。霜冻使水分凝结，从而留下了浓缩的果汁。

**6. 葡萄酒的浓缩方法**

在意大利的部分地区，传说源自南非的康斯坦斯（Constance），酒的浓缩方法是晒干葡萄。意大利的柏昔陶（Passito）酒，包括土斯坎纳（Tuscan）的特产桑托酒（Vin Santo），都是用这种方法制得的。秋天，葡萄收获后平铺或悬挂于架子上——通常是在一个仓房里，到仲冬，当葡萄中的水分蒸发掉一部分之后，就可以榨汁了。

## 四、 法国苏玳天然甜白葡萄酒

法国波尔多地区苏玳甜白葡萄酒为世界名酒之一，系用含糖分极高的葡萄在发酵尚未完毕时，进行下酒，停止发酵，并添加较多的二氧化硫（约400mg/kg），在陈酿期间，二氧化硫会逐渐下降。世界各国仿制的苏玳酒，大都在经过陈酿的白葡萄酒中添加甜味剂，一个最普通的方法是添加用1000mg/kg以上二氧化硫保持不发酵的甜白葡萄汁。另一个方法是加转化糖的糖浆。

一般苏玳酒含糖2%～3%，高级苏玳（Haut Sauterns）含糖超过4%，法国的苏玳酒糖分有大于10%的。

白葡萄酒往往需要陈酿3年以上，否则不易长时间透明澄清。如果提前装瓶，须进行酒质稳定处理之。

# 第七节 工业化白葡萄酒的酿造工艺流程

## 一、 概述

工业化白葡萄酒的工艺流程

① 品种选择白色或浅色葡萄品种如龙眼、白玫瑰、白羽等，其含糖量高，含酸适当。

② 及时剔除腐烂的葡萄，剪成小串，清洗、破碎、分离出果汁并加入0.01%～

0.02%焦亚硫酸钾防果汁变色和防止其他杂菌的生长。

③ 为加速果汁澄清，可加入果胶酶同时通入二氧化硫消毒果汁，静止24h。

④ 进行果汁调整，按果酒度数，调整果汁含糖量，适当调整果汁含酸量、含氮物质。

⑤ 置于25～28℃下发酵，待果汁含糖量下降至1%左右，发酵结束，时间需7～10天。

⑥ 新酒分离，把酒和酒脚分开，转入陈酿。

⑦ 把分离出的新酒置于12～15℃下贮存半年到一年，当年12月份进行第一次换桶，以后3个月换一次，共换2～3次。

⑧ 把陈酿好的酒进行成品调配，即酒度、糖分、酸等调配后进行短期贮藏，待酒质稳定即可灌装，灌装后及时密封，在60～70℃下杀菌，时间为10 min即为成品。或在装瓶置于90℃，加热1 min，趁热装瓶密封。

## 二、 果汁分离

白葡萄酒与红葡萄酒前加工工艺不同。白葡萄经破碎（压榨）或果汁分离，果汁单独进行发酵。也就是说白葡萄酒压榨在发酵前，而红葡萄酒压榨在发酵后。

果汁分离是白葡萄酒的重要工艺。葡萄破碎后经淋汁，取得自流汁，再经压榨取得压榨汁，自流汁与压榨汁分别存放。不同果汁的分量与用途见表7-1。

**表7-1　自流汁、一次压榨汁和二次压榨汁分量**

| 汁　别 | 出汁率/% | 用　途 |
|---|---|---|
| 自流汁 | 45～52 | 酿制高级葡萄酒 |
| 一次压榨汁 | 18～26 | 单独发酵或与自流汁混合 |
| 二次压榨汁 | 4～7 | 发酵后作调配用 |

这里特别提到的是用果汁分离机来分离果汁。将葡萄除梗破碎，果浆直接输入果汁分离机进行果汁分离。采用连续螺旋式果汁分离机，低速而轻微施压于果浆。

采用果汁分离机提取果汁的方法有以下优点。

① 葡萄汁与皮渣分离速度快，生产效率高。

② 缩短葡萄汁与空气接触时间，减少葡萄汁的氧化。

③ 葡萄汁中残留的果肉等纤维物质较小，有利于澄清处理。

果汁分离机出汁率可达60%，皮渣内尚含有果汁，需与压榨机配合使用。

果汁分离后需立即进行二氧化硫处理，以防果汁氧化。

一般连续果汁分离机，可以分离出40%～50%的葡萄汁。分离后的皮渣进入连续压榨机，可榨出30%～40%的葡萄汁：两次出汁率合计在80%左右，压榨后的皮渣可以抛弃。压榨汁应该分段处理：一段、二段压榨汁，可并入自流汁中做白葡萄酒；三段压榨汁占10%～15%。因单宁色素含量高，不宜做白葡萄酒，可单独发酵做葡萄酒或蒸馏白兰地。

双压板压榨机、单压板压榨机和气囊式压榨机，集果汁分离和压榨于一体，使用比较方便，出汁率也能达到80%左右。

## 三、 果汁澄清

酿造白葡萄酒时，最好在葡萄汁起发酵前进行澄清处理。可以采用高速离心机，对葡萄汁进行离心处理，分离出葡萄汁中的果肉、果渣等悬浮物，将离心得到的清汁进行发酵。也可以把分离压榨的葡萄汁，置于低温澄清罐。加入5/10000的皂土，搅拌均匀，冷冻降温。使品温降到10℃以下，静置3天。分离上面的清液，用硅藻土过滤机过滤。下面的悬浮液用高速离心机离心处理，或使用硅藻土真空过滤机过滤，经过滤和离心处理的清汁，即可进行发酵。

对葡萄汁在起发酵以前先进行澄清处理，然后再进行低温发酵，采用这样的工艺，有助于提高干白葡萄酒的产品质量。但这种工艺难以控制，对发酵前的果汁进行离心处理，果汁必须有足够的量，才能开动离心机。要攒足果汁数量，就有起发酵的可能。对果汁进行降温加皂土澄清3天，也可能引起澄清期间的自然发酵，导致澄清失败，前功尽弃。

目前许多葡萄酒厂，如烟台张裕葡萄酿酒公司等，都采用葡萄汁不经澄清处理，直接加酵母进行低温发酵的方法。发酵结束后，并桶，加$SO_2$，添加皂土，过滤澄清，这种工艺操作方便。

一般葡萄汁澄清的目的是在发酵前将葡萄汁中的杂质尽量减少到最低含量，以避免葡萄汁中的杂质因发酵而给酒带来异杂味。

### 1. 二氧化硫静置澄清

采用适量添加二氧化硫来澄清葡萄汁，其操作简单，效果较好。根据二氧化硫的使用量和果汁总量，准确计算加入二氧化硫的量。加入后搅拌均匀，然后静置16～24 h，待葡萄汁中的悬浮物全部下沉后，以虹吸法或从澄清罐高位阀门放出清汁。如果有制冷条件，可将葡萄汁温度降至15℃以下，不仅可加快沉降速度，而且澄清效果更佳。

### 2. 果胶酶法

果胶酶可以软化果肉组织中的果胶质，使之分解生成半乳糖醛酸和果胶酸，使葡萄汁的黏度下降，原来存在于葡萄汁中的固形物失去依托而沉降下来，以增强澄清效果，同时也有加快过滤速度，提高出汁率的作用。目前果胶酶已有商品出售。

### 3. 皂土澄清法

皂土（bentonite），亦称膨润土，是一种由天然黏土精制的胶体铝硅酸盐，以二氧化硅、三氧化二铝为主要成分，其他还有氧化镁、氧化钙、氧化钾等成分。它为白色粉末，溶解于水中的胶体带负电荷，而葡萄汁中蛋白质等微粒带正电荷，正负电荷结合使蛋白质等微粒下沉。它具有很强的吸附力，用来澄清葡萄汁可获得最佳效果。各地生产的皂土其组成有所不同，因此性能也有差异。

由于葡萄汁所含成分和皂土性能不同，皂土使用量也不同，因此，事前应做小型试验，确定其用量。

以 10～15 倍水慢慢加入皂土中，浸润膨胀 12h 以上，然后补加部分温水，用力搅拌成浆液，然后以 4～5 倍葡萄汁稀释，用酒泵循环 1h 左右，使其充分与葡萄汁混合均匀。根据澄清情况及时分离，若配合明胶使用，效果更佳。

用皂土澄清后的白葡萄汁，干浸出物含量和总氮含量均有减少，有利于避免蛋白质浑浊。注意皂土处理不能重复使用，否则有可能使酒体变得淡薄，降低酒的质量。一般用量为 1.5g/L。

**4. 机械澄清法**

利用离心机高速旋转产生巨大的离心力，使葡萄汁与杂质因密度不同而得到分离。离心力越强，澄清效果越好。它不仅使杂质得到分离，也能除去大部分野生酵母，为人工酵母的使用提供有利条件。

使用前在果汁内先加入皂土或果胶酶，效果更好。

机械澄清法的优点是短时间内达到澄清，减少香气的损失。全部操作机械化、自动化，既可提高质量又可降低劳动强度。但价格昂贵，耗电量大。

## 四、 白葡萄酒发酵

白葡萄酒发酵多采用人工培育的优良酵母（或固体活性干酵母）进行低温发酵。温度高有如下危害。

① 易于氧化，减少原葡萄品种的果香。

② 低沸点芳香物质易于挥发，降低酒的香气。

③ 酵母活力减弱，易感染醋酸菌、乳酸菌等杂菌，造成细菌性病害。

白葡萄酒发酵温度一般在 16～22℃为宜，主发酵期为 15 天左右。

白葡萄酒发酵目前常采用密闭夹套冷却的钢罐，亦有采用密闭外冷却后再回到发酵罐发酵的。

主发酵后残糖降低至 5g/L 以下，即可转入后发酵。后发酵温度一般控制在 15℃以下。在缓慢的后发酵中，葡萄酒香和味形成更为完善，残糖继续下降至 2g/L 以下。后发酵约持续一个月左右。

## 五、 原酒陈酿

众所周知，决定葡萄酒是否能够陈酿的两个关键指标是酸度和单宁，而不是酒精度。一般而言，酸度越高，单宁越多，则葡萄酒就越耐贮存。所以，影响葡萄酒酸度和单宁这两个指标的因素，就成为葡萄酒能否陈酿的主要判定因素。以下罗列了影响这两个指标的几点因素。

（1）颜色和品种　红葡萄酒含较多单宁，通常比白葡萄酒陈贮的时间更长。有些红葡萄品种，比如赤霞珠对于黑比诺而言，含有更高的单宁，在其他同比条件下，用赤霞珠所酿造的红酒也会比黑比诺酿造的红酒更耐贮存和陈酿。

（2）采摘年份　产酒年份的气候条件越适宜，当年所产酒款的果味、酸度和单宁的比例就越均衡，从而更有可能窖藏久远。

(3) 葡萄酒产地　某些葡萄园具备葡萄生长的最佳条件，例如土壤、排水、坡度等，所有这些能够促成那些需要多年陈贮的佳酿产出。

(4) 葡萄酒酿造方法　葡萄酒在浸皮过程中与果皮接触时间越长，且发酵和陈贮过程在橡木桶中进行，所含天然单宁也越多，保存时间也就越长。在法国右岸的车库酒和膜拜酒中，大量使用了100%甚至300%（意味着整个橡木桶发酵过程要换两次新桶）的新橡木桶来进行橡木桶发酵。而这样的工艺制作过程，不仅给葡萄酒带来了大量橡木里面的芳香物质，更是大大提高了其陈酿的能力。在波尔多左岸的酒庄中，也大量使用了橡木桶陈酿工艺。

(5) 贮存条件　如果贮存不得当，最优质的佳酿也无法取得理想的陈贮效果。葡萄酒的最适宜保存温度在12℃左右，低于8℃以下，葡萄酒的酒体容易出现物质的分离，进而影响其品质，而在18℃以上，葡萄酒的醇化过程会逐渐加快，并大大缩短葡萄酒的陈酿能力。而湿度、振动、光照、摆放姿势也都会影响到葡萄酒的保存。

一般葡萄酒一定要加入二氧化硫防腐，国家标准是250mg/kg以下，一般100mg/kg就可以。

鲜食的葡萄品种如玫瑰香、巨峰适合酿造新鲜的红葡萄酒，经过澄清处理后即可饮用。

酿酒的葡萄品种如赤霞珠、美乐、蛇龙珠、品丽珠、西拉，经过1～2年的贮藏陈酿会更好，酒经过陈酿，逐渐成熟，口味柔和、舒顺，达到最佳质量。再贮藏陈酿质量反而越来越差。

## 第八节　国内外白葡萄酒酿造新技术

### 一、橡木桶酿酒技术

橡木桶可用于部分白葡萄酒的酿造。与红葡萄酒的两次发酵之后进入木桶不同，白葡萄汁在木桶发酵，然后在同一木桶带酵母陈酿数月。在这一陈酿过程中，酵母、木桶和葡萄酒之间是相互作用的。

**1. 胞外与侧壁酵母悬浮物的作用**

酵母细胞壁的大分子成分，尤其是甘露糖蛋白，主要在酒精发酵尤其是在带酒泥贮藏的过程中被部分释放。同时，接触时间、温度和酵母群体的搅拌促进了这些物质的释放。其中的葡聚糖酵母悬浮物，浓度比罐中的高150～200mg/L。

甘露糖蛋白的释放是酒泥中某些酶自溶作用的结果。在带酒泥陈酿过程中，多糖的释放能够结合白葡萄酒的酚类化合物。在带酒泥的木桶贮藏过程中，总酚指数和黄色调稳定降低。陈酿数月后，黄色调更少。酒泥限制了鞣酸单宁的浓度，特别是来源于橡木的单宁。由橡木释放的单宁固定在酵母细胞壁上，酒泥释放多糖。贮藏在酒泥上的葡萄酒有较低的总单宁和更低比例的游离单宁。

另外，带酒泥陈酿会降低白葡萄酒对氧化褐变的敏感性。在带酒泥陈酿过程中，糖蛋白的释放会增加白葡萄酒的酒石和蛋白质稳定性。

**2. 与酒泥相关的氧化还原**

采用适当的葡萄醪澄清和加硫措施，木桶陈酿可以延长与所有酒泥接触的时间，同时不会产生还原味。相反，当干白葡萄酒与酒泥分离并且贮藏在新桶中时，它或多或少会很快失去果香特征，产生氧化味。酒泥对干白葡萄酒在木桶中进行适宜的变化是绝对必要的。它们与红葡萄酒成熟中的单宁一样，起还原剂的作用。

在木桶内进行搅拌会均匀葡萄酒的氧化还原电位，防止酒泥的还原和表面葡萄酒的氧化。

在陈酿过程中，酒泥释放某些高还原性的物质到葡萄酒中，它限制了来源于橡木的氧化现象。这些化合物会减缓瓶装白葡萄酒的预成熟。

**3. 橡木挥发物的特性及其酵母转化**

在木桶释放到葡萄酒的许多挥发性物质中，挥发酚、$\beta$-甲基-$\gamma$-内酯和酚醛是葡萄酒木桶香气的主要成分。挥发酚尤其是丁子香酚，可赋予葡萄酒烟熏和香料香气，顺式和反式-甲基-$\gamma$-内酯可赋予葡萄酒可可香气。

与酒精发酵之后进行木桶贮藏的葡萄酒相比，木桶发酵的葡萄酒整体上具有较少的橡木香气。这是由于酵母将香兰素转化为香兰醇所致，后者几乎是无味的。

酒精发酵后带酒泥陈酿也会影响白葡萄酒的橡木香气，因为酵母能够固定并且不断转化某些从橡木中释放出来的挥发性化合物。

在木桶成熟过程中，搅拌与添桶应该每周进行，游离二氧化硫应该保持在30mg/L左右。

## 二、 微氧酿造技术（micro-oxygenation）

狭义地说，微氧技术是指在葡萄酒陈酿期间，缓慢的、有控制地向酒中输送微量的氧，以提供葡萄酒在木桶贮藏和陈酿过程中所需要的氧。而广义的微氧技术，是指在葡萄酒酿造的过程中，由于工艺需要而提供不同的氧量，以保证酿造过程健康进行。

**1. 微氧酿造的作用**

① 利于缓慢而稳定的成熟。

② 减少过滤和净化处理。

③ 使酒体更丰满，单宁更柔和，减轻新酒的生青、苦涩味。

④ 更快地发生单宁的聚合作用，使色泽更稳定。

⑤ 结合橡木的作用，使香气更浓郁、复杂、协调。

⑥ 有利于带酒泥成熟，同时不会还原香气。

⑦ 保持更稳定的氧化还原电位。

⑧ 可以达到木桶贮藏葡萄酒的条件并降低费用。

**2. 木桶中微氧处理与成熟**

① 不会浸渍葡萄酒，让其带酒泥陈酿太长时间。

② 经木桶贮藏后，可稳定葡萄酒中的单宁。

③ 装瓶之前，不会失去木桶贮藏葡萄酒的结构。

葡萄酒对氧的需求取决于：葡萄的成熟度和多酚含量、酒泥的新鲜度与含量，以及品种与理想的酿酒工艺。

干红葡萄酒在木桶中熟化时，吸收的氧量平均在 2.5mg/（L·月），白葡萄酒 0.2～1mg/（L·月）。

需要注意的是：葡萄酒的温度对氧的吸收量有很大的影响。在 11℃时，氧的吸收量几乎为 13℃时氧吸收量的一半。根据葡萄酒温度和酚类组成的不同，葡萄酒需要 8～10 天的时间来吸收氧。所以添加氧要十分谨慎，并需要定期对酒进行品尝。

## 三、 酒泥与酵母多糖的应用

**1. 带酒泥陈酿技术**

带酒泥陈酿，是指葡萄酒在木桶或罐中贮藏时带有酒泥。其间，发生了酵母自溶现象。通过酵母自溶，形成了核苷、核苷酸、氨基酸、肽、葡聚糖、甘露蛋白等，增加了酒的结构感和圆润度，并提高了澄清度。

**2. 酵母菌自溶的条件**

$\beta$-葡萄糖糖化酶的聚合反应，以及果胶酶的作用等。

**3. 酒泥陈酿的效果**

干白葡萄酒：增加圆润感，提高香气浓郁度。

香槟酒：以延缓酒的衰老时间。

红葡萄酒：可以加快红葡萄酒的成熟。

用霞多丽酒的酒泥陈酿，可以稳定色素。

倒罐后的酒泥陈酿一般为 4～6 周，其间需每天搅动贮罐中的葡萄酒，温度保持在 18～20℃。

发酵后不倒罐直接进行酒泥陈酿（搅动或不搅动），一般为 10～12 周。加入 $\beta$-葡萄糖糖化酶可以加快酵母细胞壁的溶解。

**4. 酵母多糖的产生**

葡萄酒中酵母多糖产生的途径主要有两条：一是酒精发酵过程中，由活的酵母释放到葡萄汁或葡萄酒中；另一途径则来源于死酵母细胞壁。酒精发酵结束后，酵母活力迅速下降，并逐渐衰亡。当葡萄酒带酒脚一起陈酿时，在细胞壁 $\beta$-葡聚糖酶的作用下，衰亡酵母发生自溶，产生的甘露糖蛋白以及氨基酸、肽类物质、核苷酸、脂肪酸随之进入葡萄酒中。

**5. 酵母多糖的作用**

① 提高葡萄酒的口感饱满度，以及单宁、色素的稳定性。

② 提高葡萄酒酒石稳定性。

③ 提高蛋白质稳定性。

④ 增加葡萄酒香气复杂性。

⑤ 改善酒精的感官特性。

⑥ 促进葡萄酒的发酵进程。

⑦ 改善起泡酒感官质量。

目前，OIV已批准在葡萄酒中人工添加酵母多糖。建议在葡萄浸渍发酵阶段，或葡萄酒陈酿和后处理阶段使用商品化的酵母多糖（OptRed，Optiwhite），其用量20～30g/100L。

## 四、新型辅料使用技术

最近，OIV颁布了一些新的辅料与添加剂的使用标准和规定，允许在白葡萄酒和红葡萄酒酿造的不同阶段使用，以达到其特定的效果。

**1. 除去硫化氢或硫醇味**

（1）氯化银　在葡萄酒中添加AgCl，以减少硫化氢和硫醇味。

① 用量不能超过1g/100L。

② 氯化银须先与皂土混合。

③ 必须提前试验，以确定加入的数量。

④ 通过沉淀或过滤除去沉淀物。

⑤ 处理结束，及时对葡萄酒进行分析，以测定葡萄酒中氯化银的最大含量（以不超过0.1mg/L为宜）。

⑥ 必须在专业人员的指导下进行处理。

⑦ 氯化银必须符合酿酒药典之规定。

（2）柠檬酸铜处理　单独添加水合柠檬酸铜或与澄清剂结合使用（例如皂土），以除去硫化氢或其衍生物带来的不良风味。

① 必须经过预先试验，用量不能超过1g/100L。

② 通过过滤除去形成的铜离子沉淀。

③ 处理后，必须控制葡萄酒中的铜含量，并达到OIV的规定（1mg/L）。

④ 用柠檬酸铜、硫酸铜处理，或二者结合处理后，葡萄酒中残留铜离子的量不应超过OIV之规定。

**2. D，L-酒石酸**

在葡萄醪中添加D，L-酒石酸和D，L-酒石酸钾盐，以降低由于地理/土壤原因或双盐法降酸时给葡萄酒带来的钙（超过150mg/L）。

**3. 甲壳质-葡聚糖复合物和壳聚糖**

用于澄清葡萄醪（葡萄酒），有利于静置，通过沉淀悬浮颗粒可降低葡萄醪的浊度，防止蛋白质浑浊，澄清由于搅拌静置的沉淀而引起的浑浊问题。

① 必须预先试验确定用量，最大用量不能超过100g/100L。

② 通过过滤或离心减少加工助剂。

③ 来源于真菌的壳聚糖和甲壳质-葡聚糖复合物，可以单独使用或与其他允许物质共同使用。

④ 两种辅料必须符合酿酒药典之规定。

**4. 来源于真菌的甲壳质-葡聚糖复合物和壳聚糖**

用于葡萄酒中，可降低金属含量，主要是铁、铅、镉；可防止铁浑浊；降低可能的污染，尤其是赭曲霉素A；降低不需要的微生物，尤其是酒香酵母。

① 须经过预先试验以确定使用的剂量。应用的最大剂量不要超过：a. 用于前两个目的，100g/100L；b. 用于第三个目的，500g/100L；c. 第四个目的，10g/100L（仅限于壳聚糖）。

② 通过过滤或离心除去加工助剂。

③ 来源于真菌的壳聚糖和甲壳质-葡聚糖复合物，可以单独使用或与其他允许的产品一起使用。

④ 两种辅料必须符合酿酒药典之规定。

**5. 植物来源单宁的鉴定**

通过测定总黄烷醇的浓度，鉴定植物来源的单宁（吸光度>0.418）。

如果试验测定是肯定的，它是葡萄单宁；如果试验测定双鞣酸是否定的，则有以下几种情况。

① 如果双鞣酸单宁在4～8mg/g之间，它是NUTGALL单宁。

② 如果双鞣酸单宁不在4～8mg/g之间，使用UV光谱在250～300nm检测外来木头单宁。

③ 如果试验是否定的，通过测定东莨菪亭（scopoletine）鉴定是橡木单宁还是栗木单宁。

④ 如果东莨菪亭浓度小于4μg/g，它是栗木单宁。

⑤ 如果UV试验是肯定的，得到的两类样品：如果双鞣酸含量≥8mg/g，它是Tara单宁；如果双鞣酸单宁<8mg/g，它是Quebrecho单宁。

## 五、 细胞融合法酿制新技术

西班牙产的雪莉白葡萄酒，味香爽口，作为欧美人饭前饮用的名酒，享有很高的声誉。日本国税厅酿造试验所采用生物工程技术——细胞融合法，制成高性能谢利酵母来酿制这种白葡萄酒获得了成功。

制作方法首先从自然界中分离出两种酵母，即具有制造白葡萄酒能力的产膜性酵母（聚集在酒的表面上繁殖起来成膜状的酵母）和具有抑制并杀灭别种酵母繁殖能力的抑制性酵母。但是，这两种酵母各有其不足之处，前者抵御杂菌侵入和繁殖能力较弱，后者制造白葡萄酒的能力很差。为制成兼备这两种酵母性质的谢利酵母，分别将其孢子取出，用药剂使细胞壁溶化制成赤裸的原生塑性物，再加入媒介物聚乙二醇，用培养基使两种原生塑性物互相合到一起而成为融合细胞。形成这种融合细胞的概率很小，只有1%左右，将精心挑选出来的融合细胞用动物胶裹起来进行培养，细胞壁再生形成一个独立单位的酵母。利用这种新酵母现已酿制成了口感良好的白葡萄酒。

把两个不同种类的酵母强行融合起来，并使融合细胞巧妙地繁殖而制成新酵母的技术，为今后改良酵母开辟了新途径。研究人员认为，把最尖端的生物工程中的细胞融合法应用到传统的酿酒技术中，对守旧的酿造技术体系来说，将成为一个革新的起点。

# 第八章 香槟酒的酿造

## 第一节 概述

香槟（Champagne）是世界最著名、最有威望的起泡葡萄酒，它意味着豪华、欢庆、浪漫的场面，也是最隆重的生活庆典所必备的。香槟酒起源于法国，因地方而得名。香槟开始的名字叫气泡酒（bubble wine）。后来为了给香槟正名，香槟原产地的酒农向农会申请专利，只有在香槟区所出产的气泡酒才可以称之为香槟酒，其他地方生产的都只能叫气泡酒。香槟从此闻名天下。

### 一、香槟的原产地

地理标志和原产地命名制度在国外已经有100多年的历史，法国是这一制度的发源地之一，其中最有代表性的原产地域产品是法国葡萄酒的世界著名品牌——香槟酒和干邑酒。

1927年法国法律规定：种植葡萄的农户要具备相应知识，取得注册资格。第一次种植须得到农业部的批准，并只能在明文规定的地块上种植。重新种植需把老葡萄树连根拔掉，要种相同面积相同数量。葡萄苗只有三种可用：查尔多尼、洛瓦尔、梅尼耶，否则违法。葡萄树行距须1.5m，株距不少于0.9m。末端葡萄枝离地面必须保持0.5m或0.6m，采用符合规定的修剪法。采摘必须用手工。150kg葡萄要榨出100kg的汁。

此外，对葡萄的施肥、运输、存贮、加工工艺流程等，都有明文规定。香槟酒必须采用初次发酵的酒，含糖量要在15g/kg以下，干香槟酒含糖量在17～35g/kg

之间，酒精含量在12%左右。标明制造年份的香槟酒二次发酵，至少窖存3年。

香槟地区的地下酒窖已有300年的历史，总长度达250km，可存几亿瓶酒，称得上地下酒窖长城。在其传统工艺中，还要将不同产区、年份、品种的酒进行勾兑，加入少量酒曲。糖在酒曲的作用下溶解生成气泡。窖藏期间，每日要摇酒、除渣、排除酒中沉淀物，从而酿成世界上独一无二的香槟酒。这种传统工艺已有300多年的历史。

## 二、香槟起源

香槟原是法国巴黎东北部的一个省名。相传在1760年，香槟省的郝特威尔修道院的修士柏里容，把葡萄酒加上糖，装在玻璃瓶内，牢牢地塞上木塞，保存起来。几个月后，他想起他保存的葡萄酒，打开木塞时，瓶中的葡萄酒充满了二氧化碳气味，香气扑鼻，与当初保存的葡萄酒有很大不同。最早的香槟酒就这样诞生了。柏里容修士在酒瓶中加糖保存葡萄酒的奥妙，就在于在酒瓶中进行了二次发酵。香槟酒实际上是经过两次发酵的葡萄酒。

## 三、香槟的风格类型

以下列出了不同风格香槟添加甜酒量的大致范围。

(1) 极干型　这种酒不常见，酿制时未加甜酒，开瓶塞时丢失的酒就是用等量的同种香槟补充的，结果就形成这种极干型香槟，劳任特·皮埃里尔和雅克·塞路斯是酿制此种酒的典型代表。

(2) 干型　添加1%的甜酒，就会酿成这种经典的干型香槟。通常用酿制出的最好几批酒来生产干型香槟。

(3) 次干型　添加1%～3%的甜酒，酿制成这种介于干到半干之间的香槟。

(4) 半干型　添加3%～5%的甜酒，酿制成这种具有半甜味的香槟。

(5) 甜型　添加8%～15%的甜酒，这种香槟甜味明显。

## 四、优质香槟酒鉴赏标准

优质香槟酒鉴赏标准见表8-1。

**表8-1　优质香槟酒鉴赏标准**

| 项目 | 酒质标准 |
|---|---|
| 色 | 酒色鲜明谐调、澄清、晶莹光亮，酒液无沉淀物，无悬浮物，不失光泽 |
| 香 | 酒香、果香柔和、无异味，具有独特香气 |
| 味 | 酒味醇正谐调，柔美清爽、香馥、爽口，余香无异味 |
| 风格 | 各种香槟均具有本品酒的典型独特风格 |
| 二氧化碳 | 酒内充气足，斟入杯中有气泡升起，泡沫小而成串持久，开启时声音清脆响亮 |
| 病态酒 | 酒液无光泽，浑浊有杂质，无果香，酒香有异味，爽口力差，开启时无气泡涌出，无各自的独特风格 |

## 五、香槟酒的工艺与口味

香槟酒只能用瓶内二次发酵法来生产，也就是人们通常说的“香槟法”。用于酿造香槟的葡萄要先酿成静态没有气泡的白葡萄酒，然后装到瓶中添加糖汁与酵母，在瓶中进行一次小规模的发酵，这次发酵只是为了让酒产生气泡。

说起来香槟酿造的工艺很简单，但是实际操作起来却是十分繁复的事情。葡萄压榨的时候要轻柔缓慢，每次压榨4t葡萄，并要分3次榨汁。第一次榨出2050L，叫做“Cuvee”，上好的香槟都要用这种汁来酿造。第二次榨出616L，这次压榨虽然味道更强但是却粗糙，只能用来酿造低档香槟。

调配对于香槟来说是极为重要的环节，可以说是香槟酿造技术的精髓所在。香槟是法国最靠北的葡萄产区，气候寒冷且生长条件恶劣。为了保持香槟酒每年质量和口味的稳定，绝大多数的香槟都是将多个不同的年份、不同的品种、来自不同产地的基酒混合在一起而构成的。每年，各大香槟酒厂都要品尝大量的基酒，并将它们精准地调配在一起，这些基酒有时多达300种，甚至400种。

葡萄酒的二次发酵是另外一个关键环节，添加入瓶中的糖汁在酵母的作用下产生酒精和二氧化碳。酒瓶是密封的，这些少量的二氧化碳就会慢慢溶解在酒中，此时，酒瓶中的压力大概可以达到5～6atm（1atm＝101325Pa）。问题出现了，发酵后死去的酵母慢慢地积累在瓶子的壁上，很难排除到瓶子外面。

在1818年，凯歌香槟（Veuve Clicquot）的酒窖主管发明了一种方法，在二次发酵之后的陈酿过程中，将酒瓶倒立在一个带孔的A形支架上，每天工人要将每个酒瓶转动1/4圈并改变酒瓶的倾斜角度，到结束时，酒瓶已经瓶口朝下，竖直立在A形支架上的孔中。然后，将酒瓶口部分冰冻，将瓶口打开，瓶子里面的压力就会把冻得像果冻塞子一样的沉淀物顶出来，当然这个过程免不了损失一点点葡萄酒，还要向瓶中补回去一部分甜酒，补回去的甜酒的糖度就直接决定了香槟的糖度。

## 六、香槟葡萄酒的贮存年份

香槟有无年份（N. V）与有年份（Vintage Champagne）之分。无年份香槟不是指不好的香槟，而是指经酿酒师掌控下混合不同年份、不同产区的基酒所调配出的香槟，价格较便宜，风味也比较亲和。有年份香槟指遇到当年气候与收成极佳，葡萄品质极好，酿制时无须添加其他年份的香槟基酒，较一般无年份香槟来得浓厚耐久。

虽然只有法国香槟区酿制的才能算真正意义上的香槟酒，但是现在世界各国都有生产，酿造法大致相同，只是标示不同，时间缩短。如亚尔萨斯所制的气泡酒称为“Cremant”；加州及澳洲则直接叫“Sparking Wine”；德国叫“Sek”，意大利叫“Spumante”；西班牙叫“Cava”。

葡萄酒是有年龄的，但是大多数葡萄酒都是不适合长期保存的，得以珍存下来的，都是幸运的。而香槟则打破了这一限制，越老越有味道，成为葡萄酒中的魔鬼。

要知道，尽管在17世纪70年代已风靡欧洲，但直到18世纪早期，不戴上铁制面具在香槟酒窖里穿行，仍被认为是愚蠢的行为。这些随时可能令酒桶爆炸的葡萄酒，要放多久才能迎来她最曼妙的年纪？世界上只有4%的香槟酒窖能收藏有年龄的香槟葡萄酒。

香槟之所以被称为酒中魔鬼，除了始于那危险的发酵工艺过程，还因为其无与伦比的诱惑性——巴黎人就断言，香槟是一个年轻男人在做第一件错事时所喝的酒。香槟的芳香与热情，似乎也跟她年轻而丰盈的身材不无关系——香槟的贮存年份一般不超过20年，这也是为什么在给出香槟的梦幻年份的建议时，往往只倒数到20世纪90年代。

事实上，绝大部分的香槟都没有年龄而言，因为只有在特别好的年份，才会选择该年份的葡萄酿制。年份香槟得经过至少3年以上的陈年，较好的年份香槟更要经过四五年以上方能问世。因为年份香槟通常较一般的非年份香槟要花上更多的时间在瓶中陈酿，所以口感更为浓郁醇厚，也更适合长期保存。

年份香槟的产量只占所有香槟酒的产量的4%，所以理所当然地更为昂贵。以全球最大的香槟庄酩悦为例，自1842年至今，一共160年了，只酿造了64次年份香槟，几乎要三年才有一年。

年份香槟并不一定意味着比非年份香槟更宜人。非年份香槟追求平衡与稳定风格，通常更能代表一个香槟品牌自身的精神和特质，库克香槟（Krug）便以无与伦比的稳定质素被称为“无年份香槟之王”。相比之下，年份香槟呈现出更多的不确定性，追求更为独特的性格。总的来说，上好的陈年香槟往往在香气、口感上特别呈现出多重的层次与馥郁、醇厚的内在，能绽放出变化多端的风味面貌。

## 七、香槟酒标

以下以享有盛名的香槟：Bollinger特酿为例介绍香槟酒标。Bollinger酒标如图8-1所示。

图8-1 Bollinger酒标

（1）“香槟”（CHAMPAGNE）字眼会标在品牌名的上面。

（2）品牌名字“BOLLINGER”标在正中间。

（3）配量额标在角落，指明香槟里面的糖分含量。糖分由低到高的排行：Brut-Nature（少于3g/L），Extra-Brut，Brut，Extra-Sec，Sec，Demi-sec，Doux（高于50g/L）。这个糖分指数并不代表什么，最重要的是香槟整体的和谐度。

（4）“Spécial Cuvée”指的是香槟的掺兑情况。每个香槟酒庄有自己的掺兑标志。

掺兑信息指明了葡萄品种的运用。如果是单一的霞多丽葡萄，那么标签上就会显示“白中之白（Blanc de blanc）”，如果是黑比诺或者明尼尔，那么标签是“黑中之白”（Blanc de noirs）。如果使用的葡萄来自同一个年份，那么标签上要显示“好年份”（Millésimé）。

（5）这里是香槟品牌商（酒庄名字）——Bollinger，是指香槟生产的国家和城市。

（6）瓶中香槟的容量。

（7）酒精含量。

（8）香槟业内委员会编号。如果看到“NM”（操作批发商）字眼，要持谨慎态度：因为NM指香槟品牌商买葡萄然后自己酿制香槟。其他编号是CM、RC、RM、MA和ND。ND（批发经销商）是其中档次较低的编号，意味着酒商买香槟酒（瓶）然后贴上自己的标签。

（9）品牌商标以及其他表明地理位置的信息。在这里算是一个荣誉性的注语：Bollinger香槟是英国皇家的供酒商。从市场营销的角度而言，香槟瓶上的标签是朴实无华的，因为它不会像葡萄酒瓶一样展示酒庄的地理风景。

## 八、 香槟酒的生产贮存与开启饮用

### 1. 香槟酒的生产贮存

为了酿造质量优异的香槟酒，在香槟酒的家乡法国，至今仍在使用传统的瓶式发酵法，他们叫做“香巴尼方法”，就是一瓶一瓶地单独发酵。

把在低温条件下贮存两年多的“基础酒”中加入砂糖溶液和人工酵母，然后将酒、糖、酵母的混合原料一瓶瓶地装入香槟酒瓶中。

封好口的香槟酒瓶被放入地窖里，头尾相间，水平放置。窖内保持恒温12～14℃，进行缓慢低温发酵。经过80天左右，瓶内生成大量二氧化碳，每平方厘米有6atm。香槟酒的发泡过程就完成了。

发酵好的香槟酒还要在贮藏室里贮存两年乃至更长时间，让瓶内的二氧化碳慢慢地、完全地溶解在酒中。

完全发酵好的香槟酒又被移置于地面特制的木架上，木架成60°斜角，瓶底朝上，瓶口向下斜放，每天转瓶、嗑瓶一次，连续进行一个月以上，以使瓶内的沉淀物缓缓聚集于瓶塞处。

然后将沉淀好的酒瓶放入水温为5℃的冷水槽内降温，如此这般，一瓶优质香槟酒历时4～5年才能酿就。

正因为香槟酒的高贵，也为了保持它的质量不受外界温度的影响，在国外的有些超级市场上，出售香槟的柜台只摆空酒瓶子，顾客按酒瓶样品点酒。而真的香槟酒是贮藏在后面的酒库中的，服务小姐随时到酒库中提取。

**2. 开启饮用**

（1）品尝与味道　香槟大约在7～10℃左右饮用最佳，放入冰箱2h或放入一半冰一半水的冰桶30min即可。

开启香槟时，不要过分晃动酒瓶，以确保香槟品质的完整。做法是，用刀割开瓶口的锡箔，卸掉用于密封的铁丝圈；一手紧握瓶身，另一只手以拇指压在软木塞上方，食指在木塞边缘，其他手指围住瓶颈，慢慢转动瓶身，边转边开，让酒瓶内的压力把瓶塞慢慢推出；将香槟稍稍倾斜，以免泡沫溢出。通过观察瓶塞可以猜测香槟新鲜的程度。倒入一点香槟在酒杯里，闻一闻散发的香气；然后加至酒杯的2/3处，丰富的气泡，伴随着香槟酒体特有的晶莹与色泽从杯底缓缓上升；香槟入口，不要急着吞下，用舌头四周轻轻撩动，细心感受酒的味道。

（2）选用细长香槟杯　据说浅而宽的老香槟杯，是根据约瑟芬的乳房形状打造的，但因为易使气泡过快扩散被弃之不用了，现在普遍使用椭圆形的细高脚杯。酒杯形状影响到酒中气泡的涌出，在尖底的杯中，气酒会更活跃一些。

（3）饮用前用冰水降温　气酒在饮用时要冷却到6～9℃，但在饮用过程中气酒的温度会升至8～13℃。饮用前可将酒盛放在有冰块和水的小桶中，这样能使气酒迅速冷却到适当的温度；千万别把气酒放在冰库内急速降温，因为这样瓶身可能会爆裂。

香槟品味清爽而质纯，应搭配简单的食物，避免太多调味料，如偏酸、辣、甜或是太冷太烫之类的食物。保持饮用时的最佳口感，方可慢慢体会香槟给味蕾带来的清爽。

## 九、 香槟酒的品评标准及用途

凡质量优良的香槟酒，应当具备以下四个条件。

第一，色泽明丽。白香槟酒应为淡黄色或禾秆黄色；红香槟酒应为紫红、深红、宝石红或棕红色；桃红香槟酒应为桃红色或浅玫瑰红色。不论何种颜色的香槟酒，都应澄清透明，不能有可见的悬浮物。

第二，启塞时响声清脆、悦耳。

第三，酒倒入杯中后应有洁白如细砂的气泡，而且气泡不断地从杯底向上翻涌，可持续几十分钟不止。有葡萄酒业的行话说，叫做“起泡持久”。

第四，具有醇正清雅、优美和谐的果香，并具有清新、愉快、爽怡的口感。

有人说，所有酒类中最好的酒是葡萄酒，葡萄酒中最高档的是干白葡萄酒。而对干白葡萄酒进一步优化，才产生香槟酒。所以，香槟酒在葡萄酒中又是最好的，这话很有道理。大概正因为如此，人们给香槟酒一个高贵的美称："酒中皇后"。

香槟在葡萄酒中，是一种最美好的酒，因为它制造费时，过程繁杂，所以在价格上就不会很便宜，而且被称为最富魅力的酒。在婚礼，接待，或正式餐会中固然必需，其他方面的用途也很广，诸如佐食蚝、火腿、点心等。不过一般人都是以食物的类别，来决定其所该饮用何种味道的香槟。

一杯冰凉的香槟，也是开胃的圣品，如果需要，可在酒里加块糖和数滴香精，再加一片柠檬皮，就成了一杯香槟鸡尾酒。此外，香槟还可以用于烹饪。

## 第二节 香槟酒的酿造工艺与技术

### 一、 传统香槟酒生产

**1. 工艺流程**

酿造葡萄→取汁发酵生产白葡萄酒原酒→化验品尝→加糖、加酵母调配→装瓶二次发酵、倒放集中沉淀→去塞调味→压入木塞、罩铁丝扣→冲洗烘干→包装→成品

**2. 原料**

白葡萄酒生产香槟酒需较淡的颜色，一般使用自流汁发酵，最适出汁率在50%左右；葡萄破碎时要加入定量 $SO_2$，防止破碎的葡萄浆汁与空气接触而发生氧化。

葡萄汁经澄清，接入优良香槟酵母，在15℃进行低温发酵。每天降糖1%～2%，发酵周期约15天，发酵结束葡萄酒的酒精含量应在10%～12%。原酒需经与一般白葡萄酒一样的稳定性处理与贮存。

**3. 调配、加糖、加酵母**

（1）调配　单一品种的原白葡萄酒，很难具备所需的品质，因此应进行调配，以保证质量。调配应先进行实验，原酒的酸度不应低于0.7%，酒精含量为11%～11.5%，淡黄色，口味清爽。调配出的样品经过反复品尝，确定各占比例，便可正式进行。

（2）加糖　香槟酒中的 $CO_2$ 压力是由糖经过发酵而产生的。因此，要使香槟酒具有一定的压强，事先要计算好所用糖量。按经验，在10℃时，每产生0.098MPa压力的 $CO_2$ 气体需0.4%的糖（4g/L），为获得0.588MPa压力的 $CO_2$，则每1L需消耗24 g糖。加糖前应先分析原酒中所含的糖分，然后计算要加的糖量。一般用蔗糖制糖浆，将糖溶化于酒中，制成50%的糖浆，并放置数周，使蔗糖转化，经过滤除杂质后添加。

（3）加酵母　香槟酒发酵使用的酵母比较理想的有亚伊酵母、魏尔惹勒酵母、克纳曼酵母、亚威惹酵母4种。可单独使用，也可几种混合使用。

酵母加入量一般为2%～3%。培养温度先是21℃，后逐渐降低以适应低温发酵。大规模生产香槟酒的工厂，要留一部分发酵旺盛的酵母培养液，以便下次继续使用。在装瓶时要使原酒中溶入适量的氧（泵送、泼溅或直接通气），以利于酵母生长。

**4. 装瓶发酵**

将加入糖液、混合均匀的原料酒装入耐压检查后的香槟酒瓶中，酵母培养液，使瓶内酒液中含细胞数达到600万个。用软木塞塞紧，外加倒U形铁丝扣卡牢。然后将瓶子平放在酒窖或发酵室，瓶口面向墙壁，并堆积起来，一般可堆放18～20层。发酵温度一般保持在15～16℃。酒发酵完后，在瓶中与因养分缺乏而自溶的酵母接触1年以上，可获得香槟之香。瓶内压力应达到0.588MPa。

**5. 完成阶段**

在此阶段，完成沉淀与酒的分离。

（1）集中沉淀　将发酵完毕的、$CO_2$含量符合标准的香槟酒从堆置处取出，瓶口向下插在倾斜的、带孔的木架上，木架呈30°、40°和60°斜角。定时转动（左右向转动），以便使沉淀集中在瓶颈上（主要是塞上）。一般开始每天转1/8转，逐渐增加到6/8～1转。转动开始时次数多，摇动用力大些，以后逐渐减少次数及摇动力。大颗粒沉淀一周就可转至塞上，而细小沉淀则须一个月或更长些时间才能转至塞上。

（2）去除沉淀　将酒冷至7℃左右，以降低压力。将瓶颈部分浸入冰浴中使其冻结，然后使边缘部位融化，立即打开瓶塞，利用瓶压将冰块取出，用残酒回收器回收。将瓶直立，附于瓶口壁的酵母用手或特殊的橡皮刷去。将酒补足后加塞。

**6. 调味**

香槟酒换塞时，根据市场需求和产品特点分别加入蔗糖浆（50%）、陈年葡萄酒或白兰地进行调味处理。加糖浆可以调整酒的风味，增加醇厚感或满足一些消费者的爱好；加入陈年葡萄酒可以增加香槟酒的果香味，有些国家以老姆酒代替陈年葡萄酒加入香槟酒调味，也是为了使香槟酒有一种特殊香味；加入白兰地主要是补充酒精含量不足，防止香槟酒在加入糖浆后重新发酵，同时也增加香槟酒的香味，提高了香槟酒的口感质量。

## 二、瓶内/酒桶二次发酵法

**1. 在瓶内第二次发酵**

结束了第一阶段静葡萄酒的制作，除了一部分作兑制用的贮存酒外（装在橡木桶、不锈钢罐或者如布朗日酒庄装在1.5L大瓶里），大部分用以酿制香槟酒。

桶装或不锈钢罐装的葡萄酒液在装瓶以前，要往配制好的静葡萄酒里添加再发酵糖浆，它是葡萄酒、糖（每升酒添加24g糖）和精选酵母（每百升酒添加10～20g酵母）的混合体。如果说第一次发酵时，因葡萄成熟度不高而添加糖分是为了提高酒精含量（10.5%），那么这第二次添加的再发酵糖浆，其目的除了再一次提高发酵后的酒精度数外（达到12%），更重要的还在于它能够产生更多的二氧化碳，使瓶内气压达到5～6atm，就是这些二氧化碳赋予香槟酒细泡翻腾、凉爽怡人的独有特色。由此可以知道，香槟酒酿造法的精髓就是进行第二次瓶内发酵。

19世纪末期，酿酒人曾一度为不知添加多少再发酵糖浆而苦恼，糖浆太少酒会因未成熟而发涩且泡沫稀少，糖浆太多则又要引发酒瓶爆炸，如1828年的酒瓶破碎率已经达到了80%。多亏了当时的香槟地区药剂师弗朗索瓦发明了葡萄酒糖分测量仪，才精确了添加量。这一定量化的发现，对香槟酒的贡献具有划时代的意义。

当具备了10～12℃的最佳酒窖温度时，真正的发酵就开始了。慢慢地，酒瓶里的糖分会分解，产生二氧化碳并悬浮于酒瓶上部，但不会消失。当这些气体很快在酒中溶解时，就会有气泡出现，使瓶内气压达到5～6atm。这个发酵过程一般需要2个月左右（有的酒庄只有2个星期），而各酒庄的特别佳酿则要持续3个月。理想的温度会使气泡细腻、微小、窜跃流畅，香味特别而多样；过高的温度，固然会缩短发酵时间，也缩短了产品的生产周期，但也会导致泡沫硕大、逼人，香气生硬浓重而缺乏醇厚感。

**2. 在罐发酵的起泡葡萄酒**

在罐发酵与瓶内发酵所用葡萄原酒是一样的。所不同的是把瓶改用大罐，在工艺上简化了瓶发酵的许多工序。其生产工艺流程如图8-2所示。

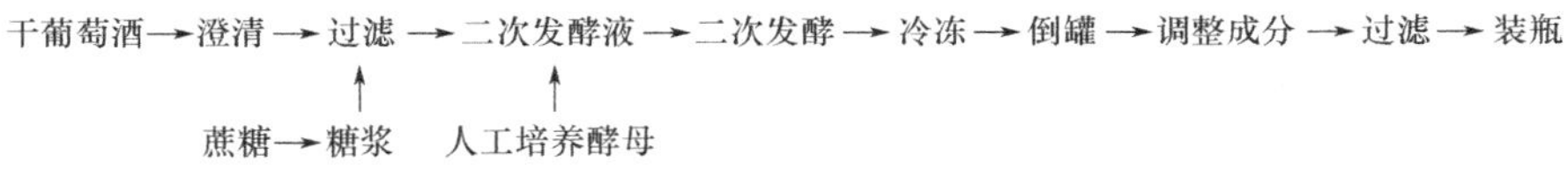

干葡萄酒→澄清→过滤→二次发酵液→二次发酵→冷冻→倒罐→调整成分→过滤→装瓶

（过滤 ↑ 蔗糖→糖浆；二次发酵液 ↑ 人工培养酵母）

**图8-2 在罐发酵的工艺流程**

调配后的二次发酵液，从发酵罐底接入5%纯种培养的酵母。控温18℃发酵，待压力上升到0.078MPa时，控温保持15℃，发酵20天左右，每日增加压力0.029MPa。发酵好的酒，测定成分并根据成品质量标准调整成分。装瓶前再进行一次冷处理，温度控制在－4～－6℃，保持5～7天，并趁冷过滤。装瓶时控制温度0～－2℃，压力0.49～0.588MPa，装瓶后在15℃左右的房间内贮存。罐式发酵有三罐式和两罐式。

（1）三罐式发酵法　生产酒在一密闭的罐中用内部加热器加热，0.931～1.078MPa、60℃处理8～10h。加热后的酒通过夹层中的盐水冷却后，将酒转至发酵罐中，同时加入必需的糖和酵母。24℃左右发酵10～15天。发酵结束后，将酒从发酵罐转至冷冻罐，将酒冷冻至－5.5℃，保持此温度数天，过滤装瓶。

（2）两罐式发酵法　生产将酵母（占酒的3%～5%）培养物和加糖后的酒，放入1号罐，10～15℃发酵，两周内即可达到需要的压力。补充加入需要的糖，冷却至－4.4℃停止发酵。酒在低温下停留1周。将澄清后冷酒过滤至冷却后的2号罐，等待装瓶。

装酒、压盖都在低温和背压下进行。在罐生产起泡葡萄酒的全过程需1个月左右，劳动费用大为降低，生产规模可以扩大。

### 三、二氧化碳充气法

$CO_2$ 加气葡萄酒的特点与起泡葡萄酒相似，但其气压是人为地在一般葡萄酒中充入 $CO_2$ 气体而获得的。给葡萄酒进行充气有很多种方法，但最好的方法是先将葡萄酒冷却至近冰点，在－4.4℃的温度下进行充气。然后将充气葡萄酒贮藏一段时间，使葡萄酒与 $CO_2$ 气体达到平衡后，在低温和加压条件下进行过滤、装瓶。

加气葡萄酒比起泡葡萄酒的成本要低得多，而且如果选用品质优良的葡萄酒进行充气的话，其品质也很好。很多葡萄酒在充气前应加入一定量的柠檬酸，因为多数消费者喜欢加气葡萄酒具有较高的酸度。此外，也可在充气以前加入一部分糖浆，但在这种情况下，葡萄酒的酒度应相对较高（12%左右），以避免瓶内发酵。

## 第三节　香槟地区香槟酒酿造法

### 一、法国北部的香槟地区葡萄原料及香槟酒品种

香槟酒产于法国北部的香槟地区，分为三大部分：兰斯山地、马尔尼谷和白葡萄坡地。香槟的葡萄种植地域位于巴黎东北的145km，靠近比利时边界。主要产区集中在马尔地带，奥布省用于酿制香槟的葡萄园位于东南地区的113km，与勃艮第接壤，还有一些小的葡萄园分布在境内省、塞纳-马尔省和上马尔省地带。

另外，香槟地区只有三种葡萄品种可以制作香槟酒，它们是黑比诺、莫尼耶比诺和霞多丽。以红葡萄原料酿造的香槟酒称作“Blance de noir”；以白葡萄原料酿造的香槟酒称为“Blance de blanc”。著名的香槟酒有：“Bollinger Heidsick Monopole”、“Mumm”、“Moet et Chandon”、“Taittinger”等几十个品种。

### 二、法国北部的香槟地区葡萄种植与采摘现状

#### 1. 种植与采摘

法国北部的香槟地区从冬天到8月，依次进行剪枝、捆枝、去芽、培土、绑蔓、摘心，最后去尖；从春天到6月，还要注意花开的情况；到了采摘季节，葡萄种植人依据每年由香槟地区酒业联合会公布的采摘时间进行手工采摘。而后是压榨取汁的过程。抵达酒厂时，每种葡萄都经过传统的垂直式或较温和的水平式榨汁机加以压榨。为了确保品质，150kg的葡萄最多只能榨出100L的果汁。

法国北部的香槟地区摘葡萄是酿制香槟酒的开始，也是个关键的阶段。摘葡萄的日期为葡萄开花期的第100天，由香槟酒业委员会根据每个市镇的不同情况而分别制定。一般是在9月中下旬开始。而法国南部地区葡萄园则要早，9月初就开

始了。

法国北部的香槟地区9月份是整个葡萄园最活跃的季节，摘葡萄的人从四面八方赶来，有学生、有度假者、有游客、有职业季节工，人们暂时远离城市的喧嚣，来真正体验回归田园的悠然。科技的进步让人类越来越依赖机器，简单的体力劳动日益被机械化，尽管机器摘葡萄已经被更多的葡萄园主接受，而香槟地区依旧沿用手工摘葡萄的习俗。这里的人在恪守着一种古朴的酿酒文化，是他们对酒的质量刻意求真使然。

**2. 手工采摘**

在香槟地区是禁止使用机器摘葡萄的，而世界上顶尖的葡萄酒也是只能手工采摘。用机器采摘，多少会损坏葡萄皮从而使浆果破损，导致浆果的马上发酵，这样会使尚未发酵的葡萄汁和葡萄皮皮发红接触而被染成红色，影响香槟酒的最终色泽。一瓶好的香槟酒，首先要悦目，才有资格入围佳酿。

当然，摘葡萄机器在法国其他葡萄酒产区日渐普及，波尔多和勃艮第等地区许多小规模的葡萄园主及大规模的合作社已经采用它，在勃艮第的马孔地区主要用来摘白葡萄莎当妮和阿莉柯特（Alicote）酿制白葡萄酒，相对而言不太影响到酒的颜色。而黑比诺和佳美黑葡萄（Gamay）则还是手工采摘，用以酿制红葡萄酒和玫瑰红葡萄酒。因为要通过浸泡葡萄皮和葡萄果实取得颜色，所要求葡萄颗粒尽量完整。

对于葡萄的产量，香槟地区和法国所有管制酒地区一样，是有严格限定的。1994年规定，$1hm^2$ 葡萄园最多不能超过9600kg葡萄。

## 三、 法国北部的香槟地区葡萄的压榨处理

采摘完葡萄后立即压榨，是香槟酒不同于一般红葡萄酒、白葡萄酒之处。摘葡萄时保持完整的浆果是酿制好酒的预备阶段，操作良好的压榨则是佳酿的第一步。

香槟酒的压榨工作，并不是每一个葡萄园主都可以进行操作的。这要由香槟酒业委员会来决定，许多古老的压榨房屋已经被关闭了。现在香槟地区共1800多个压榨中心。一般多设在葡萄园附近，以缩短葡萄的运输时间，压榨工作一年只有2个月的时间，而在这期间，每天24h从不间断。

压榨工作要求很严格，4000kg的葡萄，只能压榨出2550L的葡萄汁，这叫1单元葡萄汁（MARC）。或者说要想获得102L的葡萄压榨汁，必须使用160kg的葡萄，而不是原来的150kg。整个压榨过程要持续3～4h。

它由两部分组成，第一次压榨汁是2050L，第二次压榨是把第一次压榨机中的残留物再压榨出500L。一般每次压榨好的葡萄汁要连续而隔离地放在容量为205L的橡木桶中（香槟地区的橡木桶标准容量为205L，勃艮第地区的橡木桶标准容量为228L）。以往人们还进行第三次压榨，但主要是用于烧酒厂（蒸馏厂）。因为压榨次数越多，丹宁就越多，酸度会减少，但这会损害香槟酒的质量。另外，从红白葡萄酒酒液的色泽要求不同这一点考虑，压榨处理上也是有所区分的。它要保证红

酒红润，白酒清冽。

查理·海德斯克酒庄和德威诺什酒庄为保证酒的高质量，只用第一次压榨汁，正如许多有年份的优质香槟酒一样。而路易·罗德尔酒庄只用白葡萄莎当妮的第二次压榨汁，因为它的质量比黑比诺葡萄的第二次压榨汁要好。

## 四、香槟地区香槟酒的酿造过程

(1) 采收　通常用来制作此类葡萄酒的葡萄会特意等到葡萄成熟度较高时才采收。部分产区采收后先经日晒提高葡萄的糖分，然后再进行榨汁。

(2) 榨汁　为了避免葡萄汁氧化及释出红葡萄的颜色，气泡酒通常都是直接使用完整的葡萄串榨汁，压力必须非常的轻柔。香槟区传统的垂直大面积榨汁机的榨汁效果非常好，但速度比气囊式要慢。

(3) 发酵　与白酒的发酵一样，须低温缓慢进行。一般酒精强化葡萄酒发酵前的准备和发酵过程和一般的红白葡萄酒没有太多的不同，唯一不同的是酒精发酵未完成即加酒精终止。

(4) 培养　须先进行酒质的稳定，并去除沉淀杂质，如去酒石酸化盐、乳酸发酵、澄清等才能在瓶中二次发酵。

在二次发酵前，酿酒师常会混合不同产区和年份的葡萄酒以调配出所要的口味。

(5) 澄清。

(6) 添加二次酒精发酵溶液　在酿好的酒中加入糖和酵母在封闭的容器中进行第二次酒精发酵，发酵过程产生的二氧化碳被关在瓶中成为酒中气泡。每加入4g/L约可产生 1atm 的二氧化碳，香槟区添加的分量大概在 24g/L 左右。

(7) 瓶中二次发酵及培养　此种方法称为香槟区制造法，为避免和真正的香槟酒混淆，现已改称传统制造法。添加糖和酵母的葡萄酒装入瓶中后即开始二次发酵，发酵温度必须很低，气泡和酒香才会细致，约维持在 10℃左右最佳。发酵结束之后，死掉的酵母会沉淀瓶底，然后进行数个月或数年的瓶中培养。

(8) 酒槽中二次发酵法　传统瓶中二次发酵的生产成本很高，价格较低廉的气泡酒只好在封闭的酒槽中进行二次发酵，将二氧化碳保留在槽中，去除沉淀后即可装瓶，比传统制造法经济许多。此法又称为查马法（method Charmat），品质不如瓶中发酵细致。

(9) 人工摇瓶　瓶中发酵后沉淀于瓶底的死酵母等杂质必须从瓶中除去。香槟区的传统是由摇瓶工人每日旋转（1/8 圈）且抬高倒插于人字形架上的瓶子。约 3 星期后，所有的沉积物会完全堆积到瓶口，此时即可开瓶去除酒渣。

(10) 机器摇瓶　为了加速摇瓶过程及减少费用，已有多种摇瓶机器可以代替人工，进行摇瓶的工作。

(11) 开瓶去除酒渣　为了自瓶口除去沉淀物而不影响气泡酒，动作必须非常熟练才能胜任。较现代的方法是将瓶口插入－30℃的盐水中让瓶口的酒渣结成冰块，然后再开瓶利用瓶中的压力把冰块推出瓶外。

(12) 补充和加糖 去酒渣的过程会损失一小部分的气泡酒，必须再补充，同时还要依不同甜度的气泡酒加入不同分量的糖，例如极干型的糖分在 15g/L 以下，半干型则介于 33～50g/L 之间。

## 五、 香槟地区酒精发酵的有关规定与举例

人们通过往压榨好的葡萄汁里添加二氧化硫以杀菌和抗氧化（莎当妮葡萄汁每百升加 5g；皮诺类黑葡萄汁每百升加 6g），然后在 10℃的温度下通过自然冷却葡萄汁进行澄清工作（12～24h）以去除淤泥。最后滗清葡萄汁，放到相应的橡木桶或不锈钢罐中准备发酵。

**1. 酒精发酵过程**

葡萄汁的酒精发酵过程也就是葡萄汁转变成葡萄酒的过程，葡萄汁中的糖分和葡萄皮上天然的酵母经发酵变成了酒精和二氧化碳。

需要指出的是，尽管人类酿酒技术已经早于这一理论存在了几千年，但仍未能在酵母菌的遴选上取得主动和优势。葡萄酒酿造过程发酵技术经法国著名化学家和生物学家巴斯德于 1875 年系统地研究了生物发酵理论以后才趋向成熟而完备。

压榨好的葡萄汁根据其组成成分，采取不同的酸化、去酸、加糖分等措施处理，其目的是使发酵后酒精含量达到 10.5%，但要严格遵守香槟地区的有关规定。

此外香槟酿制者通过添加一种精选菌株来补充葡萄皮自身的酵母，保证高质量的发酵。如果葡萄汁氮成分太少，可以添加维生素 B 来补充。发酵的最佳温度是 18～20℃。其开始阶段气泡咆哮般汹涌嘈杂，之后则日趋平缓下来，这样的过程一般需要 8～10 天左右，葡萄汁中的糖分经酵母发酵运动就变成了酒精，当酒精度达到 1 5%时，酵母被消灭，发酵过程即结束。

克吕格酒庄、阿尔菲格拉田酒庄、布朗日酒庄、约克·塞洛斯酒庄仍保持着传统的习俗。尽管现代科技的日新月异，规模化、商品化取代了家庭作坊式的生产方式，但醇厚的香槟酒文化仍然不时地把苹果酸转为乳酸的发酵这个过程并非真正意义上的发酵，其实它是一个生物酸的分解过程。葡萄汁经过第一次酒精发酵变成了新葡萄酒，但新酒一般而言，相对偏酸。有的酿酒大师往往要把在实验室培植出来的酶添加到新酒中去，目的是把葡萄本身所具有的苹果酸转变为乳酸以降低酸度（1L 葡萄酒可降低 2～3g 酸），使酒更均衡，不再那么咄咄逼人。如查理·海德斯克酒庄、路朗·皮埃尔酒庄、蜜墨酒庄、波曼利酒庄等都在进行这些操作，而朗松酒庄则宁愿保持着原初酒的凉爽。

**2. 发酵和勾兑**

在葡萄取汁，初步澄清后，便要进行第一次的酒精发酵；11%的酒精度是通过活性干酵母的参与发酵而取得的，这一过程在木桶中进行。

之后便是对不同品牌或不同年份，或不同小区的酒进行勾兑。这源于 17 世纪末，调酒师反复不断地品尝，通过调节不同成分的含量，使每种品牌特有的风格和

谐地体现出来。调配好后，就可以添加由蔗糖和酵母为原料调配的再发酵液，封瓶后置于挖空葡萄园下方的白垩土酒窖里准备第二次发酵。第二次发酵是在封闭的瓶中进行，再发酵液的糖分发酵后产生的二氧化碳无处遁逃，便溶入酒液中。

重要的二次发酵，这个过程是在密封的酒瓶中进行，在这阶段回填加糖和酵母，造成二氧化碳的产生——这就是气泡的由来。气泡被封在酒瓶中，直至开瓶。

**3. 调配**

好的香槟酒是调配出来的，千真万确，这个阶段是决定香槟酒优劣的又一关键，虽然只有莎当妮、黑比诺、莫尼耶比诺三种葡萄，经大师们妙手一勾兑，顿时会变得扑朔迷离、千姿百态。经发酵形成的新葡萄酒经过近一个月的滗清、净化，于摘葡萄后的第二年春天初始，要由专业人士在实验室反复分析、品尝来决定不同的勾兑比例。从无年份酒到有年份酒再到特别佳酿，从不同葡萄园种植的同一个葡萄品种的特性分析到三种葡萄所处不同葡萄园、不同年份的混合比例判断，需要的是经验、专业知识、直觉、喜好和记忆的综合。酒窖负责人要做到对每一年份、每一品种、每一葡萄园、每一种勾兑的演化特征深谙熟虑，既要集百酒之长，又要聚丰富、和谐与卓越性于一体，这的确是对酿酒高手们的挑战。

**4. 澄清装瓶**

在二次发酵完成后，死去的酵母会慢慢沉入瓶底产生沉淀物，起先酒瓶被水平放置在A形架子上，摇瓶工人会定期将酒瓶摇晃，并且一点一点改变酒瓶的角度，直到发酵过程结束几乎垂直倒立。这个动作称为摇瓶，目的是要让死去的酵母沉淀物聚集在瓶颈，以便除去。不要小看这个动作，在很长一段时间里，都是有工人手工地按照一定的时间频率和角度进行转动的，直到今天，人们即使用大的木架子来代替，也是半手工的方式。其间的工作量可想而知。装瓶时，将瓶颈浸入极低温的盐水中，使包含沉淀物的酒结冰之后，再打开瓶塞。此时瓶中的气压会将结冰部分喷出，这个过程称为除渣。

盖上最后的瓶塞之前，工人们会添加味液，成分则是每家香槟酒厂的秘方，主要为葡萄酒和不定量的糖分。这个过程结束后，没有年份的香槟要再贮存12个月以后才能出售；年份香槟更要等待该收成年份三年以上才能出售。

## 六、香槟地区香槟酒酿造过程中的疑念与特色

**1. 放在木板条陈年**

发酵结束后，这一瓶瓶酒仍被水平地置放静酿。尽管现在有的酒庄采用金属器皿堆放酒瓶，但人们仍用“sur latte”来指代香槟酒酿造过程中的这一必然阶段。

酒在瓶内第二次发酵产生二氧化碳时，也伴有由发酵所引起的沉淀物和渣滓，如何去除这些小颗粒呢？当酒和沉淀物放在木板条上陈年的时间结束时，就要把酒瓶移到A型架上以除去沉淀物了。

A型架的出现要归功于香槟地区克里科夫人发明的转动架。它由两块各有多排圆孔的硬木，上端互相贴靠而成，把瓶颈头朝下插到圆孔里，每次轻轻转动瓶底，

就可以把沉淀物聚集在瓶颈内壁上，每次转动完成，要把瓶身再倾斜得陡峭一些。

**2. 贮存酒的添加特色**

布朗日酒庄在这一方面可谓是出类拔萃，存于酒窖里的容量为 1.5L 的 260 000 瓶贮存酒竟然是用 1981 年的葡萄酿成，其瓶内由于轻微二氧化碳所产生的芳香，使其酒别具一格。它的特别佳酿（Cuvee Speciale 或者 Curee de prestige）虽然只由 8%～10%的贮存酒构成，但 60%的黑比诺、25%的莫尼耶比诺和 15%的莎当妮的配方又使得该酒迷人而出众。

路朗·皮埃尔酒庄用 10%～15%的最近两年的储存酒、多特姿酒庄用 40%～45%的不超过 2 年的贮存酒、路易·海德斯克酒庄用具有 4～5 年酒龄的存于大橡木桶中的贮存酒来勾兑各自的独家真酿，各不相同却同样受市场青睐。

有年份酒相对而言，虽然没有上述的多样，但因其本身就是由年份好的同一年葡萄制成，也能保证其酒的品质。

# 第九章 白兰地的酿造

## 第一节 概述

白兰地（brandy），它是由果实的浆汁或皮渣经发酵、蒸馏而制成的蒸馏酒。白兰地可分为葡萄白兰地及果实白兰地。葡萄白兰地数量最大，往往直接称为白兰地。而以葡萄以外的水果为原料制成的白兰地则冠以果实名称，如苹果白兰地、樱桃白兰地等。制品有高浓度白兰地和饮用白兰地两类，前者含酒精80%～94.5%，供果酒调整用；后者含酒精40%～55%，供饮用。

白兰地的酿制首先是将原料酿制成原料酒，而后再行蒸馏。白兰地的酿制原料有两种，一种是鲜果，另一种是榨粕酒脚。鲜果原料常利用不适于酿制葡萄酒的品种制作，榨粕白兰地对葡萄品种无一定要求。

### 一、 白兰地的历史

白兰地，是洋酒之一。所谓洋酒，其实意为西方酒。白兰地在荷兰语中是“烧焦的葡萄酒”。13世纪那些到法国沿海运盐的荷兰船只将法国干邑地区盛产的葡萄酒运至北海沿岸国家，这些葡萄酒深受欢迎。至16世纪，由于葡萄酒产量的增加及海运的途耗时间长，使法国葡萄酒变质滞销。这时，聪明的荷兰商人利用这些葡萄酒作为原料，加工成葡萄蒸馏酒，这样的蒸馏酒不仅不会因长途运输而变质，并且由于浓度高反而使运费大幅度降低，葡萄蒸馏酒销量逐渐大增，荷兰人在夏朗德地区所设的蒸馏设备也逐步改进，法国人开始掌握蒸馏技术，并将其发展为二次蒸馏法，但这时的葡萄蒸馏酒为无色，也就是现在的被称之为原白兰地的蒸馏酒。

1701年，法国卷入了一场西班牙的战争，期间，葡萄蒸馏酒销路大跌，大量存货不得不被存放于橡木桶中，然而正是由于这一偶然，产生了现在的白兰地。战后，人们发现贮存于橡木桶中的白兰地酒质实在妙不可言，香醇可口，芳香浓郁，那色泽更是晶莹剔透，琥珀般的金黄色，如此高贵典雅。至此，产生了白兰地生产工艺的雏形——发酵、蒸馏、贮藏，也为白兰地发展奠定了基础。

公元1887年以后，法国改变了出口外销白兰地的包装，从单一的木桶装变成木桶装和瓶装。随着产品外包装的改进，干邑白兰地的身价也随之提高，销售量稳步上升。据统计，当时每年出口干邑白兰地的销售额已达3亿法郎。

## 二、 中国白兰地发展史

### 1. 国内白兰地史料

白兰地生产在我国历史悠久，著名的专门研究中国科学史的英国李约瑟（Joseph Needham）博士曾发表文章认为，白兰地当首创于中国。《本草纲目》也曾有记载："烧者取葡萄数十斤与大曲酿酢，入甑蒸之，以器承其滴露，古者西域造之，唐时破高昌，始得其法。"然而直至中国第一个民族葡萄酒企业——张裕葡萄酿酒公司成立后，国内白兰地才真正得以发展，张弼士先生对中国的葡萄酒发展真可谓功不可没，单说一个地下大酒窖的建立，就可谓"气势磅礴"——酒窖低于海平面1m有余，深7m，稳稳地扎根于泛白的沙滩上近100年。酒窖于1895年开始修建，直至1905年，历时十年经三次改建而成，采用的是土洋建筑法的结合，从此白兰地也如这酒窖一样稳稳地在中国扎下坚实的基础。

1915年国产白兰地"可雅"在太平洋万国博览会上获金奖，我国有了自己品牌的优质白兰地，可雅白兰地也从此更名为金奖白兰地。

但白兰地毕竟为"洋酒"，要被国人接受认可，尚需长时间的渗入潜化，并且白兰地工艺复杂，酿制成本较高，因而价格也较之白酒偏高，白兰地的生产规模一直不大。

20世纪80年代后，改革开放使国门大开，"洋"字打头的观点、物品迅速为国内所接受，进口白兰地迅猛地涌入国内市场，在冲击了国内白兰地市场的同时，也使国内对白兰地的认识及国内白兰地生产得以发展，白兰地生产量在逐年扩大。

### 2. 首届国际白兰地盲品会

2010年4月21日，由中国酿酒工业协会主办的首届国际白兰地盲品会在广州举行。在V. S. O. P级别的盲品评比中，人头马、马爹利、张裕可雅、百事吉以及轩尼诗分列前五；在X. O级别的盲品评比中，人头马、轩尼诗、百事吉、马爹利、路易老爷分列前五，张裕可雅X. O排名第六。从盲评结果来看，国产白兰地显示出强劲的发展势头。

盲品，英文名称为"blind tasting"，意即让喝酒的人看不见酒标，不因为先入为主的品牌或年份效应而影响判断，是公认辨别酒的优劣的最公平方式。

盲品在葡萄酒领域的应用已有近200年的历史，如1855年法国波尔多通过对各园的葡萄酒进行盲品而评选出酒庄分级排名，并由此产生了举世知名的"法国四大酒庄”（木桐酒庄原为二级酒庄，后晋升为一级酒庄）。

另一场为人熟知的盲品会是 1976 年在法国巴黎举办的葡萄酒盲品，这是新旧世界葡萄酒的第一次较量，九名法国品酒师称加州葡萄酒酒已能与法国葡萄酒平分秋色，为新世界葡萄酒带来了重大的发展机遇。但是在历史上，还从未举办过国际性的白兰地盲品会。所以本届盲品会，也成为历史上首届的国际白兰地盲品会。

## 三、白兰地的标志与标注

在白兰地的标签上经常看到的就是酒龄标志的标注问题。

品质优良的白兰地为了突出贮陈年限，抬高酒价，酒瓶的商标上还要有醒目的特殊标记，这些标记各有不同的意义。

在美国，在标签上直接标出“××年的酒龄”，所空的部位上将按产品当中所使用的最新的酒的酒龄填写，并且只有在橡木贮存不少于两年的葡萄蒸馏酒才有资格填写酒龄。

在澳大利亚，酒龄的标示方法是“Matured”（至少两年），“Old”（至少五年），“Very Old”（至少十年），只有在木桶中达到了规定的陈酿时间以后才准在标签上作上述标志。

在葡萄牙，当标上“aguardente vinica vitha”时，说明是“陈酿的葡萄酒生命之水”，其陈酿时间至少是一年。

在南斯拉夫，采用星数来表达，三星表示陈酿三年，如果陈酿期超过三年，标签上就允许使用“extra"（超老）。

在德国，陈酿时间达到 12 个月时，就有权标示酒龄并不必明标陈酿时间。

在法国，行业内以原产地命名的葡萄酒生命之水的管理规则非常严格，而对于其他的葡萄酒生命之水和白兰地的规则要宽松得多。

一般按顺序可分为：★2～5 年；★★5～6 年；★★★7～10 年；★★★★★10 年以上；VO，12～15 年（very old)；VSO，15～20 年（very special old)；VSOP，25～30 年（very special old pale)；XO，40～45 年（extra old)；EXTRA NAPOLEON 70～86 年。

其他标志有：E，Especial 特别的；/O，Old 老陈；/P，Pale 浅色、清澈的，指米加焦糖色；/S，Superior 优越的或柔顺的；/V，Very 非常；/X，Extra 格外的，特高档的；/C，Cognal 干邑；/F，Fine 好的、精美的。

这些标记的含义不都是很严格的，不仅代表的酒龄没有严格的确定，相同的标记在不同的地区和厂家所代表的意义也不尽相同。

## 四、白兰地的特点与品尝

### 1. 特点

白兰地有一种高雅醇和的口味，具有特殊的芳香。白兰地中的芳香物质首先来源于原料。法国著名的 Kognac 白兰地就是以科涅克地区的白玉霓、白福儿、格伦巴优良葡萄原料酿制的。这些优良葡萄品种含特有的香气，经过发酵和蒸馏，得到原白兰地。原白兰地是指通过蒸馏得到的，还未调配的白兰地。

优质白兰地的高雅芳香还有一个来源，并且是非常重要的来源，那就是橡木桶。原白兰地酒贮存在橡木桶中，要发生一系列变化，从而变得高雅、柔和、醇厚、成熟，在葡萄酒行业，这叫“天然老熟”。在“天然老熟”过程中，发生两方面的变化：一是颜色的变化，二是口味的变化。原白兰地都是白色的，它在贮存时不断地提取橡木桶的木质成分，加上白兰地所含的单宁成分被氧化，经过五年、十年以至更长时间，逐渐变成金黄色、深金黄色到浓茶色。新蒸馏出来的原白兰地口味暴辣，香气不足，它从橡木桶的木质素中抽取橡木的香气，与自身单宁成分氧化产生的香气结合起来，形成一种白兰地特有的奇妙的香气。

合格的白兰地，还有一个极为重要的程序，那就是调配。调配也称勾兑，是白兰地生产的点睛之笔，它使葡萄酒的感观、香气和口感实现高度的和谐统一。怎样调配是各葡萄酒厂家的秘密，各厂都有自己的配方和自己的调配专家。作为白兰地调配大师，不仅需要精深的酿酒知识，丰富的实践经验，而且需要异常灵敏的嗅觉、味觉和艺术鉴赏能力。白兰地有一个特点，它不怕稀释。在白兰地中放进白水，风味不变还可降低酒度。因此，人们饮白兰地时往往放进冰块、矿泉水或苏打水。更有加茶水的，越是名贵的茶叶越好，白兰地的芳香加上茶香，具有浓郁的民族特色。

**2. 品尝**

一种好的白兰地，就是一种艺术品，令人向往和陶醉。艺术的鉴赏离不开人，白兰地鉴赏与评价，也只能靠人的感觉器官。

品尝或饮用白兰地的酒杯，最好是郁金香花形高脚杯。这种杯形，能使白兰地的芳香成分缓缓上升。品尝白兰地时，斟酒不能太多，至多不超过杯容量的1/4，要让杯子留出足够的空间，使白兰地芳香，在此萦绕不散。这样就能使品尝者对白兰地中的长短不同、强弱各异、错落有致的各种芳香成分，进行仔细分析、鉴赏和欣赏。

白兰地由于其原料（葡萄品种或水果种类）及酿制工艺的不同，所呈香气，风格也不尽相同。一种白兰地酒的质量如何，是通过分析和品尝以后下定义的，分析是借助于化验和仪器分析对白兰地酒的成分逐一进行剖析，做出定性和精确的定量；其二就是感官品尝，又称感官检测，是借助于人的视觉、嗅觉和味觉，在一整套完备、细致的方法上对白兰地酒的色、香、味的特征进行感觉、分析和描述，判定其品质做出公正的评价，感官品尝是评价白兰地酒质量的有效手段，也是评价白兰地酒质量的最终手段。

品尝白兰地的第一步：举杯齐眉，察看白兰地的清度和颜色。好白兰地应该澄清晶亮、有光泽。

品尝白兰地的第二步：闻白兰地的香气。白兰地的芳香成分是非常复杂的，既有优雅的葡萄品种香，又有浓郁的橡木香，还有在蒸馏过程和贮藏过程获得的酯香和陈酿香。由于人的嗅觉器官特别灵敏，所以当鼻子接近玻璃杯时，就能闻到一股优雅的芳香，这是白兰地的前香。然后轻轻摇动杯子，这时散发出来的是白兰地特有的醇香，像椴树花、葡萄花、干的葡萄嫩枝、压榨后的葡萄渣、紫罗兰、香草等具有的香味。这种香很细腻，幽雅浓郁，是白兰地的后香。

品尝白兰地的第三步：入口品尝。酒是做给人喝的，酒的好坏，只有尝一尝才能知晓。白兰地的香味成分很复杂。有乙醇的辛辣味，有单糖的微甜味，有单宁多酚的苦涩味及有机酸成分的微酸味。好白兰地，酸甜苦辣的各种刺激相互协调，相辅相成，一经沾唇，醇美无瑕，品味无穷。

## 五、白兰地饮用方法

白兰地是一种高雅、庄重的美酒，人们在高兴的时候，享受一杯白兰地，会使你情趣倍增。

白兰地的饮用方法多种多样，可作消食酒，可作开胃酒，可以不掺兑任何东西“净饮”，也可以加冰块饮，掺兑矿泉水饮或掺兑茶水饮，对于具有绝妙香味的白兰地来说，无论怎样饮用都可以。究竟如何饮用，随个人的习惯和所好而异。一般来说，不同档次的白兰地，采用不同的饮用方法，可以收到更好的效果。

例如，X. O 级白兰地，是在橡木桶里经过十几个春夏秋冬的贮藏陈酿而成，是酒中的珍品和极品，这种白兰地最好的饮用方法是什么都不掺和，这样原浆原味，更能体会到这种艺术的精髓和灵魂。

有些白兰地贮存年限短，如 V. O 级白兰地或 V. S 级白兰地，只有 3～4 年的酒龄，如果直接饮用，难免有酒精的刺口辣喉感，而掺兑矿泉水或夏季加冰块饮用，既能使酒精浓度得到充分稀释、减轻刺激，又能保持白兰地的风味不变，这种方法已被广泛采用，特别值得提倡的是，中档次白兰地，冬天掺热茶饮，把茶水泡得酽酽的，使得茶水的颜色和白兰地颜色一致。茶叶中含有丰富的茶碱和单宁，白兰地中也含在丰富的多酚物质和单宁。用这样的浓茶掺兑白兰地，能保护白兰地的颜色香味和酒体的丰满程度不变，只是降低了酒精度，减少了酒精的刺激，可以使干渴的喉咙得到滋润。

白兰地掺兑矿泉水、冰块、茶水、果汁等的新品酒“方式”，已经在世界范围内流行起来，勾兑后的白兰地既是夏天午后的消暑饮料，又是精美晚餐上的主要佐餐饮品。

# 第二节 白兰地的原料与质量标准

## 一、白兰地的酿酒葡萄品种

白兰地的香气成分十分复杂。葡萄品种的芳香是白兰地香气成分的重来要源。葡萄品种含有的芳香成分，在发酵过程中，由于酵线菌及其他微生物的作用，转移到葡萄原酒中，通过蒸馏，这些芳香成分，又从葡萄原酒转移到原白兰地中。

不是所有的葡萄品种都适合加工白兰地。适合加工白兰地的葡萄品种，在浆果达到生理成熟时，都具有以下特点。

① 糖度较低。

② 酸度较高。

③ 具有弱香型或中性香型。

④ 丰产抗病。

酿造白兰地的葡萄，最好栽培在气候温和、光照充足、石灰质含量高的土壤中。

在法国科涅克地区的葡萄园内栽植着各种品种的葡萄，用这里的葡萄生产出的白葡萄酒是酿造科涅克的原料葡萄酒。酿造科涅克的主要葡萄品种是白玉霓，占葡萄原料的90%。白玉霓是个晚熟品种，具有良好的抗病性能。酿造出的葡萄酒具有以下两个特点：一是酸度高；二是酒精含量较低。酿造科涅克的辅助品种是白福尔和鸽笼白，这两个品种占葡萄品种的10%。

我国为了酿造白兰地需要，近几年大量引进白玉霓。我国现有的葡萄品种中，白羽、白雅、龙眼、佳丽酿、米斯凯特等品种，比较适合做白兰地。

## 二、 白兰地的国家标准

### 1. 中国白兰地

在我国国家标准GB 11856—1997中将白兰地分为四个等级，特级（X.O）、优级（V.S.O.P）、一级（V.O）和二级（三星和V.S）。其中，X.O酒龄为20～50年，V.S.O.P最低酒龄为6～20年，V.O最低酒龄为3年，二级最低酒龄为2年。

### 2. 美国白兰地

总的来讲认为白兰地是一种采用果汁或水果酒或是其残渣发酵，蒸馏至95%以内，馏出液具有本产品的典型性的酒精饮料。

它可以是完全无病害、成熟的水果汁或果酱发酵的，也可以是加入了20%（以质量计）以内的皮渣的果汁或加入了不超过30%的酒脚（以体积计）或二者同时添加的果汁发酵后蒸馏的。于白兰地之前，冠以所用水果名称，但葡萄白兰地也直接称为白兰地，它必须在橡木桶中陈酿至少2年，陈酿时间不足的需标“immature”（未成熟）字样。

皮渣白兰地是采用水果皮渣蒸馏所得的白兰地。

超标准白兰地则纯粹是以酸败的果汁、果酱或葡萄酒（但其中不含有$SO_2$）蒸馏的，已无原料的典型性。

很显然在美国，白兰地是个广义词，它既可表示高档白兰地，也可表示超标准的白兰地。

### 3. 英国白兰地

作为可以进入市场销售的白兰地必须是采用新鲜的葡萄汁，不加糖或酒精，发酵、蒸馏所得，必须陈酿至少三年。

**4. 南非白兰地**

白兰地必须是采用不加糖的新鲜葡萄酒蒸馏调配而成，其中应不少于30%的采用壶式蒸馏锅蒸馏的酒精（酒度<75%），余下的为酒度为75%～92%的葡萄酒精或95%的葡萄酒酒精。

白兰地必须在橡木桶中陈酿三年。

**5. 澳大利亚白兰地**

白兰地是采用新鲜葡萄酿制的蒸馏酒度小于94.8%的烈性酒饮料，应具典型性。

白兰地中应含不少于25%的壶式蒸馏锅蒸馏的酒精（酒度<83%），在橡木桶中贮存应不少于两年，甲醇含量小于3g/L（100%乙醇）。

它禁止使用加了酒精的葡萄酒蒸馏白兰地，同时也不允许加粮食酒精，对进口白兰地，必须要附有产地国出具的采用纯葡萄酒蒸馏的证明。

## 三、 樱桃白兰地质量标准举例

以樱桃为原料制成的白兰地色泽金黄，澄清透明有光泽，香气纯正，口感清新。

（1）感官指标

① 透明度：酒液透明无沉淀。

② 色泽：金黄色。

③ 气味：具有白兰地特有的芳香气味。

④ 滋味：微苦、芳香、爽口、不含杂味。

（2）理化标准

① 相对密度：0.955±0.003。

② 酒度：(40±0.5) mL/100mL。

③ 总酸：(0.03±0.01) g/100mL（以醋酸计）。

④ 总酯：(0.08± 0.01) g/100mL（以乙酸乙酯计）。

⑤ 杂醇油：0.2g/100mL（以异醇类计）。

⑥ 浸出物：0.7g/100mL以下。

（3）注意事项

① 白兰地蒸馏时，头酒要去得多一些，约占馏出酒总量的20%，尾酒要从馏出酒样的酒度降至10%时开始截去。

② 若在自然老熟时，无橡木桶而用其他容器贮酒时，需在容器中放入橡木块或橡木刨花，以增加酒特有的香气。

# 第三节 白兰地的酿造工艺

用来蒸馏白兰地的葡萄酒，叫做白兰地原葡萄酒，简称白兰地原酒。由白兰地原酒生产白兰地的工艺流程如下。

白兰地原酒→蒸馏→原白兰地→贮存→调配勾兑→陈酿→冷冻→检验→成品

## 一、 白兰地原酒的酿造

白兰地原酒的酿造过程与传统法生产白葡萄酒相似，但原酒加工过程中禁止使用 $SO_2$。白兰地原酒是采用自流汁发酵，原酒应含有较高的滴定酸度，口味纯正、爽快。滴定酸度高能保证发酵过程顺利进行，有益微生物能够充分繁殖，而有害微生物受抑制。在贮存过程中也可保证原料酒不变质。当发酵完全停止时，白兰地原酒残糖≤0.3%，挥发酸≤0.05%，即可进行蒸馏，得到质量很好的原白兰地。

**1. 自流汁发酵**

白兰地原料酒常采用自流汁发酵，原酒应含有较高的滴定酸度，以保证发酵能顺利进行，有益微生物能充分繁殖，而有害微生物受到抑制。在贮存过程中也可保证原料酒不变质。发酵温度应控制在 30～32℃，时间为 4～5 天。当发酵完全停止时，残糖已达到 3g/L 以下，挥发酸度≤0.05%，在罐内静止澄清，然后将上部清酒与脚酒分开，取出清酒即可进行蒸馏，脚酒单独蒸馏。

整个葡萄加工以及发酵、贮存期间不得使用二氧化硫、偏重亚硫酸钾等防腐剂，因使用二氧化硫时蒸馏出来的原白兰地带有硫化氢、硫醇类物质的臭味，并腐蚀蒸馏设备。

**2. 自然发酵**

目前国内各葡萄酒厂，白兰地原料酒的发酵多采用自然发酵，国外的情况也是如此。自然发酵的优越性，除表现在大生产条件下工艺操作方便外，而且所得产品质量也很优异。成熟的葡萄果实表面栖息着各种各样的微生物。所谓自然发酵是指葡萄破碎以后不经杀菌，也不接种任何菌种，就直接进行发酵。主要是由于葡萄果粒表面的各种微生物，随着破碎的葡萄一起转入发酵池或发酵桶内，在嫌氧性的环境里，各种好氧菌的繁殖受到抑制，而嫌氧性的葡萄酒酵母菌的繁殖则占了绝对的优势。

另一方面，葡萄汁低的 pH 值，也阻止了杂菌的繁殖。由于上述原因，在自然发酵的过程中，只有其中的各种酵母菌得以繁殖，在某种意义上讲，这和用纯粹培养的葡萄酒酵母进行人工发酵，没有多大差别。

野生酵母的种类非常多，它们的性质也相差非常远。有的生香性能强，有的生香性能弱，不同种类的酵母，所产生的香气成分也是不相同的。自然发酵的葡萄酒，是葡萄果粒表面各种野生酵母综合作用的结果。

科涅克白兰地原料酒是自然发酵的产物。有的法国葡萄酒专家说，科涅克原料葡萄酒的发酵，没有专门的酿酒师，任其自然发酵，就符合工艺要求。参入科涅克原料酒发酵的酵母菌，主要是野生的葡萄酒酵母（*Saccharomyces ellipsoideus*），这种酵母酒精发酵力强，有的可产生 14% 的酒精分，但只产生很少的酯类。另外还有多种的野生酵母参入白兰地原料葡萄酒的发酵，如尖端酵母（*Saccharomyces apiculatus*），这种酵母酒精发酵能力很弱，但发酵能产生很多酯类。发酵性比赤酵母（*Pichia fermentans*）及克鲁斯假丝酵母（*Candida krusei*），这两种酵母能产生多量的某酸乙酯及多量的某酸戊酯类。

上述各种野生酵母，栖息在葡萄园的土壤中，随着风吹尘土，飘扬在空气中。当野生酵母落到成熟葡萄的果粒表面，得到它们所需的养分，便大量繁殖起来。

**3. 酵母发酵**

俄罗斯有的白兰地工厂，发酵白兰地原料酒，采用加酵母发酵的方法。他们的做法是分离的果汁不经杀菌，往其中加入1%～1.5%纯粹培养的酵母菌，用人工酵母的优势，压倒野生酵母的劣势。在国外，用于葡萄酒生产的酵母，已制成酵母干粉，真空包装，作为商品出售。如法国巴黎洛萨夫雷公司是专门生产酵母的工厂，该公司生产的葡萄酒酵母，室温下可放6～12个月。这种干酵母用于生产是很方便的。

## 二、白兰地的蒸馏

白兰地中的芳香物质，主要通过蒸馏获得。原白兰地要求蒸馏酒精含量达到60%～70%，保持适量的芳香物质，以保证白兰地固有的芳香。正因为如此，在白兰地生产中，至今还采用传统的简单蒸馏设备和蒸馏方法。目前普遍采用的蒸馏设备有夏朗德式蒸馏锅（又称壶式蒸馏锅）、带分馏盘的蒸馏锅和塔式蒸馏设备。法国科涅克白兰地就是用夏朗德式蒸馏锅蒸馏的。带分馏盘的蒸馏锅和塔式蒸馏设备都是经一次蒸馏就可得到原白兰地的。而塔式蒸馏设备可以使生产过程连续化，提高生产效率。

对白兰地规模生产厂来讲，白兰地生产产品结构必须是高中低档并举，保质保量，企业才能有活力。生产企业往往是采用不同的蒸馏方式，即夏朗德式蒸馏和塔式蒸馏同时采用，夏朗德式蒸馏和塔式蒸馏的区别在于：

① 所用设备不同；

② 生产方式不同，夏朗德式蒸馏是间断式蒸馏，而塔式蒸馏是连续式蒸馏；

③ 热源不同，夏朗德式蒸馏采用的是直接火加热，塔式蒸馏则采用的是蒸汽加热；

④ 夏朗德式蒸馏产品芳香物质较为丰富，塔式蒸馏产品呈中性，乙醇纯度高。

## 三、白兰地的勾兑和调配

原白兰地是一种半成品，品质较粗，香味尚未圆熟，不能饮用，需经调配，再经橡木桶短时间的贮存，再经勾兑方可出厂。陈酿就是将原白兰地在橡木桶里经过多年的贮藏老熟，使产品达到成熟完美的程度。勾兑是将不同品种、不同桶号的成熟白兰地勾兑起来，经过加工处理，即可装瓶出厂。我国的白兰地生产，是以配成白兰地贮藏为主。原白兰地只经过很短时间的贮藏，就勾兑、调配成白兰地。配成白兰地需要在橡木桶里经过多年的贮藏，达到成熟以后，经过再次的勾兑和加工处理，才能装瓶出厂。

无论以那种方式贮藏，都要经过两次勾兑，即在配制前勾兑和装瓶前进行勾兑。

（1）浓度稀释　国际上白兰地的标准酒精含量是42%～43%，我国一般为40%～43%。原白兰地酒精含量较成品白兰地高，因此要加水稀释，加水时速度要慢，边加水边搅拌。

（2）加糖　目的是增加白兰地醇厚的味道。加糖量应根据口味的需要确定，一般控制白兰地含糖范围在0.7%～1.5%。糖可用蔗糖或葡萄糖浆，其中以葡萄糖浆为最好。

（3）着色　白兰地在木桶中贮存过久，或用的桶是幼树木料制造的，白兰地会有过深的色泽和过多的单宁，此时白兰地发涩、发苦，必须进行脱色。色泽如果轻微过深，可用骨胶或鱼胶处理，否则除下胶以外，还得用最纯的活性炭处理。下胶或活性炭处理的白兰地，应在处理后12h过滤。

（4）加香　高档白兰地是不加香的，但酒精含量高的白兰地，其香味往往欠缺，须采用加香法提高香味。白兰地调香可采用天然的香料、浸膏、酊汁。凡是有芳香的植物的根、茎、叶、花、果，都可以用酒精浸泡成酊，或浓缩成浸膏，用于白兰地调香。

### 四、自然陈酿

白兰地都需要在橡木桶里经过多年的自然陈酿，其目的在于改善产品的色、香、味，使其达到成熟完善的程度。在贮存过程中，橡木桶中的单宁、色素等物质溶入酒中，使酒的颜色逐渐转变为金黄色。由于贮存时空气渗过木桶进入酒中，引起一系列缓慢的氧化作用，致使酸及酯的含量增加，产生强烈的清香。酸来自木桶中的单宁酸溶出及酒精缓慢氧化而致。贮存时间长，会产生蒸发作用，导致白兰地酒精含量降低，体积减少，为了防止酒精含量降至40%以下，可在贮存开始时适当提高酒精含量。

贮藏容器在贮藏过程中的管理及存放条件对白兰地的自然陈酿有很大影响。贮藏的期限决定于白兰地的称号和质量。贮藏的时间越长，得到的白兰地质量也就越好，有长达50年之久的，但一般来说，贮藏到4～5年，就可以获得优美的品质特征了。

## 第四节　味美思的酿造工艺

### 一、概述

味美思起源于希腊，发展于意大利，定名于德国。味美思，英文“vermouth”，原意为“苦艾”。早在古罗马时期，就有这样一种风俗：给古罗马战车竞赛的胜利者喝一杯用苦艾浸过的葡萄酒，提醒他们光荣也有苦涩的一面。所以，味美思也叫"苦艾酒"，国家级评酒委员、张裕葡萄酿酒股份有限公司总工程师李记明博士对味美思的酿造工艺颇为研究；在"富有诗意的味美思"一文中阐述了"苦艾酒"神奇的魔力。

进入19世纪，"苦艾酒"的流传范围越来越广，酿造工艺也越来越成熟，"苦艾酒"在欧洲进入流行的高潮期。印象派画家埃德加·德加创作于1875～1876年的《苦艾酒馆》，就生动地描绘了当时的情景。

味美思按糖分含量分为甜型、干型和半干型；按色泽分为红、桃红、白三种；按生产分为意大利型、法国型和中国型。意大利型味美思药料以苦艾为主，酒基是察香葡萄酒，苦艾味较重。法国型味美思以白葡萄酒为酒基，只加药不加糖，味道较淡。我国的味美思以龙眼葡萄酒为原酒，配以我国独有的多种中药，制造巧妙，色味香佳。

我国正式生产国际流行的"味美思"是从1892年烟台张裕葡萄酿酒公司创办开始的。张裕公司是我国生产"味美思"最早的厂家。

从酿造工艺上定义，味美思属于"加香葡萄酒"，是以白葡萄酒为基础，添加草药、香料的浸出芳香物质酿制而成。酒精含量通常为16%～20%，根据含糖量又可分为白味美思（含糖量10%～15%）、红味美思（含糖量15%）。

## 二、 味美思原酒

味美思原酒选择弱香型的葡萄原料，按干葡萄酒工艺生产。不同的产品根据其特点，可采用不同方法贮藏。对于白味美思，特别是清香产品，一般采用新鲜的、贮存期短的白葡萄原酒。为此，贮存期间应添加$SO_2$，以防止酒的氧化，一般控制游离$SO_2$ 40mg/L红味美思和酒香、药香为特征的产品往往是氧化型白葡萄原酒，原酒贮存期较长，部分产品的原酒需在橡木桶中贮存，原酒贮存期间可以不加或少加以$SO_2$。酒精含量为11%～12%的原酒用白兰地或食用酒精加强到16%～18%之后贮存。新木桶中鞣质及可浸出物含量高，原酒贮存时间不宜过长，一般在新木桶中贮存一段时间后移到老木桶中继续贮存。原酒经稳定性处理（澄清与降酸），若色泽较深，可采用脱色剂进行处理。

## 三、 味美思生产工艺

味美思的生产工艺，要比一般的红、白葡萄酒复杂。它首先要生产出干白葡萄酒作原料。优质、高档的味美思，要选用酒体醇厚、口味浓郁的陈年干白葡萄酒才行。然后选取20多种芳香植物或者把这些芳香植物直接放到干白葡萄酒中浸泡，或者把这些芳香植物的浸液调配到干白葡萄酒中去，再经过多次过滤和热处理、冷处理，经过半年左右的贮存，才能生产出质量优良的味美思。味美思的制造者对自己的配方是保密的，但大体上有这几种，比如蒿属植物、金鸡纳树皮、苦艾、杜松子、木炭精、鸢尾草、小茴香、豆蔻、龙胆、牛至、安息香、可可豆、生姜、芦荟、桂皮、白芷、春白菊、丁香等配方可根据地方习惯、民族特点进行设计。

直接浸泡法酿造味美思是普遍采用的工艺，其工艺流程如下（图 9-1）。

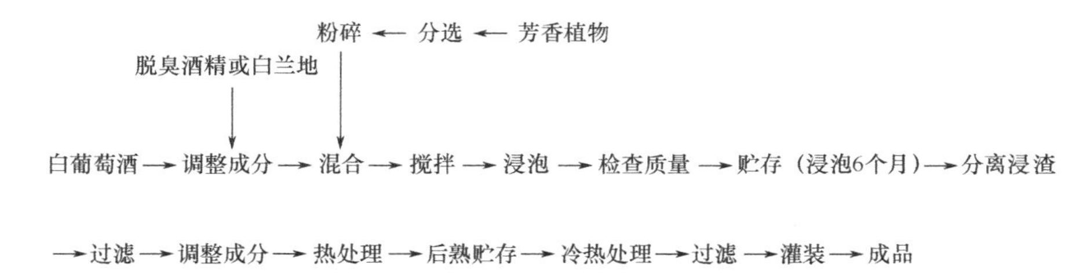


图 9-1 直接浸泡法酿造味美思的工艺流程

## 四、 味美思的加香处理

常采用的方法是先将药材制成浸提液，再与原酒配合加香。国外已生产出商品味美思调和香料，一些小生产厂可直接购买，用于生产。

浸提液的制备方法有如下几种

（1）白兰地提取法　用 70%左右的原白兰地浸泡药材。药材可混合浸泡，也可分类分别浸泡，浸泡量按体积比 1∶（2～4）（药材、白兰地），浸泡时间一般需要 10 天。

（2）热水浸泡　热水控制在 60℃左右，浸泡时间视药材特性而定，药材可分类分别浸泡，也可混合后一次性浸泡，一般要几小时至 10h。

（3）加强原酒浸泡　将原酒的酒精含量加强到 18%～30%，对药材进行浸泡，用量为：药材∶原酒体积比为 1∶（2～4），浸泡 10 天左右。

（4）酒精浸泡　用食用酒精按（1）法浸泡。

（5）蒸馏法　将药材用白兰地或食用酒精浸泡，用蒸馏法提取馏液作为调香用料。

## 五、 调配

味美思的调配分两个方面：一是药香的调配；二是糖、酒、酸、色度的调配。经调配的原酒再经冷处理、澄清过滤等工序即为成品。

# 第五节 白兰地葡萄酒贮藏期间管理

## 一、 概述

众所周知，白兰地必须在橡木桶里长期贮藏，才能逐渐成熟，成为陈酿佳酒。因而橡木的品种、制桶的工艺以及木桶的形状和大小等问题，都对贮藏白兰地的质量有影响。

国内著名葡萄酿酒专家王恭堂等对张裕葡萄酿酒公司白兰地的调配、勾兑工艺，冷冻过滤工艺，人工老熟工艺等进行全面系统的研究，攻克了许多难关，逐渐建立起一套完整成熟的白兰地生产工艺。尤其对白兰地葡萄酒贮藏期间管理探索一条新的成功经验。

一般原白兰地必须经过橡木桶长期的贮藏，才能成为高质量的好白兰地。木桶的新旧不同，大小不同，贮藏陈酿的效果是不一样的。新桶与酒接触的内表面含有丰富的可溶性物质，是老桶无法比拟的。小桶贮藏白兰地，单位体积的酒接触木桶内表面积的比例大，是大桶贮藏无可比拟的。但事情都是一分为二的。大桶有大桶的优点，老桶有老桶的长处。用老桶、大桶贮藏白兰地，虽然白兰地成熟的速度缓慢，但白兰地的香气优雅细腻，没有新木桶贮藏的粗糙感，所以白兰地的酿造过程，需要新桶和老桶交替贮藏，大桶和小桶轮换陈酿。凭着白兰地酿酒师的经验和敏感，最佳的木桶搭配，才能收到最佳的陈酿效果。

不同的国家，不同的白兰地生产工厂，贮藏白兰地木桶的形状和大小有所不同。独联体国家白兰地工厂通常采用300～500L的鼓形桶贮藏白兰地。法国、西班牙等国家，白兰地贮藏桶的容量更小一些，多采用250～350L的鼓形桶。也有的白兰地工厂，如烟台张裕葡萄酿酒公司，采用立式梯形桶贮藏白兰地。

## 二、 橡木桶的陈酿

不同地区、不同国家生产的橡木桶，贮藏白兰地的陈酿效果是不一样的。例如，用法国林茂山的橡木制的白兰地桶（350L/只）每只售价约600美元；用美国产的橡木制成同样的木桶，每只售价约300美元。要酿造科涅克型白兰地，只能用法国林茂山的橡木桶。据专家鉴定，用我国东北出产的橡木制成橡木桶贮藏白兰地，其效果仅次于法国林茂山的橡木，而优于美国产的橡木。

用橡树圆木制桶板时，圆木应该辐射劈开，刨平后的桶板平面，应该与橡木年轮纹线的方向几乎是垂直的。这样的桶板制成桶后不会渗漏。如果橡木年轮纹线与木板的面平行，则以此木板做成的木桶会渗漏。

用于制作橡木酒桶的木板称为“橡木板条”，取自40年以上树龄的橡树树芯和边材之间部分。橡木板条只能劈开而不能锯开。然后在自然条件下至少风干放置3年，以便消除木材中的水分和涩味。

风干后的橡木板条，再加工成橡木桶板，才能制桶。制桶的第1步，是给木桶板加箍。在用橡木刨花或板头燃起的火焰上，边烘烤边加箍。还需不时地往烘烤中的木桶板上浇水，这样可使木桶板变得比较柔韧并具有新鲜面包的香味。橡木桶的烘烤程度，对原酒的香味有很大的影响。在加热过程中，在木桶下部缠绕一根钢丝绳，逐渐把它拉紧，使木板条互相贴紧。最后不用任何黏合剂和钉子，这些木板条就被严丝合缝地箍成橡木桶。

圆木制桶板的利用率仅为20%，即一方好圆木，只能取0.2m桶板，可以做成两个 350L 的鼓形桶，剩余的木板可做两个堵头。

木桶做好后，用软化水刷洗干净，再用原白兰地冲洗一遍，即可用于贮藏原白兰地。

白兰地木桶在长期贮藏白兰地的过程中，与白兰地酒液接触的内表面，其可溶性物质逐渐被白兰地浸提，含量越来越少，日久天长就失去了陈酿白兰地的作用，因而需要更新。白兰地木桶一般使用 20 年左右就要淘汰更新。

白兰地在橡木桶里长期贮藏陈酿的过程中，由于桶板之间缝隙的渗漏和桶板表面的蒸发作用，损耗是难免的。管理好的白兰地工厂，木桶贮藏白兰地的年损耗率在 3%左右。

## 三、 橡木桶与白兰地的酒龄

白兰地的酒龄，是指白兰地在橡木桶里贮藏的时间，一般以年为单位。越是高质量的白兰地，在木桶里贮藏的时间越长，酒龄也就越长。

在法国科涅克地区，酒龄是这样规定的：从葡萄收获到第 2 年 3 月 31 日，是正常的蒸馏期，在此以前蒸馏的白兰地，已全部转入木桶贮藏。从第 2 年的 4 月 1 日至第 3 年的 3 月 31 日，为第 1 年的贮藏期，酒龄为 1 年。酒龄 2 年、3 年、4 年、5 年……依此类推。

在白兰地生产实践中，经常需要把两种或两种以上不同数量、不同酒龄的白兰地勾兑在一起，这样可以取长补短，提高质量。混合后的白兰地，以平均酒龄表示。平均酒龄的计算方法是：

$$平均酒龄=\frac{V_1T_1+V_2T_2+V_3T_3}{V_1+V_2+V_3}$$

式中，$V_1$ 为第一种白兰地数量；$V_2$ 为第二种白兰地数量；$V_3$ 为第三种白兰地数量；$T_1$ 为第一种白兰地的酒龄，年；$T_2$ 为第二种白兰地的酒龄，年；$T_3$ 为第三种白兰地的酒龄，年。

## 四、 白兰地贮藏过程中的管理

(1) 在贮藏过程中小木桶排成行或上下一个个地叠放，大木桶采用立式较多，应注意大小木桶、新旧木桶交替贮藏，以达到最完美的贮藏效果。

(2) 贮藏白兰地时，应在桶内留有 1%～1.5%的空隙，这样既可防止受温度影响发生溢桶，另一方面还可在桶内保持一定的空气，利于氧的存在以加速陈酿，每年要添桶 2～3 次，添桶时必须采用同品种、同质量的白兰地。

(3) 原白兰地贮藏时，酒度的处理一般有以下几种。

① 蒸馏好的原白兰地不经稀释，直接贮藏，达到等级贮藏期限后进行勾兑配制，经后序工艺处理封装出厂，此法一般生产中低档的产品。

② 将蒸馏好的原白兰地不经稀释，直接贮藏到一定年限（视产品档次及各厂调酒师经验），调整至 40%左右进行二次贮藏，达到年限后，调整成分进行稳定性

处理，然后封装出厂。

③ 法国优质白兰地常采用的贮藏工艺，即将原白兰地原度贮藏，然后分阶段进行几次降度贮藏，待酒度达50%贮藏时间较长，专家们认为50%最有利于陈酿，去除了原白兰地的辣喉感，增强了白兰地的柔和性，几次降度可减少对酒体的强刺激，使白兰地在较为平稳的环境中熟化，最后调整到40%装瓶出厂，这样不仅使经陈酿的酒酒质优异，而且由于50%贮藏期长，木桶利用率相对来讲是提高了。

在降度前应先制备低度的白兰地，即将同品种优质白兰地加水软化稀释至25%～27%，然后贮藏，在白兰地降度时加入，以缓减直接加入水对白兰地的刺激。

(4) 贮藏期间应有专人负责定期取样观察色泽，品尝口味、香气，注意酒质的变化，一旦发现有异常现象，应及时采取补救措施，要及时地将熟化的酒倒入桶径大、容积大的木桶里，防止酒过老化。贮藏中应随时检查桶的渗漏情况，以及桶箍的损坏情况，桶箍应采用不锈钢材质，若采用铁箍则定期油漆，以防铁箍在地窖中因潮湿的环境而生锈，随倒桶等操作被带入酒中，致使酒中铁含量超标。

(5) 贮存时新木桶使用应先用清水浸泡，以除去过多的可溶性单宁，并将木桶清洗干净，然后用65%～70%酒精浸泡10～15天，以除去粗质单宁，但浸泡时间不宜过长，否则降低了新桶的使用价值。也有新观点认为新桶直接短时间贮存白兰地效果更好。

(6) 有缺陷的木桶应进行处理，生霉桶应先用清水洗刷，然后用热水50～60℃洗刷，再用酒精浸泡数日；有异味的桶用2%的热苏打水、清水、1%～1.5%硫酸水依次轮流浸泡，洗刷；使用一年以上的桶，酒打出后或换品种贮存时，应进行刷桶，用清水洗刷干净后，用抹布将水揩干；桶顶及桶表面应保持清洁，尤其有些桶板缝间有微弱的酒液析出时，往往带出一定的糖分，较为黏稠，此时更应将桶表面擦拭干净，以防长霉。

# 第十章 桃红葡萄酒的酿造

## 第一节 概述

桃红葡萄酒，是被所有人都忽视了的葡萄酒的一个小族群。大多数人都已经习惯了红葡萄酒的艳丽，甚至用“红酒”泛指所有的葡萄酒。自然，也有相当的一部分人喜欢白葡萄酒的清爽。红的白的，各有所爱，就唯独忽略了介乎于二者之间的桃红葡萄酒。不论在餐厅酒吧，还是家庭聚会，选酒时几乎所有人想到的无非是红白葡萄酒，而没有人想到具有可爱颜色的桃红葡萄酒。

桃红葡萄酒是介于红、白葡萄酒之间的一种佐餐型葡萄酒。

选用皮红肉白的酿酒葡萄，进行皮汁短时期混合发酵，达到色泽要求后进行分离皮渣，继续发酵，陈酿成为桃红葡萄酒。这类酒的色泽应该是桃红色，或玫瑰红、淡红色，因此又称玫瑰红葡萄酒、粉红酒。

桃红葡萄酒口味清爽、色泽亮丽，仅仅从感官上就能给人以时尚、亲切的气息。桃红葡萄酒的生产历史很早，但由于市场推广的原因，在中国一直没有兴起。但作为葡萄酒从颜色划分的三大正宗品类，桃红葡萄酒在葡萄酒成熟国家早已是非常畅销，并且是销量持续上升的酒精类饮料之一。

进入21世纪，随着葡萄酒消费中心向中国的转移，中国葡萄酒的消费结构日趋合理，桃红葡萄酒也开始在中国市场隐现风姿，越来越多的企业和消费者开始把青睐的眼光投放在了清新爽口、清丽秀美的桃红葡萄酒身上，而众多的时尚媒体栏目也开始出现了她诱人的身影，桃红葡萄酒在中国的发展大有蓬勃兴起之势。

## 一、桃红葡萄酒的历史与现状

桃红葡萄酒历史悠久，公元前600年，腓内基人将葡萄园的概念引入法国后，那时只生产桃红葡萄酒，桃红葡萄酒也因此而盛行。若干年后，腓内基人不敌罗马人的进攻，将美丽的普罗旺斯地区拱手相让。罗马人本身就在葡萄酒酿造方面具有丰富的经验，于是他们扩大了普罗旺斯的地理范围，又引进了新的葡萄品种，并改善了传统的葡萄酒酿造方法。1895年，普罗旺斯地区酒庄酿造的葡萄酒首次获得了“普罗旺斯区”的称号，自此，普罗旺斯葡萄酒开始声名大振，并成为了葡萄酒中的上上品。17～18世纪桃红葡萄酒成为欧洲帝王最欣赏的美酒。

桃红葡萄酒位于白色和红色之间，工艺上也是红白葡萄酒之间的做法。历史上桃红酒没有特别的历史地位。从前，桃红酒通常是因为一批葡萄做红葡萄酒不好，转而做成桃红酒。最原始的桃红酒做法与红葡萄酒的酿造过程比较类似，葡萄采摘后连皮一起压汁进入浸泡期。红葡萄酒一般浸泡期比较长，根据不同的要求4～7天甚至更长，而传统的桃红酒浸泡期比较短，最长不过48h，这样可以保证一个粉色调。这是很多法国桃红酒最传统的做法，比如法国南部的朗道克地区、普罗旺斯地区。

近几年，桃红酒在法国大行其道，产量逐年上升，比如法国西南的瓦尔省（Var）著名的Bandol（班多尔）小产区，历史上都盛产质量上乘的红葡萄酒。根据最新统计，在这个产区出产的桃红酒占总葡萄酒产量的一半。

香槟酒也开始有桃红香槟，而且售价绝对不低廉。

即便在传统的名庄红葡萄酒产地波尔多，很多庄主也开始酿造桃红酒。比如梅多克地区，在传统的上梅多克区拉帕鲁庄园，中午进餐的话，开胃酒不是传统的波尔多白葡萄酒，而是自己家酿的、产量不超过几千瓶的桃红酒。

从前大家对桃红酒的坏印象来自酒后反应，就是容易上头，这来自传统工艺的弊端。桃红酒的葡萄皮与葡萄汁的浸泡时间短才能有这个桃色，而桃色不是很容易保持，所以酿酒时必须用大量的容易让人头晕的氧化硫去保证颜色。

现在的新工艺改变了，新桃红酒可以冰镇后清爽地在夏天品尝。冰冰的，还带着果香。新工艺是直接压汁法，就是用新型的压汁机将葡萄采摘后连皮一起压，但是浸泡期更为短暂，仅仅是在压汁过程中葡萄皮与葡萄汁接触，一旦压汁完毕，葡萄汁与葡萄皮也就分离了。这种工艺的桃红酒口感更清新，酒精度数低，而且不需要太多的氧化硫来控制颜色，所以不上头了。其实从饮用角度讲，桃红酒是讲究最少的。很多菜系都可以搭配，清爽的果香，是夏天的最佳选择。

曾经几个国家比如南非、新西兰、智利和澳大利亚等希望欧盟改变对桃红酒的准入要求，因为这些国家的桃红酒工艺各不相同，他们采用的是最简单的白葡萄酒里兑一定量的红葡萄酒获得桃红色。这样的做法从工业生产上更好控制，但是相应的对桃红葡萄酒的本身或许是种伤害，因为这样勾兑的葡萄酒与可乐或者其他酒精饮料没有太大差异，成为一种工业化产品。

世界各国许多爱酒人将桃红酒形容为葡萄酒中的“牛仔裤”，在欧洲，不管年轻人还是资深酒友都喜欢桃红酒。樱桃粉、三文鱼肉红、浅桃红、杏桃色、浆果红……各种高雅又有个性的颜色，光视觉上就能够称得上为“开胃酒”。

## 二、 桃红葡萄酒发酵工艺与发酵设备

### 1. 发酵工艺

酿制桃红葡萄酒的发酵工艺，最好采用转动浸渍发酵法。使用这种发酵工艺的特点是密闭浸渍发酵、发酵产生的二氧化碳能保持一定的压力，起到防止氧化的作用，能比较快地浸提出适量单宁和较高而稳定的花色素，以得到良好的果香；可以控制发酵温度，发酵均一、快速、彻底、节省时间；且发酵残糖含量低，同时大大地减轻劳动强度。酿制出来的酒有优美的色泽，酒清亮及良好的果香和稳定性。

### 2. 发酵设备

转动发酵罐是理想酿制红葡萄酒的发酵设备，桃红葡萄酒的发酵最好也应用这种设备。该设备为卧置可缓慢转动，用不锈钢制成。前部有弓形进料口，加料时转至垂直向上位置。罐内全长焊有单线螺旋叶，接近罐前部之处则为加高的双线螺旋叶以便于排渣（正反向转动时，螺旋叶对皮渣起推送搅拌作用）。出酒的一边罐全长装有细长孔的隔渣筛板和出酒口。当放酒时处于下部。罐旋转时，放气阀触其固定于机架上的弧形板，从而开启阀门放气。

## 三、 桃红葡萄酒的酿制与注意事项

桃红葡萄酒的原料不宜使用染色品种或易氧化的品种葡萄。桃红葡萄酒不能应用“赛比尔”、“巴柯”等皮肉带色的品种葡萄，因无法控制其色度。也不适用像“玫瑰香”这样易氧化的品种葡萄，避免因陈酿贮存带来的中药味感，影响桃红葡萄酒的风味。

酿制桃红葡萄酒不宜采用热浸法来提取果皮中的色素。红葡萄酒的发酵往往有应用热浸提法来浸提葡萄皮渣中的色素。在生产中如果把这种发酵工艺应用于桃红葡萄酒上，温度稍高，时间过长，容易使酒产生熟果味；酒中浸提单宁量过高，容易使口味发涩。如前所述最好的工艺还是使用旋转浸渍发酵法。

桃红葡萄酒的陈酿时间不宜过长。桃红葡萄酒为佐餐型葡萄酒，具有良好的新鲜感，清新的果香味与优美的酒香味完全融合形成一体。陈酿时间最适半年至一年为好。如果陈酿时间过长，酒质老化，颜色加深变褐，失去了美丽的桃红色，果香味降低，失去了本身优美的风格。

桃红葡萄酒中始终保持适量的二氧化硫。由于桃红葡萄酒系佐餐型葡萄酒，酒中必须含有适量的二氧化硫，以防止氧化，保持新鲜感。整个酿造过程品温偏低为好。进行压塞装瓶后，瓶贮进行卧放，防止木塞干裂进入空气氧化。

桃红葡萄酒酿成半干型或半甜型为好。葡萄酒根据含糖量的多少，可以分为干型（含糖量<4g/L）、半干型（含糖量 4～12g/L）、半甜型（含糖量 12～50g/L）、

甜型（含糖量50g/L以上）4种类型，口味风格各异。桃红葡萄酒含有一定的单宁，为0.2～0.4g/L，有一定的涩味。

## 第二节 桃红葡萄酒的原料、风味特征及评价

### 一、桃红葡萄酒的原料

桃红酒酿酒用的葡萄分为两种，一种是用来酿造红葡萄酒用的黑葡萄类的优良酿酒葡萄品种，这些葡萄肯定是深红至黑色的；通常有赤霞珠、品丽珠、梅鹿辄、黑品乐、解百纳、佳美、佳利酿等。其中以梅鹿辄、赤霞珠为最佳。

另一种是为酿造白葡萄酒的白葡萄类，这一类葡萄大部分是青绿色的，比如莎当妮、白苏维翁、雷司令等，但是也有小部分时红色的，比如琼瑶浆、威格妮和某些克隆的灰比诺等。而桃红葡萄酒，却可以游刃于两大类葡萄之间酿造。

用于生产桃红葡萄酒的原料，应该是果粒丰满，色泽红艳，成熟一致，无病害。果汁的含酸量为7.5g/L以下，含糖量170g/L以上。用这样的原料酿制出来的桃红葡萄酒，加上先进的工艺，优良的设备，精心操作，一定会酿制出品质高尚的产品。

### 二、桃红葡萄酒的风味特征

一般不同的酿造方法酿出的桃红葡萄酒，风味特征也不尽相同。

商业上，“浸渍酿制”是酿造桃红葡萄酒最常用的方法。在红葡萄酒的酿制过程中，浸皮过程贯穿整个发酵过程。而酿制桃红葡萄酒时，在葡萄汁颜色变得过于深浓之前，就要将葡萄汁与葡萄皮分离开来。对于葡萄皮颜色较浅的品种，其浸皮时间可以长达24h。

工业上，“灰葡萄酒酿制”是一种采用红葡萄来酿制接近白葡萄酒的酒精饮料的一种方法。酿制灰葡萄酒的浸皮时间是相当短暂的。桃红葡萄酒的这种酿制方法对于采用葡萄皮颜色较深浓的红葡萄品种来酿制桃红葡萄酒非常流行。

自酿上，“放血酿制”能够生产有一定陈年能力的桃红葡萄酒。通过这种方法酿制而成的桃红葡萄酒实际上是红葡萄酒酿制中的副产品。在红葡萄酒发酵过程中，约有10%的葡萄汁会被流放掉。在这个过程中，葡萄皮更多地保留在剩余的葡萄汁中，使最终酿制而成的红葡萄酒更丰富，更浓郁。而被放流出来的葡萄酒再进一步发酵成桃红葡萄酒。通过放血法酿制而成的桃红葡萄酒通常比通过浸渍法酿制而成的葡萄酒，色泽更深浓，酸度也更高。

一般当葡萄酒的色彩非太深浓时，就将其称为桃红葡萄酒。从技术上说，桃红葡萄酒的酿造技术与红葡萄酒的略有不一样，可是所选用的酿酒葡萄是相同的。比如，仙粉黛白葡萄酒和仙粉黛红葡萄酒所选用的酿酒葡萄是相同的，可是这两种葡萄酒的风味却是天壤之别的。

今日，波尔多葡萄酒为了习惯当代人对红葡萄酒风味的需求，变得越来越浓郁，色泽也越来越深了。因而，桃红葡萄酒逐步独立成一个种类。

桃红葡萄酒的色彩尽管没有红葡萄酒那么深浓，但它的色彩深度也不一样，有的相对较深一些，有的较浅。不一样色彩深度的桃红葡萄酒，其风味也是各不相同的。一般不一样色彩的桃红葡萄酒，对应着不一样的风味。

桃红葡萄酒也是最难酿造的葡萄酒。它的颜色，包括一部分架构，都与果皮与果汁在酒桶中接触的时间密不可分。这一时间不仅决定了葡萄酒的颜色，也决定了她给品酒人带来的味觉感受。果皮和果汁接触的时间要恰到好处，酿出来的葡萄酒才会颜色适中、光泽亮丽。如果接触的时间过长，果皮中的丹宁就会过多的渗到果汁中，酿出来的酒难免涩重，缺乏柔和的感觉。所以，酿造桃红葡萄酒一定要酿酒师有足够的细心，一丝一毫不能马虎。

## 三、 桃红葡萄酒的评价

近年品酒师的眼光，渐渐集中在新世界出产的桃红葡萄酒上。目前全球葡萄酒业每年生产大约 200 万～300 万吨桃红葡萄酒，约占葡萄酒生产总量的 10％，桃红葡萄酒 70％产自法国、意大利和西班牙，而新世界的桃红葡萄酒产量，已经由过去的不到 5％上升到现在接近 30％的比重。

相比旧世界，新世界桃红葡萄酒的酒色往往更鲜艳，香气新鲜简单却充足洋溢，口感活泼明快，回味偏甜，符合更多消费者的喜好。美国加州的白增芳德葡萄桃红葡萄酒便是新世界桃红葡萄酒中的王者，同属新世界的澳大利亚黄尾（Yellow Tail）酒庄，更是以势如破竹的黑马之姿攻占美国桃红葡萄酒市场，目前已经是美国桃红葡萄酒销量最高的品牌。

桃红葡萄酒香气活泼，果香浓郁，配起餐前小食、色拉、香辣的热菜，甚至烧烤火锅都得心应手，由于酒体中也有少量的单宁，即便搭配重口味烹调的肉类，也不会为双方减分。精明的法国人，甚至可以从头盘到最后的甜品都用一款桃红葡萄酒来搭配。

根据国内外技术标准，优质桃红葡萄酒，色泽为桃红、淡玫瑰红、浅红色；澄清透明，有晶莹悦目的光泽；具有纯正优雅悦怡的果香及优美的酒香，酒体丰满；干型与半干型桃红葡萄酒具有纯净优雅爽悦的口味，富有新鲜悦人的果香味与醇美协调的酒香味；半甜型、甜型桃红葡萄酒应具有干甜醇厚、酸甜协调的口味，富有精酿细腻的酒香味与和谐的酒香味，特具完美、突出的风格。

优质红葡萄酒单宁含量 0.5～0.8g/L 为最好，优质白葡萄酒单宁含量 0.1～0.2g/L 为最宜，桃红葡萄酒的单宁含量则为 0.2～0.4g/L 合适。对于其他理化成分，酒度以 10％～12％为宜，含糖分以半干型至半甜型为好，即含糖量 10～30g/L，酸度以 6～7g/L 为准，游离二氧化硫含量 10～30mg/L，干浸出物在 15～18g/L。这样的佐餐桃红葡萄酒，既可以佐以鲜鱼，又可以辅以肉食，增加膳食风味。

# 第三节 桃红葡萄酒的酿造方法与生产工艺

## 一、桃红葡萄酒的酿造方法

一般桃红葡萄酒的酿造方法有以下几种。

(1) 直接压榨　红葡萄经过搅碎时，色素就会渗入果汁中，然后加以压榨，所得到的果汁只有少量色素，然后如同白葡萄酒般发酵后（没有经过浸泡过程），就产淡粉红葡萄酒（vingris）。

(2) 放血压榨　"放血"通常用于酿制更为浓缩的深粉色桃红葡萄酒。这时葡萄必须经过浸泡，起初果汁连同果实一起发酵，但浸泡时间比红葡萄酒短，一旦获得合适的颜色，果汁如同放血般从槽中引出，然后按照白葡萄酒方式继续发酵。

如 Leclercq 也采用上述两种方法酿制桃红葡萄酒，并表示现在人们似乎更偏爱低度桃红酒。为了达到低度效果，Leclercq 通常在清冷的早晨采收葡萄，采摘后让果皮与果汁接触 14h 后开始压榨，"因为放置的时间越长，颜色越深。"Leclercq 的桃红酒多采用黑格海娜、神索（Cinsault）以及西拉三个品种酿制。

(3) 红＋白　除了很特殊的粉红香槟酒以外，桃红葡萄酒不能用红葡萄酒和白葡萄酒混合生产。在（葡萄酒的）洪荒时代，人们可能没有区分红白品种来酿造葡萄酒，再加上栽培与酿造技术不是很发达，那时的葡萄酒在今天看来都是"桃红葡萄酒"。

尽管在大多数的葡萄酒生产地区，是禁止混合红白葡萄酒来生产葡萄酒的，但是，今天仍有部分产区允许采用红白葡萄混合酿造葡萄酒，比如在香槟地区，部分的桃红香槟仍然是采用在白葡萄酒中混合少量红葡萄酒酿造而成；另外，在西班牙仍然有生产者采用红白葡萄（或者酒）混合的办法生产桃红葡萄酒。

这种混合的红＋白办法备受争议，也有人为了区分把前两种方法称为传统方法。

## 二、桃红葡萄酒发酵工艺

### 1. 带皮浸提发酵

以佳里酿葡萄为原料，葡萄浆添加 $SO_2$ 100mg/L 静置 4h，再取汁发酵；以玫瑰香葡萄为原料，添加 $SO_2$ 50mg/L 静置 10h 后，再取汁发酵。$SO_2$ 加量多，浆的 pH 低，有利于葡萄皮中色素等成分浸出。

### 2. 红葡萄和白葡萄果浆混合浸提发酵

红葡萄与白葡萄的比例，通过小试而定，以葡萄品种而异，通常，红葡萄与白葡萄的用量为 1∶3。葡萄混合破碎后，添加 $SO_2$，静置一段时间后，再取汁发酵。

**3. 冷浸法取汁发酵**

适用于此法的葡萄为皮红肉白的品种。葡萄浆添加 50mg/L $SO_2$ 后，在 5℃条件下浸提 24h，再取汁于 20℃下发酵。

**4. 采用 $CO_2$ 浸提法取汁发酵**

浸渍温度为 15℃，时间为 48h。

## 三、 原酒调配法生产桃红葡萄酒

以佳里酿葡萄为原料，先采用带皮发酵法制取红原酒、以纯汁发酵制取白原酒，再以干白原酒与干红原酒 1∶1 的比例调和；若以玫瑰香葡萄为原料，则干白原酒与干红原酒，按 1∶3 的比例调和。其工艺流程如下。

葡萄→分选→除梗破碎→加 $SO_2$→静置→分离→发酵→加糖→控温→转池→补加 $SO_2$→转池→贮存→下胶→过滤→冷冻→过滤→无菌灌装→成品

# 第四节 桃红葡萄酒的贮存

## 一、 温度恒定和一致性

温度是贮藏干粉红葡萄酒的重要因素之一，同样重要的是保持温度的稳定性。酒的成分会随温度的高低变化而受影响，软木塞也会随温度的变化而热胀冷缩，特别是年久的弹性较差的软木塞。

## 二、 湿度

相对湿度在 65％为长久贮藏之最佳环境。但是，相对湿度能保持在 55％～80％之间也算很好。如湿度偏低，空气就通过变干的软木塞进入酒瓶而氧化干粉红葡萄酒，酒水也会渗入软木塞；如湿度偏高会产生异味，同时损坏标签。

## 三、 平直摆放

干粉红葡萄酒瓶应始终平直摆放贮藏，以便酒与软木塞的接触。这样可以保持软木塞的湿度，以及酒瓶良好的密封作用，避免空气进入导致干粉红葡萄酒氧化、熟化。干粉红葡萄酒瓶竖直摆放贮藏时，酒和软木塞之间易存在空隙。因此干粉红葡萄酒平直摆放最佳，摆放时酒的水平度至少需达到瓶颈部位。

## 四、 振动

频繁的振动会干扰干粉红葡萄酒沉淀物的稳定。沉淀物随着干粉红葡萄酒的贮存时间而自然产生，但可能因受震动而重新变回到液态，受到抑制。另外，振动也能破坏酒的结构成分。

## 五、 紫外线

紫外线破坏有机化合物可使干粉红葡萄酒早熟或老化，尤其是丹宁酸，它主要影响着干粉红葡萄酒的芳香、味道以及结构，以致品尝或闻起来犹如大蒜或湿羊毛的味道。因此，干粉红葡萄酒最好贮藏在没有光线的地方，尤其是对名贵的酒，注意避免阳光，特别是照明灯光，因为这两种光在400mm之下含有特殊的有害光波。

## 六、 空气流通

在潮湿的环境中，空气的流通主要是防止细菌成长。浸湿的软木塞易产生有害气味，强烈的气味穿透软木塞改变干粉红葡萄酒原有的品质。因此，贮藏粉红葡萄酒时应注意空气流通。

# 第十一章

# 葡萄原酒的后处理与贮藏灌装

从葡萄发酵结束进入储罐后开始，直到葡萄灌装前。因不同葡萄酒种而时间上有很大的差异，具体又可分为以下几步：①不锈钢罐的贮藏；②橡木桶的贮藏；③冷冻处理；④过滤处理。

一般从原酒澄清及下胶过滤。在发酵结束后，温度已经降得很低，原酒在经过冬天低温作用下可以然澄清。同时结合下胶过滤工艺可以加速葡萄酒澄清的质量和速度。对于一些要求果香较好的新酒，经过澄清和过滤工艺后即可进行葡萄酒的酒石稳定性处理。对于需要橡木桶陈酿的葡萄酒，此时可以装入橡木桶进行贮藏（浑浊的葡萄酒容易堵塞橡木桶细孔，降低了橡木桶的使用寿命）。这过程可能需要几个月、几年甚至更长的时间。

## 第一节 葡萄酒成熟与陈酿

### 一、 陈酿和老熟的定义

葡萄酒的陈酿被认为是第一次换桶后发生的所有反应和变化，新酿制出来的酒口味粗糙，香味不足，酒体不协调，必须经过陈酿才能使酒质芳香醇和，酒体丰满协调。大罐贮酒和瓶贮是陈酿过程中两个非常重要的分步骤。

### 二、 成熟与陈酿

目前葡萄酒陈酿主要采用两种容器：不锈钢桶和橡木桶。两者都各有长处。

不锈钢桶：主要是大型的葡萄酒企业使用，一则容积大，一只桶可以装上百吨，适用于大型生产；二则不锈钢桶的造价要低于橡木桶；三则不锈钢桶的材质比较好，不生锈，而且这种桶没有任何异味，是葡萄酒陈酿过程中普遍使用的容器。

橡木桶：一般在档次比较高的葡萄酒企业或者酒庄、酒堡中使用。酿造高级葡萄酒的企业一般都使用橡木桶来陈酿。橡木桶的造价很高，容积较小，但橡木桶最大的好处是，橡木桶可以在葡萄酒陈酿过程中，赋予葡萄酒更多的、更特别的味道，并使葡萄酒成熟得快。

一般企业先将葡萄酒在不锈钢桶里陈酿，大概2～3周好就会转到橡木桶内陈酿，这样也是为了让葡萄酒能够从橡木桶中获得好处。

## 三、 葡萄树与陈酿价值举例

葡萄属于藤本植物，其平均寿命大约为60年，生命期依照各品种与地区气候及人为照料因素而有所差异。通常一株新的葡萄树栽种后第三年才开始收成用来酿酒。前十年为幼年期，树根还不是很深，所酿造出来的葡萄酒在口感上通常带有清新、清淡与新鲜的果香和花香；此种的葡萄酒大多在装瓶后一二年便必须开瓶饮用，以便充分享受其清新与新鲜的风味，没有太大瓶内陈酿的价值。接下来的30年则是成年期，葡萄树逐渐进入全盛成熟的量产期，又因根部渐渐深入地下，为葡萄带来丰富的矿物质，此时的葡萄不论在色泽或甜度上都十分充足，因此所酿造出的葡萄酒便开始展现出该品种特有性格与芳香。

葡萄树的寿命在开始迈入第四十年之后，便开始进入衰老期，葡萄树活力开始逐渐衰退，产量递减，但也因为产量减少，所结出的葡萄不论在色泽或口感上都更加浓郁。更因葡萄树扎根已深，随着品种不同，须根已深入地层3.3～6.6m。强大的须根系因此更能充分地吸取矿物质，因而可酿造出该产地地质特有的葡萄酒风味；法文中以“terroir”这个字来诠释产地特有的特质、气候与葡萄酒特性。葡萄酒带有所谓土质芳香（earthy）形容葡萄酒含有地理特有的气味，而这种葡萄酒有很高的陈酿价值，陈酿后的葡萄酒酒香成熟优雅，风味香醇。

有些产区酒农特别在标签上注明老葡萄树（vielle vigne），背后标签则注明产自于上百年的葡萄树，这种标签标示，在法律上并没有规范。若非真正熟识此酒农，则可能只是一种行销手段而已，有些葡萄树才20多年，酒农便将其贴上老葡萄树之名，没有任何实质上的意义。

每个酿酒国基本上都有不尽相同的葡萄种植法规与酿酒法规，例如葡萄树的种植密度与葡萄酒的产量，每公顷葡萄田内都有一定限额；又如在法国若非久旱不雨，葡萄田在葡萄生长期是不准灌溉的，美国可以灌溉，西班牙不准许糖分的添加等。

葡萄树每年大约在六月二十日前后开花（因产区不同而异），大约在开在后的100天便是葡萄收成日。一般在采收之前有许多的葡萄汁检测工作，以便推测将来葡萄的成熟度等，这是酿酒师工作的开端——检测葡萄的成熟度。到了收成期间最怕下雨，因为葡萄成熟采收之前吸收大量水分，就如同在葡萄汁里加了大量的水；波尔多在1992年与1999年的收成期间碰巧是在雨中进行，使这些年份的葡萄酒在色泽与风味上都失色不少。有些著名的酒厂甚至备有小型直升机，在收成期间驾驶着直升机于葡萄田上空做低空停滞盘旋，目的在于吹干附着在葡萄上的露水，并将采收的时间安排在下午，即葡萄经日晒后进行，以便将葡萄以外不相干的水分减低到最少的程度。

人工采收对大多数葡萄酒农已不合经济效益，现今大多用机械采收，原理为振动葡萄根使葡萄掉落于采收机内，梗则留于葡萄树。传统的著名酒厂一定标榜人工采收，但也有晚上偷偷出动机械采收机被发现的例子；毕竟在短短的采收期调来大批人力，必须付出很昂贵的代价。

## 第二节 葡萄酒的澄清与过滤

### 一、葡萄酒的澄清

葡萄酒的澄清，分自然澄清和人工澄清两种方法。自然澄清就是酒中的悬浮微粒自然沉淀后分离，但是这种手段是达不到商品葡萄酒装瓶要求的，必须采用人为添加蛋白质类物质来吸附悬浮微粒的澄清手段，以加速澄清过程和增加澄清度。同时，还需要将葡萄酒在装瓶前加热杀菌或者冷冻处理，或无菌过滤的方法，将葡萄酒中的细菌或酵母菌统统除去，就可以提高葡萄酒的化学稳定性。

### 二、澄清剂

澄清剂结合或吸附悬浮颗粒物质，加速这些物质的沉淀，稳定葡萄酒质量。澄清剂在酒中应形成足够大的颗粒，易沉淀除去，对酒的风味特征影响小。

澄清剂包括活性炭、蛋清、膨润土、酪素、明胶、Kieselsol、鱼胶、PVPP、单宁等。

#### 1. 活性炭

主要用于脱色与消除异味。活性炭表面积大（500～1 500$mm^2/g$），带电荷，可有效地除去一系列物质。用于除去硫醇，但也会除去葡萄酒的风味物质，产生异味。另外，活性炭具有氧化催化活性，因此常与维生素C一起使用。尽管活性炭有许多优点，用时应多加小心。

#### 2. 蛋清

蛋清用于白葡萄酒的澄清，以除去过多的单宁。清蛋白的肽键与单宁的羟基形成氢键。不同分子的相反电荷又利于形成大而紧密的蛋白质-单宁絮状物，澄清快。蛋清用于澄清红葡萄酒时，酒味柔和，并能保持酒的细腻感。许多蛋清制剂因加工不纯而有臭味。也可使用鲜蛋，每个鸡蛋相当于3～4g活性蛋白质，若能分出纯蛋清，就不用添加食盐。

**3. 膨润土**

膨润土为蒙脱石的一种形式，为高膨胀性的胶质黏土，带负电，被广泛地用作澄清剂。在澄清过程中吸附了一些钙离子、钠离子等阳离子以平衡电荷，这些离子以可交换状态存在于两层晶格之间。可交换离子以钙离子为主的称为钙基膨润上，以钠离子为主的称为钠基膨润土，作澄清剂使用时，钠基膨润土优于钙基膨润土。

膨润土除去热不稳定蛋白质，防止铜破败病的发生，纠正加胶过量，澄清效果好，易于过滤。与单宁与明胶共用时，可加速酒液澄清，是少数几种自身不引起稳定性和澄清问题的澄清剂之一，对酒也没有什么感观影响。主要缺点是引起红葡萄酒颜色损失，形成沉淀体积大，因而酒损较大。

钠基膨润土中的钠离子为一价，在水中易吸水膨胀，分成硅酸铝小片，约1nm厚，500nm宽。这些片状物具有巨大的表面积，在其上进行阳离子交换、吸附与形成氢键。完全膨胀后，钠型膨润土表面积约700～800$m^2$/g。钙基膨润土吸水膨胀时易结团，表面积较小。形成的沉淀较重，易于除去且不会向酒中释放钠离子。

带负电的膨润土吸引带正电的蛋白质，后者与土进行阳离子交换而中和，被土吸附，发生絮凝，形成土-蛋白质复合物而沉淀。

澄清葡萄酒时，膨润土的用量为0.5～3.0g/L。用前先做小试验，确定土的用量。

使用前，先将膨润土用60～70℃水浸泡24h，然后加酒配成5%～10%的悬浮液，边搅拌边加到酒中。加完后搅拌20min。24h后再搅拌一次。10～20天，检查酒液，澄清良好时即可分离沉淀。

**4. 酪素**

酪素从牛奶中提取。商品酪素加有少量碳酸氢钾，以利在葡萄酒中溶解。在酒中商品酪素分解，不溶性的酪素被释放，吸收负电颗粒并一起沉淀。酪素主要用于白葡萄酒脱色及铁浑浊的纠正。

**5. 明胶**

明胶由动物组织经长时间煮制而成。主要用于除去酒中过多的单宁。澄清白葡萄酒时，应将无味单宁、硅藻土或其他蛋白质结合剂同时使用，以防出现明胶浑浊。这些物质有助于明胶纤维网状组织的形成，以除去单宁或其他负电粒子。使用明胶过多会引起红葡萄酒颜色损失。

**6. Kieselsol**

Kieselsol是水溶性的二氧化硅，同时带有正电荷与负电荷，所以可同时吸附与除去带正电与带负电的胶体粒子。一般用来除去白葡萄酒中的苦味多酚化合物。与明胶一起使用，可有效地除去带正电的胶体。Kleselsol生成的沉淀比膨润土少，不会除去红葡萄颜色。

**7. 鱼胶**

鱼胶用鱼膘，特别是鲜鱼膘制得。鱼胶主要用来除去单宁。澄清白葡萄酒时需要加入少量单宁，但加入量比使用明胶时少。缺点是形成的沉淀体积大，易于阻塞过滤机。

**8. PVPP**

PVPP 是一种聚合物，其作用与蛋白质结合单宁类似，可有效地除去白葡萄酒中的棕色色素。低温时作用效果好。PVPP 可以从沉淀中回收，纯化后重复使用。

**9. 单宁**

单宁与明胶并用，形成精细的网状结构，捕捉葡萄酒中的胶体蛋白。网中的单宁以强键与酒中的可溶性蛋白结合。单宁非离子化的羟基和羧以弱的氢键与蛋白质的肽键结合，酚羟基与蛋白质的氨基与巯基以共价键结合，后者在可溶性蛋白与单宁-明胶网之间具有强大而稳定连接作用。

## 三、 澄清操作

进行澄清操作之前，先做小试，以确定待处理酒的最适用量。

**1. 单宁-明胶下胶试验**

取待处理酒，分别装 10mL 于比色管中，编号，添加 1%单宁与 1%明胶。先加单宁，剧烈摇动后，再加入明胶，强烈振荡后，冰箱中静置过夜。取用量最少，澄清度最好的作为下胶用剂量。

**2. 下胶与分离**

另外，关于下胶，可以很简单地分为两种，一种为自然澄清下胶，此种方法在法国的勃艮第地区用的比较广泛，他们在酒桶中带细酒泥陈酿一段时间，同时酒液也在进行着自然澄清过程；另一种方法就是使用产品促使下胶操作，当然下胶的产品很多，就看你怎么选择了。

取待处理酒，如果是甜酒，应添加 50～100mg/L $SO_2$ 以防止发酵。根据试验结果，准确、缓慢而均匀地加入单宁后再添加明胶。边加边搅拌，充分混合。静置 2～3 周，待酒液澄清后，即可分离酒脚。

## 四、 葡萄酒的过滤

过滤是获得澄清透明葡萄酒的必需工序。在整个葡萄酒酿造过程中，因目的不同，需在不同的酿造阶段进行过滤。健康葡萄酒应在过冬之后，酒石沉淀下来再过滤。有病的葡萄酒与甜酒应添加 $SO_2$ 以防发酵。

根据除去颗粒的大小，葡萄酒过滤分为粗滤、精滤与无菌过滤。

粗滤常采用硅藻土过滤机或纸板过滤机，除去酒中大的颗粒。精滤多采用纸板过滤机、除去小颗粒，使酒液澄清透明。无菌过滤可采用纸板过滤或膜滤，但过滤孔径均在 0.25μm 以下，无菌过滤器（机）多安装在灌装线之前。采用无菌过滤时应注意滤后酒液接触的容器、周围环境应保持无菌状态，否则就失去了无菌过滤的意义。

近年来，超滤已用于饮料酒生产。超滤可有效地去除不稳定蛋白质，但价格高，国内使用并不普遍。

# 第三节 葡萄酒稳定性处理

## 一、概述

当然不是所有的酒都可以采取自然澄清的方法。即便是上述陈酿了10～12个月的酒，也要在下胶后加重酒石酸（metatartric acid）以作酒石酸稳定处理，然后经过过滤才装瓶。

一瓶存放了一定时间的葡萄酒，在酒瓶的一边（卧放的酒）或瓶底的一边（斜放的酒），常会发现一些结晶体状的沉淀物。这些漂浮在酒中的沉淀物颜色较深，密度较大，使许多人误认为酒已变质而不敢再喝。其实，这些结晶是葡萄酒中的一些不稳定物质在一定的环境下生成的化学物质组成。出现沉淀物正是葡萄酒成熟的标志。因为影响葡萄酒口味的不稳定物质已从酒中分离出来，从而使葡萄酒变得更加纯净，酒味结构更加稳定，口感也更加醇厚润滑。可以这么说，沉淀物的产生是葡萄酒整个生产过程中的一个必经阶段。

葡萄酒是一种复杂的胶体溶液，它的冷稳定性很复杂，虽然有的酒不加处理就很稳定，但多数企业作为一件定型产品还是要避免出现沉淀的，目前破败病应该很少了，主要是一些物理稳定性问题，没有一个统一的方法在各个企业都可行无误，所以很多酿酒师的主要精力用来解决稳定问题。新国标也规定在装瓶18个月后可以少量沉淀。可见这个问题的复杂和批次不稳定性。

葡萄酒装瓶后出现沉淀影响感官质量，会使消费者产生误解，直接影响产品的销售和品牌形象。因此，要保证产品质量，必须提高葡萄酒的稳定性。根据相关的研究，引起葡萄酒沉淀的原因主要有生物和非生物两方面因素，其中非生物因素主要是酒中含有的大量酒石酸与钾离子、钙离子、钠离子等金属离子结合形成的酒石酸盐（俗称酒石）以及蛋白质、单宁、果胶、色素等大分子有机物质所形成的絮凝物。目前，在生产中提高葡萄酒非生物稳定性最有效的方法是冷稳定处理，采用降低葡萄酒温度并添加晶母的措施（研磨较细、纯度高的酒石酸氢钾），使葡萄酒中容易形成沉淀的物质大量析出，然后通过过滤分离，使装瓶后产品的稳定性得到显著提升。同时，冷稳定处理还可以在一定程度上改善葡萄酒的风味，使其口感圆润，降低酸涩感。

色素在低温下是不稳定的，会沉淀很正常。要想酒有好的稳定性，苹果酸乳酸发酵后可以用蛋白质除去不稳定的单宁和色素，然后在酒槽或木桶里陈酿上10～12个月左右，过滤装瓶，稳定性就应该不错了。

如何提高稳定性，这个要分热处理和和冷处理的。冷处理可以杀死微生物，还可以防止葡萄酒浑浊。冷处理后可以过滤葡萄酒的沉淀，从而提高稳定性。

由于葡萄酒沉淀的形成会受到pH、温度、酒精度、酒石酸盐的浓度、氧的含量等诸多因素的影响。在实际生产中，葡萄酒的冷稳定处理有时间长、耗能大、处理后理化指标不稳定、合格率低等缺点，如处理不合格会导致原酒需重新勾兑、冷冻甚至降级，造成不必要的损失，其一次性合格率将直接关系到生产企业的经济效益。为解决这一问题，将小型冷冻试验与试际生产相结合，确定最佳的模拟处理条件，并通过理化指标的比较，证明了小型冷冻试验的可靠性，以深入了解冷稳定处理的工艺，及时发现处理中存在的问题并采取相应的措施。

## 二、多糖稳定性

果胶与其他黏性多糖会引起过滤困难及葡萄酒浑浊。多糖作为带正电的胶体与其他的胶体物质结合，减慢或阻止后者的沉淀。多糖与水分子以多个氢键结合，因而可悬浮在酒中。

添加果胶酶会将果胶分解成简单的、非胶体的半乳糖醛酸。其他葡萄多糖如阿拉伯聚糖、半乳聚糖、阿拉伯半乳聚糖及由酵母产生的甘露聚糖对过滤与浑浊没有什么影响，不用单独处理。但由灰葡萄孢霉产生的β-葡聚糖即使在低浓度下也会引起严重的过滤问题。酒度高时情况会更加重，因高酒度会引起葡聚糖凝聚。硅藻土-明胶混合物可有效地除去这些多糖，也可用β-葡聚糖酶处理。

## 三、酒石酸盐稳定性

成品葡萄酒清亮透明，所以配酒完成后应对酒液进行澄清处理，去除酒中不稳定成分，保证酒的质量。

### 1. 酒石酸钾不稳定性

葡萄破碎时汁中的酒石酸氢钾呈过饱和状态。随着发酵的进行，酒精含量增加，酒石酸氢钾溶解度减小。只要时间够，酒石酸氢钾自发结晶、沉淀。

酒中的保护性胶体如甘露蛋白（mannoproteins）会抑制酒石酸氢钾沉淀。装瓶后胶体沉淀，酒石酸氢钾游离，开始在瓶中结晶、沉淀，影响酒的质量。

冷冻处理会除去过多的酒石，保证酒石酸盐的稳定性。冷冻温度为－1℃（1/2酒度），时间1～2周。葡萄酒中的带电颗粒会干扰结晶的形成与生长。例如，带正电的酒石酸盐晶体吸引带负电的胶体粒子于表面，阻碍了晶体的生长。晶体带电的原因是因为在生长早期与晶体结合的钾离子比酒石酸根离子多。酒石酸根与带正电蛋白质的结合也会阻碍晶体的生长。钾离子与酒石酸根都可与单宁结合，因此红葡萄酒中晶体比白葡萄酒中形成慢。钾离子与亚硫酸根的结合也会推迟晶体的形成。在酒中添加酒石酸钾晶种会促进晶体的生长与沉淀。

货架期短的酒，可在装瓶以前添加偏酒石酸。偏酒石酸可缓慢水解成酒石酸。在12～18℃下，有效期只有1年左右。

**2. 酒石酸钙不稳定性**

酒石酸钙引起的不稳定性比酒石酸氢钾更难以控制，但这种现象很少发生。钙引起的问题主要来自于葡萄降酸时使用了过多的 $CaCO_3$。水泥池贮酒、过滤介质及澄清剂，都会使酒含有过多的 $CO_2$。酒石酸钙稳定性不能通过冷冻获得。酒石酸钙自发结晶、沉淀需数月时间，一种含有 L 型与 D 型酒石酸异构体的外消旋酒石酸钙，可作为晶种，其溶解性约为天然 L 型酒石酸钙的 1/8。瓶装葡萄酒中出现酒石酸钙不稳定性的一个主要原因是在陈酿过程中，L 型自动转型成 D 型。过滤会除去晶种，因此 $CaCO_3$ 降酸的葡萄酒应在酒石酸钙稳定性获得后再过滤。保护性胶体如蛋白质和单宁抑制晶体的形成，但不会抑制晶体的长大。结晶生长与沉淀的最适温度为 5～10℃。

**3. 其他钙盐的不稳定性**

葡萄酒中有时会形成草酸钙结晶，一般在装瓶后出现。大多数葡萄酒的氧化还原电位会抑制草酸与金属离子如铁离子形成复合物。在陈酿过程中，氧化还原电位升高，草酸亚铁转化成不稳定的草酸铁。解离时，草酸根与 $Ca^{2+}$ 结合形成草酸钙。

草酸主要来自葡萄浆，少量来自铁离子诱导的酒石酸结构变化。草酸可在陈酿初期用蓝色澄清剂除去。

## 四、 葡萄酒蛋白质稳定性

葡萄酒中的蛋白质主要来自于葡萄。不同的葡萄品种蛋白质含量不同，其次为酵母分泌物，偶尔也来自下胶过量。蛋白质是引起葡萄酒特别是白葡萄酒浑浊和沉淀的原因之一。

悬浮在葡萄酒中的大多数蛋白质的等电点高于葡萄酒 pH，因而呈正电性，进行布朗运动与水化作用时，聚成簇，推迟了沉淀的发生。用澄清剂吸收、变性或中和等方法可促使蛋白质联结起来而产生沉淀。

引起浑浊的蛋白质分子量在 12 000～30 000D 之间，等电点为 4.0～6.0，是不稳定蛋白质最重要的组成成分。另外还包括部分糖蛋白、小一些的蛋白质与单宁、果胶及金属离子的复合物。获得葡萄酒蛋白质稳定性的方法很多，最常用的方法是添加膨润土。

膨润土中含有丰富的可溶性阳离子，与蛋白质离子化的氨基进行强烈的离子交换。阳离子削弱了蛋白质与水的作用，使之更易于絮凝与沉淀。膨润土中负电平面（plate）的吸收作用，进一步促进了蛋白质的凝聚与沉淀作用。使用钠基膨润土好，因其在酒中易于分离成硅酸盐片任何一片都会产生最大的表面积，因而交换阳离子和吸收蛋白质的能力最强。带负电的蛋白质通常附在硅酸盐片周围，在此处带正电的蛋白质也易出现。所有蛋白质，包括带中性电荷的蛋白质，都能与膨润土以弱的氢键结合。进行热处理、使用硅藻土也能实现葡萄酒的蛋白质稳定性。另外，超滤也可以用来除白葡萄酒中的不稳定蛋白质，但不适用于红葡萄酒，因为会引起过多的颜色和风味损失。

### 五、单宁及氧化破败病

单宁直接或间接与浑浊的形成有关。暴露于空气中时，单宁氧化聚合成棕色胶体，引起氧化破败病。葡萄破碎时释出的多酚氧化酶会加速该反应，但即使在酶被钝化后，缓慢的非酶氧化还会继续。单宁氧化会引起色强度损失，但长期颜色稳定性增加。添加 $SO_2$ 会抑制氧化的发生。污染了虫漆酶的霉变葡萄特别容易发生氧化破败病，因为虫漆酶对 $SO_2$ 不敏感，防止的办法是巴氏杀菌。未污染霉菌的葡萄很少得氧化破败病。氧化破败病发生于陈酿早期并发生沉淀，很少引起瓶内雾浊。

冷冻及趁冷过滤可同时除去蛋白质、蛋白质-单宁复合物与酒石酸盐晶体，获得这些稳定性。

添加明胶、蛋清、酪蛋白都会获得单宁稳定性。带正电的蛋白质吸引带负电的单宁，生成易沉淀的蛋白质-单宁复合物。通过倒酒可有效地除去沉淀。过多的单宁除去后，减少了涩味的主要来源，葡萄酒口感更加柔和，降低了出现氧化破败病的可能性，也限制了瓶装酒沉淀的形成。

添加 PVPP 对去除白葡萄酒中的单宁特别有效。超滤可移去白葡萄酒中的不良单宁及多酚化合物，从而获得葡萄酒单宁稳定性。

## 第四节 葡萄酒的灌装、贮存及工艺控制

葡萄酒的生产制作工艺总的来说可分为三个过程：①原酒的发酵工艺；②贮藏管理工艺；③灌装生产工艺。

新鲜葡萄汁（浆）经发酵而制得的葡萄酒称为原酒。原酒不具备商品酒的质量水平，还需要经过一定时间的贮存（或称陈酿）和适当的工艺处理，使酒质逐渐完善，最后达到商品葡萄酒应有的品质。

原酒的生产工艺因所酿造的葡萄酒品种不同而不同，常见的有红葡萄酒、白葡萄酒、起泡酒、冰酒、脱醇酒等。本节将要讨论的是原酒的贮藏管理工艺，以及灌装生产工艺。

### 一、原酒的贮藏管理工艺

葡萄酒是由新鲜葡萄或新鲜葡萄汁经过发酵制成的非常复杂的有机液体。

葡萄酒所含各种成分，有些成分是原来存在于葡萄里的，如水分、糖分、酒石酸与苹果酸、单宁、色素、果胶质与树胶质、无机盐等；另有一些成分是由酒精发酵而生成的物质，如乙醇、甘油、琥珀酸、乳酸与醋酸、酯类、乙醛及其他含量甚微的副产物。

除此而外，葡萄酒可能含有另外一些成分，是在规定限量之内添加进去的，如二氧化硫及柠檬酸。

葡萄酒的各种成分，在贮存期间会发生一系列物理的、化学的和生物化学的变化。所以有人说，葡萄酒是有生命的，它诞生、成长而至最后死亡。

然而精心酿制的葡萄酒是一种相当安定的液体，它是有一定的特点和一定的保存性，非其他天然有机液体可相比。

酿造得很好的干葡萄酒（除了特种酒之外），在发酵完了时，它的化学分析应具有下列特点。

① 酒的相对密度应小于 1.000，一般在 0.992～0.998 之间，视酒精及浸出物含量的多少而不同。

② 还原糖的含量应小于 4g/L。

③ 总酸最低不少于 3.5g/L（硫酸），相当于最大 pH 值不超过 3.6～3.7。

④ 挥发酸含量在 0.25～0.35g/L（硫酸）。

酒精度当然是非常重要，尤其是对于葡萄酒的商品价值来讲。不过酒精的百分比完全取决于葡萄的含糖量，而且这个成分在习惯范围之内（9～14°GL），对于葡萄酒的保存性影响不大。

具有上列化学分析特征的葡萄酒，一般可以认为是发酵良好，保存性正常的。但不能忘记，一种葡萄酒不管它的组成如何好，如不采取若干贮存管理措施，是很容易变质的，尤其是在炎热的地区。

### （一）贮存与管理

#### 1. 贮存的目的

（1）促进酒液的澄清和提高酒的稳定性　在发酵结束后，酒中尚存在一些不稳定的物质，如过剩的酒石酸盐、单宁、蛋白质和一些胶体物质，还带有少量的酵母及其他微生物，影响葡萄酒的澄清，并危害葡萄酒的稳定性。在贮存过程中，由于葡萄原酒中的物理化学及生物学的特性均发生变化，蛋白质、单宁、酒石酸、酵母等沉淀析出，结合添桶、换桶、下胶、过滤等工艺操作达到澄清。

（2）促进酒的成熟　在陈酿过程中，在有空气或氧化剂存在的情况下，经过氧化还原作用、酯化作用以及聚合沉淀等作用，使葡萄酒中的不良风味物质减少，芳香物质得到增加和突出，蛋白质、聚合度大的单宁、果胶质、酒石酸等沉淀析出，从而改善了酒的风味，表现出酒的澄清透明和口味醇正。对红葡萄酒，陈酿的第一效果是色泽的变化，其色泽由深浓逐渐转为清淡，由紫色变为砖红色。同时，酒的气味和口味也有很大变，幼龄酒的浓香味逐渐消失，而形成的香味更为愉快和细腻。

新葡萄酒由于各种变化尚未达到平衡、协调，酒体显得单调、生硬、粗糙、淡薄，经过一段时间的贮存，使幼龄酒中的各种风味物质（特别是单宁）之间达到和谐平衡，酒体变得和谐、柔顺、细腻、醇厚，并表现出各种酒的典型风格，这就是葡萄酒的成熟。

**2. 贮存条件**

贮存温度通常在15℃左右，因酒而异。一般干白葡萄酒的酒窖温度为8～11℃，干红葡萄酒的酒窖温度为12～15℃，新干白葡萄酒及酒龄在2年以上的老干红葡萄酒，酒窖温度为10～15℃，浓甜葡萄酒的酒窖温度为16～18℃。贮存湿度，以相对湿度85%为宜。贮存环境应空气清新，不积存$CO_2$，故须经常通风，通风操作宜在清晨进行。

合理的葡萄酒贮存期，一般白葡萄酒为1～3年，干白葡萄酒则更短，为6～10个月。红葡萄酒由于酒精含量较高，同时单宁和色素物质含量也较多，色泽较深，适合较长时间的贮存，一般2～4年。其他生产工艺不同的特色酒，更适宜长期贮存，一般为5～10年。

**3. 贮存中的管理**

(1) 罐内充惰性气体　在酒进入贮罐前，先在罐内充$CO_2$或$N_2$气，将罐中空气赶走；进酒结束后，用$CO_2$或$N_2$封罐，使罐压保持在10～20kPa。

$CO_2$能较久地留于酒中，含量0.2～0.3g/L就足以防止酒氧化，对酒具有独特的保护作用。$N_2$因不溶于水，不影响酒的口味，而起到良好的隔氧作用。若在葡萄酒进行巴氏灭菌和灌瓶时充$N_2$，则更为合适。也可将15%的$CO_2$与85%的$N_2$混合用于葡萄酒的隔氧。

(2) 补加$SO_2$　发酵结束后葡萄酒进行贮存时，原来添加的$SO_2$大多已呈结合状态，而只有游离的$SO_2$才能起到各种应有的作用。故应适量补加，以达到防止氧化、防腐和保持葡萄酒香味的目的。

**4. 葡萄酒的瓶贮**

瓶贮是指酒装瓶后至出厂前的一段过程。它能使葡萄酒在瓶内进行陈化，达到最佳的风味。使葡萄酒香味谐调、怡人的某些成分，只能在无氧条件下形成，而瓶贮则是较理想的方式。对葡萄酒而言，桶贮和瓶贮是两个不能相互替代或缺少的阶段。

装瓶时的软木塞必须紧密，不得有渗漏现象。瓶颈空间应较小，使酒残存氧气很快消耗殆尽。酒瓶应卧放，使木塞浸入酒中，以免木塞干燥而酒液挥发或进入空气。

瓶贮期因酒种和酒质而异，但至少半年左右。一些名贵葡萄酒，则瓶贮期至少1～2年。若在装瓶前采取的净化和防氧化措施较充分，则瓶贮期可相应缩短。

除了酿造家通常所熟悉的一些管理方法，如换桶、满桶等一般已能保证葡萄酒的保存性。

### (二) 换桶与满桶

**1. 换桶**

换桶是将酒从一个容器换入另一个容器，同时采取各种措施以保证酒液以最佳方式与其沉淀分离的操作。换桶绝非简单的转移，而是一种沉析过程，分离出来的沉渣称为酒泥（或酒脚）。

换桶的目的是：①调整酒内溶解氧含量，逸出饱和的$CO_2$；②分离酒脚，使桶（池）中澄清的酒和底部酵母、酒石等沉淀物质分离；③调整$SO_2$的含量。$SO_2$的补加量，视酒龄、成分、氧化程度、病害状况等因素而定，但一般不超过100mg/L。

换桶的次数，因酒的质量和酒龄及品种等因素而异。酒质粗糙、浸出物含量高、澄清状况差的酒，倒桶次数可多些。贮存前期倒桶次数多些，随着贮存期的延长而次数逐渐减少。一般干红葡萄酒在发酵结束后8～10天，进行第一次倒桶，去除大部分酒脚。再经1～2个月，即当年的11～12月，进行第二次开放式倒桶，使酒接触空气，以利于成熟。再过约3个月，即翌年春天，进行第三次密闭式的倒桶，以免氧化过度。干白葡萄酒的倒桶，必须采用密闭的方式，以防止氧化，保持酒的原有果香。国外大部分佐餐酒在第一次倒桶后，即散装销售。

下面举例介绍某生产厂的换桶这个问题，前面已作了简单的介绍，这里谈谈要点。

在某生产厂的发酵池里，应在发酵完了后8～10天进行第一次换桶，除去大部分酒脚，同时补加$SO_2$到150～200mg/L。第二次换桶在前次换桶之后1.5～2个月，约在12月初，通风尽量减少。可以利用第二次换桶进行拼酒，将各种新酒适当混合，使酒的品质尽可能一致（酒精度、色调、酸度等）。在大酒厂中，往往建立大型贮酒池（15万～20万升），便于拼酒的操作。

第三次换桶应在第二次以后经过3个月，一般在二月底或三月初。最好在大暑到来之前，在六月底再换一次桶。

第三、第四两次换桶时应避免接触空气，以免引起早熟（发生氧化味）。换桶时，用虹吸管，泵安装在下酒池的内部，管道的另一端安装在另一个池的下面，空池事先用少量$SO_2$熏过（主要是在装白葡萄酒时）。每次换桶必须进行挥发酸和$SO_2$的分析，并适当补充$SO_2$。

第四次换桶所收集的酒脚数量，因葡萄本身质量好坏、酿造的方式、葡萄醪的压榨方法、澄清操作以及事故性的再发酵等的影响而多少不一，一般在4%～8%左右。

所有酒脚都集中在一个池子里，以便送往蒸馏。由酒脚榨出的酒不能作为饮料，只能作为蒸馏原料。

**2. 满桶**

为了防止葡萄酒氧化和被外界的细菌污染，必须随时保持贮酒桶内的葡萄酒装满。而由于气温、蒸发、逸出等原因，桶中会出现酒液不满或溢出的现象，故须添加同质同量的酒液或排出少量酒液，这一操作称为满桶，也称添桶。

添桶的时间及次数，以实际情况和效果而定。酒精体积分数在16%以上的甜葡萄酒，可抵御杂菌在酒液表面生长，不必添酒，而且能使酒中某些成分氧化，以形成特有的风味。用大型不锈钢罐贮酒，可在空隙部分充入惰性气体。

（1）满桶的目的与操作方法　为了避免菌膜及醋酸菌的生长，必须随时使贮酒桶内的葡萄酒装满，不让其表面与空气接触，这就是满桶的目的。

贮酒桶表面产生空隙的原因有以下几个方面。

① 由于品温降低，葡萄酒的容积收缩。

② 由于溶解在酒内的二氧化碳气体逸出很慢，但总是持续不断地放出。

③ 由于微量的液体通过容器四壁而蒸发（主要是在木制贮酒槽中）。

从第一次换桶时起，第一个月，应该每星期满桶一次，以后在整个冬季，每两个星期满桶一次，满桶用的酒，必须非常洁净，最好质量相同，而且应酌加二氧化硫。

到了春天及夏天，外界温度突然升高时，贮酒桶里的葡萄酒容积膨胀，往往从上部或由底部门缝溢出，应该时常从桶中取出少量的酒，以免酒桶涨坏。

有很多装置可以减少这种麻烦，例如自动满桶装置、杀菌塞以及使用超短波杀菌灯等。

（2）水泥槽的自动满桶装置　在每一个贮酒槽上部口上，用砖砌一小圆筒，它的容量约等于贮酒槽的1/100（例如对于容积为200百升的槽，圆筒容积2百升，圆筒高度与直径相等，如高度为60cm时，直径也应为60cm），葡萄酒加到圆筒的半腰，其上放一搪瓷或塑料所制的浮筒，然后在酒液面上浇少量石蜡油或凡士林油（约250mL左右），将槽壁与浮子之间的空隙全盖没，遮断酒液与空气的接触。油层的厚度，至少为2cm，圆筒上面加水泥盖子，以防灰尘落下。

根据外界温度，酒液的水平面或升或降，既无氧化的危险，也不致损失酒。如需要出酒，可先将油撇掉，澄清的油可再继续使用。上述方法在阿尔及利亚广泛使用，效果很好。但在砌筑之前，应先确定贮酒槽是否能承受外界的压力。

（3）紫外线灭菌灯　阿尔及利亚农学院实验葡萄酒厂，很早就使用有一定波长（235.7nm）的紫外线灭菌灯，每日照射贮酒槽酒液表面3次，每次1h，结果非常之好。完全防止了醋酸菌的感染，酒精度不变。处理过的酒，味觉完全正常。这一种保存葡萄酒的方法，目前国外有些国家尚未许可使用。

如此之外，还有一些物理的和物理化学的处理方法（下胶、过滤、离心分离、冷冻等），这些方法在国外葡萄酒工业方面早已普遍使用，以改善酒的外观和稳定性，以免减低其本身经济价值。

### （三）下胶、脱色、过滤、离心

许多场合为了要使酒很快就澄清，必须进行过滤，往往先进行下胶。这种操作在葡萄酒生产厂的酒窖里很少使用，通常是销售者（葡萄酒代销商）的责任，尤其是白葡萄酒或淡红色葡萄酒，优质酒装瓶之前，或者是受到感染和产生金属浑浊的葡萄酒，非这样处理不可。

#### 1. 葡萄酒的下胶净化与澄清

下胶净化的方法是在葡萄酒内添加一种有机的或无机的不溶性成分，使它在酒液中产生胶体的沉淀物，将本来悬浮在葡萄酒中的大部分浮游物，包括有害微生物在内，一起固定在胶体沉淀上，下沉到底。

（1）葡萄酒用有机物质下胶　用于葡萄酒下胶的有机物，都是属于蛋白质，例如卵白、鱼胶、明胶、血清、酪素等。它们不溶于冷水，但在热水中容易溶解成透明胶体溶液，便于和葡萄酒混合。

① 下胶的机理　在单宁的影响下，或者单是葡萄酒中酸的影响，悬浮的胶体蛋白质凝固而生成絮状沉淀，慢慢地下沉，使酒变为澄清。

这种凝固与澄清作用，受着一系列因素的影响，如下。

a. 胶的性质和添加的数量，应事先作一实验，决定正确的用量。

b. 葡萄酒的单宁含量（白葡萄酒往往需先添加单宁，否则沉淀不完全，下胶过量时，即使当时澄清，日子一久，又重新出现浑浊）。

c. 葡萄酒的酸度（酸度低有利于下胶，否则需多用胶）。

d. 下胶时的温度（如果温度较高，25～30℃，则发生类似单宁不足的情况，故下胶应在冬末春初，天气寒冷时进行）。

e. 含有微量三价的铁盐对下胶大为有利（加胶之前应强烈通风，使葡萄酒中二价铁盐转化为三价铁盐）。

f. 酒中含有胶体保护物质（树胶质、黏质物），对于蛋白质胶体凝固，具有或多或少的阻碍作用。有些白葡萄酒新酒，富于树胶质及多缩己糖，不易下胶净化澄清，一般称为“下胶难”。

② 下胶用的有机物料

a. 明胶与骨胶：明胶与骨胶是从动物的皮、结缔组织及骨骼所煮出。这种胶无臭无色或略带黄色或褐色，呈透明或半透明状，市场供应有各种不同形状：薄片、块子、条子或粉状。使用时只需在热水（70～80℃）中化开制成5%～10%的明胶溶液。

b. 鱼胶：这种胶由鱼膘制成，尤其是鳇鱼的膘，外形像干燥的羊皮纸。这种胶专用于白葡萄酒，用量1.5～3g/100L，即使葡萄酒的酸度极大，也不致有下胶过度的危险。

c. 蛋清和蛋白片：由于价格高，故不像明胶那样广泛使用。使用时加少量食盐（10g/L），以防止过早凝固。每百升的用量：红葡萄酒用两个卵白（或10～15g干卵白），白葡萄酒用一个卵白。

d. 干酪素：这个产品从牛奶制出，为黄白色的粒状粉末。主要用于处理有铁浑浊的白葡萄酒。用量10～25g/100L。先溶解在加有少量碳酸钠的热水中。干酪素的优点是，即使用量过多也不会有下胶过多的危险。

e. 单宁：葡萄酒工业所用的单宁一般由五倍子制出，以黄褐色的粉末或片状出现，溶解于水及酒精。含有没食子的单宁，和葡萄酒里的单宁稍有不同，常用的单宁酒精溶液，含没食子单宁酸80%～95%。

单宁的用量：白葡萄酒在下胶之前，加5～15g/100L，应先做实验，再决定用量；对于红葡萄酒一般不需加单宁。

③ 下胶操作

a. 下胶试验：为准确测定明胶及单宁的使用量，必须先用少量葡萄酒（200～

500mL）加入各种不同量的明胶与单宁的0.4%（4g/L）溶液进行试验，容器使用200mL的刻度烧瓶或普通的玻璃瓶。

添加的单宁液逐渐加多，同时将明胶液逐渐减少。例如对于100mL的白葡萄酒，分装6瓶编成号码，按表11-1所示数量依次装入单宁液与明胶液。

**表11-1 明胶和单宁的用量**

| 下料 | 单宁 | | | | | | 明胶 | | | | | |
|---|---|---|---|---|---|---|---|---|---|---|---|---|
| 瓶次 | 1 | 2 | 3 | 4 | 5 | 6 | 1 | 2 | 3 | 4 | 5 | 6 |
| 试验用量/mL | 0.5 | 1 | 1.5 | 2 | 2.5 | 3 | 3 | 2.5 | 2 | 1.5 | 1 | 0.5 |
| 实际用量/（g/100L） | 2 | 4 | 6 | 8 | 10 | 12 | 12 | 10 | 8 | 6 | 4 | 2 |

每次添加之后，经过强烈振荡，放置48h，然后找出其中最澄清透明，而且使用明胶最少的一瓶。例如，假使4号瓶效果最佳，则每百升葡萄酒应添加单宁8g及明胶6g。

b. 下胶方法：假定贮酒槽的容量是200百升，根据下胶试验的结果（以上述4号瓶试验结果为例），每百升须加单宁8g，明胶6g，则应添加的单宁量为：8g×200＝1600g。将单宁溶解在50L的葡萄酒内，用捣池的方法，在30min内加入，静置24h。应添加的明胶量为：6×200＝1200g，先用20L冷水浸泡12h，倒去冷水，将明胶溶解在20～25L 70～80℃的热水中，同时加以强烈搅拌，使之成为均匀的明胶溶液。

添加已配置的明胶溶液到200百升已加过单宁的葡萄酒里，是一项非常细致的操作，可采用下列四种方法中的任何一个方法。

第一种，先由贮酒槽放出30百升的葡萄酒，用捣池的方法，将明胶溶液慢慢加入贮酒池，加入时必须缓慢，避免起泡。明胶溶液全部加入后，将30百升葡萄酒仍旧送回原槽，最后从下部阀门吹入空气，进行强烈搅拌。

第二种，将全部葡萄酒流入另一贮酒池，在放酒过程中，将明胶液成线状流入放酒中间容器。

第三种，使用一种特殊的泵——下胶泵。这种泵有一个混合室，可同时将需要处理的葡萄酒和明胶溶液混合，泵送到一起。

第四种，可使用具有搅拌装置的混合槽，进行混合。

下胶后的葡萄酒，静置4～5天，或更多时日，任其生成沉淀，然后用倾泻法出酒，尽可能避免触动沉淀物的浮动。一般在下胶之后，再经过一道过滤，以获得高度澄清的酒液及最少的酒脚。

已产生病害的葡萄酒（尤其是受乳酸菌感染过的葡萄酒）下胶比较困难。因为含有$CO_2$，妨碍明胶的完全沉淀。可先在葡萄酒内添加$SO_2$，用量因污染程度而不同，一般为5～10g/100L。可以暂时阻止细菌作用，一时不致生成$CO_2$，然后进行下胶。对于这类有病的葡萄酒，下胶之后，须严格地进行过滤。

如果下胶过度，即添加了过多的明胶，和单宁的用量不能相称，则酒液一般澄清得不好。由于品温的降低或单宁的增加（用木桶贮存时），渐渐地发生浑浊。对于下胶过度的酒液，最好的处理方法是在每百升葡萄酒中，添加 40～50g 的膨润土，这种胶质黏土由于吸着作用，能除去过剩的明胶。

（2）用膨润土下胶　膨润土是一种胶质黏土，能吸附它本身重量 8～10 倍的水分，形成糊状黏质物。由于它有强大的吸附能力，使葡萄酒得到很好的澄清，但在澄清的同时产生轻微的脱色现象。

膨润土最初来自美国的彭东地区（Benton Fort），后来在欧洲及北非各地发现。这种胶质黏土有的是用碳酸钠煮过的，加入少量的脱臭炭，以除去轻微的泥土味，并加硅藻土，使得吸附作用更强。

为了保证葡萄酒下胶使用的胶质黏土的质量，只需用 60～70℃的热水，准备6%的悬垂溶液——必须注意将膨润土加到水里，而不是将水加到土里。配制好的悬垂液必须十分稳定，即使经过几天之后，也不应在容器底上生成黏土沉淀。

每百升葡萄酒用膨润土 50～100g，根据酒的质量而不同。将膨润土添加到葡萄酒中，必须严格遵守生产工艺对每种产品所规定的用法。一般先将黏土放到冷水中浸泡 12h，任其吸水膨胀。根据水的用量，制成厚薄不等的糊状或悬垂溶液，通过捣池，与葡萄酒混合，然后再进行强烈搅拌。

膨润土的胶体悬垂液与葡萄酒接触后立即凝集，很快就沉淀到容器底下，最好经过 48h，再搅拌一次，然后至少静置一个星期，任其沉淀澄清之后，进行换桶，除去沉淀。也往往和使用明胶一样，下胶之后，继之以过滤，这对于细菌感染过的酒很有必要，必须避免将沉淀送入过滤器，否则过滤袋非常容易被堵塞。最好将膨润土的脚子收集在一个单独的池子里，放 15 天后，用倾泻法分出澄清酒液，然后将糊状沉淀送往蒸馏。

葡萄酒发生下列情况时，常常使用膨润土，使之澄清，并稳定酒质。

① 由于酒中含有酵母细胞及悬垂的蛋白质等有机成分，妨碍酒的自然澄清。

② 葡萄酒因含有金属而浑浊，尤其是铜的沉淀。

③ 曾受微生物感染的葡萄酒（失味菌、乳酸菌等）。

**2. 带色的葡萄酒的脱色**

法国葡萄酒法规准许带色的白葡萄酒进行脱色，但不许对红葡萄酒或淡红色葡萄酒进行脱色，不能作为带色酒处理。常用脱色剂为骨炭，其用量为 100g/100L。

以前只有精制的木炭或骨炭用作脱色剂，必须不影响酒的化学成分（不发生脱酸作用），现在逐渐已被强有力的脱色剂——活性炭所代替。

脱色时，先用几升葡萄酒进行小试验，确定脱色炭用量之后，将计算用量的脱色炭和两倍左右的水混合搅拌，成为浓厚糊状物质，先用少量葡萄酒稀释，然后经过捣池与大量葡萄酒混合，再加以强烈搅拌。

炭在酒中应经过较长时间的作用，可通过数次搅拌，以免炭粉过早地沉淀到底。脱色之后，仔细地进行下胶和过滤，否则极微量的炭会大大影响白葡萄酒的质量。

在发酵过程中，将炭粉加在盛有带色白葡萄醪的发酵槽中，可获得良好的脱色效果，而且不必过滤除炭，因为酒脚带同炭粉一起沉淀到底，与下胶的作用完全一样。

**3. 葡萄酒的过滤**

(1) 过滤的定义及其机理　过滤的目的是为了除去液体所含的浑浊物，尤其是其中的悬垂物质。使得浑浊的液体通过具有一定成分的多孔物质，让葡萄酒中的杂质被过滤剂所截留，或是筛析，或被吸附。

筛析过滤：过滤层的孔目小于需要除去杂质的直径。液体过滤时，最初略带浑浊，后来越来越澄清透明，但是，流速越来越慢，因为过滤层的筛目慢慢被杂质所堵塞。一般在使用涂布硅藻土的布袋或使用石棉时就是这种情况。

吸附过滤：过滤层的孔目比葡萄酒杂质的粒子具有较大的直径，它的过滤作用是由于吸附作用，将杂质粒子吸附在过滤剂的表面上，过滤开始时，葡萄酒很清澈，但渐渐地浑浊，而流速却没有减低多少。这是因为过滤层的表面渐渐被杂质所遮盖而减弱和失去吸附作用，因而使酒逐渐浑浊。在用纤维质（如滤棉）过滤时就是这种情况。

实际上过滤同时兼有筛析与吸附两种作用。特别是在使用压过的滤棉或纤维素和石棉的混合物时。

(2) 过滤的方法的选择　对于比较浑浊的新葡萄酒，尚含有较大的杂质，应使用筛析过滤。如使用涂有硅藻土层的布滤袋或金属网石棉板。

对于已相当清的葡萄酒，在装瓶之前，如欲使它完全澄清透明，应使用吸附过滤。用纤维或者“纤维一石棉”过滤板，因过滤板的不同而获得不同的澄清度。同时可以通过过滤，除去微生物而达到杀菌的目的。

(3) 不同类型的过滤设备　有各种特点的过滤剂和各种类型的过滤设备，下面仅介绍其中主要的。

一般最简单的是使用纤维一石棉板或滤纸过滤，操作时只要按照规定的用法进行即可。

但是当使用较多的过滤袋时，在使用中必须注意如下的问题。

① 袋滤　这个过滤方法一般采用硅藻土作为过滤剂，附着在棉布或尼龙纺织品的表面，做成袋子形状，过滤面积为 30～180m$^2$，因袋子的形式而不同。袋子是长方形或圆形，有时候袋子做成皱壁以增加过滤面积。每个袋子里有一个木条架子或支架，使得酒液容易流通。所有袋子安装在一个密闭的箱子里（常用搪瓷或不锈钢制成，也有用青铜涂漆的铜片制成）。

过滤一般从袋外向袋内流通。不论哪种类型的袋滤装置，需要过滤的液体应该用一定的压力送入，压力尽可能始终稳定不变，以免过滤剂从布袋上脱落。可以使用自然压力，将需要处理的酒放在过滤装置上约 5～6m 的高处，任其自然流入过滤袋内。或者使用具有自动压力调节的泵，用一定的压力将酒送入过滤器。

每平方米过滤面积用硅藻土20～30g。

利用自身的落差，或用自动调节压力的泵，将调制好的硅藻土浆送入袋滤器。最初从过滤装置流出的酒液比较浑浊，可使酒液重新过滤，一直到澄清为止。假使滤出的酒液始终不清，可添加硅藻土，待过滤袋全部为硅藻土附着后，连续不断地将需要处理的酒送入上部贮酒槽，过滤的澄清酒液，流入下面的贮酒槽。

滤过酒液的流出应该从一条具有两个阀门的管路通过，以免有时一个阀门突然被压力堵住而不通（例如在将酒直接装到木桶时）。

待酒的流速大大降低，过滤剂的孔目已被酒液中杂质逐渐堵塞时，应停止操作，拆开过滤装置，重新清洗过滤袋和加过滤剂，这样会影响生产的连续性，目前逐渐采用新式过滤装置——自动洗袋机（autolaveur），可以不将机器拆开，自动将滤袋洗干净并使它干燥。

② 压滤机 压滤机由一系列的滤框与滤板构成，每一滤板具有阀门，滤框上蒙有滤布，每框成为一个滤袋，滤框夹在滤袋之间，全部由铸铁或铜制成。这种压滤机的每一滤框可单独操作。如在使用中有一个滤框被堵塞时，即可单独停止该框的使用。

（4）过滤时间 健康的葡萄酒最好在过冬之后过滤，使得酒中过剩的酸性酒石酸钾自行凝集沉淀。新葡萄酒在冬季前过滤（而且未曾经人工冷处理），到了第一个冬天差不多必定浑浊，然后生成细小的酒石结晶，一般沉淀的很慢。

有病的葡萄酒，过滤前应添加少量$SO_2$（每百升加5～10g），阻止微生物的发育，以免生成$CO_2$，而将过滤剂剥落，减低过滤机的效力。

**4. 离心分离法**

从数年前起葡萄酒开始使用离心机澄清。离心机有多种类型：开放的、密封的、间歇的、连续的（需要隔一段时间除去酒脚的或不需要这样做的），可以随便选用。

用离心机澄清有种种不同意见，经过多年的大量试验，得出下列结论。

① 高速离心机对于新葡萄酒澄清非常有用。因为新酒才发酵完毕不久，含有大量杂质，若用过滤法，会很快将过滤袋的孔目堵塞。

② 虽然离心处理过的酒，澄清度比不上过滤处理，但离心机能分离大部分杂质和各种微生物，同时能促进酒石结晶的形成。

③ 使用连续过滤设备，在空气存在下操作，酒精损失是微不足道的，对被处理的葡萄酒来讲，连酒脚不过损失0.25～0.3°GL酒精，酒脚滤过再回收一部分葡萄酒，损失的酒精，不过0.1～0.15°GL，而用过滤法处理时，酒精损失一般为0.05～0.1°GL。

酒脚多少因葡萄酒成分而不同，一般为8%～15%，最初得到的酒脚，重新再分离一次，以获得澄清透明的葡萄酒。

④ 密闭式离心机不能按时出清酒脚，大规模处理葡萄酒时，效果不太理想，离心柜常常需要洗涤，影响了使用效率。

⑤ 能在不停止操作条件下，按时出清酒脚的密闭式离心机，似乎效果最好。这种设备同样适用于白葡萄酒、淡红色葡萄酒的生产，能连续以醪液得到澄清透明的葡萄酒。

离心处理能从受到细菌感染的葡萄酒除去大部分有害微生物，简化了下一步工作。

离心澄清机价格高昂，所以目前只用于高质的葡萄酒。

### （四）灌装与贮存前处理

另外，上述这一过程从葡萄发酵结束进入贮罐后开始，直到葡萄灌装前。因不同葡萄酒种而时间上有很大的差异，具体又可分为以下几步：不锈钢罐的贮藏、橡木桶的贮藏、热冷冻处理、过滤处理。

**1. 不锈钢罐的贮藏**

贮罐后开始，直到葡萄灌装前，首先进行不锈钢罐的贮藏，解决容器紧缺与方便，过了此阶段开始橡木桶的贮藏，目前都是如此。

**2. 橡木桶的贮藏**

橡木桶作为许多物品运输的工具。高卢时期传入法国后，欧洲各地开始普遍采用。除了运输商品外，也用来运输和贮存葡萄酒。各种不同的木材都曾被用来制成贮酒的木桶。如栗木、杉木和红木等，但都因为木材中所含的单宁太过粗糙，或纤维太粗、密闭效果不佳等因素比不上橡木，致使后来没有被采用。现今差不多所有作为酒类培养的木桶都是橡木做的。

几乎全世界所有著名的优质红葡萄酒都必须在橡木桶中贮存 1～2 年。橡木桶通常是用法国和美国橡木制造的。近年来特别流行的葡萄品种霞多利也以橡木桶中发酵为时尚。尽管当今酿酒技术已经非常先进，葡萄酒的印象却始终和橡木桶这已存在数千年的容器分不开。

(1) 适度的氧化作用　橡木桶对葡萄酒最大的影响在于使葡萄酒透过适度的氧化使酒的结构稳定，并将木桶中的香味融入酒中。橡木桶壁的木质细胞具有透气的功能，可以让极少量的空气穿过桶壁，渗透到桶中使葡萄酒产生适度的氧化作用。过度的氧化会使酒变质，但缓慢渗入桶中的微量氧气却可以柔化单宁，让酒更圆熟，同时也让葡萄酒中新鲜的水果香味逐渐酝酿成丰富多变的成熟酒香。巴斯得曾经说过“是氧气造就了葡萄酒”，可见氧气对葡萄酒成熟和培养的重要。因为氧化的缘故，经橡木桶培养的红葡萄酒颜色会变得比贮存前还要淡，并且色调偏橘红；相反地，白酒经贮存后则颜色变深，色调偏金黄。

(2) 添桶　空气可以穿过桶壁，同样的，桶中的葡萄酒也会穿过桶壁蒸发到空气中。所以贮存一段时间之后，桶中的葡萄酒就会因减少而在桶中留下空隙。如此一来葡萄酒氧化的速度会变得太快无法提高品质。因此每隔一段时间，酿酒工人就必须进行“添桶”的工作，添入葡萄酒将橡木桶填满。如此经过一两年之后，葡萄酒因蒸发浓缩变得更浓郁。但是西班牙的 Fino 雪莉酒，在橡木桶的培养过程中，不实施添桶的程序，酒却不会氧化。这是因为在酒的表面浮有一层白色的酵母菌，可以让酒不和空气接触。

(3) 来自橡木桶的香味和单宁　橡木桶除了提供葡萄酒一个适度的氧化环境外，橡木桶原本内含的香味也会融入葡萄酒中。除了木头味之外，依据木桶熏烤的程度，可为葡萄酒带来奶油、香草、烤面包、烤杏仁、烟味和丁香等香味。橡木的香味并非葡萄酒原有的天然原味，只是使酒香更具有丰富的陪衬香味，不应喧宾夺主，掩盖葡萄酒原有的自然香气。

橡木亦含有单宁，而且通常粗糙、收敛性强，融入酒中会让酒变得很涩，难以入口。所以在制造过程中，橡木块必须经长时间（3 年以上）的天然干燥，让单宁稍微柔化而不至于影响酒的品质。

(4) 橡木桶中的发酵　橡木桶也可被用来作为发酵的酒槽，至今偶尔还可以看到用传统的巨型橡木发酵酒槽制作红葡萄酒。白葡萄酒的发酵则大多是在 225L 的橡木桶中进行。除了有自然控温的优点外，发酵后的白葡萄酒直接在同一桶中和死掉的酵母一起进行培养，可以让酒变得更圆润甘甜。为了让死酵母能和酒充分接触，酿酒工人必须依照古法，经常使用木棒在橡木桶中搅动，让沉淀物和酒混合。

(5) 橡木桶的新旧和大小　橡木桶的大小会影响适度氧化的成效，因为容积越大，每一单位的葡萄酒所能得到的氧化效果就越小。

另外，橡木桶的新旧对酒的影响也有差别，桶子越新，封闭性越好，带给葡萄酒的木香就越多。酿酒师可以根据所需选择适当的橡木桶，例如要保持红酒新鲜的酒香可选择大型的橡木桶，不仅不会成熟太快，而且不会有多余的木香。

(6) 缺点　橡木桶并不是只为葡萄酒带来好处，例如未清洗干净或太过老旧的橡木桶，不仅会将霉味、腐木等怪味道带给葡萄酒，甚至还会造成过度氧化让酒变质。此外，品质较差的橡木会将劣质的单宁带到葡萄酒中，反让酒变得干涩难喝。不是所有的葡萄酒都适合在橡木桶中培养。例如适合年轻时即饮用的葡萄酒，经橡木桶培养反而会失去原有怡人的清新鲜果香，而且还可能因此破坏口味的均衡感。口感清淡，酒香不够浓郁的葡萄酒也须避免作橡木桶的培养，以免橡木桶的木香和单宁完全遮盖了酒的原味。

有的国家将葡萄酒通过用酒精水溶液处理过后的橡木锯屑吸附剂，并加热以提高葡萄酒的澄清效果。吸附剂再生后可重复使用。

**3. 热处理和冷处理**

葡萄酒若依靠自然的温度变化来促使其成熟，一般需 2～3 年的陈化过程。为了提前制得成品，充分利用设备，缩短生产周期，生产上常采用冷热处理使葡萄酒人工老熟的方法。冷处理主要是加速酒中的胶体物质沉淀，有助于酒的澄清，使酒在短期内获得冷稳定性，并缓慢地较有效地溶入氧气，与热处理结合，促进酒的风味得到改善。热处理主要使酒能较快的获得良好的风味，也有助于提高酒的稳定性。通常采用先热处理，再冷处理的工艺。

(1) 热处理　通常在密闭容器内，将葡萄酒间接加热至 67℃，保持 15min；或 70℃，保持 10min 即可。

（2）冷处理　冷处理的温度以高于其冰点0.5～1.0℃为宜。葡萄酒的冰点与酒度和浸出物含量等有关，可根据经验数据查找出相对应的冰点。通常酒精体积分数在13%以下的酒，其冰点温度值约为酒度值的1/2。如酒度为11%，则假定其冰点为－5.5℃，则冷处理温度应为－4.5℃。冷处理时间通常在－4～7℃下冷处理5～6天为宜。

冷处理的方法有自然冷冻和人工冷冻两种。自然冷冻，是利用冬季的低温冷冻葡萄酒，适于当年发酵的新酒。人工冷冻有直接冷冻和间接冷冻两种形式。直接冷冻就是在冷冻罐内安装冷却蛇管和搅拌设备，对酒直接降温。间接冷冻则是把酒罐置于冷库内。直接冷冻效率高，为大多数葡萄酒厂采用。

**4. 过滤**

葡萄酒的过滤有粗滤和精滤之分，通常须在不同阶段进行三次过滤。第一次过滤，在下胶澄清或调配后，采用硅藻土过滤机进行粗滤。第二次过滤，葡萄酒经冷处理后，在低温下趁冷利用棉饼过滤机或硅藻土过滤机过滤。第三次过滤，采用纸板过滤或超滤膜精滤，通常在葡萄酒装瓶前进行。一般的小厂，只用棉饼过滤机过滤1次就装瓶，这要求必须“下胶”完全。

## 二、 灌装生产工艺

葡萄酒的灌装就是将葡萄酒装入玻璃瓶中，以保持其现有的质量，便于推荐和销售。在灌装前必须对葡萄酒的质量进行检验，确定葡萄酒符合葡萄酒质量、卫生标准。为了保持质量的稳定性和一致性，一些品种的酒还需要进行调配。调配就是进行勾兑，调配的目的通常是增加或降低葡萄酒的颜色，增加葡萄酒的果香或陈酿香气，使口感更加的平衡协调或更有结构感。

（1）调配

① 颜色　增加和降低葡萄酒的颜色。

② 香气　通过勾兑新酒可以增加葡萄酒的果香，而相应的调配经过陈酿的酒则可以增加陈酿香气。

③ 口感　使口感更加的平衡协调。

④ 理化指标　使之符合相关的标准。符合特定范围人群的消费也是非常重要的。

（2）稳定性试验　装到瓶子里再出现浑浊，显然是非常糟糕的。这个过程正是要避免像这样的事情发生。只有在葡萄酒通过稳定性试验后，才可能进行下一步工序——灌装。

包括酒石稳定性、色素稳定性（红色）、蛋白稳定性（白色）、金属离子稳定性、生物稳定性等。其中生物稳定性检验可以延续到除菌过滤后进行。

（3）除菌过滤和灌装　除菌过滤一般为二次过滤，先进行澄清过滤，再进行除菌过滤，过滤出的酒直接进行灌装。采用膜滤或者除菌板过滤。

主要有以下几个部分：送瓶、传送、洗瓶、干燥、灌装、压塞、套胶帽、贴标、喷码、装箱、码垛。

## 三、木塞判断酒质的新方法

最早的葡萄酒也无所谓品质好差，只不过是葡萄酿造的酒而已。后来发明了玻璃瓶，用来封瓶口的是软得可以塞进瓶口的碎羊皮、碎布、干草，然后在上边封上火漆。

发明软木塞的是法国唐培里侬修士（Dom Perignon），他的名字至今还是名贵的香槟名称。软木塞的材料是橡树皮，这种树皮很厚，而且是有弹性的，割了一层以后，过几年新皮又长出来可以继续割了。软木塞通常用模具压出来。

### 1. 整木塞和碎木塞的区别

一般来讲，如果一瓶葡萄酒采用整木来做木塞，它应该是有点品质的葡萄酒，因为整木软木塞带有很小的气孔，而好一些的葡萄酒在瓶内成熟还是需要微量的氧气的，这种微透气的软木有助于葡萄酒的呼吸。如果是用碎木组合起来的软木塞，一般是普通的葡萄酒，买来后要尽快喝掉的。最近几年出现了用细末粘合起来的软木塞，这种塞子的好处是不容易漏酒，适合于酒的长途运输，一般用于普通和中档的葡萄酒。

### 2. 木塞长短的不同之处

经常喝酒的人会发现，有的塞子长，有的塞子短。这种长塞子往往比常规的塞子长出1/4。塞子长的通常来讲是好酒，而且都为整木的软木塞，这种酒最起码具有5年以上的陈年潜力，如果提前喝是一定需要醒酒的。因为长的木塞一定是比短的要贵的，长时间瓶陈，酒液会往木塞里渗透的，长的封存就更加的保险，这种长塞子酒以传统产酒国欧洲的为主。而不需要陈年多长时间就可以喝的，就没必要花更多的成本使用长木塞了。

### 3. 通过酒液在木塞的位置判断酒质

如果是瓶陈了3～4年的酒，酒液到木塞的1/4，哪怕到1/3也算正常，如何看瓶陈，有的酒厂的瓶帽上有生产日期，如果没有，看酒标上的年份。可以陈年3～4年的红葡萄酒，一般会在橡木桶内放1～2年后装瓶。如果是存了8～10年以上而酒液到木塞的1/2，也不算酒就变坏了。当然渗透到木塞比例越小的老酒越是问题不大。如果见到酒液都渗透到瓶口的木塞了，一般是木塞渗漏了，酒很有可能就坏了。

葡萄酒的存放是需要酒液和木塞接触的，所以存放葡萄酒都为平放、倒放和倾斜地放，就是不能让瓶子直立起来放。如果开瓶后发现木塞是干的，接触酒的那面没有酒液，这酒肯定是直立着放的，基本上可以判断酒氧化了，因为软木塞是透气的，如果没有酒液将木塞的一面泡湿了胀开，木塞就会干缩，导致更多的空气进来使酒氧化变坏。

还有一个办法判断，就是打开塞子后，捏捏塞子接触酒的部分，感觉塞子是不是有正常泡在酒液里带来的那种弹性；如果很硬，捏不动，也说明酒液长时间没和木塞接触，90%可能坏了。

## 四、 葡萄原酒贮存管理过程的工艺控制

发酵刚结束获得的葡萄原酒，质量粗糙，原酒需要经过贮存。严格控制贮存过程的工艺措施，使原酒在最佳的成熟条件下发生一系列的物理化学变化，逐渐达到最佳的饮用质量。

**1. $SO_2$ 的控制**

$SO_2$ 具有抗氧作用和杀菌作用。在葡萄酒酿造的不同阶段，合理地使用 $SO_2$，是酿造优质葡萄酒的重要保证。

白葡萄酒酒精发酵刚结束，立即加入 150mg/L 的 $SO_2$，其中约有 2/3 的 $SO_2$ 是以游离状态存在的，即游离 $SO_2$ 在 100mg/L 左右。随着贮存时间的延长，游离 $SO_2$ 逐渐消耗。当游离 $SO_2$ 降到 30mg/L 时，再补加 45mg/L 的 $SO_2$。控制白葡萄酒在装瓶时，游离 $SO_2$ 为 50mg/L。

红葡萄酒在苹果酸-乳酸发酵结束以后，立即加入 120mg/L 的 $SO_2$。在贮存过程中，游离 $SO_2$ 逐渐消耗。当游离 $SO_2$ 降到 20mg/L 时，补加 40mg/L 的 $SO_2$ 控制红葡萄酒在装瓶时，游离 $SO_2$ 为 40mg/L。

无论是白葡萄酒还是红葡萄酒，加 $SO_2$ 时应该一次加足，这样杀菌效果最好。防止每次加的量少，加的次数过多的做法。

新制定的国家葡萄酒标准规定，葡萄酒中的总 $SO_2$ 含量不得超过 250mg/L，游离 $SO_2$ 的含量不得超过 50mg/L

**2. 酸度的控制**

当葡萄原酒中总酸的含量高于 7.5g/L 时，就需要进行降酸处理；当葡萄原酒中总酸的含量低于 5g /L 时，就需要进行增酸处理。葡萄原酒增酸和降酸处理，都应该在原酒转入贮存以后、冬季自然冷冻以前进行。

降酸处理可以采用物理的方法进行冷冻，促进酒石酸盐沉淀；也可采用生物的方法，进行苹果酸-乳酸发酵。当以上两种方法还达不到降酸的要求时，需要进行化学方法降酸。

化学方法降酸，就是在葡萄原酒中加入强碱弱酸盐，中和其中过量的有机酸，从而降低酸度。最常用的降酸剂有碳酸钙（$CaCO_3$）、碳酸氢钾（$KHCO_3$）和酒石酸钾（$K_2C_4H_4O_6$）。其中以碳酸钙最有效，而且最便宜。1g/L 的碳酸钙，可降低总酸 1g/L（以硫酸计），可降低总酸 1.5g/L（以酒石酸计）。

如果葡萄原酒需要增酸，只能加入酒石酸。由于葡萄酒中柠檬酸的总量不得超过 1g/L，所以用柠檬酸增酸的添加量一般不能超过 0.5g/L。在经过苹果酸-乳酸发酵的葡萄酒中，应避免添加柠檬酸，因为乳酸菌可以分解柠檬酸，从而导致细菌性病害。

**3. 澄清处理**

葡萄酒中含有的蛋白质分子，是葡萄酒不稳定、早期浑浊沉淀的主要因素之

一。因此除去葡萄酒中的蛋白质分子，是提高葡萄酒稳定性的重要措施。

葡萄原酒中添加皂土是除蛋白质的有效方法。皂土的用量在 2/10000～10/10000之间。由于葡萄品种、葡萄产地不同，皂土的用量也不同。皂土用于葡萄酒澄清的具体用量，应通过小型试验来确定。

小型试验方法是，按水：皂=10：1 的比例，加水浸泡皂土。浸泡 24h，充分搅拌，使之成为均匀的浆体。然后按不同的添加比例，与原酒均匀混合，静置观察澄清效果、澄清速度。在不同皂土加量的若干个试管中，选择能够达到满意澄清效果的、皂土用量最小比例的试管，作为生产上添加皂土用量的依据。

生产上在使用皂土之前，一定要把皂土制成均匀的浆状，用水浸泡 24h。因为皂土粉末的粒度太细，与水均匀混合很困难，所以生产上使用皂土，一定要采用机械搅拌来制浆。其方法是，先把水注入搅拌罐里，开机将水搅起来，然后缓慢定量加入皂土。制浆时皂土的添加量，按照水：皂土=10：1 的比例添加。皂土加入后，连续搅拌 1h，静置 0.5h，再搅拌，再静置。然后静置浸泡 24h 后，再把皂土浆搅拌均匀，即可按计算比例，把皂土浆均匀地加入到葡萄酒中。皂土的使用时间，可以在葡萄汁发酵之前，也可以在发酵完成、加入二氧化硫之后。烟台张裕葡萄酿酒公司在发酵完成、加入 $SO_2$ 之后添加皂土。

一般白葡萄原酒，只强调澄清以除去多余蛋白质为目的，因此单纯加入皂土即可。红葡萄酒、果酒，还要除去多余的单宁，减小苦涩味。所以在进行澄清处理时，要先加入明胶，除去多余的单宁，在除胶以后，再加入皂土，除去多余的蛋白质。

发酵结束后的白葡萄原酒，加入 $SO_2$，加入皂土。20 天以后，即可进行硅藻土过滤，转入澄清贮藏。

## 五、葡萄酒装瓶前的质量控制

**1. 成分调整**

好的葡萄酒，在发酵和贮存的过程中，其各项理化指标，就应该达到该产品技术标准的要求。如果原酒的理化指标，达不到产品的技术标准，就应该在进入冷冻以前，调整成分，如调酸、调糖、调酒精含量等。

**2. 冷冻**

葡萄酒在装瓶以前，要进行冷冻处理，以除去多余的酒石酸盐，增加装瓶以后的稳定性。冷冻的温度，应该在葡萄酒的结冰点以上 1℃。如酒精体积分数 12%的葡萄酒结冰点在-5.5℃，这样的葡萄酒冷冻温度应控制在-4.5℃。冷冻温度达到工艺要求的温度后，应该维持这个温度，保温 96h。

**3. 过滤**

冷冻保温时间到了后，要趁冷进行过滤。冷冻过滤的目的，一方面要达到澄清的目的，另一方面要达到除菌的目的。所以可把硅藻土过滤机和板框式除菌板过滤机连用，使冷冻的酒，先经过硅藻土过滤机进行澄清过滤，接着经过板框过滤机除菌过滤，就可以达到装瓶前的成品酒的要求。

装瓶前的成品酒，要经过低温鉴定和无菌检验，合格后即可装瓶出厂。

**4. 无菌灌装**

前几年低度葡萄酒的灌装，多采用装瓶后杀菌的工艺。近几年这种工艺已经淘汰，采用无菌灌装的工艺。

无菌灌装的工艺，要求空瓶洗净以后，经过 $SO_2$ 杀菌，无菌水冲洗，保证空瓶无菌。输酒的管路、盛成品酒的高压桶、连接高压桶和装酒机的管路及装酒机等，都要经过严格的蒸汽灭菌，保证输酒管路和装酒机无菌。无菌的成品酒在进入装酒机以前，还要经过膜式过滤器，再进行一次除菌过滤，防止有漏网的细菌或酵母菌装到瓶中。

葡萄酒的质量千差万别，好的葡萄酒宛如一种艺术品，给人美的享受。如果能够把葡萄酒的酿造过程，作为一种精益求精的艺术加工过程，严格地、科学地控制酿造工艺的每一个环节，就一定能把葡萄酒酿造成一种艺术品。

# 第十二章 葡萄酒副产物综合利用

葡萄是世界性水果，面积和产量均居各类水果的第二位。我国北起严寒的黑龙江省，南至亚热带的两广省区，都生产野生或栽培葡萄。特别是随着我国酿酒行业产业政策的调整，除鲜食品种之外，酿酒葡萄品种也大面积栽培和发展起来，葡萄产量逐年提高。到1997年，我国葡萄产量的皮渣约占加工葡萄的20%～30%，因此，主要由葡萄皮、果梗、种籽组成的酿酒副产物就形成了数量可观的工业废料，而这些资源的综合利用，也成为国内外有关专家、学者研究解决的重要课题。

## 一、 白兰地的酿造

葡萄主要用来酿制葡萄酒，但生产上可利用残次果和酿酒下脚制取多种综合利用产品。残次果约含果汁70%、果胶4%、果皮20%、种子2%、粗脂肪17%。残次果可先行酿制白兰地，而后对下脚料进行综合利用。

利用残次果酿造白兰地，对葡萄品种无一定要求。白兰地的酿造主要是原料的酿制、蒸馏、陈酿的勾兑，其中，蒸馏是制造白兰地的主要工艺流程。白兰地新酒具有强烈的刺激气味，一般需陈酿4～5年，并于装瓶前进行调和、勾兑。

对于葡萄酒酿造过程中，发酵完全结束后得到的酒糟仍含有一定量的酒精，所以也可将其于葡萄酒贮存转罐时剩下的酒脚收集起来用于白兰地的酿制。白兰地蒸馏出酒后截去头尾留中间，酒头和酒尾单独存放，两者合并后重新蒸馏。蒸馏酒的酒精度一般在50%～70%左右，其可以直接加入葡萄酒中，增加葡萄酒的酒度，也可以贮存在橡木桶中密闭陈酿。江苏的丁正国报道，这类酒贮存年限越长，色泽越深、香味越浓，适当调配后可获得口味细致柔和、酒质优良的白兰地。

## 二、 多酚类化合物的提取

近年来，植物来源的生理活性物质的研究开发已成为国际焦点。其中多酚是最突出的一类。很多研究表明，多酚类化合物对严重危害人体健康的心脏病、癌症、冠心病、动脉硬化等有独到的治疗和预防作用。而葡萄作为一种常见的水果，含有大量的多酚类物质，其功效已引进起世人的注目。葡萄中的多酚类主要存在于果皮和籽中，在红葡萄中分别占63%和33%，在白葡萄中占71%和23%，果皮中的多酚主要为花色素类、白藜芦醇以及黄酮类等，种子主要为儿茶素、槲皮苷、原花色素、单宁等。

### 1. 花色素类

天然葡萄皮中的花色素（anthocyanidin）属花色苷类化合物。红葡萄皮深红或紫红、紫黑色，其花色素主要为花青素、甲基花青素、牵牛花青素、锦葵色素及花翠素、翠雀素等。

酿酒后剩下的皮渣中残留色素相当多，许多国家的科学工作者已从葡萄渣中提取出红色色素并广泛地使用与果酒、果酱、酸性饮料等食品工业，从而使产品获得悦人的色泽。加拿大以Peter Butland为首的科学家从Concord葡萄中发现并开发了天然的Concord红色色素-10 000，现已取代了禁用的红40#色素。Concord红色相当稳定，通常能在室温下贮存；而王充祥等从紫葡萄等葡萄果实制造葡萄汁或葡萄酒后的残渣，除去籽，用水萃取果皮后经精制、真空浓缩而制得的葡萄皮红（grape skin color or oenin）可以液体、块状、粉末状、糊状等多种状态存在，其用途广泛，在日本年消费量达到100t；另由葡萄残渣榨汁后过滤、除去沉淀后制得的葡萄汁色素（grape juice color），色调更加鲜艳、风味优良，且具有葡萄特有的香气，可用作冷饮、利口酒等酸性食品的着色剂，在日本价格可达到35 000日元/kg，目前，我国青岛天然色素厂、中科院武汉植物所、北京东方瑞得生物技术有限公司都已投入葡萄色素的研制和生产。

含色素较高的葡萄皮渣，除去籽以后，可在70°C的热水中浸提，然后将浸提液冷却、沉淀，分离杂质后通过树脂柱，使色素被适当的树脂吸附下来。用酒精溶液洗脱被树脂吸附的色素，并进行减压蒸馏，最后的色素溶液经喷粉干燥即可制得色素粉。也可在过筛除籽的酿酒皮渣中兑入60%（体积分数）的酒精溶液浸泡，分离出自然流液，然后与皮渣压榨、过滤得到的清液合并制得葡萄皮色素原液，再经水浴真空浓缩后立即加入抗氧化剂密封保存，从而获得葡萄红色素。

葡萄色素在酸性条件下色泽鲜艳，且着色力强、安全性高，若在适当条件下添加少量具有良好护色作用的护色剂，对延缓色变、延长贮存期具有良好的效果，可广泛应用于葡萄酒、酸性饮料、果酱、糖果、糕点等食品工业。

### 2. 原花色素

原花色素（proanthocyandins），是花色素的前体，在加热条件下可转化为花色素。其是葡萄籽以及葡萄果皮的主要成分，也是葡萄多酚物质中含量最多的一类。

目前，国内外对原花色素的提取、化学特性、药理功能等研究报道很多。

原花色素在葡萄中主要以二聚体或多聚体形式存在，后者即为缩合单宁。Labatbe等根据原花色素的聚合程度，对葡萄籽、果皮中的原花色素进行分提。对葡萄籽或葡萄果皮首先浸提，然后用液相色谱进行分离［三氯甲烷/甲醇（75∶25，体积分数）为流动相，惰性粉为固定相］，在利用硫解作用进行降解定量、定性，从而解决了以前技术不能分提的问题，提供了特别是高聚合形式的原花色素的定性和定量信息。

**3. 白藜芦醇**

Siemann和Creasy于1992年首次报道了葡萄酒中存在白藜芦醇（resveratrol），又称为芪三酚，分子式$C_{14}H_{12}O_3$，产生于葡萄叶表层和浆果果皮中，是植株对真菌病毒害感染反应的结果。随后，人们对多种植物包括花生、桑葚、葡萄等72种植物不同部位的白藜芦醇含量分析后发现，尤以葡萄中含量较高，特别是葡萄果皮和红葡萄酒中含量最多，其次为籽。白藜芦醇是一种特效性功能成分。近几年，越来越多的研究表明，白藜芦醇对人体具有很多医疗保健作用，如清除自由基、阻止血小板凝聚、防止人体低密度脂蛋白（LDL）氧化、降低血液中胆固醇、抗肿瘤、抗血栓，以及抗炎症等。

迄今，国内外专家学者从葡萄果皮、葡萄籽甚至葡萄叶片中提取白藜芦醇，已取得重大进展。应用超临界$CO_2$萃取法提取、逆向高效液相色谱法测定葡萄皮渣中的白藜芦醇是目前科研人员采取的新方法。近有报道，国外已有从葡萄全树中提取的白藜芦醇产品上市。所以，充分利用我国丰富的葡萄资源，特别是葡萄酿酒后产生的果皮、籽等副产物提取白藜芦醇，具有广阔的前景。

**4. 单宁的提取**

葡萄籽可以提取葡萄籽油，而提取籽油后的残渣，含有10%的单宁，又是提取单宁的极好原料。将残渣用乙醇在常温压下浸提2次（每次5～7天），然后过滤除渣、合并滤液。母液真空浓缩或直接加热浓缩，沉淀干燥后即得单宁（提取时隔氧操作，可避免氧化变黑）。单宁除供药用外，还可以作为添加剂，是制造墨水、日用化工和染料工业的原料，亦是皮革工业很好的鞣料。

**5. 其他多酚类**

葡萄籽含有黄酮醇、黄烷酮醇类、儿茶素类等其他多酚类物质。黄酮醇类中普遍形式的槲皮苷含量较多，还含有少量的堪非醇（3-脱氧槲皮苷）和杨梅黄酮（5-羟基槲皮苷），微量的黄烷酮醇类，如二氢堪非醇（engeletin）和二氢槲皮苷（astibin）等。葡萄中的儿茶素主要为（＋）-儿茶素（2,3H-trans）和（－）-儿茶素（2,3H-cis），此外，还有少量的（＋）-表儿茶素（epigallocatechin，2,3H-cis）等。这些物质对心血管疾病、癌症等具有良好的防治作用。

总之，葡萄多酚类物质以其独特的生理功能，引起了国内外的广泛关注。目前，日本吉可曼公司已把葡萄籽提取物中的原花色素制成抗氧化剂“KAP”，使葡萄籽提取物开始商业化；世界著名的植物提取工业印黛娜公司已成功开发多酚总含量95%的葡萄籽提取物，贝尔凯姆公司最近也推出原花色素达98%的高浓度产品；勃尼公司从红葡萄全果提取多酚，总酚含量约为46%，其中技术也日益完善，所以根据市场竞争力，提取某类多酚化合物或总多酚物质，开发新型产品，具有极大的发展潜力。

## 三、 酒石酸、 酒石酸盐的提取

酒石酸是一种用途广泛的多羟基有机酸，主要用于制备医药、媒染剂、鞣剂等精细化学品以及果子精油和饮料，可用作金属螯合剂和其他抗氧化剂的增效剂和调味剂、奶制品稳定剂等。酒石酸学名为2,3-二羟基丁二酸，可形成左旋、右旋、外消旋和内消旋4种同分旋光异构体。在实际应用中，以右旋型最为重要，因其溶解度较大，制得的盐类也较其余3种构型稳定。通常化学方法合成的酒石酸均属外消旋型，如果拆分出最为重要的右旋型酒石酸，则会受率低，导致生产成本增高。而利用富含酒石酸氢钾的葡萄皮渣为原料提取酒石酸，则使生产成本极大降低，而且全部为右旋酒石酸。

提取酒石酸的方法依各种下脚略有不同。酒石先行蒸馏回收酒精，废液经澄清、石灰乳和氯化钙处理、沉淀、过滤、洗涤，制得粗酒石酸钙；粗酒石先用沸水溶解，白兰地蒸馏液先行加热、过滤、结晶、离心分离、洗涤、干燥，则可制成酒石酸钙，经酸处理、过滤、脱色、浓缩、结晶、离心分离、洗涤、干燥，则可制成酒石酸，或可以进一步深加工成多种酒石酸盐。

## 四、 葡萄籽油的提取

在葡萄酒生产过程中，将会产生占酒渣总量20%～26%的葡萄籽，而在山葡萄酒后皮渣中，籽含量高达75%左右。葡萄籽含油14%～18%。年产1万吨的葡萄酒厂，如果把葡萄籽（图12-1）分离出来，可得300t葡萄籽，从而可提取至少30多吨葡萄籽油。这样，不仅消除了环境污染，而且变废为宝，提高了经济效益和社会效益。

图12-1 葡萄籽

葡萄籽油的主要成分为亚油酸与原花青素，亚油酸含量达70%以上；亚油酸是人体必需而又为人体所不能合成的脂肪酸。同时，葡萄籽油还能防治心血管系统疾病，降低人体血清胆固醇含量和血压，其营养价值和医疗作用均得到国内外医学界及营养学家的充分肯定。

葡萄籽油中含有18种以上氨基酸；矿物质元素中K、Na、Ca、Fe、Zn、Mn等营养元素含量较高，同时还含有丰富的维生素E和维生素P等成分。葡萄籽油是一种具有良好保健功能的使用油，对降低血脂、胆固醇及血脂蛋白、软化血管等具有特殊功效。

在国外，葡萄籽油已用作婴儿和老年人的保健油、高空作业人员和航空驾驶员的高级营养油。另外，通过提炼、加工还可以形成高级化妆品油脂，用其制作护发、护肤剂、清洁去污剂等。

葡萄籽油的提取方法主要包括溶剂浸提法、压榨法、液态$CO_2$浸提法和超临界$CO_2$萃取法等。其中溶剂浸提法包括直接溶剂浸泡和索氏提取法，常用溶剂为石油醚和乙烷。葡萄籽经筛选、脱壳、粉碎后，进行提取。提取完毕后，蒸去油中残留溶剂即得葡萄籽毛油。然后，经脱酸、脱色、脱胶等精炼工艺即可制得精制浅黄色葡萄籽油。据刘书成等报道用该法生产的葡萄籽油出油率可达20%以上。另外，张茂扬等进行的研究和生产实验表明，在实际生产中，采用种子分点榨油，毛油集中精练的做法，可减少皮渣或种子的运输费用，易于统一掌握精油标准。

## 五、蛋白质、果胶、茁霉多糖的提取

葡萄籽中氨基酸含量丰富，且含有人体必需的8种氨基酸，其中缬氨酸、精氨酸、蛋氨酸、苯丙氨酸等含量均相当于大豆蛋白的含量。据报道，山葡萄酿酒渣子中总含氮量为14.29%，蛋白质含量为85.74%，因此，开发葡萄籽蛋白质作为保健药物、强化食品以及味精原料，很有前途。

果胶存在于葡萄的果肉、果皮等部位，是很复杂的一类糖的衍生物。果胶的用途很广，在食品工业中，果胶是制造婴儿食品、冰激凌及果汁的胶冻剂、稳定剂和增稠剂等；在医药工业中用来制造轻泻剂、止血剂、血浆代用品等；在轻工业生产中还可用来制造化妆品及代替琼脂作部分微生物的培养基，并可用作乳化剂等。王建华等的研究探索表明，从葡萄皮中提取果胶，在加热条件下，柠檬酸介质（pH＝1.8）中浸提葡萄皮，真空浓缩后，用醇沉析，即可获得果胶，且产品率较好。另外，据Sailidesdj、Smitha等报道，利用葡萄皮浆浸提物还可以提取茁霉多糖，且可获得较其他农业副产物浸提后更高的含量（达到22.3g/L，纯度97.4%）。

## 六、葡萄皮衍生物的提取

酿酒葡萄榨汁后的皮渣，用微温乙醇或有机溶剂提取可制得综合性产品——葡萄皮衍生物（grape skin-deived subustance）。葡萄皮衍生物包括糖、有机酸、多分类化合物、脂肪酸和酯类等多种成分，且有葡萄香味。其主要用作增味剂，国外在肉类加工、面条、焙烤制品、佐料、家常菜等方面应用较为普遍，另外，其对微生物繁殖还具有抑制作用，因此对食品保险时间的延长也具有良好的作用。

## 七、利用皂脚制造肥皂、洗涤剂

在葡萄籽油的精练过程中，碱炼工序产生大量的皂脚，利用皂脚制造肥皂或洗涤剂具有良好的去污效果。张茂扬等对皂脚制造肥皂、洗涤剂的工艺流程进行了试验。结果表明，首先使皂脚溶化，再经皂化、水洗、盐析、保温静置、凉皂，就可制成成品黑肥皂；若将皂脚溶化以后用淡碱水水洗，在室温下静置，离出过多的水分则可获得膏状皂体，根据膏体状况，加入适量 ABS 铵盐和乙醇等即可制成洗瓷器和清洁地面用的清洁剂。

## 八、 葡萄籽油饼用作肥料

浸油葡萄籽饼粕即可提取蛋白质，是新的蛋白质资源，也是优良的有机肥料。经分析，葡萄籽油饼中含 1.98%的 N、0.70%的 P、0.47%的 K 及其他各种元素，并含粗蛋白质 11.7%、粗脂肪 7.6%，因此，堆积沤制后在葡萄园里施用，能够改善土壤的物理结构，产生良好的肥效。据报道，以葡萄籽油饼作为有机肥，可以使葡萄叶片增大，枝蔓加粗，产量显著增加。

总之，在葡萄酒酿造过程中，会产生大量的可以充分利用的酿酒副产物，如果葡萄果皮、籽等，如果变废为宝，用来开发研制各种新型产品，则可以带来相当可观的经济效益和社会效益。因此，对于我国大面积栽培的酿酒葡萄以及丰富的用于酿酒的野生葡萄资源而言，酿酒后剩余副产物的综合利用具有非常广阔的前景。

# 第十三章 葡萄酒的检验技术

## 第一节 葡萄酒微生物检测

### 一、 葡萄酒生产过程中有害菌的检测

醋酸菌能够使乙醇氧化产生乙酸，造成葡萄酒的败坏。被醋酸菌污染的葡萄酒产生刺鼻的醋酸味、坚果味、烂苹果味和其他一些异味，使葡萄酒的果香减弱，商品价值降低。

在葡萄酒酿造的各个工序，都可能感染醋酸菌，如霉烂的葡萄或受到病虫害侵染的葡萄、压榨的葡萄汁，终止发酵的葡萄醪等，但大部分是在葡萄酒发酵或陈酿过程，由于管理不善而感染醋酸菌的。另外，瓶装葡萄酒直立存放也很容易被醋酸菌污染。

MTT 研究人员卢希亚·布拉斯科开发了一些基于 DNA 快速、精确识别葡萄酒发酵初期的有害乳酸菌和醋酸菌的新方法。

布拉斯科在研究中，将不同的 DNA 片段（如探测器）绑定到有害菌上，检测整个细胞，并复制细菌的 DNA。她采用 FISH、PCR 和$^{16}$S-ARDRA 方法进行有害菌的 DNA 识别。布拉斯科说："FISH 科技采用荧光性，可以直接识别葡萄汁或葡萄酒中的个体细菌细胞，现已证明是最有效的。"

乳酸菌是葡萄酒苦味与霉味的罪魁祸首。有害的乳酸菌与醋酸菌在葡萄压榨前，可能存在于浆果表皮；在接下来的浆果压榨过程中增加了这些有害微生物的潜在繁殖力。此外，有害菌还会通过酿酒设备、管道污染葡萄汁。

正如布拉斯科所指，一些乳酸菌对发酵过程是非常有益的，但从另一方面看，有些乳酸菌却会使葡萄酒变酸，产生令人讨厌的苦味和霉味。布拉斯科解释道："有害的乳酸菌能在葡萄酒中形成生物胺，这种酒饮后让人感到头疼，或出现过敏、血压波动等反应，甚至会产生致癌物质"。同理，醋酸菌也会转变为醋，破坏葡萄酒的口味。

如果在酿酒早期就能识别有害菌细胞，即可将它们的数量控制在安全范围内。有效控制的方法有很多，如食品厂采用二氧化硫气体处理、通入惰性气体覆盖、过滤以起到防腐作用。但是布拉斯科博士发明的DNA识别有害菌方法，不仅适用于葡萄酒发酵过程，还可以在其他行业领域得到广泛应用。

近年来随着食源性疾病的广泛分布和不断增长食品安全问题引起了各国政府的普遍关注。国内外各种先进的质量控制管理方法不断出现。

HACCP（hazard analysis and critical control point，危害分析与关键控制点）是作为一种世界公认确保食品安全的有效措施正广泛应用于食品行业各个领域并将成为未来食品安全控制的基础体系。HACCP是一种科学、经济、有效的预防控制技术。依据HACCP原理，通过对干红葡萄酒从原料到产品的各个过程的生物危害、物理危害和化学危害分析、确定的关键控制点、建立的关键限值，制定出的相应的控制措施、纠偏措施和验证程序等，以及如何实施干红葡萄酒生产全过程的控制，保证干红葡萄酒的质量和食品安全。

GMP（good manufacturing practice，良好生产规范）也是一个应用于食品生产全过程中从原料到成品全过程中各环节已生条件和操作规程。

ISO9000族（质量管理体系标准族），是在总结世界各国质量管理经验基础上产生的已被80多个国家采用并转化为本国标准。它的核心是质量管理和质量保证标准广泛地适用于工业行业和经济部门。

综上这些管理控制方法近些年来不断地介绍和引进到我国食品加工工业中来相互关联、相互促进，并有各自不同的着重点。其中HACCP已在营养餐、奶制品、果酒、肉类等方面获得应用取得了初步成效。

## 二、有益的霉菌、酵母菌和细菌的检验

### 1. 有益的霉菌、酵母菌

霉菌是真菌中的一大类，通常是单细胞，呈圆形、卵圆形、腊肠形或杆状。霉菌也是真菌，能够形成疏松的绒毛状的菌丝体的真菌称为霉菌。

霉菌和酵母广泛分布于自然界，并可作为食品中正常菌相的一部分。长期以来，人们利用某些霉菌和酵母加工一些食品，如用霉菌加工干酪和肉，使其味道鲜美；还可利用霉菌和酵母酿酒、制酱；食品、化学、医药等工业都少不了霉菌和酵母。但在某些情况下，霉菌和酵母也可造成腐败变质。由于它们生长缓慢和竞争能力不强，故常常在不适于细菌生长的食品中出现，这些食品是pH低、湿度低、含盐和含糖高的食品、低温贮藏的食品，以及含有抗菌素的食品等。由于霉菌和酵母能抵抗热、冷冻，以及抗生素和辐照等贮藏及保藏技术，它们能转换某些不利于细

菌的物质，而促进致病细菌的生长；有些霉菌能够合成有毒代谢产物——霉菌毒素。霉菌和酵母往往使食品表面失去色、香、味。例如，酵母在新鲜的和加工的食品中繁殖，可使食品发生难闻的异味，它还可以使液体发生浑浊，产生气泡，形成薄膜，改变颜色及散发不正常的气味等。因此霉菌和酵母也作为评价食品卫生质量的指示菌，并以霉菌和酵母计数来制定食品被污染的程度。目前已有若干个国家制定了某些食品的霉菌和酵母限量标准。我国已制定了一些食品中霉菌和酵母的限量标准。

**2. 检验方法**

霉菌和酵母的计数方法，与菌落总数的测定方法基本相似。其主要步骤如下。

将样品制作成10倍梯度的稀释液，选择3个合适的稀释度，吸取1mL于平皿，倾注培养基后，培养观察，计数。

对霉菌的计数，还可以采用显微镜直接镜检计数的方法。

具体检测标准参见：GB 4789.15—94《中华人民共和国国家标准 食品卫生微生物检验 霉菌和酵母计数》。

**3. 检验的说明**

(1) 样品的处理　为了准确测定霉菌和酵母数，真实反映被检食品的卫生质量，首先应注意样品的代表性。对大的固体食品样品，要用灭菌刀或镊子从不同部位采取试验材料，再混合磨碎。如样品不太大，最好把全部样品放到灭菌均质器杯内搅拌2min。液体或半固体样品可用迅速颠倒容器25次来混匀。

(2) 样品的稀释　为了减少样品稀释倍数的误差，在连续递增稀释时，每一稀释度应更换一根吸管。在稀释过程中，为了使霉菌的孢子充分散开，需用灭菌吸管反复吹吸50次。

(3) 培养基的选择　在霉菌和酵母计数中，主要使用以下几种选择性培养基。

① 马铃薯-葡萄糖-琼脂培养基（PDA）　霉菌和酵母在PDA培养基上生长良好。用PDA作平板计数时，必须加入抗生素以抑制细菌。

② 孟加拉红（虎红）培养基　该培养基中的孟加拉红和抗生素具有抑制细菌的作用。孟加拉红还可抑制霉菌菌落的蔓延生长。在菌落背面由孟加拉红产生的红色有助于霉菌和酵母菌落的计数。

③ 高盐察氏培养基　粮食和食品中常见的曲霉和青霉在该培养基上分离效果良好，它具有抑制细菌和减缓生长速度快的毛霉科菌种的作用。

(4) 倾注培养　每个样品应选择3个适宜的稀释度，每个稀释度倾注2个平皿。培养基熔化后冷却至45℃，立即倾注并旋转混匀，先向一个方向旋转，再转向相反方向，充分混合均匀。培养基凝固后，把平皿翻过来放温箱培养。大多数霉菌和酵母在25～30℃的情况下生长良好，因此培养温度25～28℃。培养3天后开始观察菌落生长情况，共培养5天观察记录结果。

(5) 菌落计数及报告　选取菌落数10～150之间的平板进行计数。一个稀释度使用两个平板，取两个平板菌落数的平均值，乘以稀释倍数报告。固体检样以g为单位报告，液体检样以mL单位报告。关于稀释倍数的选择可参考细菌菌落总数测定。

（6）霉菌直接镜检计数法　对霉菌计数，可以采用直接镜检的方法进行计数。

在显微镜下，霉菌菌丝具有如下特征。

① 平行壁：霉菌菌丝呈管状，多数情况下，整个菌丝的直径是一致的。因此在显微镜下菌丝壁看起来像两条平行的线。这是区别霉菌菌丝和其他纤维时最有用的特征之一。

② 横隔：许多霉菌的菌丝具有横隔，毛霉、根霉等少数霉菌的菌丝没有横隔。

③ 菌丝内呈粒状：薄壁、呈管状的菌丝含有原生质，在高倍显微镜下透过细胞壁可见其呈粒状或点状。

④ 分枝：如菌丝不太短，则多数呈分枝状，分枝与主干的直径几乎相同，有分枝是鉴定霉菌的可靠的特征之一。

⑤ 菌丝的顶端：常呈钝圆形。

⑥ 无折射现象。

凡有以上特征之一的丝状体均可判定为霉菌菌丝。

观察视野中有无菌丝，凡符合下列情况之一者为阳性视野。

一根菌丝长度超过视野直径1/6；

一根菌丝长度加上分枝的长度超过视野直径1/6；

两根菌丝总长度超过视野直径1/6；

三根菌丝总长度超过视野直径1/6；

一丛菌丝可视为一个菌丝，所有菌丝（包括分枝）总长度超过视野直径1/6。

根据对所有视野的观察结果，计算阳性视野所占比例，并以阳性视野百分数（%）报告结果。计算公式：

每件样品阳性视野＝（阳性视野数／观察视野数）×100%

## 三、葡萄酒非生物病害的检查

在葡萄酒中发生了雾浊或沉淀，应查出其性质与原因，但这是较困难的。下列的方法可参考。

### （一）检索表（见表13-1）

**表13-1　检索表**

| | 项目 | | 酒石酸氢钾 | 酒石酸钙 | 草酸钙 |
|---|---|---|---|---|---|
| A组 | 筛选实验 | 银镜反应 | 正 | 正 | 负 |
| | | 不用钴镜观察的氧化镁棒火焰色 | | 砖红火焰 | 砖红火焰 |
| | | 用钴镜观察的氧化镁棒火焰色 | 红火焰 | | |

续表

| A组 | 确定实验 | 显微镜中的形状 | 三棱形 | 三棱形 | 小立方结晶 |
|---|---|---|---|---|---|
| | | 冷冻，pH6.6<br>pH6.0 | 结晶形 | 结晶形 | |
| | | 草酸 | 结晶可形成 | 结晶常形成 | 结晶可形成 |
| | | 沉淀的溶解度 | 0.492g/100mL水在20℃ | 0.0322g/100mL水在30℃ | 0.00087g/100mL水在12.5℃（55℉） |
| | | 沉淀的色谱分析 | 正 | 正 | 负 |
| B-1组 | 项目 | | 硫化铜 | 铜蛋白碱盐 | 磷酸（高）铁 |
| | 筛选实验 | 过氧化氢 | 浑浊度损失 | 浑浊度仍留下 | 浑浊度仍留下 |
| | | 燃烧沉淀 | 不燃烧 | 部分燃烧 | 不燃烧 |
| | | 亚铁氢化钾实验不用HCl | 红色呈色作用 | 红色呈色作用 | 无变化蓝色呈色作用 |
| | 确定实验 | 硫演示 | 正 | 一般是正 | 负 |
| | | 火焰色（与氧化镁棒的反应），不用钴镜 | 绿 | 绿 | |
| | | 缩二脲实验 | 负 | 正 | 负 |
| | | 氮演示 | 负 | 正 | 负 |
| | | 铜实验 | 正 | 正 | 负 |
| | | 铁实验 | 负 | 负 | 正 |
| B-2组 | 项目 | | 蛋白质 | 蛋白质-单宁 | 色素-单宁 |
| | 筛选实验 | 浓硫酸温热 | 碳化 | 碳化，也可变成红色 | 红的呈色反应后变为深色红至黑 |
| | | 银镜反应 | 负 | 可以是正的 | 负 |
| | | 氮演示 | 正 | 可以是正的 | 负 |
| | 确定实验 | 缩二脲实验 | 正 | 可以是正的 | 负 |
| | | 硫演示 | 一般是正 | 可以是正的 | 负 |

注：用加HCl的方法将B组进一步分为两组，B-1组在HCl加入后浑浊消失，B-2组则仍呈浑浊。

## （二）试验步骤

先用显微镜鉴分组别，A组大部分是结晶的，B组大部分是无定形的。

离心足量的葡萄酒以便得到几毫升的沉淀。将已离心分去沉淀的葡萄酒作加HCl的实验。用5～10mL 95%的乙醇洗涤沉淀，离心后倾去上层液，沉淀作下列各项试验用。

**1. 仪器与试剂**

离心机，离心管，显微镜，本生灯，过滤漏斗，滤纸，钠熔管，标准试管及吸管，钴玻璃（5cm×5cm，3～4mm厚），氧化镁棒条（无铜），不锈钢刮勺及银币（无油脂）。华脱门1号滤纸及小色谱管，阳离子交换树脂（IR 120或Duolite c-3，用50%HCl再生，并用蒸馏水洗去全部残留的HCl），硫酸亚铁结晶，金属钠（放在煤油中，不能让钠与水接触），乙醇（95%），浓硫酸，过氧化氢（30%及3%两种），HCl（浓的与10%的），甲醇。饱和草酸溶液，正丁醇-甲酸-水［1∶2∶15（体积比）］的有机相，亚铁氧化钾（0.5%），银镜试剂（妥善贮存于一棕褐色瓶中，将50mL 10%硝酸银与5mL 10%NaOH溶液混合，滴加浓$NH_4OH$直至氢氧化银的沉淀被溶解，必须防止此试剂自然变干，干后有爆炸的危险），缩二脲试剂（向50mL 40%NaOH中滴加1%的硫酸铜溶液，不断搅拌，直至混合液呈深蓝色）。马什法的铜与铁试剂，在95%乙醇中溶入0.04%氯酚红，用50%NaOH调至pH10，这一试剂如放在棕色瓶中是稳定的。松树薄片。

**2. A组的实验项目**

（1）银镜反应　在试管中将少量的沉淀用热水溶解。加入三“厨用刀尖”（kitehen knife tips）的阳离子交换树脂，每次加入后摇动。滤入一试管中，加5mL银镜反应试剂，在开放火焰上轻微加热5min，胶体银即沉淀于试管壁上形成银镜。是单宁与酒石酸的正实验结果。

（2）氧化镁棒火焰色　加热氧化镁棒至红热，并在湿沉淀中浸泡一下（瞬间）。再将此棒在本生灯的热部位加热短时间，又浸入沉淀中，重复此步骤，直至氧化镁成为有载物。于是将此棒的末端放在火焰的外部烧，如不用钴玻璃能看到砖红色的火焰，即为钙的正实验结果，如通过钴玻璃能看到美丽的玫瑰色火焰，则为钾的正实验结果。

（3）冷冻　用浓HCl或50%的NaOH将已离心的酒的pH值调至3.6及6.0，并放入试管中冷冻。如在pH3.6形成结晶，则为酒石酸氢钾，如在pH6.0形成结晶，则为酒石酸钙。

（4）草酸　往已离心的酒中加入草酸，如形成结晶，则表示有钙存在。如要进一步证实，可加数滴浓硫酸，则沉淀重又溶解，当加过量的甲醇慢慢加热时，沉淀又出现。

（5）沉淀的色谱分析　将沉淀溶入热水中，如不溶，则可加些浓HCl。通过一氢型阳离子树脂，用流出液点样于滤纸上，并用正丁醇-甲酸-水［1∶2∶15，（体积比）］的有机相（上层液）展开。在室温干燥滤纸，直至展开剂的气味消失。用0.04%的氯酚红喷滤纸，与已知的酒石酸点样比较。

（6）在某些德国葡萄酒中曾发现蔗糖钙（calcium saccharate）的结晶沉淀。糖质酸（$C_6H_{10}O_8$）是由葡萄孢霉对葡萄中的半乳糖醛酸的作用产生的。如从酒石酸及草酸的检出实验中获得的结果是负的，则可用吡咯（pyrrole）反应来检定糖质酸的存在。洗涤结晶沉淀（用水及酒精）并用吸气抽滤方法将其滤干。将沉淀加于1mL水中，并滴加少量氨水使其溶解，蒸发溶液数滴至干，用松树片（事先以HCl润湿）盖于其上，加热。如存在糖质酸，上升的蒸气使松树片具有强的红紫色。如是酒石酸，则松树片呈淡红色。

**3. B组的实验项目**

加数毫升10%HCl于20mL葡萄酒中，分为B-1组和B-2组两组。

(1) B-1组

① 加数滴30%的过氧化氢于20mL葡萄酒中。按检索表（表13-1）来说明结果。

② 燃烧沉淀：放少量沉淀于不锈钢刮勺上，在距离光焰（luminous flame）数厘米处小心地将其彻底烘干。然后再将刮勺靠近火焰继续加热。

③ 亚铁氰化钾：加数毫升0.5%的亚铁氰化钾于20mL葡萄酒中。如展现红色，是铜的正实验结果。加数毫升10%的HCl，如展现蓝色，则是铁的正实验结果。

④ 硫演示：将沉淀放入一软玻璃试管（6mm直径×7mm长），加一滴30%过氧化氢，并在光焰上小心烘干。在吸水纸上将一块金属钠吸干，从边上切割下一片几立方厘米大小的钠片放入试管中。用一木夹夹住试管放入火焰中，直至试管内的物质完全碳化。再将此试管放入另一内含3mL水的大试管中，小试管即被振裂，而其内容物便溶入水中。取1～2滴液体滴于去脂银币上。如形成黑色，即表示有硫。

⑤ 不用钴镜观察的氧化棒火焰色。方法见A组第2项。如是绿色，则可确定铜的存在。

⑥ 缩二脲实验：往水中的沉淀加缩二脲试剂，每次一滴并随即混匀，直至溶液呈紫色即为蛋白质的正实验结果。

⑦ 氮演示：将第④项中钠熔化剩下的液体过滤，于其中加三小块硫酸亚铁铵结晶，煮沸短时间，冷却后加1mL10%HCl。如呈蓝色，表示氮的存在。

⑧ 铜实验：采用马什法测铜含量（沉淀中）。

⑨ 铁实验：采用马什法测定沉淀中的铁含量。

(2) B-2组

① 浓硫酸温热：加1mL浓硫酸于沉淀中并温热之。碳化，则显示蛋白质的存在。红的显色反应，随即变为深红，进一成为黑色，则证明色素与单宁的存在。

② 银镜反应：见A组第一项。

## 第二节 酿酒酵母的分离鉴定和筛选

葡萄酒酿造过程中，酵母菌是最重要的一类微生物，它的种群结构及变化决定了葡萄汁发酵的成败，而且对葡萄酒的风味和品质有重要影响。因此，研究葡萄酒发酵过程中酵母菌种类和菌群的动态变化，对在发酵过程中合理调控微生物，发挥各类酵母菌的优点，有很大的积极作用。近年来，随着生物技术的不断进步，分子生物学技术鉴定酵母菌种的方法已逐步取代传统的依靠酵母生理生化特征和形态的鉴定方法。

## 一、吉林产区

酵母菌的酿造学特性直接影响葡萄酒的质量和风格，从葡萄品种原产地可以筛选得到充分展现该品种个性和地域特性的酵母。东北地区是我国葡萄酒的主产区之一，因而选育适合本产区葡萄特性的优良酵母显得尤为重要。

程雷等以吉林省松原市“双红”、“双优”、“赤霞珠”、“黑赛必尔”4个葡萄品种的成熟果实为试材，对4个葡萄品种自然发酵过程中的酵母菌进行分离：应用WL培养基对分离的菌株进行初步分类；通过5.8S rDNA-ITS的PCR-RFLP分析对所分离菌株做进一步的分子鉴定。此基础上，对被鉴定为酿酒酵母的菌株进行筛选，以期从中得到具有优良发酵性状的葡萄酒酵母。

① 对4个葡萄品种自然发酵过程中共分离葡萄酒相关酵母240株。通过菌株在WL培养基上的培养结果，依据菌落颜色及形态记录，可将全部酵母分为6类。

② 依据酵母菌5.8S rDNA-ITS区的PCR-RFLP酶切图谱，可将本试验分离得到的全部酵母鉴定为5类，分别是葡萄汁有孢汉逊酵母（*Hanseniaspora uvarum*）、酿酒酵母（*Saccharomyces cerevisiae*）、黏红酵母（*Rhodutorula glutinis*）、陆生伊萨酵母（*Issatchenkia terricola*）和假丝酵母属的*Candida sorbosa*（未定名）。

③ 试验证实WL培养基可以区分葡萄自然发酵过程中出现的大多数酵母，并且对酿酒酵母鉴定的准确度达到100%。

④ 同一产区的山葡萄、欧亚种葡萄、欧美杂种葡萄，其自然发酵过程中的酵母菌群变化基本一致。在发酵前期，葡萄汁有孢汉逊酵母占主导地位；到发酵中期，酵母菌群的构成复杂化，含有本试验所分离鉴定的5种酵母；至发酵后期，酿酒酵母在菌群中占有绝对优势。

⑤ 筛选得到2株能够快速启动发酵，且产酒精能力和发酵速率都明显好于活性干酵母的野生葡萄酒酵母，SYC1、HSB20。证明产地葡萄的自然发酵醪液中存在具有优良发酵性能的野生葡萄酒酵母。

## 二、宁夏产区

宁夏贺兰山东麓具有典型的气候特征和独特的地理条件，是中国葡萄栽培的最适生态区之一，也是近年来新兴的葡萄酒产区。宋育阳等收集调查了宁夏葡萄产区的酿酒酵母资源，阐明该地区酵母菌种类、多样性和生态规律，发掘具有中国产区特色的酵母菌种质，为我国酿酒酵母菌的多样性研究、优良菌种的选育及利用奠定基础，也为发酵工业的微生物控制提供了依据。

① 宁夏贺兰山葡萄酒厂共采集葡萄酿酒酵母菌株425株，通过WL营养培养基聚类分析以及26S rDNA D1/D2区序列分析，构建了系统发育树，并确定了供试菌株与模式菌株的亲缘关系。

② 结果表明供试菌株属于5属5种：酿酒酵母（*Saccharomyces cerevisiae*）、葡萄汁有孢汉逊酵母（*Hanseniaspora uvarum*）、克鲁维毕赤酵母（*Pichia kluyver*）、东方伊萨酵母（*Issatchenkia orientalis*）和*Candida zemplinina*（未定名），分别占到了分离总菌落数的76.51%、7.75%、10.22%、3.59%、1.93%。

在神索自然发酵葡萄醪中分离鉴定的酵母菌属于4属4种，分别是酿酒酵母、*C. zemplinina*、葡萄汁有孢汉逊酵母和克鲁维毕赤酵母，分别占分离自该品种总菌落数的84.76%、0.95%、2.86%、11.43%。在蛇龙珠自然发酵葡萄醪中分离鉴定的酵母菌属于4属4种，分别是酿酒酵母、克鲁维毕赤酵母、葡萄汁有孢汉逊酵母、*C. zemplinina*，分别占分离自该品种总菌落数的69.14%、19.15%、6.39%、5.32%。在黑比诺自然发酵葡萄醪中分离鉴定的酵母菌属于4属4种，分别是酿酒酵母、*C. zemplinina*、葡萄汁有孢汉逊酵母、克鲁维毕赤酵母，分别占分离自该品种总菌落数的67.69%、1.53%、29.25%、1.53%。在梅鹿辄自然发酵葡萄醪中分离鉴定的酵母菌属于3属3种，分别是酿酒酵母、东方伊萨酵母、克鲁维毕赤酵母，分别占分离自该品种总菌落数的80.61%、13.26%、6.13%。酿酒酵母和克鲁维毕赤酵母在4个葡萄品种的自然发酵醪中都能检测到，孢汉逊酵母和*C. zemplinina*在梅鹿辄自然发酵醪中未分离得到，而东方伊萨酵母只在梅鹿辄自然发酵醪中分离得到。

③ 自然发酵过程中，酵母种类会随发酵时间有规律地消长。在自然发酵各时期出现的酵母菌中，前期有酿酒酵母、葡萄汁有孢汉逊酵母、克鲁维毕赤酵母、东方伊萨酵母、*C. zemplinina*，分别占60.86%、8.70%、11.59%、17.39%、1.46%。随着发酵过程中乙醇的产生，非酿酒酵母开始逐渐减少和死亡，3～4天后到发酵中期葡萄汁有孢汉逊酵母、克鲁维毕酵母依然存在，但数量减少（6%和10%），同时酿酒酵母由于其良好的酒精耐受力而在发酵液中生长良好，占主导地位（84%）。到发酵后期酿酒酵母成为主要发酵群体，主要发酵动力群体并最终主导发酵完成。但也能分离到少量的葡萄汁有孢汉逊酵母、克鲁维毕赤酵母和*C. zemplinina*，分别占3.71%、1.85%、1.85%。

④ 黑比诺自然发酵分离到的44个酿酒酵母单菌落，用Interdelta指纹图谱区分为5种基因型，在自然发酵初期，A类基因型、C类基因型和D类基因型菌株分别占此时期酿酒酵母的58.33%、33.33%和8.34%，A类基因型酿酒酵母占据主要地位。在自然发酵中期，A类基因型菌株和B类基因型菌株均占此时期酿酒酵母的6.67%，C类基因型菌株占此时期酿酒酵母的40%，D类基因型菌株占此时期酿酒酵母的46.66%，说明D类基因型酿酒酵母在发酵中期占据主导地位。自然发酵的后期，A类基因型菌株和B类基因型菌株均占此时期酿酒酵母的11.76%；C

类基因型菌株占发酵后期酿酒酵母总数的5.88%。D类基因型菌株和E类基因型菌株分别占此时期酿酒酵母的47.06%和23.53%。说明D类基因型酿酒酵母在发酵后期仍占据主导地位。

⑤ 黑比诺接种工业酵母RC212进行发酵，分离到的49个酿酒酵母单菌落，用Interdelta指纹图谱区分为3种基因型，包括两种野生酿酒酵母和已接种的工业酵母RC212。发酵过程中野生酿酒酵母菌株在发酵的初期和中期都占有很大的比例(93.75%和81.25%)，而工业酿酒酵母并未在发酵过程中快速占据主导地位，其在发酵初、中、后期分别占酿酒酵母的6.25%、18.75%、100%。

⑥ 通过对接种发酵4个时期酵母菌动态变化的研究，说明即使在接种工业酵母的情况下，仍有不同种类的野生酵母及野生酿酒酵母的不同株系参与发酵的进行，本研究中野生酿酒酵母表现出了较强的竞争能力，与接种的工业酵母共同完成了发酵过程。进行葡萄酒发酵过程中微生物的控制是非常必要的。

⑦ 通过对黑比诺自然发酵和接种发酵分离的酿酒酵母菌株进行区分比较发现，黑比诺自然发酵分离的酿酒酵母菌株扩增产生的5种指纹图谱和黑比诺接种发酵分离的酿酒酵母菌株扩增产生的3种指纹图谱完全不同。说明在自然发酵和接种发酵条件下黑比诺葡萄酒中的菌株是由完全不同的株系构成的。自然发酵酒中，没有分离获得工业酿酒酵母RC212，而是由野生酿酒酵母完成的发酵。在接种发酵酒中，发酵过程是由工业酵母RC212和两种野生酿酒酵母协同完成。

## 三、 烟台产区

山东烟台是中国主要的葡萄栽培区之一，更是特色葡萄酒的主产区，研究其葡萄酒发酵过程的酵母菌群组成和动态变化对科学有效的发挥地域酵母的积极作用显得尤为重要。

王会会等从葡萄果皮和烟台干红葡萄酒发酵过程发酵液中共分离得到117株酵母菌，采用WL培养基对其进行菌落形态和颜色特征观察，并结合细胞形态和液体培养特征，把这些酵母菌初步分为8大类。

① 从每一类型中选取代表性菌株采用26S rDNA D1/D2区序列分析方法进行分子鉴定，共鉴定出6属8种：酿酒酵母、克鲁维毕赤氏酵母、葡萄汁有孢汉逊酵母、罕见有孢汉逊酵母（*Hanseniaspora occidentalis*）、西方伊萨酵母（*Issatchenkia occidentalis*）、东方伊萨酵母、长孢洛德酵母（*Lodderomyces elongisporus*）、红冬孢酵母（*Rhodotorula mucilaginosa*），分别占总分离菌株的70.0%、7.7%、9.4%、0.9%、8.5%、1.7%、0.9%、0.9%。

② 结果表明，烟台干红葡萄酒发酵过程具有丰富的酵母资源。以117株酵母菌株为材料，采用杜氏管法筛选出21株发酵力好的菌株进行抗性评价，最后得到5株抗性好、发酵力强、产香的酵母菌株。用该5株酵母进行模拟酒精发酵实验，结果表明；菌株SL9－1和SL8－1产酒精度高于商品酵母RC212；而菌株SS1－5产酒精度为0，但产香好，可用于面包和无醇饮料的开发。用RAPD方法对5株酵

母分析，其中4株DNA图谱相同，表明其属同一遗传型菌株，且都异于商品酵母，说明为筛选到的天然优良酵母菌株。

③ 以赤霞珠和蛇龙珠葡萄为原料进行接种发酵和自然发酵，比较发酵过程酵母菌群组成变化与发酵液对应理化指标之间的相关性。结果表明，不同葡萄品种接种发酵过程发酵液各指标变化趋势相同，同一葡萄品种不同发酵过程发酵液各指标变化趋势不同；接种发酵过程中酵母种类逐渐减少，酿酒酵母始终起主导作用，自然发酵过程由葡萄汁有孢汉逊酵母和罕见有孢汉逊酵母启动发酵，葡萄汁有孢汉逊酵母和酿酒酵母共同参与完成发酵。

## 四、河北产区

杨美景、陈小波等对河北昌黎产区赤霞珠葡萄栽培时间相对较长的中粮华夏长城葡萄酒有限公司酿酒葡萄母本园赤霞珠（685）葡萄自然发酵过程中的酵母菌进行了分离和鉴定，目的是探寻赤霞珠葡萄酒发酵过程相关酵母菌群的变化规律。

共分离到123株酵母菌，其中2009年分离到71株，2010年分离到52株。经菌落形态鉴别，培养基培养进行初步分类，共获得10种培养类型，其中有5种培养类型重复出现于2个年份。进一步采用5.8S rDNA-ITS区域RFLP分析法，从分子水平区分为9种类型。再通过基因序列分析，将其鉴定为分属于7个属的8种酵母菌：出芽短梗霉（*Aureobasidium pullulans*）、葡萄汁有孢汉逊酵母（*Hanseniaspora uvarum*）、葡萄汁有孢汉逊酵母（*Hanseniaspora vineae*）、黏质红酵母（*Rhodotorula mucilaginosa*）、卡利比克毕赤酵母（*Pichia caribbica*）、*Cryptococcus flavescenss*、*Candida zemplinina* 及酿酒酵母。酵母属酵母是自然发酵中后期的主导菌，发酵前期主要是非酵母属酵母。

# 第三节 葡萄酒的检测方法

## 一、葡萄酒取样装置

最近国内发明了一种用于葡萄酒发酵的发酵罐，尤其是在发酵过程中对酒液进行取样分析时使用的葡萄酒发酵罐上的取样装置。该装置能够有效过滤取样酒液中果皮、酒泥等成分。该装置包括与罐体连通的取样酒管，在取样酒管的入口前设置有过滤装置。作为优选，过滤装置包括连接管、滤网和端盖，连接管的一端固定连接在罐体上，另一端连接有端盖，取样酒管设置在端盖上，滤网设置在连接管的入口至连接管的入口之间的通道上。

采用上述结构的取样装置，保证了在对酒液取样的过程中，有效地将果皮、酒泥过滤掉，提高了对酒液成分指标分析的准确性，而且便于对滤网、取样酒管、端盖、连接管等进行清洁和消毒，该装置可广泛的在葡萄酒发酵罐上推广使用。

## 二、 葡萄酒产品检测的规则

在新的国标中，对产品的检测，设定有A类不合格项和B类不合格项。

A类不合格项：感官要求、酒精度、干浸出物、挥发酸、总二氧化硫、甲醇、铅、微生物指标、防腐剂、合成着色剂、甜味剂、香精、增稠剂、净含量、标签等。

B类不合格项：总糖、铁、铜、二氧化碳。

A类不合格项有一项或者B类不合格项有两项，即可判定为不合格产品。

A类不合格项的内容，较原国标增加了许多。

## 三、 葡萄酒的气相色谱法测定

用气相色谱法定量酒的化学成分，一般来说更正确一些，因为它可以测定各个物质的个体浓度，而化学法一般只是定量一个总体。在对葡萄酒进行深入的研究过程中，不仅要了解各种成分的总体特性，而且必须了解对酒质起重要作用的各主要成分的个体特性和相互关系以及随着环境条件的改变这些成分的演变，这样就能有目的地改变环境条件，使有益成分增加，无益成分减少，按照消费的需要生产出各种各样的酒。在气相色谱法定量中，对有足够含量的挥发性物质，尽量用直接注射法测定；对含量微小的挥发性物质必须事先浓缩，比如用通惰性气体冷凝捕集浓缩，或溶液分层分离浓缩，或用有机溶剂萃取浓缩等；对不挥发性物质需预先生成挥发性的衍生物进行测定。

## 四、 葡萄酒的稳定性检测

葡萄酒在决定装瓶以前，必须尽最大努力，从各个方面确保要装瓶的葡萄酒的稳定性，以确保投入市场的产品质量稳定和卫生安全。

通过表13-2（供参考），从中了解分析认识葡萄酒的不稳定因素，并采取相应的解决措施。

**表13-2 不同葡萄酒可能出现的破败或沉淀**

| 白葡萄酒 | 红葡萄酒 |
|---|---|
| 氧化酶破败 | 氧化酶破败 |
| 白色铁破败 | 蓝色或白色铁破败 |
| 铜破败 | 酒石沉淀 |
| 蛋白质破败 | 色素沉淀 |
| 酒石沉淀 | |

比如，通过几个简单的测试（表13-3）和分析（表13-4）可测知装瓶后的再发酵以及浑浊、沉淀的风险。对装瓶前的葡萄酒进行这些测试可检查出可能的隐患，选择较好的解决办法并施予预先处理。对于蛋白质破败病的原始条件和预防措施见表13-5，达到微生物稳定的方法见表13-6。

**表 13-3 澄清葡萄酒的测试项目**

| 测试条件 | | 症状 | 判断（破败病，沉淀） |
|---|---|---|---|
| 空气中 | 48h | 变黄，变褐，马德拉化 | 氧化酶病变 |
| | 冷藏 5 天 | 灰白色沉淀<br>铅兰沉淀<br>能被 2 亚硫酸钠溶解 | 磷酸铁（白酒）<br>单宁酸铁（红酒） |
| 避光空气中 | 加入 $SO_2$ 或维生素 C，封瓶，阳光下 8 天 | 浑浊<br>灰色沉淀，通入空气后浑浊消失 | 白、桃红葡萄酒铜破败病 |
| 加热测试<br>加单宁 | 每升酒 1g 单宁＋水浴 80℃，30min，然后冷藏 4h | 浑浊或沉淀<br>加几滴盐酸混浊加强 | 白葡萄酒蛋白质破败病 |
| 冷冻测试 | －4℃，白酒 8 天或红酒 15 天，0℃下 12h | 晶体沉淀在热水中可溶 | 酒石酸氢钾<br>红酒色素沉淀 |

**表 13-4 检测结果分析**

| 分析项目 | | 结果分析 |
|---|---|---|
| 检测项目 | 检测数据 | |
| 还原糖或葡萄糖＋果糖 | 小于 2g/L<br>小于 0.4g/L | 缺少可发酵糖 |
| 有机酸色谱法 | 无苹果酸 | 苹果酸乳酸发酵结束，生物稳定 |
| 调整挥发酸 | 小于 0.30g/L（未经苹果酸-乳酸发酵）<br>小于 0.40g/L（苹果酸-乳酸发酵） | 酒质纯净（1 年木桶培养的 0.5～0.6g/L 正常） |
| 游离 $SO_2$ | 红酒 15～25mg/L<br>干白酒 25～35mg/L | 调整游离 $SO_2$ 用量 |
| 总 $SO_2$ | 尽量低 | |
| 酒精，酒石酸，钾，pH | CP 小于 9×100000<br>饱和温度小于 12.5℃ | 白酒酒石稳定 |
| 总铁 | 小于 6～8mg/L | 无铁败危险 |
| 总铜 | 小于 0.5mg/L | 白酒无铜败危险 |

**表 13-5 蛋白质破败病的原始条件和预防措施（适用于白酒和桃红酒）**

| 原始条件 | 预防措施 |
|---|---|
| 葡萄比较成熟 | 酒精发酵期间或结束后下皂土 |
| 浸提果皮 | 带酒脚培养：经过一年的带酒脚培养，葡萄蛋白致使蛋白质破败变成热稳定 |
| 过早装瓶 | 加热测试 |
| 储藏温度超过 20℃ | 装瓶前皂土处理 |

表 13-6 达到微生物稳定的方法

| | |
|---|---|
| 半干或甜酒 | 游离 $SO_2$：80mg/L<br>游离 $SO_2$：50mg/L+山梨酸<br>快速巴氏杀菌<br>低菌罐装，0.65μm 膜式过滤 |
| 显现乳酸菌 | 游离 $SO_2$：30mg/L<br>低菌罐装，0.45μm 膜式过滤 |
| 显现醋酸菌 | 游离 $SO_2$：40mg/L<br>低菌罐装，0.45μm 膜式过滤<br>快速巴氏杀菌 |

## 五、 瓶装葡萄酒中微生物的检查方法

葡萄酒在瓶装时，必须认真考虑葡萄酒是否已经达到了除菌、灭菌的目的。为了准确达到这个目的，就要对瓶装的葡萄酒进行快速而可靠的检验。以下列举了3个检查方法，在实际生产中，可根据企业的实际条件进行参考。

**1. 格森海姆（Geisenheimer）检定法**

将被检验的葡萄酒在无菌的条件下，接入与其等量的葡萄汁，便为酵母提供了良好的繁殖条件，酵母开始快速繁殖和发酵。酵母繁殖的速度和发酵的强度，是衡量被检样品染菌的程度。

具体操作如下。

取标准试管3支，分别注入10mL葡萄汁，并加棉塞封口，置于高压灭菌锅中灭菌；将吸管用纸包好，并在160℃下灭菌。然后小心地拔除葡萄酒瓶的软木塞，立即用火焰将瓶口附着的微生物灭除，再用无菌吸管从瓶底吸出10mL被检葡萄酒，移入已灭菌葡萄汁的试管内，每份样品做平行样3支。

若被检的样品活酵母较多，在3～5天内即可检定其发酵度；若酵母较少，发酵需要两倍于此的时间，由此可断定生产线是否处于受控状态，断定瓶装酒出厂后是否会发生浑浊等质量事故。

这个方法十分简便，不需要特别的仪器，对小型葡萄酒厂十分适用，这是其优点。缺点是只能检定出葡萄酒中是否存在酵母菌，无法进行定量分析。

**2. 薄膜过滤法**

借助于不同孔径的过滤片（孔径一般为2μm以下），在无菌条件下过滤被检葡萄酒，分离出酵母及其他微生物，然后对滤片上的微生物进行生长培养，计算出现的菌落数，并进行其他各项必要的检查。

操作方法如下：将所有参与过滤的仪器、器皿进行彻底消毒，在无菌的条件下进行过滤等操作。在每次分析之前，将过滤器及过滤片置于高压锅内灭菌，用经火焰烧过的镊子取已灭菌的过滤片放入过滤器中。

被检瓶酒在开启前，必须仔细用75%酒精擦拭瓶口，小心地拔除软木塞，勿使开瓶刀穿通软木塞。

开始时先将软木塞拔出3/4，然后用手轻轻取下软木塞，瓶口在倒酒前先用火焰烧一下，再将葡萄酒一点一点地倒入过滤漏斗中。

过滤结束后，用火焰烧过的镊子在漏斗内取出滤片，置于培养皿中，并摆放平整，倒入适量的酵母培养基（约3mL），然后标明日期和试样编号，置于生物培养箱内，在25℃下培养3～5天。为避免凝结水影响菌落生长，将培养皿反扣于培养箱内。若过滤片上的酵母菌是活的，酵母即进行繁殖，在培养基上会出现菌落。

如果未发现菌落生长，说明被检的葡萄酒是稳定的，不会出现酵母菌引起的浑浊；如果每瓶样有5个以上的菌落出现，说明葡萄酒的除菌或杀菌操作不彻底，葡萄酒有不稳定的因素，应该严格检查生产过程中的每个环节，直到查出原因为止。

这一方法能对瓶装酒内各种微生物进行定量检定，但需要选择适当孔径的滤片和培养基，并由掌握基本微生物学的熟练人员操作。

**3. 快速检定法**

薄膜过滤法可以用显微镜对滤片做仔细检查，迅速检出活酵母；快速检定法则可将死的和活的微生物区别开来，但要求瓶装酒内必须不含其他悬浮物。

在适宜的温度下，于8～14h内，具有繁殖能力的菌体生长成为微小的菌落，用显微镜观察，可将死的、没有繁殖能力的菌落区别开来。活菌体在培养时会形成小的菌落，死菌体只有单个的存在。

# 第四节 葡萄酒的变质鉴定及调配

## 一、变质葡萄酒的鉴定

葡萄酒如同人一样，在其生命过程中也会有生老病死，因此，葡萄酒中偶尔出现一些不足或缺陷也是在所难免的。

**1. 氧化**

定义：葡萄酒也会像金属一样，在氧气过多时易被氧化。氧化是葡萄酒最常见的缺陷，葡萄酒氧化最常见的原因是存贮不当。

现象：被氧化的葡萄酒在颜色和风味上都失去了其原有的特色，其颜色由原来的亮红变成砖红或棕红，缺少光泽，而其口感也由新鲜变得干涩偏苦。白葡萄酒比红葡萄酒更容易氧化，这是因为红葡萄酒中的高单宁可以减缓氧化的速度。

补救：葡萄酒一经氧化，无法补救。不过对于刚开瓶的葡萄酒，仍然可以采取一些措施来延缓氧化。

**2. 木塞污染**

定义：木塞污染是指葡萄酒受被污染的木桶或软木塞影响而产生的一种常见缺

陷，这个过程既可能发生在橡木桶中，也可能发生在葡萄酒的装配生产线上，因此这种缺陷常常会影响整批葡萄酒。

现象：受木塞污染的葡萄酒往往会出现人们常说的“木塞味”，即闻起来有股潮湿的气味，像湿报纸味，又像霉味，或是狗身上散发出的气味。一般来说，约有2%的葡萄酒会受到木塞污染，因此这是葡萄酒第二大最常见的缺陷。

补救：几乎不能补救，但加州大学戴维斯分校的葡萄酒化学教授安德鲁·沃特豪斯（Andrew Waterhouse）认为聚乙烯（如塑料薄膜等）能吸附葡萄酒中的木塞味。

**3. 硫化物污染**

定义：葡萄酒因添加过量的二氧化硫、微生物硫代谢等因素而造成的一种污染。一般来说，为了避免葡萄酒遭到其他物质的污染，生产商通常会在其中添加一定量的二氧化硫，但当添加的二氧化硫过量时，葡萄酒就会遭到破坏，造成硫化物污染。

现象：受硫化物污染的葡萄酒通常会带有刺鼻的气味，闻起来像臭鸡蛋、燃烧的橡胶、臭鼬或小便等类似的刺鼻气味。

补救：醒酒可以减轻这些刺鼻的气味。

**4. 二次发酵**（不包括起泡酒）

定义：葡萄酒因不洁净的装瓶生产线而引入的微生物与其剩余糖分发生的发酵现象。在静止型葡萄酒中，哪怕是细微的气泡也是不应该出现的，尤其是具有一些年份的红葡萄酒。

现象：能够看到一些气泡，听到“滋滋”声，品尝时还能感觉到一股清新的风味。然而，有些二次发酵并不是意外事故，一些酿酒师就特意采用二次发酵来加强葡萄酒的活跃程度，此外，某些微起泡酒也是采用二次发酵来生产的，例如葡萄牙的绿酒。

补救：不能补救，但需要注意的是，有些葡萄酒就是采用了二次发酵的原理进行酿造的。

**5. 高温**

定义：葡萄酒因存放在过高温环境下而产生的缺陷。

现象：闻起来有过分的果酱气味，让人联想起罐头或用葡萄制成的果酱。高温会令瓶中的空气膨胀，进而将瓶塞顶起，因此，往往会造成封口不严，葡萄酒被氧化。

补救：不能补救，但是可以将葡萄酒存放在合适的温度环境下，通常12℃是葡萄酒最佳的保存温度。

**6. 紫外线伤害**

定义：葡萄酒因过度地暴露在紫外线等放射性光线下而造成的损害。人们常犯的错误是将葡萄酒暴露在阳光下或存放在靠近窗户的地方。

现象：白葡萄酒如香槟、维欧尼和白诗南等最易受强光的影响。这些被紫外线伤害的葡萄酒往往带有一股汗馊味。

补救：不能补救，但可以将葡萄酒保存在远离强光的环境中。

**7. 微生物污染**

定义：葡萄酒在酿造过程中因微生物活动而产生的污染。葡萄酒是微生物活动的产物，葡萄酒的酿造过程就是控制这些微生物活动的过程。然而，某些酵母可能成为葡萄酒酿造过程的害群之马，另外，某些外来的微生物也会污染酿造环境。

现象：受微生物污染的葡萄酒往往会带有异味，如药草味、动物味或是马厮味等令人不悦的味道。

补救：不能补救。

葡萄酒因各种原因在其生命过程中也许会出现一些不足，正如人类一生中总会生病一样，以上 7 种就是葡萄酒中常见的缺陷。然而，并不是所有的不足都算是真正的葡萄酒缺陷。

① 醋酸味：醋酸味是普通葡萄酒最常见的缺陷之一，但是某些追求高品质葡萄酒的酿酒师为了让葡萄酒更具复杂风味也会故意酿造出带有这种味道的葡萄酒。然而，并不是人人都喜欢醋酸味的。

② 酒石酸：一种存在于未经过滤、矿物质含量高的葡萄酒中的矿物质晶体。这些少量的酒石酸晶体沉淀在老酒的瓶底，对酒体无害，如饮用对人体健康亦无害。

③ 药草味：一种酿酒师有意发展的香气。不同的葡萄品种会有不同的药草香气，如草药、桉树或芦笋气味。这种药草气味不属于葡萄酒的缺陷，但是对于初级葡萄酒爱好者来说，它闻起来有点像二氧化硫或微生物缺陷。

## 二、葡萄酒的色、香、味调配

葡萄酒的调配，被认为是调酒师最神秘的技术精髓。似乎只要有一个好的配方，就可以生产出一个好的产品。这是一种误解，首先葡萄酒不是配制酒，好的葡萄酒是酿造出来的，不是加些七七八八的东西配成的；其次酿造的原酒质量不好，酿酒师也回天乏术，调配不出好的葡萄酒。过分夸大葡萄酒调配技术的作用是不切实际的。

然而，葡萄酒调配技术的确是一件技术性很强的工作，他们能消除和弥补葡萄酒质量的某些缺点，在国家葡萄酒标准和法规规定的范围内，使葡萄酒的质量得到最大的提升，赋予葡萄酒新的活力。因此，作者认为，葡萄酒的调配是融技术和艺术于一身的具体体现，把他称之为“葡萄酒的调配技巧”更能形象地说明这一点。

**1. 葡萄酒感官特性的改善**

葡萄酒的感官特性是指酒的色、香、味，各种级别的葡萄酒，其主要化学成分指标相差无几，关键在于其感官品质有明显的区别。因此，酿酒师的职责在于纠正酒的某些缺点，使其品质得到改善，甚至提高它的级别。

（1）色泽调整　葡萄酒的色泽应是天然的与酒龄相适应的色调。漂亮的宝石红色，是年轻而具有活力的葡萄酒的色泽，由紫红向红中带棕的转变是随着陈酿、瓶贮进程而发生的色泽变化。葡萄酒的色泽，直观地给人以酒质优劣的信息，构成红葡萄酒颜色的花青素和单宁组分，能给人们口感带来微涩和厚实的感受。味醇厚、丰满的红葡萄酒，不会是色泽浅淡的红葡萄酒。

一款微黄带绿、晶莹剔透的白葡萄酒，会给人以冰清玉洁的美感，而深黄带棕的白葡萄酒则往往与氧化褐变联系在一起。因此，葡萄酒色泽的调整，与感官品质的改善是同步的。红葡萄酒色泽的调整可以采取以下手段。

① 色泽较深的同类原酒合理搭配，提高配成酒色度。

② 添加中性的染色葡萄原酒：如烟 73、烟 74、紫北塞原酒。这些葡萄皮红汁红，酿造的原酒色泽很深，酒本身无明显的特殊香气，不会对调配酒的酒质造成干扰。而其含有的呈味物质，还可丰富酒的口感，但可能使酒酸高。

③ 葡萄皮色素：大都是从国外进口的浓稠状液体，也有粉状的葡萄皮色素，而液态的使用效果较好，但如果用量较多，会增加调配酒的残糖和总酸。

④ 花色苷：是从黑米中提出的。其分子结构式与葡萄花色素相同，国家认可使用的天然色素。可溶于酸度较高的介质中。能溶于葡萄酒中，但溶解很慢。有的厂家用液态花色苷调色，但因含有酒精，多少对酒质有影响。

葡萄酒色泽的调整，只能限于以上几种方法，不能添加化学合成的色素。色泽的调整应与香味调整和口味调整同步进行。

白葡萄酒色泽的调整，大都与口感调配相结合，如果色泽过深，可适当添加 PVPP，去除酒中过多的酚类化合物和氧化的产物。经过 PVPP 处理后，白葡萄酒的色泽将变浅，氧化感也将明显减轻。

(2) 香气调整　葡萄酒的香气，由果香、发酵香气三部分组成，提到香气调整，人们很可能会想到，是否添加香精、香料之类的东西，绝非这个意思。除加香葡萄酒可以加些植物的花、根、茎、叶的浸出液和蒸馏液外，其他葡萄酒，禁止加入任何香精、香料。

葡萄酒中添加某些微量的香精、香料，都可以明显地闻出来，并判定为假酒，半汁山葡萄酒中加葡萄香精所造成的恶劣影响和对葡萄酒的冲击，应永远铭刻在人们心中。葡萄酒香气调整只能从以下几个方面入手。

① 对于新鲜型葡萄酒和干白葡萄酒，如果用陈酿过的酒生产，感到新鲜的果重不足，可以添加新酿的、果香浓郁的新酒，调整香气，半干和半甜葡萄酒，可往干酒中添加新鲜的本品种果汁，在调整糖度的同时，果香也明显改善。德国葡萄酒就利用这一技术，来提升白葡萄酒的果香，同时也使口感更加清爽、舒愉。

② 对于一般葡萄酒，可以通过选购同一品种葡萄在不同地区酿造的原酒，进行香气调整，如西部葡萄原酒适当地加入到东部酒中，可以优势互补，香气和口感都会有所改善。

③ 对于中、高档葡萄酒，首先应选用充分成熟的葡萄酿造，只有这样才能使酒具有该品种葡萄特有的芳香。如因当年原料质量较差，致使酒香不足，除国内东

西部酒进行调节外，也可以进口部分国外优质酒，加大调配力度。

④ 红葡萄酒在橡木桶贮存一段时间或适当添加橡木素的浸出液，也可以丰富葡萄酒的香气。

以上这些做法，实际已有一些葡萄酒厂应用，并收到了良好的效果。

(3) 口味调整　色泽和香气的调整，也往往带来了口味的调整。以上提出的调整色泽和香气的措施，都在不同程度上改善了酒的口味，如果说某一措施对酒的口味有负面影响，是不应该采取的。

葡萄的口感给人的影响，要比色泽和香气的影响更加深刻。一些消费者并不像专业人士那样遵循评酒的规则，先看色泽和澄清度，再欣赏酒香，然后饮少量酒在口中，仔细品评酒的口感。他们往往拿起来就评，甚至大口大口地喝。因此，酒的口感，如酸味是否合适，糖、酒、酸是否平衡，红葡萄酒的涩感是否圆润、谐调等，就成为评价酒的重要依据。

对酒口感的共同要求是：谐调和平衡。即酒的某一特征不过于明显，它与其他成分的关系应是谐调的、亲密的、相容的。酸味过低，会使酒缺乏活力；酸味过高，会给人以酸涩的感觉。单宁等酚类化合物含量低，口味淡薄，酒体瘦弱；含量过高，会给人以明显的涩感，甚至使酒具有苦味。酒精是酒的灵魂和支柱，酒精含量低，酒味寡淡；过高，又会有灼热难受的感觉。

糖分是口感的润滑剂和缓冲剂，可以冲减其他成分过多造成的负面影响，严格按照有关标准的规定，在许可的范围内，往上调整含糖量，可以让消费者得到更加舒愉的口感。如何使酒的口感谐调、平衡、圆润、丰满，这是酿酒师调酒的技巧。

在这里要特别提到，专业人士的口感和普通消费者的口感是有区别的。专业人士关注的是风格和酒质的发展前途，而消费者关注的是现在的表现。其重要分歧在于，专业人士要求红酒的口味重一点，醇厚些，要求有酒香与和谐的橡木香气，而普通消费者希望酸涩味低些，有点涩感，但不要过重，也不追求橡木气味，喝起来舒适就行。

关于酸味的调整，首先是将酸度较高和酸度较低的同品种酒进行调配。如不能采用此种办法，需要增酸时，添加柠檬酸的量要控制在国家标准规定的范围内，不足部分加天然酒石酸。酸味过高，则加碳酸氢钾降酸。

关于口感轻、重的调整，主要通过选用不同葡萄品种或不同酿造工艺生产的原酒，以及进口部分原酒来调整。如赤霞珠原酒与美乐、赤霞珠与佳美、赤霞珠与西拉的搭配，成为提升干红葡萄酒质量的经典之举。有时，同一品种的葡萄，采用不同浸渍工艺，也可以酿造出风格不一的酒质，互相取长补短，也可以改善口感。

进口国外的优质葡萄酒，按一定比例加入我国原酒中，已成为一些厂家为提高酒的饱满度和加重酒的口味采取的重要手段。如果上述方法都难以办到，也可以通过实验，往酒中添加酿酒单宁，来增加酒的醇厚感，要使酒的口味稍轻一些，通常的做法是调进部分清淡的葡萄原酒。加大下胶的用量，也可以使的口味清淡一些，但对酒的色泽有不良影响。

在优化酒的口感方面，近来有介绍添加适量的酵母多糖和甘露蛋白的，这些都是酵母自溶的产物，经过提炼精制而成的。甘露蛋白还有提高葡萄酒冷稳定性的作用。这些提法早在20世纪60年代前苏联的葡萄酒专著和杂志中作过介绍，并对酵母自溶的条件也有阐述。特别讲到葡萄酒带酵母贮存一段时间有利于苹果酸-乳酸发酵的顺利进行。今日有关辅料生产厂家，已能提供这样的产品，不妨一试，确证其功能和选择适合用量，为增加葡萄酒的饱满度和圆润感做新的探索。

**2. 综合平衡处理**

葡萄酒经过色、香、味的调整处理后，各种成分的组合还处于不平衡的状态，它们之间还要发生聚合、分解、重组的过程。此时酒的色、香、味还是很不谐调的、粗糙的。这个过程因酒的品种、酒质不同，需要的时间也有很大的差异。

烟台张裕葡萄酿酒公司早在20世纪60年代就有规定，对每种酒配成后的贮存期都有要求，是一项稳定、提高酒质的重要措施。因此，需要通过试验，掌握好每种配成后的贮存期，以改善酒质。如果受条件所限，不容许提前很久调配时，短暂的50～55℃的密闭加热，也有促进各成分互相融合的作用。因为整个加热保温的过程是密闭进行的，不存在酒精和香气挥发损失的情况。

## 参考文献


[1] 孙俊良．发酵工艺［M］．北京：中国农业出版社，2004.

[2] 陆寿鹏．酒工艺学［M］．北京：中国轻工出版社，1999.

[3] 李华．葡萄酒品尝学［M］．北京：中国青年出版社，1992.

[4] 侯保玉．中国葡萄酒发展方向展望［J］．酿酒，1998，(3)：6-11.

[5] 王秋芳．葡萄酒业五十年的光辉成就［J］．1999，(5)：15-23.

[6] 尹光琳．发酵工业全书［M］．北京：中国医药科技出版社，1992.

[7] 吴谋成．食品分析与感官评定［M］．北京：中国农业出版社，2003：7-33.

[8] 上海杰兔工贸（集团）有限公司．拉曼技术手册［M］．第3版．2004.

[9] 阎淳泰．酿造学［M］．武汉：华中农业大学，1988.

[10] 李华．葡萄酒酿造与质量控制［M］．西安：天则出版社，1990.

[11] 彭德华．葡萄酒酿造技术概论［M］．北京：中国轻工业出版社，1995.

[12] 杜金华．金玉红．果酒生产技术［M］．北京：化学工业出版社，2010.

[13] 刘玉田．现代葡萄酒酿造技术［M］．济南：山东科学技术出版社，1990.

[14] 蔡定域．酿酒工业分析手册［M］．北京：中国轻工业出版社，1988.

[15] 许引虎．苹果酒发酵中酵母菌株的筛选［J］．食品科学，2008，(8)：187-190.

[16] 葛向阳，田焕章，梁运祥．酿造学［M］．北京：中国高等教育出版社，2006.

[17] 朱传合，杜金华．苹果鲜汁酿酒技术研究［J］．食品科学，2003，24(5)：106-110.

[18] 马清河．葡萄糖氧化酶在果汁保鲜中的应用［J］．中国食品添加剂，2005，(1)：77-79.

[19] 王恭堂，孙雪梅，张葆春．葡萄酒的酿造与欣赏［M］．北京：中国轻工业出版社，2001.

[20] 郭氏葡萄酒技术中心汇编译．国际葡萄酿酒技术法规［M］．天津：天津大学出版社，1998.

[21] 郭磊，刘云，姜磊，刘锷，杨薇．巨峰葡萄酒酿造工艺［J］．湖北农业科学，2011，(19)：157-158.

[22] 史经略，张安宁．紫甘薯葡萄酒酿造工艺研究［J］．中国酿造，2011，(7)：162-166.

[23] 王婷，毛亮，时家乐，赵龙．冰葡萄酒酿造工艺标准［J］．酿酒科技，2011，(7)：70-73.

[24] Jones PG，Asenstorfer ER. Development of anthocyanin-derived pigments inyoung red wine［C］．Proceedings of ASVO seminae ‘Phenolics and Extraction’ Adelaide，1997：33-37.

[25] Remy S，Fulcrand H，Labarbe B，Cheynier V，Mouteunet M. First conformation in red wine of products resulting from direct anthocyanin-tannin reactions［J］．J Sci，Food Agric，2000，60：745-751.

[26] Somers T. The polymeric nature of wine pigments［J］．Phytochemistry，1971，10：2175-2186.

[27] Waters E. Polymerisation of tannins during the ageing of red wines［C］．Proceedings of ASVO seminarn ‘Phenolics and Extraction’ Adelaide 1997：38-39.